华章图书

一本打开的书，一扇开启的门，

通向科学殿堂的阶梯，托起一流人才的基石。

云计算与虚拟化技术丛书

Kong
In Action
from beginner to master

Kong网关
入门、实战与进阶

孔庆雍◎著

图书在版编目（CIP）数据

Kong 网关：入门、实战与进阶 / 孔庆雍著 . -- 北京：机械工业出版社，2021.8
（云计算与虚拟化技术丛书）
ISBN 978-7-111-68947-8

Ⅰ. ① K… Ⅱ. ①孔… Ⅲ. ①计算机网络 - 应用程序 - 程序设计 Ⅳ. ① TP393.09

中国版本图书馆 CIP 数据核字（2021）第 165273 号

Kong 网关：入门、实战与进阶

出版发行：机械工业出版社（北京市西城区百万庄大街 22 号 邮政编码：100037）

责任编辑：董惠芝　　责任校对：马荣敏

印　　刷：三河市宏图印务有限公司　　版　　次：2021 年 9 月第 1 版第 1 次印刷

开　　本：186mm×240mm 1/16　　印　　张：29.5

书　　号：ISBN 978-7-111-68947-8　　定　　价：119.00 元

客服电话：（010）88361066 88379833 68326294　　投稿热线：（010）88379604

华章网站：www.hzbook.com　　读者信箱：hzit@hzbook.com

Preface 前　言

为什么要写这本书

随着公司业务发展、技术架构升级，网关层的重要性在系统整体架构中日益凸显。Kong 网关作为新一代网关技术，不仅可以解决技术架构升级的痛点问题，也可以与 DevOps 理念有机结合，以技术推动产品业务发展，达到开发、测试、交付、运营多个维度的提升。

Kong 网关的应用横跨互联网、电信、金融、制造、食品等领域，雅虎、GE、Honeywell、VMWare、Cisco、NASDAQ、MasterCard 等多家大型企业都在使用。同时，Kong 公司也是 CNCF 的成员之一，一直在积极推动云原生应用的发展。但相对而言，Kong 网关在国内显得不温不火，一个主要原因是国内研发人员对网关层的认识还比较模糊，大家主要关注的是业务层代码；另一个原因是大家对网关层的认识相对局限，由于众多与各语言栈绑定的网关组件的存在（如 Zuul、Spring Cloud Gateway 等），而忽视了更高维度的网关层的必要性。

本书的初衷之一是在国内推广 Kong 网关技术，利用 Kong 网关强大的性能和易于定制的特点帮助企业打造更符合现代软件架构的网关层，解决技术转型难题；同时分享一些笔者使用 Kong 网关的经验，力求让读者能有所收获。最后，希望能和读者一起从 Kong 网关出发，了解更多、更前沿的技术走向，在技术的洪流中扬帆远航。

读者对象

本书的推荐读者对象包含但不限于：

- 网关研发工程师、Kong 网关插件开发工程师
- 系统架构师、DevOps 工程师
- 对网关技术感兴趣，并希望快速入门、进阶的 IT 工程师
- 对系统架构设计、微服务治理、云原生环境等前沿技术感兴趣的技术爱好者

本书特色

通过本书，笔者将带领大家快速入门 Kong 网关，帮助读者建立起网关层相关的完整知识体系，进而了解系统架构设计的全貌。本书的特点如下。

- 本书知识点由浅入深、层层递进。通过严谨、清晰的脉络结构，对 Kong 网关涉及的重点、难点知识逐一进行梳理、讲解。
- 本书全文配以大量实战项目和源码分析，理论结合实践，帮助读者直观、高效地掌握网关层相关知识，并快速应用于实际环境。
- 本书以 Kong 网关为线索，还会涉及系统架构设计、微服务治理、DevOps 技术实践、敏捷思想落地等众多领域，为读者还原现代技术架构的方方面面。
- 除技术讨论之外，本书还会分享一些常用的学习方法论，以便读者在学习其他技术时也能用到，达到事半功倍的效果。

如何阅读本书

本书总共分为四篇。

- 入门篇（第 1 ～ 4 章）：主要引导读者对 Kong 网关有一个概要性认知，介绍了它的基础使用指南和相关理论，以及一些掌握 Kong 网关必备的知识。
- 基础篇（第 5 ～ 8 章）：前两章着重介绍了 Kong 网关的基础配置、部署方案和命令行向导；后两章介绍了 Kong 网关的代理、鉴权、负载均衡策略、健康检查机制等一系列常用功能。
- 进阶篇（第 9 ～ 12 章）：介绍了 Kong 网关区别于其他传统网关的插件机制，同时介绍了 Kong 网关在整个架构体系中与其他系统（诸如日志系统、网络安全等）的交互。
- 应用篇（第 13 ～ 16 章）：结合当前日益成熟的云原生环境，介绍了 Kong 网关针对不同场景给出的解决方案。

其中，后三篇的每一章都包含了大量示例工程。读者可以直接使用 Docker 运行，结合实战更好地理解书中所讲的内容。如果读者已经是一名经验丰富的资深用户，或者可熟练使用其他网关层组件，则可以根据目录结构按需阅读；如果读者是一名初学者，或者希望更系统、扎实地了解 Kong 网关技术，推荐从入门篇的理论知识开始学习。

勘误和支持

由于笔者水平有限，编写时间仓促，书中难免会出现一些错误或者不准确的地方，恳请读者批评指正。书中的全部源文件可以从华章网站[㊀]下载，或者访问网址：https://github.com/fossilman/Kong-In-Action。如果你有更多宝贵意见和想法，可以关注公众号“熊猫CTO”与我沟通。公众号中提供了勘误表，也会定期更新一些书籍相关的补充内容，欢迎大家订阅。非常期待得到大家的真挚反馈。

致谢

首先要感谢Kong公司和社区的不懈努力，为我们打造了一款如此强大的软件，使我们能站在巨人的肩膀上阔步前行。

其次，本书的写作离不开各位小伙伴的支持和帮助。他们为本书提供了非常多的宝贵建议和贡献，这里依次对他们表示感谢：书中大量的环境搭建和示例设计均由叶宁配合完成，他也是一位Kong网关的资深运维专家，示例结果也由他反复验证；书中多个章节的大量实战源码的贡献者是方昆、李坤、廖云和吴俊（按姓氏首字母排序）。除此之外，还有很多给予过我帮助的小伙伴，是他们的无私付出使本书的内容更加饱满。

这里还要感谢机械工业出版社华章公司的杨福川老师，在这一年多的时间里他始终支持我写作，是他的鼓励和帮助引导我顺利完成全部书稿；同时要感谢董惠芝老师在写作期间对我提供的细心指导和建议，是她细致的审稿和编排，才得以让本书完整呈现。

最后还要特别感谢我的父母、妻子和家人，感谢他们对我自始至终的关心和支持。谨以此书献给我最亲爱的家人们，希望他们永远幸福快乐！

孔庆雍

2021年4月

㊀ 网址为www.hzbook.com。——编辑注

目　录 Contents

进 阶 篇

应　用　篇

入 门 篇

- 第 1 章　全面了解 Kong 网关
- 第 2 章　Nginx 必备知识
- 第 3 章　Lua 必备知识
- 第 4 章　OpenResty 必备知识

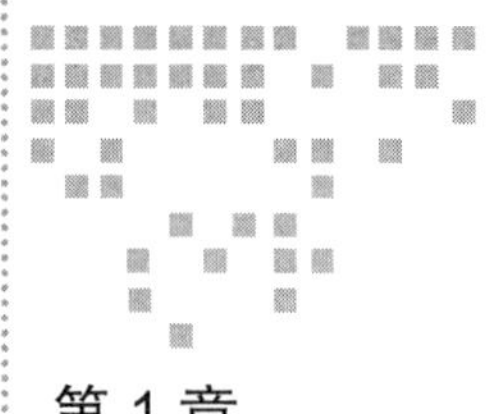

Chapter 1 第1章

全面了解 Kong 网关

Kong 是一款基于 OpenResty（Nginx + Lua 模块）编写的高可用、易扩展的开源 API 网关，专为云原生和云混合架构而建，并针对微服务和分布式架构进行了特别的优化。Kong 网关在世界范围内广受欢迎。它建立在超轻量级代理之上，为海量微服务应用程序提供性能保障和可伸缩性扩展。用户使用 Kong 网关可以轻松地对流量进行精细化管理和控制。

本章会围绕 Kong 网关展开，讲述现代软件架构中网关层的由来及其功能；再横向对比多款成熟网关组件，论述其优缺点；最后通过搭建一个 Web 应用，对 Kong 网关进行全方位的介绍。

1.1 网关简介

随着微服务架构的流行，API 网关逐渐进入人们的视野，并且越来越受到欢迎。在微服务体系架构中，我们将应用程序划分为多个低耦合的服务。每个服务都具有特定的功能，并交给不同的团队维护。尽管微服务具有许多优势，比如程序易于开发、维护和部署，将大团队拆分成小团队利于敏捷实践落地等，但是也带来一些问题，最为直观的就是由于接口过于繁杂，客户端难以快速、安全地访问到所需的信息。

API 网关的出现解决了上述问题，它可以充当调用这些微服务的客户端的中央入口。客户端统一发送请求到网关层，再由网关层进行路由转发，使客户端访问接口的复杂度大大降低。当然现代 API 网关的作用已不仅仅局限于此，更多高度抽象的通用功能都由网关层进行统一处理。网关层随着系统架构升级逐步演化，在整个系统架构中的位置也变得愈发重要。

注意　我们在网络上还能搜到关于网关的更多定义，比如网关（Gateway）又称网间连接器、协议转换器。网关默认在网络层以上实现网络互联，是最复杂的网络互联设备，仅用于两个高层协议不同的网络互联。网关既可以用于广域网互联，也可以用于局域网互联。

此处定义的网关更接近于底层，偏向网络基础协议，而本书中讨论的网关特指 API 网关，是软件架构中的中间层，偏向于应用和业务需求。

1.1.1　网关的由来

API 网关层的兴起离不开微服务。微服务的概念最早在 2012 年提出。在 Martin Fowler 等人的大力推广下，微服务在 2014 年后得到了大力发展。在微服务架构中，有一个组件可以说是必不可少的，那就是微服务网关。微服务网关具有负载均衡、缓存、路由、访问控制、服务代理、监控、日志等多项功能。API 网关在微服务架构中正是以微服务网关的身份存在。

同时，由于企业间信息交流和共享变得日益频繁，企业需要将自身数据、能力等向外开放，通常以接口的方式向外提供，如淘宝开放平台、腾讯的 QQ 开放平台和微信开放平台。开放平台的引入必然涉及客户应用接入、API 权限管理、调用次数管理等多项功能的完善，此时需要有一个统一的入口对它们进行管理，这也正是 API 网关出现的缘由。

1.1.2　网关的作用

笔者所在公司曾经开发过一个基于 OpenResty 的定制化网关。下面我们通过这个案例一起来了解一下网关层的功能。网关系统架构如图 1-1 所示。

该架构中网关层统一接收来自外部的流量，然后转发到内部系统。这些流量具体可以划分为两个部分，一部分统称为内部流量，主要是公司网页端应用、移动端 App、微信小程序等终端发送的请求。这些应用都是公司内部研发的，可以理解为受信流量。另外一部分统称为外部流量，包括一些外部商户的业务调用以及公司对外开放的一些 OpenAPI 接口调用。网关层对这两部分流量的处理方式大致相同，当接收到外部请求后，首先会对接口做一些基本校验，接下来会进行解密、验签操作。这里内外部流量的处理方式会稍有不同：内部流量采用了公司内部约定的加解密方案，由网关层统一处理，流程比较简单；外部流量的处理方式相对复杂，因为每家公司使用的加解密方案和策略不同，在开发联调过程中具体使用哪家公司的方案尚未可知，这样网关层抽象处理加解密的能力就被大幅度限制了。笔者所在公司最终选择的解决方案是对外提供一套可以与公司网关层匹配的 SDK。由于笔者所在公司使用的是 Java 技术栈，最后 SDK 以 Jar 包形式提供。在与外部公司的联调过程中，如果对方公司愿意使用我们的 SDK 包，那么网关层就可以发挥加解密的作用；如果对方公司因为语言栈不同而无法接入，或者对方公司没有采纳我们的 SDK 包，那么网关层就仅完成流量转发，加解密功能将留到业务侧实现。

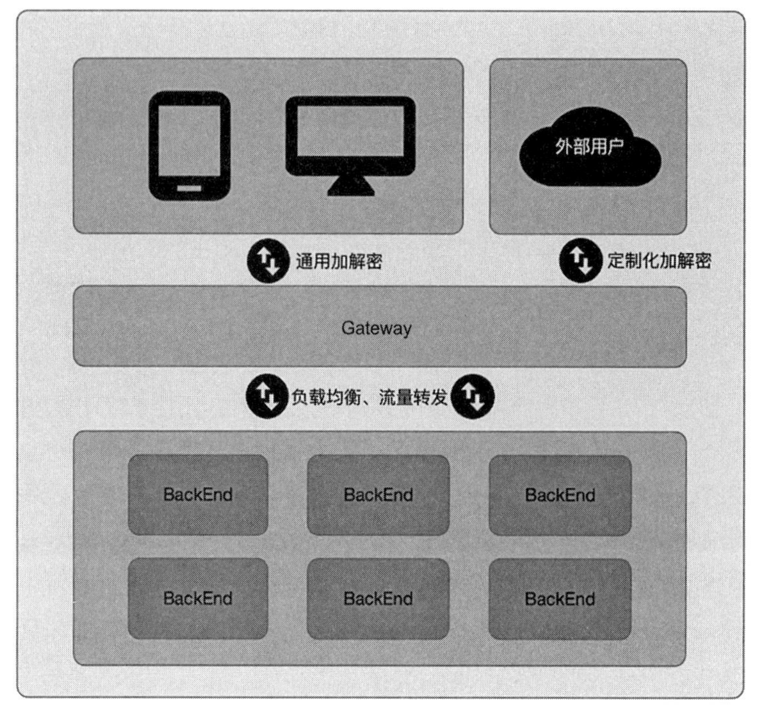

图 1-1 网关系统架构

注意 这里可能存在一个误解，即 SDK 包与公司底层技术栈语言关系并不大。加解密的算法本身是通用的，SDK 包可以用各语言栈都实现一遍，只是各家公司技术资源有限，且大多是中小型公司，实现业务需求所需的时间已经很紧迫，只能挑选实现成本最低的编程语言编制 SDK，或者挑选当前环境下使用者较多的语言栈优先实现。

在完成解密和验签之后，网关层就会根据自定义的路由匹配规则，将请求转发到对应的后端服务。在转发请求过程中，网关层还会在请求参数或者请求头中塞入一些框架层或者业务侧所需的自定义参数。这些参数有些会影响程序执行结果，有些是为了做业务统计，具体的实现细节可以根据实际需求做定制。

读者看到这里可能会觉得网关层本身并没有什么特别之处，仅仅是一个流量转发的中转站，处理了一些加解密、验签问题。在日常开发、部署过程中，这些问题可能仅需运维人员手动处理，或者添加一台 Nginx 服务器就可以完美解决。加解密的步骤完全可以放在业务侧实现，网关层无足轻重。

确实，如果我们身处一家业务功能极其简单的创业公司，或者公司规模很小，业务场景没有那么复杂，技术面主要以功能代码为主，那么这个想法是完全正确的。但是随着公司不断壮大，业务形态越来越复杂，系统从单体应用迁移到微服务架构，网关层的重要性越发凸显。如果没有高度可定制化的网关层组件，系统瓶颈马上就会显现，小则影响生产环境服务稳定性，大则影响整个研发、交付流程，大大影响产品迭代效率。

> 注意 现代软件工程体系已经相当完善，研发人员工作模式也早已区别于之前陈旧的开发模式，不再只是写好手头上的代码即可，而是已经参与到产品迭代的方方面面。敏捷思想也不再是换汤不换药的一纸空谈，技术驱动+管理工具的提升正在切实可行地提高软件工程的研发效率。当今环境下，技术架构中的每一环都不可或缺，木桶理论的短板效应尤为明显，这里我们其实不仅强调了网关层的重要性，也再度重申了每一个中间层都非常重要。

这里笔者分享一些在真实开发场景中，如果没有统一的网关层，或者网关层不完善带来的严重问题。

- 网关层在整个系统架构中处于门面位置，是系统中的流量中枢。所有的请求都最先流入网关层。网关服务器每天需要面对千万级，甚至亿级的流量冲刷，包括活动期间瞬时爆发的流量洪峰。网关层的健壮性与稳定性对于整个系统的重要性不言而喻，如果网关层发生宕机或者服务不可用，后果可想而知。
- 微服务架构思想在现代系统架构设计中已经全面铺开，不仅大公司已经有了很好的实践方案，中小公司也开始纷纷效仿做架构升级。在落地过程中，无论是技术栈升级变迁，如PHP迁移到Node或Go，还是引入BFF（Backend For Frontend）层做服务聚合中间层等，都离不开网关层的支持。
- 再回到之前的加解密和验签问题，读者会发现笔者所在公司之前给出的解决方案并不尽善尽美。除加解密之外，鉴权、黑白名单管控等一些零散的安全配置定制化需求也非常多，但在实际开发过程中，留给研发人员开发调试的时间极为有限。更重要的是，每次更新网关层代码不能影响到生产环境的实时流量，这又给网关层的运维带来相当大的挑战。
- 微服务架构将大型应用程序拆分成小型的独立功能，极大地提高了研发、部署效率，但带来的问题是每个独立小应用需要各自实现日志管理、限流熔断、服务注册发现等众多通用功能。读者可能会想到使用统一的底层架构封装来解决问题，但如果微服务架构本身是跨多语言栈的，就需要多套底层框架同时支持，之后的框架迭代也需要同步进行，这带来的研发成本是巨大的。

除上述几点外，缓存、监控、动态路由配置等一系列问题也有待解决，而且这些仅仅是技术层面暴露出来的可预知风险点。如果我们带着DevOps理念重新看待现在的产品研发流程，即技术人员需要参与产品开发、测试、交付、维护等所有环节，一个高效能的网关层无疑极大地解放了技术人员。Kong网关作为全新一代的API网关，对上述罗列的不少问题已经给出了完美的解决方案。下一节我们重点介绍Kong网关，以及其他成熟的网关产品。

1.2 Kong 网关简介

本节将详细介绍 Kong 网关的发展历程和产品特点，并从不同维度对比 Kong 网关与其他网关产品的差别，使读者对 Kong 网关有一个全面的了解。

1.2.1 Kong 网关的发展历程

Kong 网关起源于 2007 年，由 Augusto、Marco、Michele 三人在意大利的一个小车库中开发，当时命名为 Mashup 平台。在随后 7 年的时间里，Mashup 平台逐渐占据 API 网关市场的主导地位。2017 年 10 月，Mashup 平台正式更名为 Kong，并推出了 Kong 企业版。2018 年，Kong 公司成立，并发布了 Kong 1.0 版本。直至今日，Kong 版本已经更新到 2.1.0。

在 1.0 版本发布后，Kong 网关受到众多用户的喜爱。如今，全球大约有 200 家企业正在使用 Kong 网关，其中包括一些超大型企业，例如西门子（Siemens）、通用电器（GE）、三星（SAMSUNG）、嘉吉（Cargill）等。其覆盖的行业也非常广泛，包括互联网 / 电子商务、电信、软件与技术、金融服务、汽车、食品、饮料和零售等多个领域。大多数公司使用 Kong 网关来解决自身的痛点问题，以更好地完成微服务架构转型。

2019 年，Kong 公司对外发布了不少更倾向于云原生服务的产品。例如：Kong 网关升级到了 2.0 版本，并与 Kubernetes 有机结合，可以作为入口控制器来协调整个 Kubernetes 集群；Kuma 产品基于 Envoy 的 Service Mesh，降低了系统复杂性并提高了服务可靠性。相信 Kong 公司未来会给我们更多惊喜和更多划时代的新产品。

1.2.2 Kong 网关与传统网关对比

在讨论网关服务器之前，我们先来看一下传统服务器的市场份额，如图 1-2 所示。

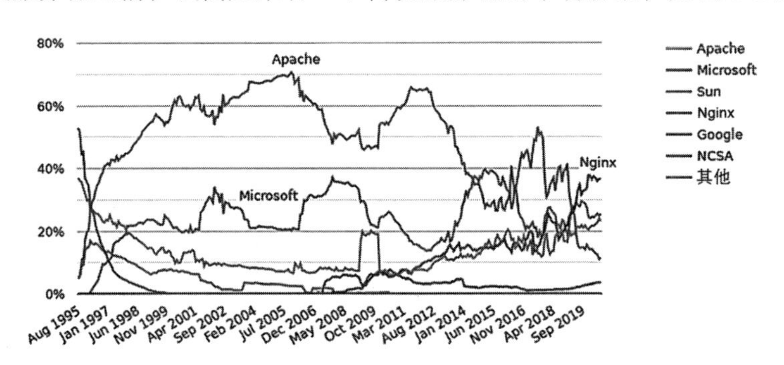

Developer	June 2020	Percent	July 2020	Percent	Change
Nginx	448,673,487	36.63%	451,156,878	36.55%	-0.08
Apache	304,288,405	24.84%	314,054,523	25.45%	0.60
Microsoft	134,874,928	11.01%	140,264,332	11.36%	0.35

图 1-2 传统服务器的市场份额

图 1-2 展示了从 1995 年至 2019 年，各大服务器厂商的市场份额。可以发现早些年间，服务器市场完全被 Apache 服务器和 Microsoft 的 IIS 服务器所垄断。这两个服务器代表着两大开发系统的对抗，即选择 Linux 系统还是 Windows 系统。在 2007 到 2008 年，我们看到了 Nginx 服务器的身影，随后其突飞猛进，占据服务器市场的“头把交椅”。在大流量、超大流量网站的服务器选型中，Nginx 更是作为首选，将竞争对手远远甩在身后。

Kong、OpenResty 都是基于 Nginx 打造的新一代服务器。它们兼具 Web 服务器的功能，但侧重于网关层特性的延伸。图 1-3 展示了三者的关系。

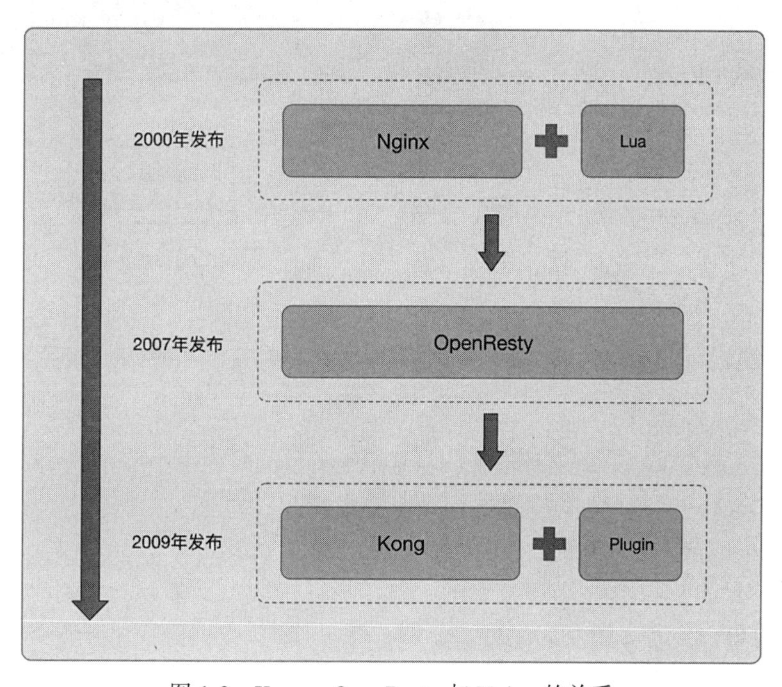

图 1-3　Kong、OpenResty 与 Nginx 的关系

在功能定位上，Kong 和 OpenResty 有很多相似之处，都是基于 Lua 脚本做二次开发。但 Kong 在 OpenResty 之上又衍生出不少新的概念，对网关内部层级做了更好的抽象，更符合用户使用习惯。如果读者是第一次接触网关层组件，或者希望学习网关层的内部架构设计，Kong 网关都是非常好的选择。

1.2.3 其他主流网关

除了 Kong 网关之外，网关层生态中还有许多其他成熟的网关可供选择，这里我们会给大家做一些简单介绍。

1. Træfik

Træfik 是一款云原生的新型 HTTP 反向代理、负载均衡软件，能轻易部署微服务。它支持多种后端（Docker、Swarm、Mesos/Marathon、Consul、Etcd、Zookeeper、BoltDB、Rest API、File 等)，也可以对配置进行自动化、动态管理。Træfik 整体架构如图 1-4 所示。

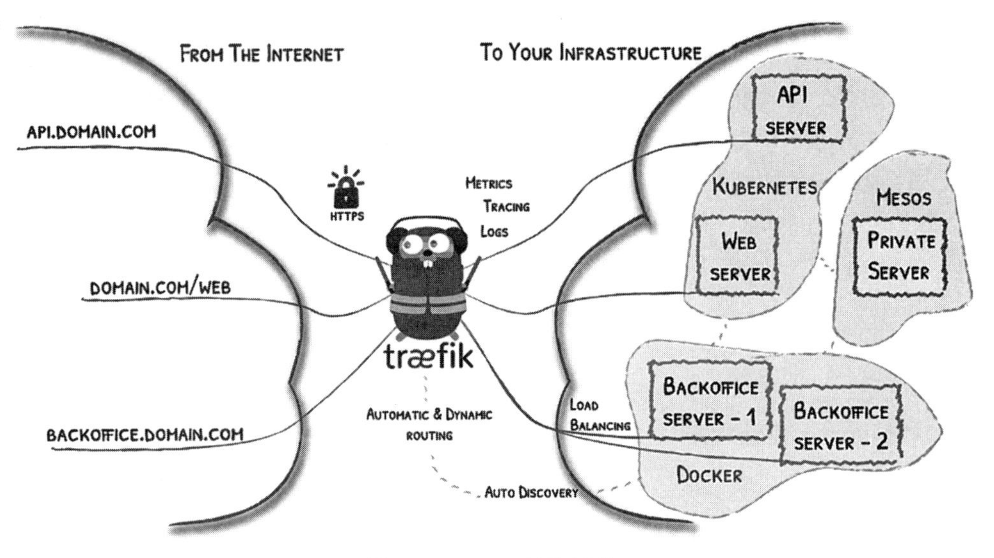

图 1-4　Træfik 整体架构

Træfik 有如下特点。

1）使用 Go 语言编写、单文件部署、与系统无关，同时提供小尺寸 Docker 镜像。

2）支持 Docker/Etcd 后端，天然连接微服务集群。

3）内置 Web UI，支持可视化管理。

4）自动配置证书。

5）性能良好，主打易用性。

Træfik 凭借其超轻量级、易于配置、简单易上手的特点，满足了中小公司初期对于网关层的需求。相比接下来介绍的几款网关产品中，Træfik 与 Kong 网关在功能上最为接近（虽然底层架构完全不一样）。对 Træfik 网关感兴趣的读者可以查阅公司官网（https://docs.traefik.io/）学习。

2. Ambassador

Ambassador 是一款基于 Envoy Proxy 构建的、Kubernetes 原生的开源微服务网关。Ambassador 在构建之初就致力于支持多个独立团队。传统的网关产品一般是基于 Restful API 或者 yaml 文件进行配置，而 Ambassador 完全基于 Kubernetes 标准的注解（Annotation）或者 CRD 进行配置，可以认为是 Kubernetes 原生的网关产品。

Ambassador 依靠 Kubernetes 实现可扩展、高可用性和持久性，所有配置都直接存储在 Kubernetes 的 Etcd 中。Ambassador 被打包成一个单独的容器，其中包含控制平面（Control Plane）和 Ambassador 代理实例。默认情况下，Ambassador 会被部署为 Kubernetes Deployment，并可以像其他 Kubernetes Deployment 资源一样进行扩展和管理。

Ambassador 作为一款较新推出的开源微服务网关产品，与 Kubernetes 结合得相当好。它基于注解或 CRD 的配置方式与 Kubernetes 浑然一体，就像 Kubernetes 自身功能的一部分，真正做到了 Kubernetes 原生。其底层基于 Envoy 进行流量代理，使得用户无须担心性能问题。

Ambassador 和同类的网关产品类似，分为社区版及商业版，其中社区版提供了网关层所必需的基础功能，开发语言为 Go。想要深入了解 Ambassador 网关的读者可以参考 https://www.getambassador.io/。

3. Tyk

Tyk 是一款采用 Go 语言实现的 API 网关产品，拥有 API Gateway、Tyk Dashboard、Tyk Pumpd 和 Tyk Identity Broker 等组件。不过，只有 API Gateway 组件的源代码是开放的。Tyk 的插件功能比较强大，一方面提供了 IP 黑白名单、参数提取和认证等诸多插件，另一方面支持使用 JavaScript、Python、Lua 语言来自定义插件。

总地来说，Tyk 丰富的插件、强大的认证机制给人眼前一亮的感觉。不过，其开源版本的集群管理、日志监控和灰度发布等功能相对较弱，有兴趣的读者可以访问官网（https://tyk.io/）了解相关内容。

4. Zuul

Zuul 是 Netflix 开源的一个 API 网关，本质上是一个 Web Servlet 应用。Zuul 可以动态加载过滤器，从而实现网关层的各项功能。Zuul 网关从 1.0 版本升级到 2.0 版本发生了很大的变化。我们先从图 1-5 和图 1-6 看看二者的差别。

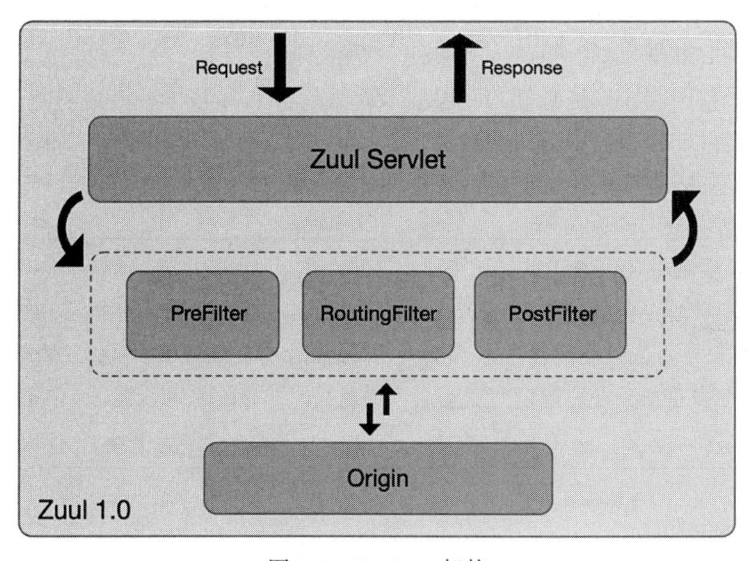

图 1-5　Zuul 1.0 架构

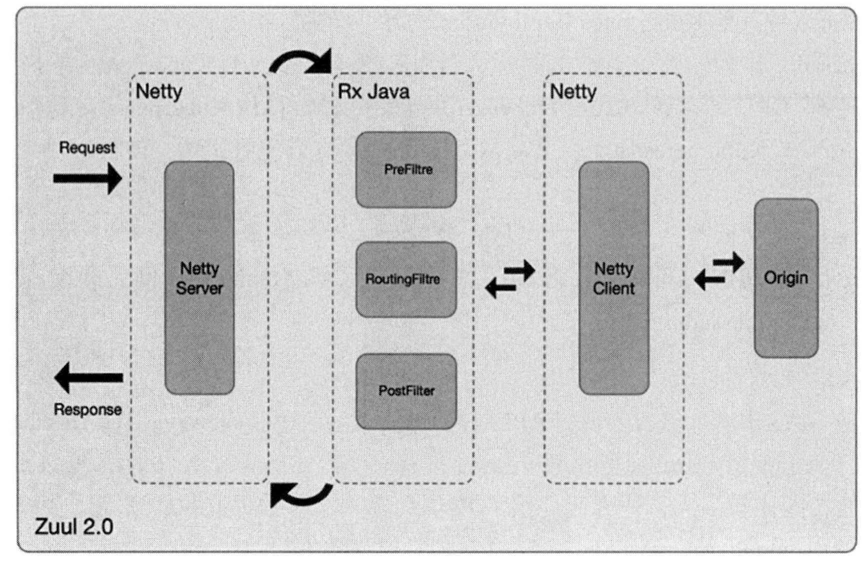

图 1-6　Zuul 2.0 架构

这里我们对 Zuul 1.0 和 Zuul 2.0 做一个简单对比，如表 1-1 所示。

表 1-1　Zuul 1.0 和 Zuul 2.0 的对比

	Zuul 1.0	Zuul 2.0
优点	编程模型简单、开发调试运维简单	线程开销少、连接数易扩展
缺点	线程上下文切换开销大、连接数受限、延迟阻塞消耗资源	编程模型复杂、ThreadLocal 不工作

相对而言，Zuul 1.0 适用于 CPU 密集型（CPU-bound）场景，而 Zuul 2.0 适用于 I/O 密集型（I/O- bound）场景。由于 Zuul 网关或者之后推出的 Spring Cloud Gateway 网关组件都是基于 Spring Cloud 全家桶提供的配套组件实现的，因此受到了人们的普遍认可。但这两个网关组件也有一些限制，一是它们的底层技术栈要基于 Java 技术栈，或者基于 Spring Cloud 框架；二是它们并非云原生服务，相对而言，偏向于企业级内部部署。如果排除这两点，二者在其他各方面的表现都是比较出色的。

注意　I/O 密集型任务 vs CPU 集型任务

- I/O 密集型任务指的是磁盘 I/O 或者网络 I/O 占主要消耗的任务，计算量很小，比如请求网页、读写文件等。大多数 Web 应用都是 I/O 密集型任务。
- CPU 密集型任务指的是 CPU 计算占主要消耗的任务，比如图形渲染中矩阵的运算、神经网络卷积运算等。现在大多数计算任务由 GPU 完成，更复杂的任务由 TPU、NPU 完成。

5. 各网关横向对比

我们从基本情况、配置、部署、可扩展性和功能等维度对上述各网关进行横向对比，如表 1-2 至表 1-6 所示。

表 1-2　基本情况

	Kong	Træfik	Ambassador	Tyk	Zuul
主要用途	微服务网关 / 企业级 API 管理	微服务网关	微服务网关	微服务网关	微服务网关
学习曲线	适中	简单	简单	适中	简单
使用成本	开源 / 企业版	开源	开源 / 企业版	开源 / 企业版	开源
社区活跃度（GitHub Star）	26k+	28k+	28k+	5.6k+	9.5k+

表 1-3　配置

	Kong	Træfik	Ambassador	Tyk	Zuul
配置方式	Restful API/ 配置文件	Restful API/toml 文件	yaml 文件	Restful API	yaml 文件
配置端点类型	命令式	声明式	声明式	命令式	命令式

表 1-4　部署

	Kong	Træfik	Ambassador	Tyk	Zuul
Kubernetes	适中	简单	简单	适中	适中
Cloud IaaS	困难	简单	N/A	简单	简单
Private Data Center	困难	简单	N/A	简单	简单
元数据存储	PostgreSQL/Cassandra	Kubernetes	Kubernetes	Redis	内存

表 1-5　可扩展性

	Kong	Træfik	Ambassador	Tyk	Zuul
扩展方式	插件	需要自定义开发	插件	插件	需要自定义开发
是否支持水平扩展	是	是	是	是	是

表 1-6　功能

	Kong	Træfik	Ambassador	Tyk	Zuul
服务发现	动态	动态	动态	动态	动态
支持协议	HTTP/HTTPS/WebSocket	HTTP/HTTPS/gRPC/WebSocket	HTTP/HTTPS/gRPC/WebSocket	HTTP/HTTPS/gRPC/WebSocket	HTTP/HTTPS
路由匹配条件	host/path/method	host/path	host/path/header	host/path	需自定义开发
限流	支持	不支持	支持	不支持	支持
熔断	支持	支持	不支持	支持	支持
重试	支持	支持	不支持	支持	支持
健康检查	支持	不支持	不支持	支持	支持
负载均衡策略	轮询 / 加权轮询 / 哈希	轮询 / 加权轮询	加权轮询	轮询	轮询 / 加权轮询 / 哈希
Istio 集成	不支持	不支持	支持	不支持	不支持
管理界面	官方支持	官方支持	Grafana+Prometheus	官方支持	官方支持

可以发现，Kong 网关在多项对比中较其他网关均占有一定优势。但我们也不应该忽略 Kong 网关的薄弱项，即在部署方面相对复杂，这与 Kong 网关本身偏向提供企业级服务有一定关系。不可否认的是，Kong 网关社区版的功能依旧足够强大，并且给开发者留有大量定制化的空间。

> 注意 我们在做技术选型时，除了需要考虑上述几点之外，还要考虑以下细节。
> - 开源组件是否易于扩展自己的业务逻辑，是否易于定制化。
> - 社区是否成熟，文档是否齐全，漏洞修复得是否及时。
> - 软件是否容易使用，日后升级和维护是否便捷。
> - 如果对性能指标或者业务场景有特殊要求，需要着重关注该软件是否支持，以免发生本末倒置的现象。

1.3 Kong 网关基础组件

下面我们看一下 Kong 网关的基础架构。它主要由三大组件组成。

1）Kong 服务器：基于 OpenResty 构建，用来接收 API 请求，并对请求进行转发处理，返回结果。

2）数据库：包含 PostgreSQL、Cassandra，用来存储操作数据。

3）Kong 管理 GUI：Kong 服务界面管理工具。

1.3.1 Kong 服务器

Kong 服务器架构如图 1-7 所示。

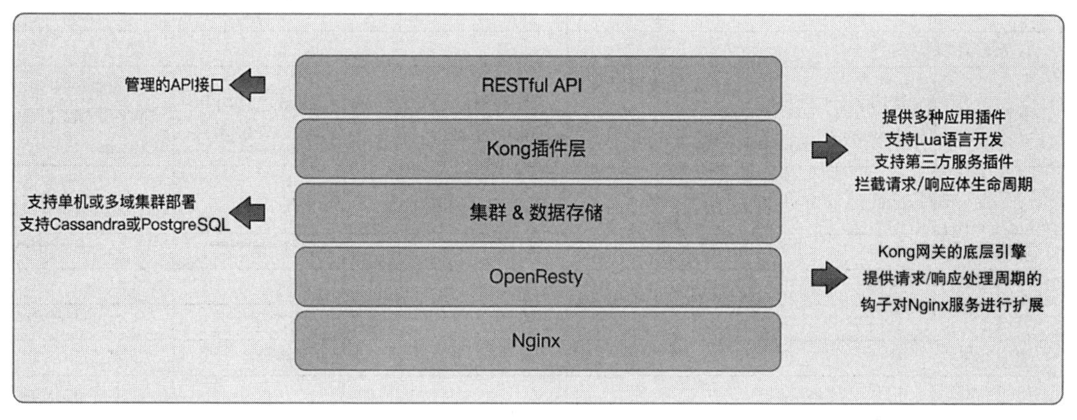

图 1-7 Kong 服务器架构

1）Kong 服务器基于 OpenResty 构建，使用 Lua 脚本处理请求、响应。

2）Kong 插件拦截请求、响应，类似于 Java Servlet 中的拦截器，实现请求、响应的 AOP 处理。

3）RESTful API 提供了对路由、服务、插件等一系列元数据的统一管理。

4）数据中心用于存储 Kong 集群节点信息，以及路由、服务、插件等一系列元数据。目前，其支持 PostgreSQL 和 Cassandra 数据库。

5）Kong 集群中的节点通过 Gossip 协议自动发现其他节点。当某一节点通过 Admin API 对配置进行变更时，同时会通知其他节点。每个 Kong 节点的配置信息是有缓存的。

注意　Gossip 协议通过一种随机、带有传染性的方式，将信息传播到整个网络，并在一定时间内使得系统内所有节点的数据一致，是常用的解决分布式环境中数据最终一致性问题的通信协议。使用 Gossip 协议的还有 Redis Cluster、Consul、Apache Cassandra 等。

Kong 服务器的架构设计带来以下好处。

1）高扩展性：用户可以通过简单地向 Kong 集群中添加更多服务器实现横向扩展，这意味着用户在面对超大流量时可以轻松应对，整个集群可以保持正常负载，保证整个网关层服务可靠稳定。

2）模块化：Kong 服务器的路由、服务、插件均是基于模块构建的，这些元素可以通过 Admin API 轻松配置，或者通过 Kong 管理 GUI 进行可视化管理。

3）与运行环境无关：Kong 服务器理论上可以在任何环境中运行，也就是说，用户可以在云服务器或者内部网络环境中部署 Kong 服务器。

1.3.2　数据库

Kong 网关支持 PostgreSQL 和 Cassandra 数据库。下面我们对它们做一些简单介绍。

1. PostgreSQL

PostgreSQL 是一个功能强大的开源关系型数据库系统。它使用和扩展了 SQL 语言，并结合了许多安全存储和扩展复杂数据工作负载的功能。

PostgreSQL 凭借其可靠性、数据完整性、强大的功能集、可扩展性以及开源社区赢得了良好的声誉，始终如一地提供高性能和创新的解决方案。

Kong 选择 PostgreSQL 作为默认数据库存储。对于普通用户来说，其仅需了解如何使用即可。PostgreSQL 的使用并不复杂，此处不做展开。读者可以访问 PostgreSQL 官网（https://www.postgresql.org/）了解更多 PostgreSQL 的相关知识。

2. Cassandra

Cassandra 是一套开源分布式 NoSQL 数据库系统。它最初由 Facebook 开发，于 2008 年开源，用于储存收件箱数据等，集 Google Big Table 的数据模型与 Amazon Dynamo 的完全分布式架构于一身。此后，由于 Cassandra 良好的可扩展性，被 Digg、Twitter 等知名 Web 2.0 网站所采纳，成为一种流行的分布式结构化数据存储方案。

Cassandra 的主要特点是，它不是一个单纯的数据库，而是由一堆数据库节点共同构成的一个分布式网络服务。Cassandra 上的一个写操作会被复制到其他节点，读操作也会被路由到其他节点。对于 Cassandra 集群来说，其扩展性是容易实现的，只需在集群中添加节点。

更多 Cassandra 的相关特性，可以访问 Cassandra 官网（https://cassandra.apache.org/）了解详情。

1.3.3 Kong 管理 GUI

当前主流的开源 Kong 管理 GUI 有 KongDashboard 和 KONGA，其中 KongDashboard 对新版本的 Kong 支持不好，建议读者使用 KONGA。图 1-8 是 KONGA 的界面。KONGA 的具体安装流程可以参考附录 B。

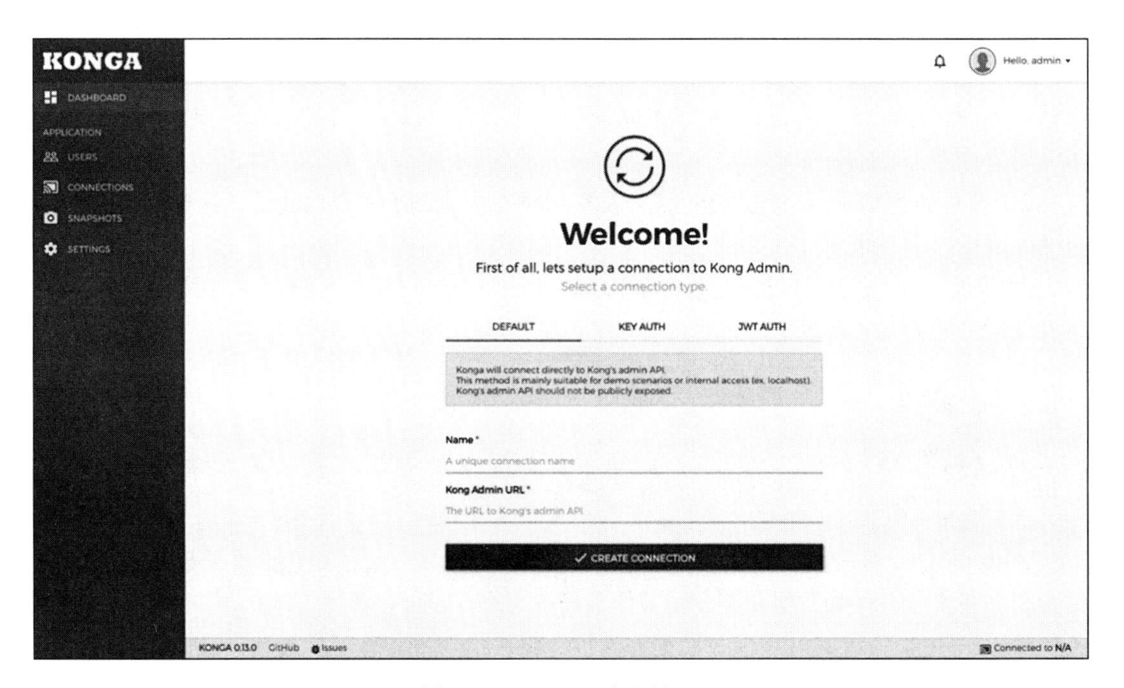

图 1-8　KONGA 欢迎界面

1.4 Kong 网关安装指南

在本节中，笔者会带大家一起安装 Kong 网关。这里提供在 Mac、Linux 和 Docker 三种环境中 Kong 网关的安装指南，读者可以选择适合自己的环境进行安装。

1.4.1　在Mac环境中安装Kong网关

对于Mac环境，我们选用Homebrew工具安装。首先安装Homebrew（如已安装，请忽略），过程如下所示：

```
# 安装Homebrew，如果已经安装请忽略
$ ruby -e "$(curl -fsSL https://raw.github.com/Homebrew/homebrew/go/install)"
$ brew tap kong/kong
$ brew install kong
```

安装完成后，我们还需要准备两个配置文件，一个是启动项配置文件。用户可以从https://raw.githubusercontent.com/Kong/kong/master/kong.conf.default下载配置模块，并更改配置文件名为kong.conf。修改kong.conf配置文件内容如代码清单1-1所示。

代码清单1-1　kong.conf配置文件

```
726 ...
727 database = off
728 ...
908 ...
909 declarative_config = /pwd/to/kong.yml # 根据kong.yml文件的位置填写绝对路径
910 ...
```

另一个是kong.yml文件，需要使用kong config init命令生成。该配置文件内容可以为空，但文件本身不可缺失。当一切准备就绪后，使用kong start -c kong.conf命令启动Kong服务，在浏览器中输入http://127.0.0.1:8001可以查看服务是否启动成功，效果如图1-9所示。

```
{
  + plugins: {…},
    tagline: "Welcome to kong",
  + configuration: {…},
    version: "2.0.4",
    node_id: "d79be524-4c7f-4acd-9fb2-4fd023728e60",
    lua_version: "LuaJIT 2.1.0-beta3",
  + prng_seeds: {…},
  + timers: {…},
    hostname: "ccd37eb84548"
}
```

图1-9　Kong服务启动页面

1.4.2　在Linux环境中安装Kong网关

对于Linux环境，我们选用rpm包安装，命令如下：

```
$ wget https://bintray.com/kong/kong-rpm/download_file?
  file_path=centos/7/kong-2.0.5.el7.amd64.rpm
$ rpm -ivh kong-2.0.5.el7.amd64.rpm
```

安装完成后，我们可以效仿在Mac环境中的启动流程继续操作，验证步骤也类似。

1.4.3　在Docker环境中安装Kong网关

Docker可以跨系统运行，非常适合企业在前期资源不足的情况下搭建环境。如果读者之前没有使用过Docker，可以根据附录A安装。已经安装过Docker软件的读者可根据代码清单1-2安装Kong网关。

代码清单 1-2 安装 Kong 网关

```
$ docker network create kong-net
$ docker run -d --name kong-database \
  --network=kong-net \
  -p 5432:5432 \
  -e "POSTGRES_USER=kong" \
  -e "POSTGRES_DB=kong" \
  -e "POSTGRES_PASSWORD=kong" \
  postgres:9.6
$ docker run --rm \
  --network=kong-net \
  -e "KONG_DATABASE=postgres" \
  -e "KONG_PG_HOST=kong-database" \
  -e "KONG_PG_USER=kong" \
  -e "KONG_PG_PASSWORD=kong" \
  -e "KONG_CASSANDRA_CONTACT_POINTS=kong-database" \
  kong:2.0.5 kong migrations bootstrap
$ docker run -d --name kong \
  --network=kong-net \
  -e "KONG_DATABASE=postgres" \
  -e "KONG_PG_HOST=kong-database" \
  -e "KONG_PG_USER=kong" \
  -e "KONG_PG_PASSWORD=kong" \
  -e "KONG_CASSANDRA_CONTACT_POINTS=kong-database" \
  -e "KONG_PROXY_ACCESS_LOG=/dev/stdout" \
  -e "KONG_ADMIN_ACCESS_LOG=/dev/stdout" \
  -e "KONG_PROXY_ERROR_LOG=/dev/stderr" \
  -e "KONG_ADMIN_ERROR_LOG=/dev/stderr" \
  -e "KONG_ADMIN_LISTEN=0.0.0.0:8001, 0.0.0.0:8444 ssl" \
  -p 8000:8000 \
  -p 8443:8443 \
  -p 8001:8001 \
  -p 8444:8444 \
  kong:2.0.5
```

安装完成后，我们使用相同方法进行验证。

1.5 使用 Kong 网关搭建 Web 应用

区别于传统的 HelloWorld 示例（仅简单打印一句语句），本节将介绍如何使用 Kong 网关搭建一个前后端分离的 Web 应用。通过这个示例，读者将对 Kong 网关全局有一个更好的认识。

1.5.1 示例项目介绍

该示例项目为搭建一个简单的待办任务列表 Web 应用（todos），前端使用 Vue 框架，后端基于 Node.js 的 Express 框架，数据库使用 MongoDB。项目目录结构如下所示。

```
├── Readme.md
├── backend
├── docker-compose.yml
└── frontend
```

其中，frontend 和 backend 目录分别对应项目的前后端应用。整个项目基于 Docker 容器启动。docker-compose.yml 为启动配置文件，配置项如代码清单 1-3 所示。

代码清单 1-3　docker-compose.yml 文件

```
 1 version: "3"
 2 services:
 3   backend:
 4     container_name: backend
 5     build:
 6       context: ./backend
 7     depends_on:
 8       - db
 9     volumes:
10       - ./backend:/usr/app
11       - /usr/app/node_modules
12     environment:
13       - MONGO_URL=mongodb://db:27017/todos
14       - APP_PORT=80
15     ports: ['80:80']
16   db:
17     container_name: db
18     image: mongo:4.0
19     restart: always
20   frontend:
21     container_name: frontend
22     build:
23       context: ./frontend
24     volumes:
25       - ./frontend:/app
26       - /app/node_modules
27     ports:
28       - '8080:8080'
29     environment:
30       - BACKEND_URL=http://127.0.0.1/todos
```

frontend 和 backend 应用中各自包含 Dockerfile 文件，如代码清单 1-4 和代码清单 1-5 所示。

代码清单 1-4　frontend 应用的 Dockerfile 文件

```
# frontend dockerfile
FROM node:12.2.0-alpine
# set working directory
```

```
WORKDIR /app
COPY package*.json ./
RUN npm install
COPY . .
# start app
CMD ["npm", "run", "serve"]
```

代码清单 1-5　backend 应用的 Dockerfile 文件

```
# backend dockerfile
FROM node:12.2.0-alpine
# set working directory
WORKDIR /usr/app
COPY package*.json ./
RUN npm install
COPY . .
# start app
CMD [ "npm", "start" ]
```

这里，前端应用使用 vue-cli-service serve 命令启动，后端应用使用 node app.js 命令启动。关于前后端应用中的源码和细节，此处不再赘述，有兴趣的读者可以自行下载阅读。读者可以直接运行 docker-compose up -d 命令启动项目，启动完成后在浏览器中输入地址 http://127.0.0.1:8080 访问页面，如图 1-10 所示。

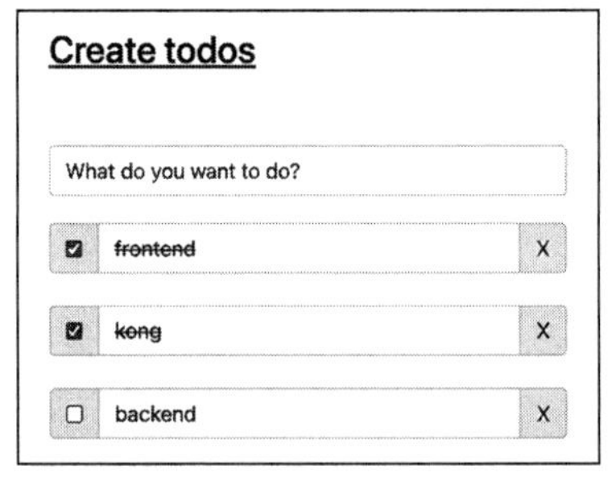

图 1-10　todos 页面

1.5.2　后端服务路由

在成功执行完第一个示例后，我们接下来对后端服务架构进行改造。整体架构改造如下。

项目目录结构调整为：

```
├──── Readme.md
├──── backend
├──── docker-compose.yml
├──── frontend
└──── kong-gateway
```

这里新增了一个 kong-gateway 目录，首先修改 docker-compose.yml 启动文件，添加 Kong 的启动项配置，如代码清单 1-6 所示。

代码清单 1-6　docker-compose.yml 启动文件

```
29      ...
30      ...
31    kong:
32      build:
33        context: ./kong-gateway
34      container_name: kong
35      environment:
```

```
36        KONG_DATABASE: 'off'
37        KONG_DECLARATIVE_CONFIG: /usr/local/kong/declarative/config.yml
38        KONG_PROXY_ACCESS_LOG: /dev/stdout
39        KONG_ADMIN_ACCESS_LOG: /dev/stdout
40        KONG_PROXY_ERROR_LOG: /dev/stderr
41        KONG_ADMIN_ERROR_LOG: /dev/stderr
42        KONG_ADMIN_LISTEN: 0.0.0.0:8001, 0.0.0.0:8444 ssl
43      ports:
44        - '8000:8000'
45        - '8443:8443'
46        - '8001:8001'
47        - '8444:8444'
48      volumes:
49        - ./kong-gateway:/usr/local/kong/declarative
50      depends_on:
51        - backend
```

新增的 kong-gateway 目录中包含两份配置文件：dockerfile 和 config.yml（Kong 启动项配置文件）。其中，dockerfile 配置文件指定了 Kong 服务器的版本，这里使用的是 2.0.5 版本。我们在之后的示例中同样基于这个版本进行介绍，以保证版本信息统一。Dockerfile 配置文件如下。

```
1 # kong dockerfile
2 FROM kong:2.0.5
```

config.yml 配置文件指定了网关层的路由配置以及路由对应的后端服务地址。读者这里可以先做一些简单了解，后续章节会对该配置文件做详细介绍。此处，网关层路由匹配路径是 /kong/gateway，对应的后端服务地址为 backend:80，即原应用后端服务地址。详细配置如代码清单 1-7 所示。

代码清单 1-7　config.yml 配置文件

```
 1 _format_version: "1.1"
 2
 3 services:
 4   - name: service_todolists
 5     host: host_todolists
 6     routes:
 7       - name: route_todolists
 8         paths:
 9           - /kong/gateway
10
11 upstreams:
12   - name: host_todolists
13     targets:
14       - target: backend:80
```

在网关层配置好之后，我们还需要对之前的前端应用做一些简单修改：变更接口访问地址，将BACKEND_URL修改为http://127.0.0.1:8000/kong/gateway/todos。其中，127.0.0.1:8000为网关层入口地址，这样请求便可先抵达网关层，待匹配路由后再转发至原后端服务，如代码清单1-8所示。

代码清单 1-8　前端应用修改

```
1 import Vue from 'vue';
2 import BootstrapVue from 'bootstrap-vue';
3 import axios from 'axios';
4 import App from './App.vue';
5
6 const http = axios.create({
7   baser: process.env.BACKEND_URL ? process.env.BACKEND_URL : 'http://127.0.0.
      1:8000/kong/gateway/todos',
8 });
9
10 Vue.prototype.$http = http;
11
12 Vue.use(BootstrapVue);
13
14 Vue.config.productionTip = false;
15
16 new Vue({
17   render: (h) => h(App),
18 }).$mount('#app');
```

至此，整个项目已改造完成。后端应用在这次改造过程中保持不变。重新运行docker-compose up -d命令，待容器重启后打开浏览器控制台，观察请求细节的变化。

原先的请求详情如图1-11所示。

引入Kong网关之后的请求详情如图1-12所示。

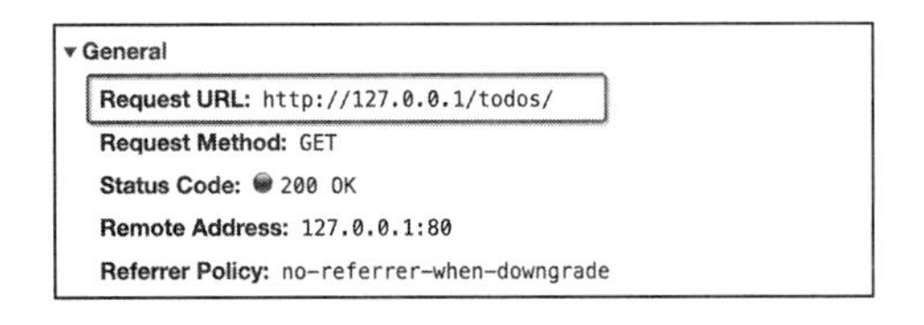

图1-11　原先的请求详情

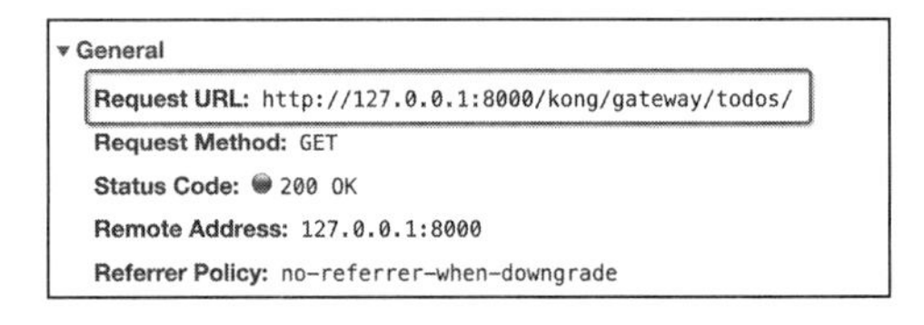

图1-12　引入Kong网关之后的请求详情

1.5.3　静态页面代理

在完成上述步骤后，我们继续对部署方案进行升级。之前前端应用使用vue-cli-service serve启动，但其仅适用于本地开发环境或测试环境。在真实的生产环境中，我们会将前端应用打包成静态文件，然后部署在服务器中，或者上传至CDN。这里，我们对整体架构再做一些调整，让Kong服务器既作为Web服务器，又作为代理服务器。

项目目录结构与 1.5.2 节保持一致。

```
├── Readme.md
├── backend
├── docker-compose.yml
├── frontend
└── kong-gateway
```

我们还是从 docker-compose.yml 文件开始修改，主要新增第 24 ～ 25 行、第 46 ～ 48 行和第 50 ～ 51 行。这些配置的作用是将前端应用编译出来的静态文件通过 Docker 卷共享，以便直接被 Kong 服务器访问到。此处创建的卷名称为 static，用户可以自定义名称。该 Docker 卷映射到前端应用和 Kong 服务器的路径分别为 /app/dist 和 /static，如代码清单 1-9 所示。

代码清单 1-9　docker-compose.yml 文件

```
19 ...
20   frontend:
21     container_name: frontend
22     build:
23       context: ./frontend
24     volumes:
25       - static:/app/dist
26     environment:
27       - BACKEND_URL=http://127.0.0.1:8000/kong/gateway/todos
28   kong:
29     build:
30       context: ./kong-gateway
31     container_name: kong
32     environment:
33       KONG_DATABASE: 'off'
34       KONG_DECLARATIVE_CONFIG: /usr/local/kong/declarative/config.yml
35       KONG_PROXY_ACCESS_LOG: /dev/stdout
36       KONG_ADMIN_ACCESS_LOG: /dev/stdout
37       KONG_PROXY_ERROR_LOG: /dev/stderr
38       KONG_ADMIN_ERROR_LOG: /dev/stderr
39       KONG_ADMIN_LISTEN: 0.0.0.0:8001, 0.0.0.0:8444 ssl
40     ports:
41       - '8000:8000'
42       - '8443:8443'
43       - '8001:8001'
44       - '8444:8444'
45       - '8080:8080'
46     volumes:
47       - ./kong-gateway:/usr/local/kong/declarative
48       - static:/static
49     depends_on:
50       - backend
51 volumes:
52   static:
```

接下来，我们对kong-gateway项目进行改造，在原有目录结构下新增一个todolists.conf文件。

```
├── Dockerfile
├── config.yml
└── todolists.conf
```

先来看一下改造后的Dockerfile文件，如代码清单1-10所示。

代码清单1-10 改造后的Dockerfile文件

```
1 FROM kong:2.0.5
2 VOLUME ["/static"]
3 ADD ./todolists.conf /etc/kong
4 CMD ["kong","start","--nginx-conf","/etc/kong/todolists.conf","&"]
```

第2行代码：在容器内挂载之前在docker-compose.yml配置文件中创建的static卷。

第3行代码：将新增的todolists.conf文件添加到Docker容器内部的/etc/kong目录下备用。

第4行代码：执行kong start命令，并携带命令行参数--nginx-conf，指定Nginx配置文件，即之前的todolists.conf文件。

todolists.conf文件中的内容如代码清单1-11所示。

代码清单1-11 todolists.conf文件

```
 1 # ---------------------
 2 # custom_nginx.template
 3 # ---------------------
 4
 5 worker_processes ${{NGINX_WORKER_PROCESSES}};
 6 daemon ${{NGINX_DAEMON}};
 7
 8 pid pids/nginx.pid;
 9 error_log logs/error.log ${{LOG_LEVEL}};
10
11 events {
12   use epoll; # custom setting
13   multi_accept on;
14 }
15
16 http {
17   # 引入默认的Nginx配置文件
18   include 'nginx-kong.conf';
19   # 引入默认的mime.type配置文件
20   include /usr/local/openresty/nginx/conf/mime.types;
21   default_type application/octet-stream;
22
23   # 自定义server块
```

```
24   server {
25     server_name _;
26     listen 8080;
27     location / {
28       default_type text/css;
29       root /static;
30       index index.html;
31     }
32   }
33 }
```

我们将在第 5 章中详细讲解该文件内容的细节，此处仅需知道我们通过该配置文件，暴露了 8080 端口作为 Kong Web 服务器的入口地址。前端静态文件的根目录为 /static。

最后，我们对前端应用进行改造，修改其中的 dockerfile 文件，如代码清单 1-12 所示。

代码清单 1-12　修改前端应用中的 Dockerfile 文件

```
 1 FROM node:12.2.0-alpine
 2 WORKDIR /app
 3 VOLUME ["/static"]
 4 # set working directory
 5 COPY package*.json ./
 6
 7 RUN npm install
 8
 9 COPY . .
10
11 # build app
12 CMD ["npm", "run", "build"]
```

第 3 行代码：与 kong-gateway 项目中的功能一致。

第 12 行代码：将 CMD ["npm", "run", "serve"] 命令修改为 CMD ["npm", "run", "build"]，之前是前端项目直接启动服务，现变更为编译成静态文件，供 Web 服务器使用。打包后的静态文件目录结构如下。

```
├── css
│   └── app.0305fdfa.css
├── favicon.ico
├── index.html
└── js
    ├── app.2a6813cb.js
    ├── app.2a6813cb.js.map
    ├── chunk-vendors.3c424d74.js
    └── chunk-vendors.3c424d74.js.map
```

至此，整个项目已经改造完毕，用户输入 http://127.0.01:8080 即可访问页面。此时，Kong 服务器已兼具 Web 服务器和代理服务器的功能。

1.6 本章小结

本章主要向读者介绍了系统架构中网关层的作用和由来，以及其他网关。它们各有千秋，侧重点不一，可以说没有最好的软件，只有相对更好的使用场景。对于初创公司，Nginx 足够满足需求；对于完全基于云原生环境打造的微服务应用，Træfik 更佳；主流的 SpringBoot 框架配上 Zuul 网关也相当成熟、可靠。Kong 网关并不能适用于所有场景，但是所蕴含的思想和对网关层定位的理解值得我们深入学习。章节末尾的 Web 应用示例虽然简单，但作为系统架构的最小原型，笔者希望读者可以完整地操作一遍。

下一章将介绍 Nginx 服务器——Kong 网关的内核，让我们一起领略它的强大之处。

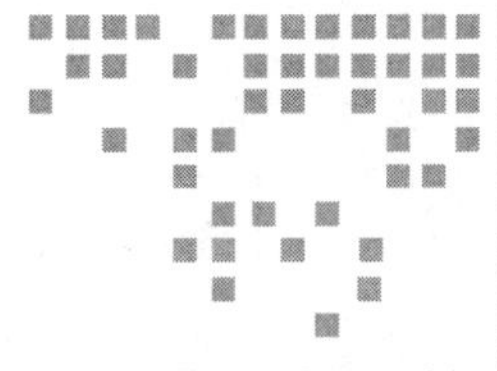

第 2 章 Chapter 2

Nginx 必备知识

Nginx 是一款开源、高性能的 HTTP 服务器和反向代理服务器，同时也是 IMAP、POP3、SMTP 代理服务器。它起源于 2004 年，由伊戈尔・赛索耶夫（Igor Sysoev）开发完成。在 Nginx 横空出世之前，服务器市场主要由 Apache 和 Microsoft 公司所垄断。这些年，Nginx 服务器（再加上如 OpenResty 或 Kong 等类 Nginx 服务器）的市场占有率突飞猛进，已经与 Apache 服务器不分伯仲。在超大型流量网站服务器应用中，Nginx 更是牢牢占据榜首，这与 Nginx 本身的高性能和高可靠性是分不开的。

本章会从多个方面讲解 Nginx 的相关知识，以实战为主，同时会兼顾一些底层原理。在本章末尾，笔者会带读者一起使用 Nginx 服务器重新完成第 1 章的 Web 应用，并在此基础上添加黑白名单和限流插件。读者可以从中比较 Nginx 和 Kong 两者的异同。

2.1 Nginx 安装

本节直接进入主题，先安装 Nginx 服务器，此处提供在 Mac、Linux 和 Docker 三种环境中安装 Nginx 的方法。读者可选择合适的环境进行安装。

2.1.1 在 Mac 环境中安装 Nginx

对于 Mac 环境，我们依旧选用 Homebrew 工具安装，安装指令如下。

```
# 安装 Homebrew，如果已经安装请忽略
$ ruby -e "$(curl -fsSL https://raw.github.com/Homebrew/homebrew/go/install)"
$ brew install nginx
$ nginx
```

安装完成后，打开浏览器访问 http://127.0.0.1:80 就能看到 Nginx 首页页面，如图 2-1 所示。

Welcome to nginx!

If you see this page, the nginx web server is successfully installed and working. Further configuration is required.

For online documentation and support please refer to nginx.org.
Commercial support is available at nginx.com.

Thank you for using nginx.

图 2-1　Nginx 首页页面

注意　Nginx 的默认端口号为 80，读者在启动之前应先检查 80 端口的使用情况，防止端口占用导致 Nginx 启动失败。

2.1.2　在 Linux 环境中安装 Nginx

对于 Linux 环境，我们使用 Yum 工具安装，安装指令如下。

```
$ yum install nginx -y
$ nginx
```

安装完成后，打开浏览器访问 http://127.0.0.1:80 查看是否安装成功，效果与图 2-1 保持一致。

2.1.3　在 Docker 环境中安装 Nginx

首先安装 Docker，指令如下。

```
$ docker pull nginx
$ docker run -d -p 80:80 --name nginx nginx:1.17.1
```

安装完成后，校验方式与上述两种环境中的方式一致。

2.2　Nginx 详解

本节主要讲解 Nginx 服务器的核心内容，其中包含 Nginx 的文件的目录结构、命令行参数、配置文件、底层依赖库和 Nginx 内部的工作原理，最后分享一些常用的 Nginx 优化建议，供读者参考。

2.2.1　Nginx 文件的目录结构

Nginx 内部文件不仅包含可执行文件，还包含大量配置项、依赖库和运行日志文件。我们可以使用 nginx -V 指令查看 Nginx 内部文件对应的目录位置，这里以 Mac 系统为例。

```
$ nginx -V
nginx version: nginx/1.17.1
built by clang 10.0.1 (clang-1001.0.46.4)
built with OpenSSL 1.0.2s  28 May 2019
TLS SNI support enabled
configure arguments: --prefix=/usr/local/Cellar/nginx/1.17.1 --sbin-
  path=/usr/local/Cellar/nginx/1.17.1/bin/nginx --with-cc-opt='-
  I/usr/local/opt/pcre/include -I/usr/local/opt/openssl/include' --
  with-ld-opt='-L/usr/local/opt/pcre/lib -L/usr/local/opt/openssl/lib'
  --conf-path=/usr/local/etc/nginx/nginx.conf --pid-
  path=/usr/local/var/run/nginx.pid --lock-
  path=/usr/local/var/run/nginx.lock --http-client-body-temp-
  path=/usr/local/var/run/nginx/client_body_temp --http-proxy-temp-
  path=/usr/local/var/run/nginx/proxy_temp --http-fastcgi-temp-
  path=/usr/local/var/run/nginx/fastcgi_temp --http-uwsgi-temp-
  path=/usr/local/var/run/nginx/uwsgi_temp --http-scgi-temp-
  path=/usr/local/var/run/nginx/scgi_temp --http-log-
  path=/usr/local/var/log/nginx/access.log --error-log-
  path=/usr/local/var/log/nginx/error.log --with-compat --with-debug -
  -with-http_addition_module --with-http_auth_request_module --with-
  http_dav_module ...
```

下面根据指令输出顺序，对 Nginx 中的一些重要目录进行讲解。

- --prefix：Nginx 的安装目录如果用户使用源码编译安装 Nginx，可以自定义安装目录，默认安装在 /usr/local/Cellar/nginx/1.17.1/ 下（Homebrew 安装）。Nginx 的安装目录如下。

```
.
├── CHANGES                          # Nginx 各版本之间变更信息
├── INSTALL_RECEIPT.json             # Homwbrew 安装工具的自带信息
├── LICENS
├── README                           # 帮助信息
├── bin                              # 可执行文件目录
├── html -> ../../../var/www         # Nginx 默认根目录位置
└── share                            # Nginx 帮助文档
```

- --sbin-path：Nginx 可执行文件存放的位置，在 Nginx 安装目录的 bin 子目录下。
- --conf-path：Nginx 默认配置文件存放的位置，默认在 /usr/local/etc/nginx/ 下，结构如下。

```
.
├── fastcgi.conf                     # fastcgi 相关参数的配置文件
├── fastcgi.conf.default             # fastcgi.conf 的原始备份
├── fastcgi_params                   # fastcgi 的参数文件
├── fastcgi_params.default           # fastcgi_params 的原始备份
├── koi-utf                          # 编码转换映射文件
├── koi-win                          # 编码转换映射文件
```

```
├── mime.types                         # 媒体类型文件
├── mime.types.default                 # 媒体类型文件的原始备份
├── nginx.conf                         # Nginx 默认的主配置文件
├── nginx.conf.default                 # nginx.conf 的原始备份
├── scgi_params                        # scgi 相关参数文件，一般用不到
├── scgi_params.default                # scgi_params 的原始备份
├── servers
├── uwsgi_params                       # uwsgi 相关参数文件，一般用不到
├── uwsgi_params.default               # uwsgi_params 的原始备份
└── win-utf                            # 编码转换映射文件
```

- --with-ld-opt：Nginx 运行时加载的库路径，默认包含两个库：OpenSSL 库和 PCRE 库，目录结构如下。

```
├── ...
├── openssl -> ../Cellar/openssl/1.0.2s
├── ...
├── pcre -> ../Cellar/pcre/8.43
├── ...
```

- --pid-path：运行 Nginx 进程对应的文件，在重启 Nginx 服务时会使用到，默认在 /usr/local/var/run/ 目录下，文件名为 nginx.pid，用户也可以自定义文件名。
- --http-log-path、--error-log-path：Nginx 日志文件存在的位置，默认在 /usr/local/var/log/nginx/ 目录下，对应的日志名称分别为 access.log 与 error.log。修改 Nginx 配置文件可以修改日志文件的存放路径和文件名称。

2.2.2 命令行参数

/prefix/bin 目录中存放了 Nginx 的可执行文件，我们可以用它对 Nginx 服务器执行启停、重启、校验配置文件等操作。下面我们详细看一下 Nginx 提供了哪些指令及具体的使用方法。

```
Usage: nginx [-?hvVtTq] [-s signal] [-c filename] [-p prefix] [-g directives]
Options:
  -?,-h         : this help
  -v            : show version and exit
  -V            : show version and configure options then exit
  -t            : test configuration and exit
  -T            : test configuration, dump it and exit
  -q            : suppress non-error messages during configuration testing
  -s signal     : send signal to a master process: stop, quit, reopen, reload
  -p prefix     : set prefix path (default: /usr/share/nginx/)
  -c filename   : set configuration file (default: /etc/nginx/nginx.conf)
  -g directives : set global directives out of configuration file
```

- -?，-h：打印命令行参数帮助信息。

- -c filename：使用用户自定义配置文件 filename 启动 Nginx 服务，默认配置文件为 /etc/nginx/nginx.conf。
- -g directives：设置全局配置，不使用配置文件，例如：

```
nginx -g "pid /var/run/nginx.pid; worker_processes`sysctl -n hw.ncpu`;"
```

- -p：设置 Nginx 路径前缀，默认路径为 /usr/local/nginx。
- -q：在验证配置文件时不打印非错误信息。
- -s signal：向 Nginx 主进程发送信号，可以包含以下参数。
  - stop：快速关闭 Nginx 服务器，可能会造成正在处理的请求发生异常。
  - quit：优雅关闭 Nginx 服务器。
  - reload：使用新的配置项重启 Nginx worker 进程，系统会优雅地关闭旧的 worker 进程。
  - reopen：重新打开日志文件。
- -t：验证配置文件是否符合 Nginx 配置文件语法规范，同时尝试打开配置文件中引用的文件。
- -T：与 -t 参数类似，在验证时会将配置文件信息打印到标准输出。
- -v：打印 Nginx 版本信息。
- -V：打印 Nginx 版本信息，包含编译器版本和配置参数。

注意　在生产环境中，Nginx 服务器有多种管理方式：可以通过自身命令行指令管理；也可以通过系统管理工具管理，如 Systemd；还可以借助 Docker 容器管理。用户可以根据实际使用情况选用合适的管理方式。

2.2.3　配置文件

nginx.conf 为 Nginx 服务器的核心配置文件。Nginx 会根据配置文件中指定的配置项启动，默认配置文件为 /usr/local/etc/nginx/nginx.conf。用户也可以自定义配置项，使用 -c 参数指定配置文件。代码清单 2-1 为 nginx.conf 配置文件示例，读者可以通过它了解 Nginx 配置文件的详情。

代码清单 2-1　nginx.conf 配置文件

```
1 # 以 Nginx 进程运行的用户
2 user nginx;
3 # Nginx 工作的进程数量，默认自动配置，可配置成 CPU 数
4 worker_processes auto;
5 # Nginx 的错误日志位置
6 error_log /var/log/nginx/error.log;
7 # Nginx 进程运行后的进程 id 文件
8 pid /run/nginx.pid;
```

```
 9 # 包含模块文件；*.conf 表示所有以 .conf 结尾的文件
10 include /usr/share/nginx/modules/*.conf;
11 events {                                # events 块开始
12 # 一个 worker 进程的最大连接数
13     worker_connections 1024;
14
15 }                                       # events 块结束
16
17 http {                                  # http 块开始
18 # Nginx 日志格式
19   log_format  main  '$remote_addr - $remote_user [$time_local]
                        "$request" '
20                      '$status $body_bytes_sent "$http_referer" '
21                      '"$http_user_agent" "$http_x_forwarded_for"';
22   # Nginx access_log 日志文件位置
23   access_log  /var/log/nginx/access.log  main;
24   # 设置允许以 sendfile 方式传输文件
25   sendfile            on;
26   # 防止网络阻塞
27   tcp_nopush          on;
28   # 在 TCP 协议中，使用 Nagle 算法，把小包组成大包提高带宽利用率
29   tcp_nodelay         on;
30   # 服务端对连接保持的时间，默认是 65 秒
31   keepalive_timeout   65;
32   # 设置 size 类型哈希表的最大值
33   types_hash_max_size 2048;
34   # 包含资源类型文件
35   include             /etc/nginx/mime.types;
36   # 定义响应的默认 MIME 类型
37   default_type        application/octet-stream;
38   # 引入其他的配置文件，文件名必须以 .conf 结尾
39   include /etc/nginx/conf.d/*.conf;
40   server {
41   # 监听的端口号，写法一
42     listen       80 default_server;
43   # 监听的端口号，写法二
44     listen       [::]:80 default_server;
45   # 对外提供的虚拟主机名称，可以理解为域名；_ 表示无效域名之一，也可以使用 "--" 和 "!@#"
46     server_name  _;
47   # 请求的根目录位置
48     root         /usr/share/nginx/html;
49   # 注释信息
50
51   # 引入其他的配置文件，文件名必须以 .conf 结尾
52     include /etc/nginx/default.d/*.conf;
53     location / {
54     }
55   # 定义将为指定错误显示的 URI，返回状态码为 404。一个 URI 值可以包含变量
56     error_page 404 /404.html;
57     location = /40XX.html {
58     }
```

```
 59    # 定义将为指定错误显示的URI，返回状态码为500或者502、503、504。一个URI值可以包含变量
 60      error_page 500 502 503 504 /50x.html;
 61      location = /50x.html;    # location块开始，精准匹配uri
 62      }                        # location块结束
 63    }                          # server块结束
 64 # server块开始
 65    server {
 66 # 监听端口，ssl表示允许此端口接收的所有连接在SSL模式下工作，http2表示配置端口接收HTTP2
    连接
 67      listen       443 ssl http2 default_server;
 68 # 监听端口的另一种写法
 69      listen       [::]:443 ssl http2 default_server;
 70 # 对外提供的虚拟主机名称，可以理解为域名；_表示无效域名之一，也可以使用"--"和"!@#"
 71      server_name  _;
 72 # 请求的根目录位置
 73      root         /usr/share/nginx/html;
 74 # 指定带有PEM格式证书的文件位置
 75      ssl_certificate "/etc/pki/nginx/server.crt";
 76 # 指定带有PEM格式的密钥文件位置
 77      ssl_certificate_key "/etc/pki/nginx/private/server.key";
 78 # 设置存储会话参数缓存的类型和大小。Shared表示所有工作进程之间共享的缓存
 79      ssl_session_cache shared:SSL:1m;
 80 # 指定客户端可以重用会话参数的时间
 81      ssl_session_timeout  10m;
 82 # 返回客户端支持的密码列表
 83      ssl_ciphers HIGH:!aNULL:!MD5;
 84
 85      ssl_prefer_server_ciphers on;
 86 # 引入其他配置文件，文件名必须以.conf结尾
 87      include /etc/nginx/default.d/*.conf;
 88
 89 # location块开始
 90      location / {
 91 # location块结束
 92      }
 93 # 定义将为指定错误显示的URI
 94      error_page 404 /404.html;
 95 # location块开始，精准匹配URI
 96      location = /40XX.html {
 97 # location块结束
 98      }
 99 # 定义将为指定错误显示的URI
100      error_page 500 502 503 504 /50x.html;
101 # location块开始，精准匹配URI
102      location = /50x.html {
103 # location块结束
104      }
105 # server块结束
106    }
107 }
```

上述配置文件仅包含一些常用的Nginx配置项，更多配置读者可以参考Nginx官网的Directives章节查询。

2.2.4 依赖库

PCRE和OpenSSL为Nginx默认依赖的库。除此之外，Nginx中还可以添加Zlib库，实现压缩功能。我们这里简要介绍一下这些库。

1. PCRE库

PCRE（Perl Compatible Regular Expression）库是一组函数，这些函数使用与Perl 5相同的语法和语义来实现正则表达式模式匹配。在Nginx中，PCRE库与location块结合得比较紧密，可以用来匹配大量静态资源、配置防盗链、禁止爬虫等。以下为防盗链配置示例。

```
server {
...
  location ~* \.(jpg|gif|png|swf|flv|wma|wmv|asf|mp3|mmf|zip|rar)$ {
  valid_referers none blocked  http://www.xxx.com/*;
    if ($invalid_referer) {
      return 404;
    }
  }
...
}
```

注意 Nginx中的location块可以包含多种正则表达式语句。正则表达式语法大致如下。

- ~：匹配指定资源文件，区分大小写；
- ~*：匹配指定资源文件，不区分大小写；
- !~：不匹配指定资源文件，区分大小写；
- !~*：不匹配指定资源文件，不区分大小写；
- ^：匹配以指定内容开头的资源文件；
- $：匹配以指定内容结尾的资源文件；
- \：转义字符；
- *：匹配任意字符。

---

2. OpenSSL库

OpenSSL整个软件包大概可以分成三个部分：SSL协议库、应用程序以及密码算法库。作为一个基于密码学的安全开发包，OpenSSL提供的功能相当强大和全面，囊括了主要的密码算法、常用的密钥、证书封装管理功能以及SSL协议，并提供了丰富的应用程序。在

Nginx 中，其对应的模块为 ngx_http_ssl_module 和 ngx_mail_ssl_module。常见的使用方式是基于 ngx_http_ssl_module 模块实现对站点的访问，示例如下。

```
server {
...
  ssl_certificate      cert.pem;
  ssl_certificate_key  cert.key;
  ssl_session_cache    shared:SSL:1m;
  ssl_session_timeout  5m;
  ssl_ciphers  HIGH:!aNULL:!MD5;
  ssl_prefer_server_ciphers  on;
...
}
```

该配置示例基于 ngx_http_ssl_module 模块指定了 cert.pem 与 cert.key 的文件位置。ssl_ciphers 用来选择加密套件。它们必须是 OpenSSL 能够识别的。且多个加密套件之间使用“！”分隔。“！”表示从算法列表中删除指定加密算法，如！MD5 表示排除 MD5 算法。

3. Zlib 库

Zlib 是通用的压缩库，由 Jean-loup Gailly 和 Mark Adler 开发。其提供了一套完整的压缩和解压缩函数，并可以检测解压后的数据的完整性。Zlib 同时支持读写 gzip（.gz）格式的文件。在 Nginx 中，ngx_http_gzip_module 和 ngx_http_gzip_static_module 模块使用到了 Zlib 库。它主要用于对 http 包内的内容或静态文件进行压缩，减少网络传输量。gzip on 指令能直接开启压缩模式。

```
http {
...
  gzip  on;
  gzip_comp_level 5;
  gzip_min_length 20k;
...
}
```

该配置示例基于 ngx_http_gzip_module 模块开启了 gzip 压缩模式，并设置压缩的级别为 5，原始文件小于 20KB 时不执行压缩操作。

2.2.5　Nginx 的工作原理

图 2-2 展示了 Nginx 的工作原理。Nginx 启动后，会有一个 master 进程和多个 worker 进程。master 进程与 worker 进程之间是通过信号进行交流的。管理员通过发送指令或者信号的形式，来告诉 master 进程应该执行什么操作，最终 master 进程会把信号发送给 worker 进程，由 worker 进程来处理。所有的客户端都会连接 worker 进程。一个 worker 进程可以对应多个客户端，但是多个 worker 进程不会对应同一个客户端。

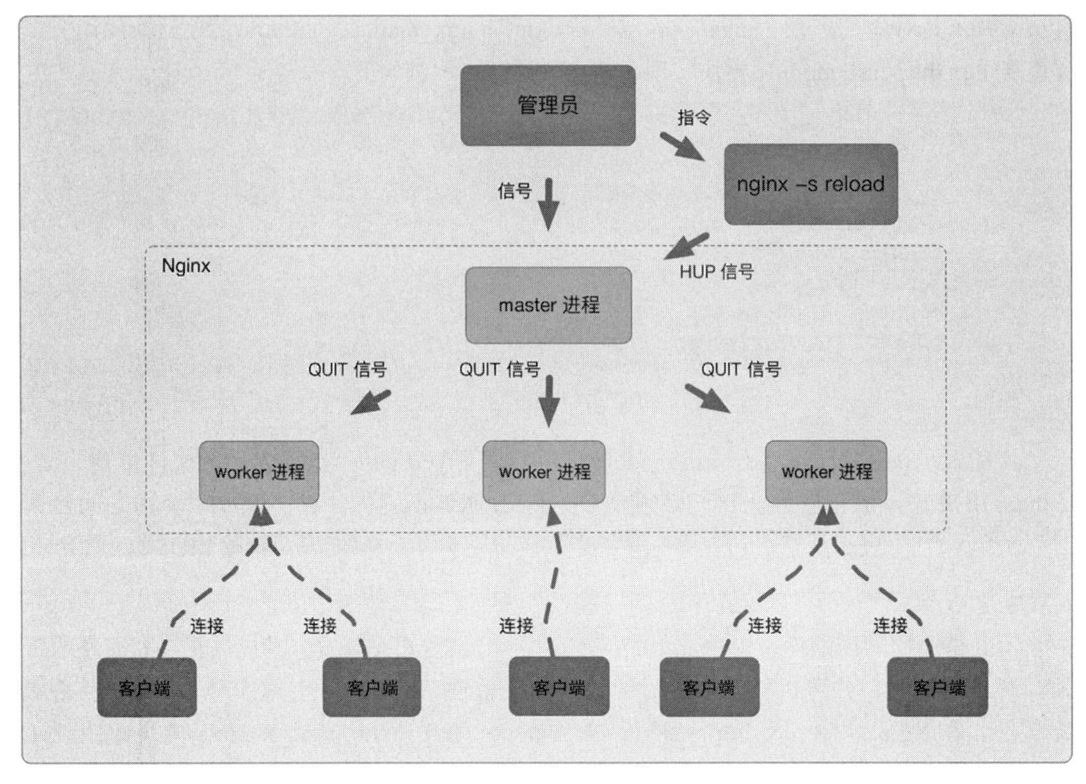

图 2-2　Nginx 的工作原理

master 进程：主要用来管理 worker 进程、接收来自客户端的信号，向 worker 进程发送信号，监控 worker 进程的运行状态。当 worker 进程在异常情况下退出后，Nginx 会自动重新启动新的 worker 进程。master 进程充当整个进程组与客户端的交互接口，同时对 worker 进程进行监控。它不需要处理网络事件，不负责业务的执行，只会通过管理 worker 进程来实现重启服务、平滑升级、更换日志文件、配置文件实时生效等功能。我们要想控制 Nginx，只需要通过 kill 指令向 master 进程发送信号就可以。比如 kill -HUP pid 指令是告诉 Nginx 从容地重启。我们一般用这个信号来重启 Nginx 或重新加载配置，因此服务是不中断的。master 进程在接到信号后，会先重新加载配置文件，然后再启动新的 worker 进程，并向所有旧的 worker 进程发送信号，告诉它们可以退出了。新的 worker 进程在启动后，开始接收新的请求，而旧的 worker 进程在收到来自 master 进程的信号后，就不再接收新的请求，并且处理完当前进程中的所有未处理完的请求后再退出。

worker 进程：主要用来处理基本的网络事件。多个 worker 进程之间是对等的。它们同等竞争来自客户端的请求。各 worker 进程之间是独立的。一个 worker 进程不可能处理其他 worker 进程中的请求。worker 进程之间是平等的，每个进程处理请求的机会也是一样的。每个 worker 进程都是从 master 进程派生而来的。在 master 进程中先建立好需要监听的 socket（listenfd）之后，然后再派生出多个 worker 进程。所有 worker 进程的 listenfd 都会在新连接到来时变为可读。为保证只有一个 worker 进程处理该连接，所有 worker 进程在注册 listenfd 读事件前抢互斥锁 accept_mutex，抢到互斥锁的 worker 进程注册 listenfd 读事件，在读事件里调用 accept 方法接收该连接。worker 进程在调用 accept 方法接收连接之后，就开始读取、解析、处理请求，产生数据后再返给客户端，最后才断开连接。

2.2.6　Nginx 优化指南

在对 Nginx 进行调优时，有一条比较好的准则，就是一次只修改一个配置项，然后进行验证，如果修改之后没有性能上的显著提升，就退回初始值。我们主要从 Linux 配置和 Nginx 配置两大方面讨论常见的 Nginx 优化策略。

1. Linux 配置

Linux 配置项有很多，这里我们仅讨论普通工作负载下最可能需要优化的配置项。

（1）文件描述符

文件描述符是一种操作系统资源，用来处理诸如连接和打开文件的操作。对于每一个连接，Nginx 可以使用两个文件描述符。例如，如果 Nginx 作为代理服务器，其中一个文件描述符用于连接客户端，另一个用于连接被代理的服务器。如果启用了 HTTP Keepalive，连接描述符的使用会少很多。对于有大量连接的系统，可能需要调整如下配置项。

- sys.fs.file_max：系统范围内的文件描述符限制；
- nofile：用户级别的文件描述符，在 /etc/security/limits.conf 文件中配置。

（2）临时端口

如果 Nginx 作为代理服务器，每一个到上游服务器的连接都会使用一个临时端口。

- net.ipv4.ip_local_port_range：用来指定可以使用的端口号范围，如果用户发现端口耗尽，可以增大该值范围，常设置为 1024 到 65000。
- net.ipv4.tcp_fin_timeout：用来指定一个不被使用的端口多久之后可以被另一个连接再次使用，默认值为 60 秒，可以减小到 30 秒或 15 秒。

2. Nginx 配置

这里推荐的 Nginx 配置项适合大多数用户自行调整。其他未提及的配置项，如果用户没有很大的把握，一般不推荐自行修改。

（1）woker_process

Nginx 可以运行多个 worker 进程，每个 worker 进程都能处理大量连接。用户可以修改以下配置项来控制 worker 进程的个数和连接处理方式。

- worker_processes：用来设置 Nginx 的 worker 进程的个数。大多数情况下，一个 CPU 核心对应一个 worker 进程。用户可以将这个值设置为 auto。当 worker 进程需要处理大量磁盘 I/O 操作时，我们可以适当增大该值，默认值为 1。

- worker_connections：表示每个 worker 进程能够同时处理的最大连接数，默认值是 512。该值的大小取决于服务器硬件配置以及流量的特性。

（2）keepalive

建立持久化连接（keepalive）可以减小打开和关闭连接所需要的 CPU 和网络开销，因而对性能提升有重大影响。Nginx 支持客户端和上游服务器的持久化连接。以下配置项涉及客户端持久化连接。

- keepalive_requests：表示客户端能在单个持久化连接上发送多少请求，默认值为 100。用户可以将其设置为更高的值。
- keepalive_tiomeout：表示一个空闲持久化连接能保持打开状态的时间。

以下配置项涉及上游服务器持久化连接：

- keepalive：表示每个 worker 进程连接到上游服务器的空闲持久化连接数量。

为了开启上游服务器持久化连接，我们还需要添加如下配置：

```
proxy_http_version 1.1;
proxy_set_header Connection "";
```

（3）access_log

记录每个请求都需要花费 CPU 和 I/O 资源。减少这种影响的一种方法是启用 access_log，这将导致 Nginx 缓冲一系列日志条目，然后一次性写入文件而不是单个写入。通过 buffer=size 选项设置要使用的缓冲区的大小。通过 flush=time 选项告诉 Nginx 多长时间后把缓冲区中的条目写入文件。定义了这两个选项后，当缓冲区放不下下一条日志，或者缓冲区中的条目容量超过了 buffer 参数指定的大小，Nginx 就会将缓冲区中的条目写入日志文件。当 worker 进程重新打开或者关闭日志文件时，缓冲区中的条目也会被写入文件。

（4）sendfile

sendfile 是一个操作系统特性，也可以在 Nginx 上启用。它通过在内核中从一个文件描述符向另一个文件描述符复制数据（可达到零复制），提供更快的 TCP 数据传输。Nginx 可以使用该机制将缓存或者磁盘上的内容写到 socket，无须从内核空间到用户空间的上下文切换，因而数据传输非常快并且只使用较少的 CPU。由于数据内容不会存放到用户空间，因此在处理过程中不能使用任何需要改变数据内容的 Nginx 过滤器，比如 gzip 过滤器。Nginx 默认没有启用该机制。

注意 零复制可以理解为是一种避免系统将数据从一块存储复制到另外一块内存存储的技术。针对操作系统中的设备驱动程序、文件系统以及网络协议堆栈而出现的各种零复制技术极大地提升了特定应用程序的性能，并且使得这些应用程序可以更加有效地利用系统资源。这种性能的提升就是通过在数据复制的同时，允许 CPU 执行其他的任务来实现的。零复制技术可以减少数据复制和共享总线操作的次数，消除传输数据在存储器之间不必要的中间复制次数，从而有效地提高数据传输效率。

3. 其他配置

除此之外，我们还能启用Nginx缓存或者压缩响应减小响应的大小和带宽占用等方法来提升Nginx的性能。关于更多调优方法，用户可以查看Nginx官网。

2.3 项目实践

在项目实践环节，我们会继续沿用第1章的待办任务列表Web应用示例。首先尝试将网关层组件从Kong切换到Nginx，看一下整体的效果变化；然后修改Nginx配置文件，添加黑白名单和限流功能，完善应用场景；最后将网关层组件从Nginx切换到Kong，同时保留这两项功能，对比一下这两个网关组件的异同点。

2.3.1 从Kong切换到Nginx

这里我们着重介绍Nginx的网关层功能，所以基于1.5.2节的示例进行改造，从Kong网关切换到Nginx，以达到同样的效果。项目目录结构调整为：

```
├── Readme.md
├── backend
├── docker-compose.yml
├── frontend
└── nginx-gateway
```

这里我们删除了原有的kong-gateway项目及里面的文件，新增了一个nginx-gateway项目。首先修改docker-compose.yml启动文件，将原先的Kong启动项配置修改为Nginx，如代码清单2-2所示。

代码清单2-2 Nginx启动项配置

```
24  ...
25  ...
26   nginx:
27     build:
28       context: ./nginx-gateway
29     container_name: nginx
30     ports:
31       - '8000:8000'
32     volumes:
33       - ./nginx-gateway:/etc/nginx/conf.d
34     depends_on:
35       - backend
```

新增的nginx-gateway项目中包含两个配置文件：dockerfile和nginx.conf，其中dockerfile配置文件如下：

```
# nginx dockerfile
FROM nginx:1.17.1
```

nginx.conf 文件中增加了代理后端的一些相关配置，其中路由信息匹配的路径是 /nginx/gateway/todos，对应的后端地址为 http://backend:80/todos，这里我们将 Nginx 监听端口修改为 8000（为了不与 backend 项目冲突）。nginx.conf 配置文件如代码清单 2-3 所示。

代码清单 2-3　nginx.conf 配置文件

```
 1 server {
 2   listen        8000;
 3   server_name   _;
 4
 5   location / {
 6     root    /usr/share/nginx/html;
 7     index   index.html index.htm;
 8   }
 9   location /nginx/gateway/todos {
10     proxy_pass http://backend:80/todos;
11   }
12 }
```

在完成网关层配置之后，我们还需要对之前的前端项目做一些简单修改（变更接口访问地址），将 BACKEND_URL 修改为 http://127.0.0.1:8000/nginx/gateway/todos，其中 127.0.0.1:8000 为 Nginx 网关层入口地址，这样请求便可先抵达网关层，匹配路由后再转发至后端服务，如代码清单 2-4 所示。

代码清单 2-4　对前端项目修改后的配置文件

```
 1 import Vue from 'vue';
 2 import BootstrapVue from 'bootstrap-vue';
 3 import axios from 'axios';
 4 import App from './App.vue';
 5
 6 const http = axios.create({
 7   baseURL: process.env.BACKEND_URL ? process.env.BACKEND_URL : 'http://
       127.0.0.1:8000/nginx/gateway/todos',
 8 });
 9
10 Vue.prototype.$http = http;
11
12
13 Vue.use(BootstrapVue);
14
15 Vue.config.productionTip = false;
16
17 new Vue({
18   render: (h) => h(App),
19 }).$mount('#app');
```

至此，项目已经改造完成。读者使用 docker-compose up -d 指令启动服务后，在浏览器内输入 http://127.0.0.1:8000 访问界面，可以观察到后端服务访问地址已经变更。效果如图 2-3 所示。

2.3.2　添加黑白名单

在完成上述步骤后，我们对接口控制方案进行升级。首先引入黑白名单功能，这个功能在实际应用中非常常见，是接口管控的基本功能。在 Nginx 中添加黑白名单非常简单，只需在 nginx.conf 配置文件中添加代码清单 2-5 所示的代码。

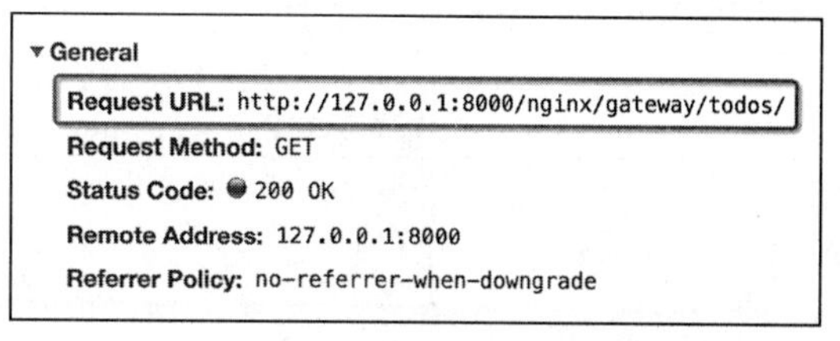

图 2-3　Nginx 网关页面控制台信息

代码清单 2-5　在 nginx.conf 配置文件中添加黑名单

```
 9 ...
10   proxy_pass    http://backend:80/todos;
11   deny          172.20.0.1;
11   allow         all;
12 ...
```

第 11 行代码表示该 Nginx 服务器的路由规则为此后不再接收 IP 地址为 172.20.0.1 的服务器（即 frontend 服务所在服务器）发出的任务请求。在 2.3.1 节中，我们没有对黑白名单做任何限制，默认允许所有请求访问。此时重启 Nginx 服务器，在浏览器中输入 http://127.0.0.1:8000，发现原先正常的接口现在已经访问不通了，效果如图 2-4 所示。

General
Request URL: http://127.0.0.1:8000/nginx/gateway/todos/
Referrer Policy: no-referrer-when-downgrade

图 2-4　Nginx 配置黑名单生效

接下来，我们再修改配置，仅允许前端项目通过网关层访问后端接口，如代码清单 2-6 所示。

代码清单 2-6　nginx.conf 配置文件配置白名单

```
 9 ...
10   proxy_pass    http://backend:80/todos;
11   allow         172.20.0.1;
12   deny          all;
13 ...
```

该配置中表示该 Nginx 服务器的路由规则为仅允许接收 IP 地址为 172.20.0.1 的服务器发出的请求。需要注意的是，在配置多规则情况下，Nginx 默认自上而下读取规则，所以配置顺序不能写错，在配置较多规则时，可以使用 ngx_http_geo_module 模块变量。

2.3.3　添加限流

这一节中，我们继续在接口上添加限流功能。限流的目的在于防止恶意请求攻击和请求流量超过系统峰值，保障服务器可以正常运行。这里我们主要针对请求 URI 进行限流（不包括请求 URI 中的参数）。整体项目结构依旧不做更改，继续修改 nginx.conf 配置文件，如代码清单 2-7 所示。

代码清单 2-7 在 nginx.conf 配置文件中添加限流功能

```
 1 limit_req_zone $uri zone=api_read:10m rate=3r/m;
 2
 3 server {
 4   listen       8000;
 5   server_name  _;
 6
 7   location / {
 8     root   /usr/share/nginx/html;
 9     index  index.html index.htm;
10   }
11   location /nginx/gateway/todos {
12     proxy_pass http://backend:80/todos;
13     limit_req zone=api_read;
14     limit_req_status 503;
15   }
16 }
```

- 第 1 行代码：表示根据请求 URI，限制其请求速率为每分钟 3 次，zone 为存储的空间，空间名为 api_read，大小为 10MB。
- 第 13 行代码：表示在当前 location 配置块中使用这个限流组件。
- 第 14 行代码：表示限流生效时返回的状态码（状态码可自定义，默认返回 503）。

修改完成后，使用 docker restart nginx 指令使配置文件生效。打开浏览器访问 http://127.0.0.1:8000，发现该接口已经无法正常访问，效果如图 2-5 所示。

▾ General
Request URL: http://127.0.0.1:8000/nginx/gateway/todos/
Referrer Policy: no-referrer-when-downgrade

图 2-5 Nginx 限流效果

但是，使用浏览器并不能直接地体会限流功能（也有可能是其他因素导致功能无法使用）。我们可以使用 curl 指令查看接口的响应状态码来分辨接口是否真被限流了。这里执行如下指令进行对比：

```
$ curl -I -m 10 -o /dev/null -s -w %{http_code} http://127.0.0.1:8000/
  nginx/gateway/todos/
200
$ curl -I -m 10 -o /dev/null -s -w %{http_code} http://127.0.0.1:8000/
  nginx/gateway/todos/
503
```

可以发现，第一次调用接口成功返回 200，紧接着第二次调用接口返回 503，表示该接口已经被限流。

2.3.4　从 Nginx 切换到 Kong

在 2.3.2 节和 2.3.3 节中，我们已经使用 Nginx 服务器实现了简单的黑白名单和限流功能，本节我们将切换为 Kong 网关，看一下 Kong 网关是如何实现这些功能的。这里我们沿用 1.5.2 节中的案例，在此基础上进行改造。项目目录结构保持不变，修改其中的 kong.yml 配置文件，如代码清单 2-8 所示。

代码清单 2-8　kong.yml 配置文件

```
14 ...
15 plugins:
16   - name: rate-limiting
17     config:
18       minute: 3
19       policy: local
20     route: route_todolists
21   - name: ip-restriction
22     config:
23       whitelist: ["172.21.0.1"]
24     route: route_todolists
```

在上述配置文件中，我们添加了名为 rate-limiting 和 ip-restriction 的插件（插件会在第 11 章做重点介绍），表示只允许访问 172.21.0.1（即 frontend 地址），且每分钟只能访问 3 次。配置完成后，使用 docker-compose up -d 指令重新启动示例服务，在浏览器中输入 http://127.0.0.1:8000，对比添加完插件之后接口响应内容与原先的差异。效果如图 2-6 和图 2-7 所示。

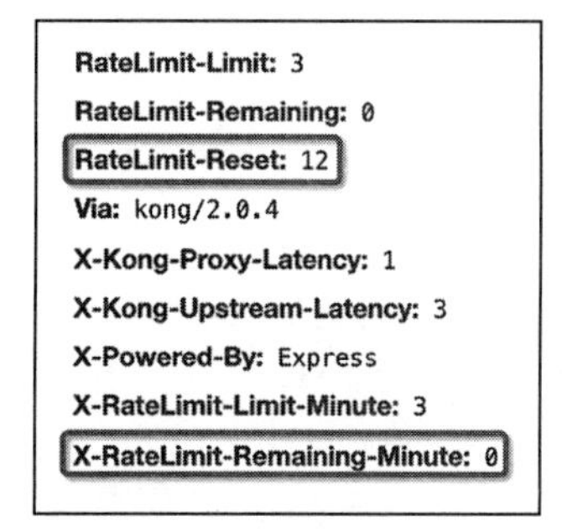

图 2-6　Kong 限流效果图一

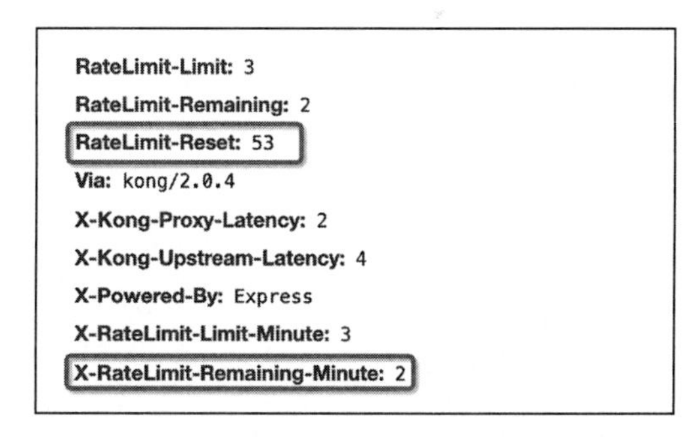

图 2-7　Kong 限流效果图二

响应头中的 X-RateLimit-Limit-Minute 表示限流的次数，即每分钟 3 次；X-RateLimit-Remaining-Minute 表示限流剩余的次数；RateLimit-Reset 表示还需要多长时间才能重置限流插件、恢复访问，单位为秒。

2.3.5　小结

同第 1 章一样，笔者将上述三个示例都封装成独立的项目，运行 docker-compose up -d

指令即可启动。

我们从这几个例子中已经可以分辨出 Kong 网关与 Nginx 服务器之间的一些异同。首先，它们从大的功能层面上趋于一致，都能用比较简单的方式满足一般的定制化需求，但是在功能实现细节上略有不同。具体到限流插件，Nginx 服务器配置每分钟访问 3 次，系统默认会将该配置转化为每 20 秒访问 1 次。Kong 网关在限流上相对人性化，效果与预想的保持一致。再如黑白名单功能，Nginx 支持更加灵活的设定，同时开放黑白名单功能，并全部交由开发者配置。Kong 网关则在单个插件上仅支持黑名单或白名单，限定了使用场景。

这些功能点差异本身并没有优劣之分，用户仅需根据业务场景做出调整即可。

2.4 本章小结

本章主要介绍了 Nginx 服务器的一些常识，包括 Nginx 服务器安装、配置文件描述及一些常用的优化建议。Nginx 作为传统服务器，在性能和可靠性方面毋庸置疑，市场占有率还在攀升。但同时它也正受到新型网关软件的强烈冲击。在云原生热度持续火热的当下，Nginx 赖以生存的高并发、高性能壁垒已开始出现松动。灵活性、易用性、系统伸缩性以及可高度定制化，这些特性变得越来越重要。Kong 网关正是在这种市场需求下应运而生的。

在下一章中，我们会介绍 Lua 脚本语言。作为 Nginx 与 OpenResty、Kong 的关键连接点，Lua 是学习 Kong 网关的必备知识之一。

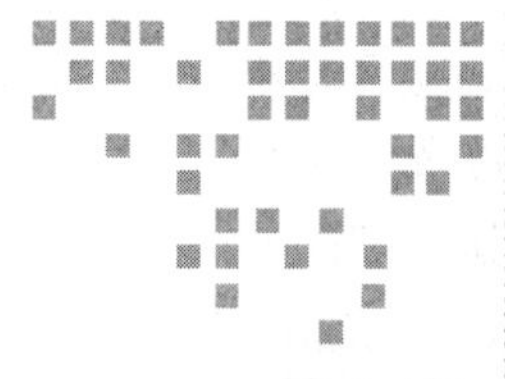

第3章 Chapter 3

Lua 必备知识

如果说Nginx是Kong网关的心脏，那么Lua语言则构筑了Kong网关的整体骨架。无论是路由匹配策略，还是核心插件机制，抑或是命令行指令，其背后都离不开Lua语言。学好Lua语言对掌握Kong网关来说至关重要。

Lua作为一门编程语言，本质上与Java、C或者Python等其他编程语言无异。如果读者有其他编程语言基础，学习Lua语言不会感到很困难。本章从入门规范、数据类型、操作符、表达式语句和库函数这些特性一一介绍Lua语言。读者可以根据自身情况择章节阅读。

3.1 Lua入门与规范

Lua是一门小巧的脚本语言，于1993年在巴西里约热内卢天主教大学诞生。从发布至今，Lua语言几经沉浮。下面我们一起走进Lua语言的世界。在本节中，笔者会带领读者一起了解Lua语言的基础知识、安装流程、解释器原理及一些常用的使用规范。

3.1.1 基础知识

Lua根据标准C编写而成，几乎在所有操作系统和平台上都可以编译、运行。Lua虽小，但五脏俱全。其源码包大小仅有200KB，却拥有一组精简且强大的特性，以及易使用的C API，这使得它非常容易嵌入其他应用程序，从而提供灵活、丰富的扩展和定制功能。然而，Lua语言并没有提供强大的功能库，所以它无法形成完整的技术生态。当然，这是由它的定位所决定的。因此，Lua语言不太适合用来独立开发应用程序。

除此之外，Lua 还有一个同期进行的 LuaJIT 项目，即 Just-In-Time，也就是运行时编译器。LuaJIT 的语法和标准 Lua 的语法类似，但是其运行速度比标准 Lua 快数十倍，可以说是 Lua 的一个高效率版本。

Lua 因为其语言特点，常用于游戏脚本引擎，如《魔兽世界》《愤怒的小鸟》。Lua 与 Nginx 生态环境也结合得非常紧密。Lua 语言大量用于 OpenResty 和 Kong 插件中。总体而言，Lua 语言是 C\C++ 的“王牌搭档”。C\C++ 应用程序与 Lua 语言结合完美地平衡了性能和灵活性，这也正是 Kong 网关能够提供高性能和高度定制化插件的基础。

注意 Lua 是作为一门胶水语言出现的。区别于 C、Java 或者 Python 等生态语言，它没有自己独立的环境，必须依附在宿主语言环境中才能起作用。所以说从一开始，Lua 就非常明确自己的定位：它不想自己做大，而是想做得足够精简、小巧，嵌入宿主语言，以提供一些动态特性。除 Lua 之外，常用的胶水语言还有 Shell 脚本、TCL 语言等。

3.1.2 安装指南

下面我们一起来安装 Lua。与之前几章类似，笔者提供三种不同场景下的安装方法。读者根据自己开发环境选择安装。

1. 在 Mac 环境中安装 Lua

在 Mac 环境中，我们还是选用 Homebrew 工具安装。安装过程如下所示：

```
# 安装 Homebrew，如果已经安装请忽略
$ ruby -e "$(curl -fsSL https://raw.github.com/Homebrew/homebrew/go/install)"
# 安装 Lua
$ brew install lua
# 验证是否安装成功
$ lua -v
Lua 5.3.5  Copyright (C) 1994-2018 Lua.org, PUC-Rio
```

当系统提示 Lua 5.3.5 Copyright（C）1994-2018 Lua.org, PUC-Rio 信息，表示 Lua 环境已经安装成功。

2. 在 Linux 环境中安装 Lua

大多数 Linux 系统已经预装 Lua 程序，一般情况下可以直接使用，但建议读者检查一下预装 Lua 的版本，以防中途因版本问题而引发意外。下面是在 Linux 环境中重新安装 Lua 的方法。

```
$ wget -P /root https://www.lua.org/ftp/lua-5.3.5.tar.gz
$ cd /root && tar xf lua-5.3.5.tar.gz && cd lua-5.3.5
$ make all linux
```

```
$ rm -rf /usr/local/bin/lua
$ rm -rf /usr/bin/lua
$ ln -s /root/lua-5.3.5/src/lua /usr/bin/lua
$ ln -s /root/lua-5.3.5/src/lua /usr/local/bin/lua
$ lua -v
Lua 5.3.5  Copyright (C) 1994-2018 Lua.org, PUC-Rio
```

3. 在Docker环境中安装Lua

使用Docker容器安装Lua的方法：

```
$ docker pull nickblah/lua:5.3.5
$ docker run -it nickblah/lua:5.3.5 /bin/bash
$ lua -v
Lua 5.3.5  Copyright (C) 1994-2018 Lua.org, PUC-Rio
```

安装完毕后，我们简单运行一个Hello World程序。

- 用户可以在控制台先输入Lua脚本，直接进入交互模式：

```
> print("Hello World")
Hello World
```

- 用户也可以选择非交互模式运行：

```
$ echo "print('Hello World')" > helloworld.lua
$ lua helloworld.lua
Hello World
```

3.1.3　解释器

解释器（Interpreter），又称为直译器，能够把高级编程语言转译并运行。它像一个中间人，每次程序运行时都要先转成另一种语言再运行。

在3.1.2节中，用户能够如此便捷地完成Hello World示例就依赖于解释器。解释器显著地提升了程序开发效率，并简化了调试步骤。在交互模式下，用户可以即时获得程序的执行结果。这种所见即所得的交互流程使得编码过程人性化、透明，也大大降低了前期编码的试错成本。

解释器也有弱势，比如相较于二进制文件或者字节码，运行速度比较慢。考量一个编程语言是否足够优秀，性能是极其重要的。Lua语言针对此问题，给出了自己的解决方案，即LuaJIT。这里展示一个简单的示例比较两者的执行效率。代码清单3-1为Lua解释器示例，代码清单3-2为LuaJIT解释器示例，代码清单3-3为两者运行时间的对比。

代码清单3-1　Lua的解释器示例

```
1 #!/usr/local/bin/lua
2 local i = 0
3 while 1 do
4   i = i+1
```

```
5   if i > 10000000 then
6     print(i)
7     break
8   end
9 end
```

代码清单 3-2　LuaJIT 的解释器示例

```
1 #!/usr/local/bin/luajit
2 local i = 0
3 while 1 do
4   i = i+1
5   if i > 10000000 then
6     print(i)
7     break
8   end
9 end
```

代码清单 3-3　运行时间对比

```
$ time ./lua.lua
10000001
./lua.lua  0.16s user 0.00s system 96% cpu 0.166 total
$ time ./luajit.lua
10000001
./luajit.lua  0.01s user 0.00s system 88% cpu 0.015 total
```

可以发现，LuaJIT 解释器的执行效率为 Lua 解释器执行效率的 10 倍以上。LuaJIT 还有很多其他性能优化技巧。感兴趣的读者可以自行查阅资料学习，这对我们今后进行 Lua 脚本开发有非常大的帮助，也是提升性能指标的关键点。

3.1.4　语法规范

大多数编程语言保留了关键字，Lua 语言也不例外。这些关键字不可以用作标识符。相较于 C 语言，Lua 语言保留的关键字比较少（仅 22 个），如表 3-1 所示。这也间接体现了 Lua 相对简洁的语言特征。

表 3-1　Lua 语言保留的关键字

and	break	do	else	elseif	end
false	for	function	goto	if	in
local	nil	not	or	repeat	then
until	true	while	return		

标识符是由非数字开头的任意字母、下划线和数字构成的字符串。Lua 语言是区分大小写的。推荐使用驼峰命名法或下划线命名法定义标识符。

> 注意　标识符命名风格
> 驼峰命名法：正如它的名称CamelCase一样，混合使用大小写字母，首字母小写，常用于面向对象语言命名。

下划线命名法：名称中的每一个逻辑端点都使用下划线分隔，常用于类C语言环境。

Lua语言的一个编译单元被称为一个代码块。从句法构成上讲，一个代码块就是一个语句块。代码块内可以定义局部变量，也可以接收参数，返回若干值，如代码清单3-4所示。

代码清单3-4　Lua语言代码块示例

```
> do
>>   local function foo(...)              -- 定义一个局部函数
>>     for i = 1, select('#', ...) do     -- 获取参数总数
>>       local arg = select(i, ...);      -- 局部变量读取参数
>>         print("arg", arg);
>>       end
>>     end
>>   foo(1, 2, 3, 4);
>> end
arg  1
arg  2
arg  3
arg  4
```

上述例子遵循着词法作用域规则。局部变量可以在它的作用范围内被定义的函数自由使用。当一个局部变量被内层的函数使用的时候，它被内层函数称作上值或者外部局部变量。每次执行到一个local语句都会定义一个新的局部变量。

3.2　数据类型

类似于Python、JavaScript，Lua是动态类型语言。它本身没有专门定义类型的语法，只有值才有类型。在Lua语言中，所有的值都是“一等公民”，这意味着所有的值均可保存在变量中，或者当作参数传递给其他函数，又或者作为返回值。Lua语言总共有8种数据类型：nil、boolean、number、string、function、userdata、thread和table。下面会对它们逐一介绍。

> 注意　静态类型语言和动态类型语言
> 动态类型语言是指在运行期间才去做数据类型检查的语言。也就是说，在用动态类型语言编程时，永远不用给任何变量指定数据类型。该语言会在用户第一次赋值给变量的时候，在程序内部将数据类型记录下来。

静态类型语言与动态类型语言刚好相反，其是在编译期间检查数据类型的。也就是说，在编写程序的时候就要声明所有变量的数据类型。C/C++ 是静态类型语言的典型代表。其他的静态类型语言还有 C#、Java 等。

静态类型语言运行时因为只需运行目标程序，所以运行速度快，但是在编码时要注意变量类型。动态类型语言灵活性高，但当代码量太大时，其不如静态类型语言稳定。所以开发大型项目时，要优先选用静态类型语言。

注意 程序设计语言中的一等、二等、三等公民。

一等公民：可以作为参数传递，也可以从子程序中返回，还可以赋值给变量。

二等公民：可以作为参数传递，但是不能从子程序中返回，也不能赋值给变量。

三等公民：值作为参数传递都不行。

此处再多做一下引申，函数为“一等公民”是函数式编程的基础。

---

1. 空类型（nil）

空类型是值为 nil 的类型。其通常用来表示一个有意义的值不存在时的状态，可以类比于 C、Java 中的 null。

```
> print(type(nil))
nil
```

注意 库函数 type 可以返回当前给定变量的数据类型，类似的有 Python 的 type 函数或者 Node.js 的 typeof 函数。

---

2. 布尔类型（boolean）

布尔类型是值为 true 与 false 的类型。其概念与在其他编程语言中的概念保持一致。nil 和 false 都会导致条件判断为假；而其他任何值都表示条件判断为真。此处示例打印了值为 true 和 false 的类型。

```
> print(type(true))
boolean
> print(type(false))
boolean
```

3. 数值类型（number）

数值类型表示整数和实数（浮点数），包括十六进制和科学计数法，示例如下所示。

```
> print(type(42))
number
```

```
> print(type(3.1415926))
number
> print(type(6.62607015e-34))
number
```

4. 字符串类型（string）

字符串由一对双引号或单引号来表示，表示一个不可变的字节序列。Lua中不支持直接修改某个字符串中的字符，只能按照修改的条件重新创建一个字符串，例如：

```
> print(type("Hello World"))
string
> str1 = 'Hello World'
> print(str1)
Hello World
> str2 = string.gsub(str1, 'World', "Lua")
> print(str2)
Hello Lua
```

示例中，string.gsub方法可以替换字符串中的元素。除此之外，还有很多实用的字符串方法，3.7节会做重点介绍。

5. 函数类型（function）

一个函数定义是一个可执行的表达式。执行结果是一个类型为函数（function）的值。当使用Lua预编译一个代码块时，代码块作为一个函数。Lua的函数类型有以下特点。

1）可以将函数作为参数传递给函数：

```
> increment = function(num, step)
>>   return num + step
>> end
> function addByIncrement(num1, num2, step, increment)
>>   return increment(num1, step) + increment(num2, step)
>> end
> print(addByIncrement(1, 2, 3, increment))  --->9
9
```

2）可以有多个返回值：

```
> s, e = string.find('Hello Lua World', 'Lua')
> print(s, e)
7   9
```

3）允许有可变参数（在函数参数列表中使用“...”表示函数可以有可变参数）：

```
> function add(...)
>> local s = 0
>>   for i, v in ipairs{...} do   --> {...} 表示一个由所有变长参数构成的数组
>>     s = s + v
>>   end
>>   return s
```

```
>> end
> print(add(1,2,3,4,5))  --->15
15
```

6. 用户数据类型（userdata）

用户数据类型允许将 C 程序中的数据保存在 Lua 变量中。用户数据分为两类：完全用户数据，指由 Lua 管理的内存对应的对象；轻量用户数据，指简单的 C 指针。

在 Lua 中，用户数据除了赋值与相等性判断之外，没有其他预定义操作。通过使用元表，用户可以给完全用户数据定义一系列操作，并且只能通过 C API 创建或者修改用户数据。这保证了数据仅被宿主程序所控制。

7. 线程类型（thread）

线程类型表示一个独立的执行序列，用于实现协程。Lua 线程与操作系统的线程毫无关系。Lua 可以为所有系统，包括那些不支持原生线程的系统，提供协程支持。代码清单 3-5 使用 Lua 协程实现了经典的生产者 - 消费者示例。

代码清单 3-5　生产者 – 消费者示例

```
-- 生产者 - 消费者示例
> local newProductor
>
> function productor()
>>    local i = 0
>>    while true do
>>      i = i + 1
>>      send(i)                    --> 将生产的对象发送给消费者
>>    end
>> end
>
> function consumer()
>>    while true do
>>      local i = receive()        --> 从生产者那里得到对象
>>      print(i)
>>    end
>> end
>
> function receive()
>>    local status, value = coroutine.resume(newProductor)
>>    return value
>> end
>
> function send(x)
>>    coroutine.yield(x)           --> x 表示需要发送的值。值返回以后，就挂起该协程
>> end
>
> newProductor = coroutine.create(productor)  --> 启动程序
> consumer()
```

```
1
2
3
4
5
6
7
8
...
...
```

coroutine.create 方法可以用于创建协程。其唯一的参数是该协程的主函数。coroutine.create 方法只负责新建协程并返回其句柄（一个 thread 类型的对象），而不会启动该协程。

coroutine.resume 方法可以用于执行协程。第一次调用 coroutine.resume 时，第一个参数应传入 coroutine.create 返回的线程对象，然后协程从其主函数的第一行开始执行。传递给 coroutine.resume 的其他参数将作为协程主函数的参数传入。协程启动之后，将一直运行到它终止或让出执行权。

协程可能被两种方式终止运行：正常途径是主函数返回（显式返回或运行完最后一条指令）；非正常途径是发生一个未被捕获的错误。对于正常终止，coroutine.resume 将返回 true，并接上协程主函数的返回值。当错误发生时，coroutine.resume 将返回 false 和报错信息。

通过调用 coroutine.yield 可以使协程暂停执行，让出执行权。协程让出时，对应的最近 coroutine.resume 方法会立刻返回。在协程让出的情况下，coroutine.resume 也会返回 true，并加上传给 coroutine.yield 的参数。当重启同一个协程时，其会接着从让出点继续执行。此时，之前让出点处调用的 coroutine.yield 方法会返回，返回值为传给 coroutine.resume 的第一个参数之外的其他参数。

与 coroutine.create 类似，coroutine.wrap 方法也可以用于创建协程。不同之处在于，它不返回协程本身，而是返回一个函数。传递给该方法的任何参数均当作 coroutine.resume 的额外参数。coroutine.wrap 返回 coroutine.resume 的所有返回值，除了第一个返回值（布尔类型的错误码）。和 coroutine.resume 不同，coroutine.wrap 不会捕获错误，而是将错误信息返给调用者。

8. 表类型（table）

表是 Lua 中唯一的数据结构，也是非常灵活的数据结构。它可被用于表示普通数组、序列、符号表、集合、字典、图、树等。对于字典，Lua 使用域名作为索引。Lua 语言提供了 a.name 这样的语法糖来替代 a["name"] 写法。Lua 提供了多种便利的方式来创建表。下面是表作为数组和字典的使用示例。

1）表作为数组的使用示例：

```
> array = {0,1,2,3,4,5}
> for key, value in pairs(array) do
```

```
>>   print(value)
>> end
0
1
2
3
4
5
```

2）表作为字典的使用示例：

```
> config = {system='linux', version='2.6'}
> config.user = "root"
> for key, value in pairs(config) do
>>   print(key..': '..value)
>> end
system: linux
user: root
version: 2.6
```

Lua 语言通过表类型来抽象其他语言中的模块（Module）、包（Package）和对象（Object）等概念。

3.3 操作符

操作符用于执行程序代码运算，可根据代码中的操作数进行运算。Lua 语言中的运算操作符与其他编程语言中的运算操作符类似，分为数学运算操作符、位运算操作符、比较运算操作符、逻辑运算操作符。这些操作符在使用过程中遵循一定的优先级。

1. 数学运算操作符

数学运算操作符是编程语言中最基本的操作符。Lua 数学运算操作符如表 3-2 所示。此处需要注意的是，Lua 在除法中遇到无限循环小数，默认会保留 13 位小数。如果需要保留指定的小数，可以使用 string.format 方法。

表 3-2 Lua 数学运算操作符

操作符	描述
+	加法
-	减法
*	乘法
/	除法
%	取余
^	乘幂
-	负号

2. 位运算操作符

表 3-3 展示了位运算操作符。所有的位运算是将操作数先转换为整数，然后按位操作。其结果也是一个整数。对于右移和左移，均用零来填补空位。若移动的位数为负，则向反方向移动；若移动的位数的绝对值大于等于整数本身的位数，结果为零（所有位都被移出）。

表 3-3　Lua 位运算操作符

操作符	描述
&	按为与
|	按位或
~	按位异或
>>	右移
<<	左移
~	按位非

3. 比较运算操作符

Lua 比较运算操作符如表 3-4 所示。其中，不等于运算符与其他编程语言中的操作符稍有不同，C、C++、Java 中的不等于都为 !=。

表 3-4　Lua 比较运算操作符

操作符	描述
==	等于
~=	不等于
>	大于
<	小于
>=	大于等于
<=	小于等于

4. 逻辑运算操作符

Lua 逻辑运算操作符如表 3-5 所示。在 Lua 语言中，所有的操作符都把 false 和 nil 当作假，而把其他的任何值当作真。取反操作（not）总是返回 false 或 true 中的一个。与操作符（and）表示在第一个参数为 false 或 nil 时，返回第一个参数；否则返回第二个参数。或操作符（or）表示在第一个参数不为 nil 和 false 时，返回第一个参数；否则返回第二个参数。and 和 or 都遵循短路原则。

表 3-5　Lua 逻辑运算操作符

操作符	描述
and	与操作
or	或操作
not	取反操作

5. 其他操作符

Lua 中的“...”与“#”运算符是 Lua 独有的。当我们使用 C++STL 中的字符串时，由于库中的 string 类重新加载了“+”操作符，因此用起来十分的方便。但是在 Lua 中，这是不被允许的。于是，Lua 提供了连接字符串。当两个数字之间使用“...”时，Lua 会将这两个数字转换成一个字符串。“#”在 Lua 中主要用于取长度，应用于字符串与表。字符串的长度就是其字节数，即每个字符为一个字节。

Lua 操作符优先级如表 3-6 所示，优先级由低到高排序。在使用过程中，用户可以用 () 来更改表达式的优先级。

表 3-6　Lua 操作符优先级

优先级	操作符
1	or
2	and
3	< > <= >= ~= ==
4	|
5	~
6	&
7	<< >>
8	..
9	+ –
10	* / // %
11	unary operators（not # – ~）
12	^

3.4　表达式语句

Lua 支持与其他大多数编程语言类似的编程语句，包括赋值语句、控制语句、函数调用语句等。函数调用在上文已有介绍，此处着重分析赋值语句和控制语句。

3.4.1　赋值语句

赋值是改变一个变量的值和表域的最基本方法。Lua 可以同时对多个变量进行赋值。语法定义是等号左边放一个变量列表，等号右边放一个表达式列表，各个元素之间使用逗号分隔开。赋值语句右边的值会赋给左边的变量。Lua 程序在执行过程中遇到赋值语句会先计算右边的值，然后根据右边的值执行赋值操作。赋值过程中可能会遇到两种情况。第一种情况：当左边变量的个数大于右边值的个数时，Lua 程序会依次进行赋值。没有值与之变量对应时，默认为其赋值 nil。最终左边变量都有一个值。第二种情况：当左边变量的个数小于右边值的个数时，Lua 程序会依次进行赋值，并弃掉右边多余的值。示例代码如下：

```
>> a,b,c,d = 1,2,3,4
> print(a,b,c,d)
```

```
1  2    3    4
> a,b,c,d,e = 1,2,3
> print(a,b,c,d,e)
1  2    3    nil    nil
> a,b,c = 1,2,3,4,5
> print(a,b,c)
1  2    3
```

3.4.2　控制语句

大多数编程语言中包含控制语句，Lua也不例外。下面详细介绍Lua语言中控制语句的使用方法，并给出一些示例，供读者参考。

1. 条件判断语句

if语句由一个布尔表达式作为条件判断。当布尔表达式为true时，if语句中的代码块会被执行；当布尔表达式为false时，紧跟在if语句end之后的代码会被执行。示例参考代码清单3-6。

代码清单3-6　条件判断语句示例

```
> a = 100                          --> 定义变量
> if(a == 10)                      --> 检查布尔条件
>> then
>>    print("a 的值为 10")
>> elseif(a == 20)                 --> 检查布尔条件
>> then
>>    print("a 的值为 20")
>> elseif(a == 30)                 --> 检查布尔条件
>> then
>>    print("a 的值为 30")
>> else                            --> 检查布尔条件
>>    print(" 没有匹配 a 的值 ")
>> end
没有匹配 a 的值
> print("a 的真实值为 : ", a)      --> 打印 a 的真实值
a 的真实值为 :  100
```

2. for循环语句

for循环语句可以通过语句中的参数来重复执行指定语句。在Lua语言中，for循环分为两种，数值for循环与泛型for循环。

- 数值for循环：通过一个数学运算符不断地运行for语句内部中的代码块。
- 泛型for循环：通过一个迭代器函数来遍历所有值，类似Java中的foreach语句。

代码清单3-7显示了使用for循环语句打印0到30之间的素数。

代码清单3-7　for循环语句示例

```
> -- 打印 0 到 30 之间的素数及素数个数
> offVar = 0
```

```
> endVar = 30
> primevar = 0
> for number = offVar,endVar
>> do
>>   isPrime = true
>>   for i = 2,number-1 do
>>     if(number%i == 0)then
>>       isPrime =  false
>>     else
>>       end
>>     end
>>     if(isPrime)then
>>       primevar = primevar + 1
>>     print(number.."为素数")
>>   end
>> end
0 为素数
1 为素数
2 为素数
3 为素数
5 为素数
7 为素数
11 为素数
13 为素数
17 为素数
19 为素数
23 为素数
29 为素数
> print("素数总数为: "..primevar)
素数总数为: 12
```

3. while 语句

在 Lua 语言中，只要循环条件为真，while 语句就会一直执行，直到循环条件为假。示例参考代码清单 3-8。该示例使用 while 语句打印区间 [0, 10）内的数字。

代码清单 3-8　while 语句示例

```
> -- 打印区间 [0,10) 内的数字
> a=0
> while(a < 10)
>> do
>>   print("a 的值为 :", a)
>>   a = a+1
>> end
a 的值为 :  0
a 的值为 :  1
a 的值为 :  2
a 的值为 :  3
a 的值为 :  4
a 的值为 :  5
a 的值为 :  6
```

```
a 的值为 :  7
a 的值为 :  8
a 的值为 :  9
```

4. repeat 语句

与 for、while 语句不同，repeat 语句会在代码块执行结束后再进行条件判断。代码清单 3-9 相较于代码清单 3-8 会多打印数字 10。

代码清单 3-9　repeat 语句示例

```
> -- 打印区间 [0,10] 内的数字
> a=0
> repeat
>>    print("a 的值为 :", a)
>>    a = a + 1
>> until(a > 10)
a 的值为 :  0
a 的值为 :  1
a 的值为 :  2
a 的值为 :  3
a 的值为 :  4
a 的值为 :  5
a 的值为 :  6
a 的值为 :  7
a 的值为 :  8
a 的值为 :  9
a 的值为 :  10
```

5. break & goto 语句

break 语句用来结束 while、repeat 或 for 循环。它将跳到循环外接着运行或者跳出最内层的循环。示例参考代码清单 3-10。

代码清单 3-10　break & goto 语句

```
> -- 打印区间 [0,5] 内的数字
> a = 0
> while(a < 10)
>> do
>>    print("a 的值为 :", a)
>>    a=a+1
>>    if(a > 5)
>>    then
>>      break  --> 使用 break 语句终止循环
>>    end
>> end
a 的值为 :  0
a 的值为 :  1
a 的值为 :  2
a 的值为 :  3
```

```
a 的值为：  4
a 的值为：  5
```

goto 语句将程序的控制点转移到标签处。Lua 中的标签也被认为是语句。Lua 支持 goto 语句，但是有一定的局限性，具体如下。

1）不能从块外部跳到块内部。

2）不能跳出或者跳入一个函数。

3）不能跳入本地变量的作用域。

由于 goto 语句在实际中不常用，此处不做详细介绍。

3.5 Lua 库

Lua 库是利用 C 语言 API 实现的，提供了丰富的函数。其既可在库文件内部使用，也可以供外部调用。Lua 库分为基础库（Basic library）、协程库（Coroutine Library）、包管理库（Package Library）、字符串控制（String Manipulation）、基础 UTF-8 支持（Basic UTF-8 Support）、表控制（Table Manipulation）、数学函数（Mathematical Function）、输入 / 输出（Input and Output）、操作系统处理（Operating System Facility）、调试工具（Debug Facility）。下面展示使用表控制中的 table.sort 方法对表进行排序。

```
> animal = {"lion","alpaca","panda","tiger","wolf"}
> table.sort(animal)  -- 按照首字母顺序排序
> for k,v in ipairs (animal) do
>> print (k, v)
>> end
1   alpaca
2   lion
3   panda
4   tiger
5   wolf
```

下面介绍一些常用的库及其对应的方法。

1. 基础库

基础库提供了不少 Lua 核心方法。该库包含的方法详情如表 3-7 所示。

表 3-7 基础库方法

方法	描述
ipairs(t)	用于遍历表，返回三个值：next 函数、表 t、0
pairs(t)	用于遍历表，返回三个值：next 函数、表 t、nil
next(table[,index])	用于遍历表结构，第一个参数为表，第二个参数为表中有效的索引值，返回值为指定索引的下一个索引及其对应的值
print(…)	用于输出传入的参数
type(v)	用于返回输入参数的类型，返回值为字符串，类型包括 nil、number、string、boolean、table、function、thread 和 useredata

2. I/O 库

I/O 库对文件的操作包含两种风格，一种是基于文件句柄，对应的方法详情如表 3-8 所示；另一种是基于当前操作的文件，对应的方法详情如表 3-9 所示。

表 3-8　I/O 库方法：基于文件句柄的方法

方法	描述
io.close([file])	用于关闭打开的文件，等效于 file:close()。如果没有文件，则关闭默认输出文件
io.flush()	用于将用户程序中的缓存区数据强制写入文件或者内存变量，并清空输出缓存区，等同于 io.output():flush()
io.input([file])	用于设置默认输入文件
io.lines([filename,…])	用于以只读模式打开一个文件，并返回一个迭代器函数。每次调用迭代器函数时都会向文件返回一行数据
io.open(filename[,mode])	用于以指定的模式打开文件
io.output([file])	用于设置输出文件
io.popen(prog[,mode])	用于返回 prog 的文件句柄。prog 表示该函数可以调用的一个系统命令
io.read(…)	用于读取文件中的第一行内容，等同于 io.input():read(…)
io.tmpfile()	用于返回一个临时文件的句柄。该文件以可读 / 写方式打开，程序结束时被自动删除
io.type(obj)	用于检查当前文件是否为可用的文件句柄，有三种返回值：file、closed file、nil。其中，file 表示当前文件句柄为打开状态，closed file 表示当前文件句柄为关闭状态，nil 表示当前文件句柄不存在
io.write(…)	用于在当前文件中写入内容。该内容会覆盖之前的文件内容，等同于 io.input():write()

表 3-9　I/O 库方法：基于当前操作的文件的方法

方法	描述
file:close()	用于关闭打开的文件
file:flush()	用于将缓存区中的数据写入文件
file:lines(…)	用于打开一个文件，并返回一个迭代器函数。每次调用迭代器函数时都会向文件返回一行数据。与 io.lines() 不同，该方法在循环语句结束后不会关闭文件
file:read(…)	用于以指定格式读取文件内容。指定格式包含 4 种：*n 表示从文件当前位置读取一个字符，如果该字符不是数字，则返回 nil；*l 表示若下一行内容处于文件结尾，则返回 nil（默认）；*a 表示从当前位置读取整个文件，若当前位置处于文件结尾，则返回空字符串；number 表示读取指定字节数的字符，若当前位置处于文件结尾，则返回 nil
file:seek([whence[,offset]])	用于设置和获取当前文件位置，成功时返回最终的文件位置；失败时返回 nil 及错误信息；缺省时 whence 默认为 cur，offset 默认为 0。whence 参数包含三种：set 表示文件开头位置；cur 表示当前位置；end 表示文件结尾位置
file:setvbuf(mode[,size])	用于设置输出文件的缓存模式。缓存模式分为三种：no 表示没有缓存，即直接输出；full 表示全缓存，即达到指定缓存值后才输出；line 表示以行为单位输出
file:write(…)	用于将该函数中的参数写到文件末尾。参数必须是字符串或数字，若要输出其他值，则需通过 tostring 或 string.format 进行转换

代码清单3-11和代码清单3-12利用I/O库方法实现了相同的功能：文件复制，但是使用了不同的实现风格。读者可以比较这两种实现的异同点，以便更好地理解I/O库方法。

代码清单 3-11 I/O 库代码示例：基于文件句柄的方法

```
> function copy(src, dst)
>>   local src_file = io.input(src)
>>   if not src_file then
>>     print(src.." 不存在 ")
>>     return
>>   end
>>   local str = io.read("*a")
>>   local dst_file = io.output(dst)
>>   io.write(str)
>>   io.flush()
>>   io.close()
>> end
> copy("lua.lua","lua.bak")
```

代码清单 3-12 I/O 库代码示例：基于当前操作的文件的方法

```
> function copy(src, dst)
>>   local src_file, err = io.open(src,"r")
>>   if not src_file then
>>     return false, err
>>   end
>>   local content = src_file:read("*a")
>>   src_file:close()
>>   local dst_file, err = io.open(dst, "w")
>>   if not dst_file then
>>     return false, err
>>   end
>>   dst_file:write(content)
>>   dst_file:close()
>>   return true
>> end
> copy("lua.lua","lua.bak")
true
```

3. 表库

表库提供了处理表的通用方法，包括从表（List）中插入、删除元素的方法以及对数组（Array）元素排序的方法。如果需要对表进行取长操作，那么表必须是一个真序列或者拥有 __len 元方法。表库方法详情如表3-10所示。

表 3-10 表库方法

方法	描述
table.concat(list[,sep[,i[,j]]])	用于返回表中自定义连接符拼接的数据，要求所连接的数据必须为数字或者字符串，即 table[*i*]..sep..table[*i*+1] · · · sep..table[*j*]。其中，sep 表示连接符，默认为空字符串；*i* 表示表的索引，默认为 1；*j* 表示表的长度。如果 *i* 大于 *j*，则返回空字符串
table.insert(list,[pos,]value)	用于在指定位置向表中插入数据。pos 表示索引位置
table.move(a1,f,e,t[,a2])	表示把表 a1 中下标从 *f* 到 *e* 的 value 移到表 a2，其中 *t* 表示 a2 表的下标
table.pack(···)	用于获取一个索引从 1 开始的参数表，并且对这个表预定义一个字段 *n*。*n* 表示该表的长度
table.remove(list[,pos])	用于从表中移除并返回一个元素。pos 默认为该表的长度
table.sort(list[,comp])	用于对表中的元素进行排序，默认是升序
table.unpack(list[,i[,j]])	用于表拆解并返回指定位置的元素，与 table.pack(...) 功能相反

4. 字符串库

字符串库提供了处理字符串的通用方法，包括字符串查找，子串、模式匹配等方法。当在 Lua 中对字符串做索引时，第一个字符从 1 开始计算。索引可以是负数，指从字符串末尾反向解析，即最后一个字符的位置为 –1，依次类推。

字符串库中的所有方法都在字符串表中。它还将其设置为字符串元表的 __index 域。因此，用户可以以面向对象的形式使用字符串方法。例如，string.byte（s,i）可以写成 s:byte（i）。字符串库方法详情如表 3-11 所示。

表 3-11 字符串库方法

方法	描述
string.byte(s[,i[,j]])	用于返回字符所对应的 ASCII 码。其中，*i* 默认值为 1，即第一个字节；*j* 默认值为 *i*
string.char(···)	用于接收 0 个或多个整数（整数范围为 0 ～ 255），并返回这些整数对应的 ASCII 码组成的字符串，默认为 0
string.dump(function[,strip])	用于返回所给函数的二进制字符串
string.find(s,p[,init[,plain]])	用于字符串匹配，表示在字符串 s 中第一次匹配字符串 p，若匹配成功，则返回字符串 p 在字符串 s 中出现的开始位置和结束位置；若匹配失败，则返回 nil。第三个参数 init 默认为 1，可以为负整数。当 init 为负数时，表示从字符串 s 的“string.len(s) + init + 1”索引处开始向后匹配字符串 p。第四个参数默认为 false
string.format(formatstring, ···)	表示按照参数 formatstring 返回后面内容的格式化版本
string.gmatch(s, p)	用于返回一个迭代器函数。通过该迭代器函数可以遍历字符串 s 中出现字符串 p 的所有位置
string.gsub(s,p,rl[,n])	用于将目标字符串 s 中所有的字符串 p 替换成字符串 r，可选参数 *n* 表示限制的替换次数。返回值有两个，第一个是被替换后的字符串，第二个是替换的次数

（续）

方法	描述
string.len(s)	用于接收一个字符串，并返回其长度。空字符串的长度为 0
string.lower(s)	用于接收一个字符串 s，返回一个把所有大写字母变成小写字母的字符串
string.match(s,p[,init])	表示在字符串 s 中模式匹配字符串 p，若匹配成功，则返回目标字符串中模式匹配的子字符串；否则返回 nil。第三个参数 init 默认为 1，可以为负整数。当 init 为负数时，表示从字符串 s 的“string.len(s) + init + 1”索引处开始向后匹配字符串 p
string.rep(s,n[,sep])	用于返回字符串 s 的 *n* 次副本。sep 为分割符，默认没有
string.reverse(s)	用于接收一个字符串 s，返回这个字符串的反转
string.sub(s,i[, j])	表示返回字符串 s 中索引 *i* 到索引 *j* 之间的子字符串。当 *j* 为缺省时，默认为 -1，也就是字符串 s 的最后位置。*i* 可以为负数。当索引 *i* 在字符串 s 的位置在索引 *j* 后面时，返回一个空字符串
string.upper(s)	用于接收一个字符串 s，返回一个把所有小写字母变成大写字母的字符串

3.6 本章小结

本章主要介绍了 Lua 语言的必备知识，包括安装使用、数据结构、操作符、控制语句及一些常用的 Lua 库。读者如果想要深入了解 Lua 语言，可以参考 Lua 官方文档，或者阅读由 Lua 语言开发的开源软件源码。OpenResty 和 Kong 中均包含大量的 Lua 代码。

下一章会重点介绍 OpenResty 服务器，届时笔者可以对 OpenResty 服务器做一些定制开发。

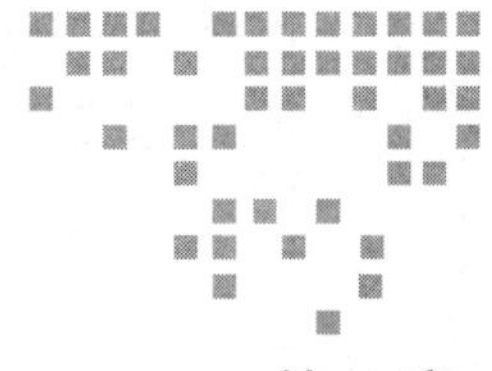

第 4 章 Chapter 4

OpenResty 必备知识

在前几章中，我们已经或多或少地对 OpenResty 服务器有了一些印象。本章会详细讲解 OpenResty 的方方面面。

OpenResty 不仅是一款强大的 Web 应用服务器，也是一款高性能 API 网关，具有灵活的定制化功能。Kong 网关之所以出色，有一大半功劳归于 OpenResty。在本章的实践环节，笔者会使用 Lua 语言配合 OpenResty 实现一套黑白名单插件，还会使用 SystemTap 工具生成火焰图，以便发现自定义脚本中的性能瓶颈，从而展开优化。

4.1 OpenResty 入门安装

学习 OpenResty 也是从最简单的下载、安装开始。与之前一样，我们提供在 Mac、Linux 和 Docker 三种环境中的安装方法。读者可挑选合适的环境进行安装。

4.1.1 在 Mac 环境中安装 OpenResty

在 Mac 环境中，我们依旧选用 Homebrew 工具安装。安装指令如下所示：

```
# 安装 Homebrew，如果已经安装请忽略
$ ruby -e "$(curl -fsSL https://raw.github.com/Homebrew/homebrew/go/install)"
$ brew install openresty/brew/openresty
$ openresty
```

安装完成后，打开浏览器访问 http://127.0.0.1:80 就能看到 OpenResty 欢迎页面，如图 4-1 所示。可以发现，OpenResty 欢迎界面和 Nginx 欢迎页面十分相似。

Welcome to OpenResty!

If you see this page, the OpenResty web platform is successfully installed and working. Further configuration is required.

For online documentation and support please refer to openresty.org.
Commercial support is available at openresty.com.

Thank you for flying OpenResty.

图 4-1 OpenResty 欢迎页面

4.1.2 在 Linux 环境中安装 OpenResty

在 Linux 环境中，我们使用 Yum 工具安装。安装指令如下所示：

```
# 如果依赖已安装，请忽略
$ yum -y install pcre-devel openssl openssl-devel gcc perl wget
$ wget -P /root https://openresty.org/download/openresty-1.17.8.2.tar.gz
$ tar xf /openresty-1.17.8.2.tar.gz -C /root
$ cd /root/openresty-1.17.8.2/
$ ./configure -j2
$ gmake && gmake install
$ ln -s /usr/local/openresty/bin/openresty /usr/bin/openresty
$ openresty
```

安装完成后，打开浏览器访问 80 端口。OpenResty 欢迎页面如图 4-1 所示。

4.1.3 在 Docker 环境中安装 OpenResty

首先安装 Docker，指令如下：

```
$ docker pull openresty/openresty:1.17.8.2-1-centos
$ docker run -d -p 80:80 --name openresty openresty/openresty:1.17.8.2-1-centos
```

安装完成后，打开浏览器输入 http://127.0.0.1:80，效果如图 4-1 所示。

注意 这里 OpenResty 的版本号为 1.17.8.2。其实，它的版本号由两部分组成：1.17.8 为 Nginx 内核版本，2 为 OpenResty 版本。

4.2 OpenResty 详解

我们先来看一下 OpenResty 服务器的目录结构、Resty CLI 和包管理工具。

4.2.1 OpenResty 服务器的目录结构

OpenResty 服务器的目录结构中除了包含可执行文件之外，还包含大量 Lua 组件、LuaJIT 运行库、resty 命令行工具、文档查看工具和第三方组件包等。我们可以使用 openresty -V 指令来查看 OpenResty 的默认安装路径。这里以 Mac 系统为例。

```
$ openresty -V
nginx version: openresty/1.17.8.2
built by clang 11.0.0 (clang-1100.0.33.8)
built with OpenSSL 1.1.1g  21 Apr 2020
TLS SNI support enabled
configure arguments: --prefix=/usr/local/Cellar/openresty/1.17.8.2_1/nginx
  --with-cc-opt='-O2 -I/usr/local/include -
  I/usr/local/opt/pcre/include -I/usr/local/opt/openresty-
  openssl111/include' ... --pid-path=/usr/local/var/run/openresty.pid
  --lock-path=/usr/local/var/run/openresty.lock --conf-
  path=/usr/local/etc/openresty/nginx.conf --http-log-
  path=/usr/local/var/log/nginx/access.log --error-log-
  path=/usr/local/var/log/nginx/error.log ...
```

我们发现 openresty -V 指令与第 2 章中的 nginx -V 指令输出的信息几乎一样，这也间接反映了 Nginx 与 OpenResty 两者之间的关联。进入安装目录 /usr/local/Cellar/openresty/1.17.8.2_1/，可以发现整体目录结构，具体如下。

```
.
├── COPYRIGHT
├── INSTALL_RECEIPT.json       # Homwbrew 安装工具的自带信息
├── README.markdown            # 帮助信息
├── bin                        # 可执行文件位置
├── homebrew.mxcl.openresty.plist
├── luajit                     # LuaJIT 运行库
├── lualib                     # Lua 组件
├── nginx                      # Nginx 核心运行平台
├── pod                        # 参考手册 (restydoc) 使用的数据
├── resty.index
└── site                       # 包管理工具 (opm) 使用的数据
```

bin 目录中的 openresty 可执行文件其实本质就是 nginx：

```
.
├── ...
├── openresty -> ../nginx/sbin/nginx
├── ...
```

4.2.2　Resty CLI

OpenResty 的 bin 目录中存放了很多可执行文件，它们统称为 Resty CLI。其中，最为有用的是 resty 命令行工具。bin 目录的文件结构如下：

```
.
├── md2pod.pl
├── nginx-xml2pod
├── openresty -> ../nginx/sbin/nginx
├── opm
```

```
├── resty
├── restydoc
└── restydoc-index
```

❑ md2pod.pl：主要用于将 GitHub 风格的 Markdown 格式文档转换为 Perl 的 POD 格式文档。代码清单 4-1 展示了它的基本用法。

代码清单 4-1 使用 md2pod 转换文件格式

```
$ file README.markdown
README.markdown: UTF-8 Unicode text
$ md2pod.pl -o READE README.markdown
$ file READE
READE: Perl POD document text, UTF-8 Unicode text, with very long lines
```

❑ nginx-xml2pod：主要用于将 Nginx 官方的 XML 格式文档转换为 Perl 的 POD 格式文档（用法与 md2pod.pl 相似）。

❑ openresty：本质就是 Nginx 指令，软链接到 Nginx 可执行文件。

```
$ ll openresty
lrwxr-xr-x  1 admin  admin  19  8 11 10:00 openresty -> ../nginx/sbin/nginx
```

❑ opm：OpenResty 官方包管理工具。

❑ restydoc：使用命令行方式查看 OpenResty、Nginx 文档，例如代码清单 4-2 查看 Nginx 的 ngx_http_access_module 模块文档。

代码清单 4-2 查看 ngx_http_access_module 模块文档

```
$ restydoc ngx_http_access_module
ngx_http_access_module(7)           nginx           ngx_http_access_module(7)
NAME
...
Example Configuration
  location / {
    deny  192.168.1.1;
    allow 192.168.1.0/24;
    allow 10.1.1.0/16;
    allow 2001:0db8::/32;
    deny  all;
  }
...
Directives
...
```

❑ restydoc-index：主要用于通过扫描用户指定目录中的 Markdown 和 POD 格式文档来生成文档索引。

❑ resty：其可以像 Lua 解释器或者 LuaJIT 一样，直接运行 OpenResty 环境下的 Lua 脚本。该工具会创建一个 Nginx 实例，但是如守护程序、master 进程、日志文件等非必需组件都会被禁用。由于配置中不包含 server 块，因此不涉及监听套接字。输入的 Lua 代码由 init_worker_by_lua 指令初始化，在 ngx.timer 的回调方法中运行，因此在 ngx.timer 上下文中所有可运行的 ngx_lua API 都可以在 resty 命令行中使用。

4.2.3　OpenResty 包管理工具

大多数编程语言或者开发环境会提供配套的包管理工具。OpenResty 将 OPM 作为官方包管理工具，同时支持 LuaRocks。

1. OPM

OPM 全称 OpenResty Package Manager，是 OpenResty 官方提供的包管理工具。用户可以使用 opm 命令行远程下载第三方包，也可以将自己写的包应用上传至服务器，供其他开发者使用。OPM 同 OpenResty 程序一起安装，不需要用户单独安装，在安装完 OpenResty 之后即可直接使用。OPM 对 restydoc 工具也提供了支持，方便用户查看文档。

用户可以输入 opm -h 指令查看 OPM 的具体使用方式。这里我们介绍一些高频使用的指令，具体如下。

```
list                      列出已经安装的包，并显示包的名称与版本
remove PACKAGE...         删除一个包
search QUERY...           在 opm.openresty.org 的 PostgreSQL 数据库中搜
                          索包名或者摘要信息匹配的包，第一次查询较慢，查询结束后把结果缓
                          存一段时间
update                    将本地安装的包全部更新为最新版本
upgrade PACKAGE...        更新指定包到最新版本
```

读者在使用 OPM 过程中应按搜索、选择、安装、验证等步骤进行操作。代码清单 4-3 为读者展示了安装 pgmoon 模块（使用 Lua 编写的 PostgreSQL 客户端库）。

代码清单 4-3　使用 OPM 安装 pgmoon 模块

```
# 搜索
$ opm search pgmoon
gnois/losty                       Web framework in Luaty on OpenResty
xiangnanscu/pgmoon                A PostgreSQL client library written in pure
                                  Lua (MoonScript)
xiangnanscu/lua-resty-query       convenient wrapper for lua-resty-mysql or
                                  pgmoon
leafo/pgmoon                      A PostgreSQL client library written in pure
                                  Lua (MoonScript)
agentzh/pgmoon                    A PostgreSQL client library written in pure
                                  Lua (MoonScript)
# 选择、安装
$ opm install agentzh/pgmoon
# 验证
$ opm list
agentzh/pgmoon                    1.6.0
```

```
# 更新版本
$ opm upgrade agentzh/pgmoon
* Fetching agentzh/pgmoon > 1.6.0
Package agentzh/pgmoon 1.6.0 is already the latest version.
```

在安装过程中，如何选择合适的包是一个比较棘手的问题，因为 OPM 包管理工具中没有提供下载次数或者软件评级这种有效信息供我们选择。这里，笔者推荐用户认准第三方包的开发者，比如此处我们选择了 OpenResty。

2. LuaRocks

LuaRocks 是 OpenResty 的另一个包管理工具。它出现在 OPM 之前，是 Lua 语言中经典的包管理工具。OPM 只能管理 OpenResty 相关的包，而 LuaRocks 的管理范围更大，作用于整个 Lua 环境。例如 luasql-mysql 第三方包是 lua 脚本连接 MySQL 的工具包，但并不能在 OpenResty 中使用。

读者可以使用 luarocks --help 指令查看 LuaRocks 的具体使用方法。这里同样只介绍比较常用的指令。

```
--tree=<tree>           指定对应的目录，Mac 中默认的目录为 /usr/local
install                 安装一个 rock 包
list                    列出已经安装的 rock 包
purge                   在指定的 tree 目录下删除所有已经安装的包
remove                  删除一个 rock 包
search                  在 LuaRocks 服务中搜索一个 rock 包
show                    显示已经安装的 rock 包信息
```

LuaRocks 的使用方法与 OPM 相似。不同的是，LuaRocks 在安装某些包时需要安装依赖。这里同样以 pgmoon 模块为例，参考代码清单 4-4。

代码清单 4-4　使用 LuaRocks 安装 pgmoon 模块

```
# 搜索
$ luarocks search pgmoon
...
kpgmoon
  1.8.1-1 (rockspec) - https://luarocks.org
  1.8.1-1 (src) - https://luarocks.org
pgmoon
  1.11.0-1 (rockspec) - https://luarocks.org
  1.11.0-1 (src) - https://luarocks.org
  1.10.0-1 (rockspec) - https://luarocks.org
  1.9.0-1 (rockspec) - https://luarocks.org
  1.9.0-1 (src) - https://luarocks.org
  ...
pgmoon-mashape
  2.0.1-1 (rockspec) - https://luarocks.org
  2.0.0-1 (rockspec) - https://luarocks.org
  1.7.0-1 (rockspec) - https://luarocks.org
```

```
# 安装到指定的tree目录中
$ luarocks install pgmoon --tree=~/Desktop/test/
Installing https://luarocks.org/pgmoon-1.11.0-1.src.rock
Missing dependencies for pgmoon 1.11.0-1:
  luabitop (not installed)
  lpeg (not installed)
...
# 安装依赖
$ luarocks install luabitop --tree=~/Desktop/test/
Installing https://luarocks.org/luabitop-1.0.1-1.src.rock
...
luabitop 1.0.1-1 is now installed in ~/Desktop/test
$ luarocks install lpeg --tree=~/Desktop/test/
Installing https://luarocks.org/lpeg-1.0.2-1.src.rock
...
lpeg 1.0.2-1 is now installed in ~/Desktop/test
# 重新安装包
$ luarocks install pgmoon --tree=~/Desktop/test/
# 验证
$ luarocks list --tree=~/Desktop/test/
lpeg
  1.0.2-1 (installed) - ~/Desktop/test/lib/luarocks/rocks-5.3
luabitops
  1.0.1-1 (installed) - ~/Desktop/test/lib/luarocks/rocks-5.3
pgmoon
  1.11.0-1 (installed) - ~/Desktop/test/lib/luarocks/rocks-5.3
```

安装包时，我们也可以在官网（https://luarocks.org）查看安装包的详细信息，包括该包的下载次数、简介、版本号、依赖关系等。读者可以综合这些信息挑选自己想要的第三方包。

4.3 OpenResty工作原理

在本节中，我们会详细描述OpenResty工作原理。一个请求进入OpenResty服务器，经过一系列处理后生成响应，最后返给客户端。工作流程大致可以分为4个阶段：Init阶段、Rewrite/Access阶段、Content阶段和Log阶段。图4-2描述了各阶段对应的生命周期以及其中包含的细节。

从图4-2中可以看出，4大阶段又可以细分为11个小阶段。这11个小阶段的指令、所在处理阶段、使用范围和用途如表4-1所示。

多个阶段的存在应该是OpenResty与其他Web平台相比最显著的特征了。Nginx把一个请求分成多个阶段，这样第三方模块就可以挂载到不同阶段进行处理。OpenResty也应用了同样的原理。不同的是，OpenResty挂载的是用户自定义的Lua代码。这些阶段有各自的处理顺序，我们可以通过代码清单4-5查看。

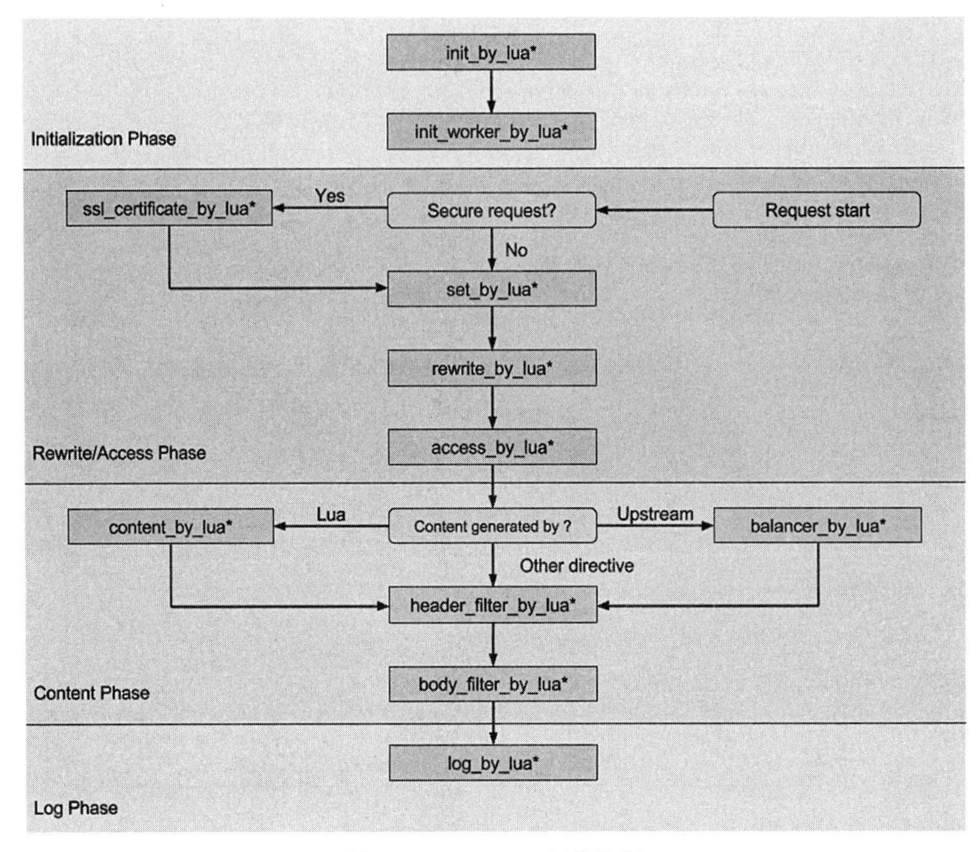

图 4-2　OpenResty 工作流程

表 4-1　OpenResty 阶段描述

指令	所在处理阶段	使用范围	用途
init_by_lua*	loading-config	http	初始化全局配置 / 加载 Lua 模块
init_worker_by_lua*	starting-worker	http	健康检查、定时拉取配置 / 数据
ssl_certificate_by_lua*	right-before-ssl	server	对 ssl 特殊处理
set_by_lua*	rewrite	server、location	设置 Nginx 的变量
rewrite_by_lua*	rewrite、tail	http、server、location	实现复杂的转发、重定向、缓存
access_by_lua*	access、tail	http、server、location	IP 准入、接口权限等的处理
balancer_by_lua*	content	upstream	动态负载均衡
content_by_lua*	content	location	内容处理器处理并输出响应
header_filter_by_lua*	output-header-filter	http、server、location	设置返回的 header 和 cookie
body_filter_by_lua*	output-body-filter	http、server、location	对响应数据进行过滤
log_by_lua*	log	http、server、location	记录访问量 / 统计平均响应时间

代码清单 4-5　nginx.conf 配置文件

```
46    ...
47      location /mixed {
48        set_by_lua_block $variable {
49          ngx.log(ngx.ERR, "set_by_lua*")
50        }
51        access_by_lua_block {
52          ngx.log(ngx.ERR, "rewrite_by_lua*")
53        }
54        rewrite_by_lua_block {
55          ngx.log(ngx.ERR, "access_by_lua*")
56        }
57        content_by_lua_block {
58          ngx.log(ngx.ERR, "content_by_lua*")
59        }
60        body_filter_by_lua_block {
61          ngx.log(ngx.ERR, "header_filter_by_lua*")
62        }
63        header_filter_by_lua_block {
64          ngx.log(ngx.ERR, "body_filter_by_lua*")
65        }
66        log_by_lua_block {
67          ngx.log(ngx.ERR, "log_by_lua*")
68        }
69      }
70    ...
```

我们在 nginx.conf 配置文件中添加了一个新的接口：/mixed，其中包含 7 个执行阶段。重新启动 OpenResty，调用该接口，可以在错误日志中看到如下信息。

```
[error] 84177#5569291: *417 [lua] set_by_lua:2: set_by_lua*
[error] 84177#5569291: *417 [lua] rewrite_by_lua:2: rewrite_by_lua*
[error] 84177#5569291: *417 [lua] access_by_lua:2: access_by_lua*
[error] 84177#5569291: *417 [lua] content_by_lua:2: content_by_lua*
[error] 84177#5569291: *417 [lua] header_filter_by_lua:2: header_filter_by_lua*
[error] 84177#5569291: *417 [lua] body_filter_by_lua:2: body_filter_by_lua*
[error] 84177#5569291: *417 [lua] log_by_lua:2: log_by_lua*
```

从输出信息中可以看出，这几个阶段的执行顺序依次为 set、rewrite、access、content、header、body、log。实际上，我们可以使用 content 阶段来完成所有的请求处理，但这样做会使代码臃肿拖沓，后期维护变得困难。在实践中，我们应该将不同的逻辑放在不同的阶段进行处理，这样分工明确、代码独立。

4.4　OpenResty 性能优化

网关层由于其特定的架构位置，很容易成为整个系统的瓶颈，因此我们对网关层的性能问题应时刻保持警惕。由于 Kong 网关基于 OpenResty 打造，因此 OpenResty 中通用的优化技巧对于 Kong 网关同样适用。下面我们将从阻塞函数、table 组件、缓存、火焰图这 4 个方面分享 OpenResty 的优化技巧。

4.4.1 避免使用阻塞函数

OpenResty 性能优化的第一步是避免使用阻塞函数。OpenResty 之所以能够保持高性能，是因为借用了 Nginx 事件处理和 Lua 协程机制。在处理流程中，如果使用阻塞函数来处理 I/O，LuaJIT 就不会把控制权交给 Nginx 的事件循环，导致其他请求要一直排队等待阻塞的事件处理完。

在很多场景下，开发者并不只是把 OpenResty 当作 Web 服务器，而是会赋予其更多业务逻辑。在这种情况下，OpenResty 就有可能调用外部的命令和工具来辅助完成一些操作。例如：使用 OS 库中的 execute 方法。在 OpenResty 中，os.execute 会阻塞当前请求。如果执行时间很长，OpenResty 的性能就会急剧下降。解决的方案是使用 FFI 库中的 lua-resty-signal 方法来替换阻塞函数，还可以使用 ngx.log 方法来记录 OpenResty 日志到本地磁盘。这个方法不能频繁调用，一是因为 ngx.log 的使用代价大，二是因为频繁对磁盘执行写入操作会严重影响性能。解决的方案依旧是使用 FFI 库中的 lua-resty-logger-socket 方法来避免写入本地磁盘，而是将日志文件存放到远程的日志服务器中。

上述例子中，大多数解决方案是使用 FFI 库，避免使用 Lua 内置的方法。如果阻塞实在不可避免，则尽可能不要阻塞主要的工作线程，并且交给外部的其他线程或者其他服务器去处理。

4.4.2 巧用 table 组件

在 OpenResty 开发中，我们不可避免地会使用到 table 组件。对于 table 组件的优化，我们可以从以下几方面入手。

1）尽量复用，避免不必要的 table 组件被创建。每次使用 table 组件前，先创建一个空数组。如果需要初始化数据，尽量使用 LuaJIT 中的 table.new（narray, nhash）方法。它会事先分配好指定的数组和哈希的空间，而不是在插入元素时自增长。这样多次的空间分配、resize 和 rehash 等动作可以合并为一次完成。

2）自己维护 table 下标。向 table 中添加元素或者遍历 table 的操作的时间复杂度是 $O(n)$。我们可以自己维护 table 下标，将时间复杂度降至 O（1）。

3）循环使用单个 table。循环利用 table 时需要将原有 table 中的数据清理干净。我们可以使用 table.clear 函数将 table 中的每个元素置为 nil，避免给下一个使用者造成污染。一般将循环使用的 table 放入一个模块的最高层，这样我们在使用模块中的函数时可以根据实际情况决定是直接使用还是待数据清理干净后再使用 table。

4）使用 table 池。将多个 table 存入缓存池，当需要使用 table 时，可以使用 fetch 方法从缓存池中拿出使用。如果没有空闲的数组，可调用 table.new 方法创建一个数组。使用完后，调用 release 方法将数组放回缓存池。

我们需要根据实际情况来决定是否进行 table 组件优化。比如不一定必须使用 table 池；自己维护 table 下标有利有弊，它虽然保证了不浪费空间，但是降低了代码的可读性，并且容易出错。我们需要做的是权衡利弊，通过实际的压测数据进行针对性的优化。

4.4.3　使用缓存

缓存在性能优化中承担着非常重要的角色。优化效果也是立竿见影的。OpenResty 提供了两种缓存组件：shared dict 和 lru，如表 4-2 所示。

表 4-2　OpenResty 缓存组件对比

组件名	访问范围	缓存的数据类型	可获取过期数据	API 数量	内存占用
shared dict	多工作进程	字符串对象	初始化全局配置 / 加载 Lua 模块	20 多个	一份数据
lru	单工作进程	所有 Lua 对象	健康检查、定时拉取配置 / 数据	4 个	*N*（worker 进程数）份数据

两种组件侧重点不同，使用场景也不一样。例如：当不需要在多个 worker 进程之间共享数据时，lru 应该作为首选。其可以缓存数组、函数等复杂的数据类型，并且性能最高。当需要在多个 worker 进程之间共享数据时，可以在 lru 缓存组件的基础上加上 shared dict 缓存组件，构成两级缓存架构。

这两种组件本身都足够稳定、好用，但是在实际使用中还需要处理太多细节，例如缓存风暴、过期数据、多级缓存等。对于缓存风暴与过期数据，我们可以使用 lua-resty-memcached-shdict 来处理。它使用 shared dict 缓存组件为 memcached 做了一层封装，使用 lua-resty-lock 做到互斥。在缓存失效的情况下，只有一个请求到 memcached 获取数据，避免缓存风暴。如果没有获取最新数据，则使用过时数据先返给终端。对于多级缓存，我们可以使用 lua-resty-mlcache 来处理。

注意　缓存风暴，英文名 dog-pile effect，表示缓存失效的瞬间。大量请求涌向数据库导致系统卡死或崩溃。发现缓存失效后，我们需要加一把锁控制数据库请求。读者可以参考 lua-resty-lock 文档了解细节。

4.4.4　火焰图

在开发 OpenResty 项目过程中，性能瓶颈问题往往隐藏得很深，不易发现。此时，我们可以使用火焰图来解决该问题，将性能指标可视化。在 4.4.1 节中，我们知道频繁使用 ngx.log 方法会严重降低 OpenResty 性能。下面对代码清单 4-5 进行改造（如代码清单 4-6 所示），在 set_by_lua 和 content_by_lua 块中循环调用 ngx.log 方法。

代码清单 4-6 nginx.conf 配置文件（改造后）

```
46 ...
47   location /mixed {
48     set_by_lua_block $variable {
49       for i=1,100,1 do
50         ngx.log(ngx.ERR, "set_by_lua*")
51       end
53     }
   ...
60     content_by_lua_block {
61       for i=1,300,1 do
62         ngx.log(ngx.ERR, "content_by_lua*")
63       end
64     }
65 ...
```

在图 4-3（代码清单 4-5 生成的火焰图）和图 4-4（代码清单 4-6 生成的火焰图）中，色块的颜色和深浅都没有实际意义，只是对不同的色块做简单区分。火焰图是把每次采样的数据进行叠加，所以真正有意义的是色块的宽度和长度。对于 on-CPU 火焰图来说，色块的宽度表示该方法占用 CPU 时间的百分比。色块越宽，说明性能越低。色块的长度表示该方法调用的深度，最顶端的框显示的是正在运行的方法，其之下框显示的都是这个方法的调用者。我们从图 4-4 中不难看出，ngx.log 方法被频繁调用，CPU 消耗最大。set_by_lua 和 content_by_lua 块的 CPU 消耗比为 1∶3。这也符合我们的预期（参见代码清单 4-6，ngx.log 方法调用次数分别为 100 和 300）。

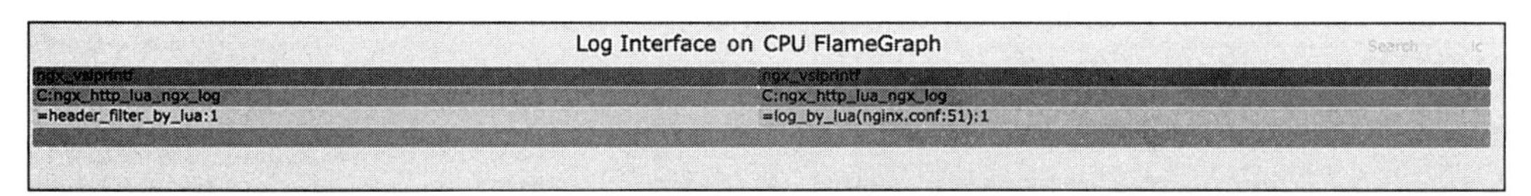

图 4-3 代码清单 4-5 生成的火焰图

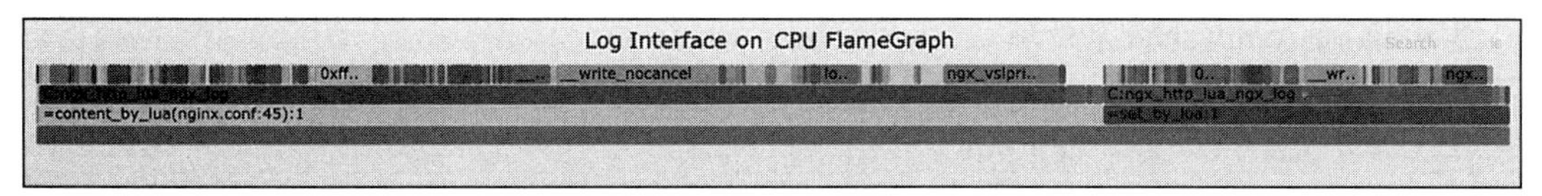

图 4-4 代码清单 4-6 生成的火焰图

注意 常见的火焰图类型有 on-CPU、off-CPU、Memory、Hot/Cold 和 Differential 等。关于火焰图详细的介绍，读者可以参考 Blazing Performance with Flame Graphs。on-CPU 火焰图或者 off-CPU 火焰图的使用场景取决于当前的瓶颈。如果瓶颈是 CPU，则使用 on-CPU 火焰图；如果瓶颈是 I/O 或锁，则使用 off-CPU 火焰图。如果瓶颈无法确定，可以通过压测工具来确认。通过压测工具观察能否让 CPU 使用率趋于饱和，如果能，则使用 on-CPU 火焰图；如果不能，则使用 off-CPU 火焰图。

火焰图的生成主要依赖于 SystemTap 工具，具体操作流程如下：

```
# 安装 SystemTap，如果已经安装请忽略。rpm 包依赖的版本来源于系统内核版本
$ wget http://ftp.riken.jp/Linux/cern/centos/7/updates/Debug/
  x86_64/kernel-debuginfo-3.10.0-957.21.3.el7.x86_64.rpm
$ wget http://ftp.riken.jp/Linux/cern/centos/7/updates/Debug/
  x86_64/kernel-debuginfo-common-x86_64-3.10.0-957.21.3.el7.x86_64.rpm
$ wget https://linuxsoft.cern.ch/cern/centos/7/updates/
  x86_64/Packages/kernel-devel-3.10.0-957.21.3.el7.x86_64.rpm
$ rpm -ivh kernel-debuginfo-3.10.0-957.21.3.el7.x86_64.rpm
$ rpm -ivh kernel-debuginfo-common-x86_64-3.10.0-957.21.3.el7.x86_64.rpm
$ rpm -ivh kernel-devel-3.10.0-957.21.3.el7.x86_64.rpm
# 安装 SystemTap
$ yum install systemtap -y
# 下载火焰图所需工具
$ git clone https://github.com/openresty/stapxx.git
$ git clone https://github.com/openresty/openresty-systemtap-toolkit.git
$ git clone https://github.com/brendangregg/FlameGraph.git
```

安装完成后，将 SystemTap 工具放到指定目录 /opt/tool/ 下。目录结构如下：

```
.
├── FlameGraph
├── openresty-systemtap-toolkit
├── stapxx
└── start.sh
```

其中，start.sh 脚本用于获取 Nginx 的 worker 进程 ID，进而捕获数据，最终将数据转换为文件形式。start.sh 脚本内容如代码清单 4-7 所示。

代码清单 4-7　start.sh 脚本

```
1 export PATH=/opt/tool/stapxx:/opt/tool/FlameGraph:/opt/tool/
    openresty-systemtap-toolkit:$PATH
2 pid=$(ps aux|grep 'nginx'|grep 'worker'|awk '{print $2}')
3 ./stapxx/samples/lj-lua-stacks.sxx --arg time=5 --skip-badvars -x $pid >
    a.bt
4 ./FlameGraph/stackcollapse-stap.pl a.bt > a.cbt
5 ./FlameGraph/flamegraph.pl --encoding="ISO-8859-1" \
6   --title="Whitelist Interface ON CPU FlameGraph" a.cbt > a.svg
```

完成上述步骤后，使用 wrk -t10 -c100 -d20s http://127.0.0.1:80/mixed 命令对 OpenResty 接口进行压测，同时在服务器中执行 start.sh 脚本。脚本执行完成后，我们会得到一个 a.svg 文件。文件内容如图 4-3 和图 4-4 所示。

4.5　项目实践

这里，笔者会带领读者使用 OpenResty 和 PostgreSQL 数据库实现黑白名单功能。项目

目录结构如下。

```
.
├── docker-compose.yml
├── openresty
│   ├── Dockerfile
│   ├── init.sql
│   ├── lua
│   │   ├── blacklist.lua
│   │   └── whitelist.lua
│   └── nginx.conf
└── postgres
    └── Dockerfile
```

其中，docker-compose.yml 文件内容如代码清单 4-8 所示。

代码清单 4-8 docker-compose.yml 文件

```
 1 version: "3"
 2 services:
 3   postgres:
 4     container_name: postgres
 5     build:
 6       context: ./postgres
 7     environment:
 8       POSTGRES_DB: openresty
 9       POSTGRES_USER: openresty
10       POSTGRES_PASSWORD: openresty
11     ports: ['5432:5432']
12     networks:
13       extnetwork:
14         ipv4_address: 172.19.96.2
15   openresty:
16     container_name: openresty
17     build:
18       context: ./openresty
19     depends_on:
20       - postgres
21     ports: ['80:80']
22     volumes:
23       - ./openresty/lua:/opt/openresty/nginx/lua
24     networks:
25       extnetwork:
26         ipv4_address: 172.19.96.3
27     command: /bin/bash -c "psql postgres://openresty:openresty@
   172.19.96.2:5432/openresty -f /init.sql && openresty -c
   conf/nginx.conf && tail -f /etc/hosts"
28 networks:
29   extnetwork:
30     ipam:
31       config:
32         - subnet: 172.19.96.0/16
```

该文件指定了 OpenResty 与 PostgreSQL 数据库的 IP 地址，以便于数据初始化。这两者都依赖 Dockerfile 文件构建镜像，其中 postgres 目录中仅包含 Dockerfile 文件，内容如下：

```
1 FROM postgres:9.6
```

openresty 目录中包含 Dockerfile、init.sql、nginx.conf 和 lua 文件夹，其中 Dockerfile 文件内容如代码清单 4-9 所示。

代码清单 4-9 Dockerfile 文件

```
 1 FROM centos:7
 2 RUN yum install -y perl wget pcre-devel openssl-devel gcc curl
     postgresql-devel make
 3 RUN wget https://openresty.org/download/openresty-1.17.8.1.tar.gz \
 4 && tar xf openresty-1.17.8.1.tar.gz -C /root
 5 RUN cd /root/openresty-1.17.8.1 \
 6 && ./configure \
 7   --prefix=/opt/openresty \
 8   --with-http_postgres_module \
 9   --with-luajit \
10   --without-http_redis2_module \
11   --with-http_iconv_module \
12 && make \
13 && gmake install
14 RUN ln -s /opt/openresty/bin/openresty /usr/bin/openresty
15 RUN mkdir /opt/openresty/nginx/lua
16 RUN rm /opt/openresty/nginx/conf/nginx.conf
17 ADD nginx.conf /opt/openresty/nginx/conf/
18 ADD init.sql /
19 CMD ["openresty","-c","conf/nginx.version1.conf","&"]
```

init.sql 为数据库初始化文件。该文件包含一张表，表名为 t_ip_restriction，表中包含的字段如下。

```
 1 CREATE TABLE "public"."t_ip_restriction" (
 2   "id" serial2,
 3   "type" varchar(255) NOT NULL,
 4   "address" text NOT NULL,
 5   "path" text NOT NULL,
 6   PRIMARY KEY ("id")
 7 )
 8 ;
 9 COMMENT ON COLUMN "public"."t_ip_restriction"."id" IS '自增id';
10 COMMENT ON COLUMN "public"."t_ip_restriction"."type" IS '类型：区分黑白名单';
11 COMMENT ON COLUMN "public"."t_ip_restriction"."address" IS 'IP地址';
12 COMMENT ON COLUMN "public"."t_ip_restriction"."path" IS '路径，路由信息';
```

nginx.conf 为该项目的配置文件，内容如代码清单 4-10 所示。

代码清单 4-10　nginx.conf 配置文件

```
 1 worker_processes  1;
 2 events {
 3   worker_connections  1024;
 4 }
 5
 6 http {
 7   include       mime.types;
 8   default_type  application/octet-stream;
 9   sendfile        on;
10   keepalive_timeout  65;
11   upstream database {
12     postgres_server 172.19.96.2 dbname=openresty
13             user=openresty password=openresty;
14   }
15   server {
16     listen       80;
17     server_name  localhost;
18     location / {
19       content_by_lua_block {
20         ngx.say("openresty")
21       }
22     }
23     location ~ /insert {
24       rds_json            on;
25       postgres_pass       database;
26       postgres_query      "INSERT INTO t_ip_restriction
         (address,type,path) VALUES('$arg_ip','$arg_type','$arg_path')
         RETURNING *";
27     }
28     location /query {
29       rds_json            on;
30       postgres_pass       database;
31       postgres_query      "SELECT distinct address FROM
         t_ip_restriction WHERE type='$arg_type'";
32     }
33     location /blacklist/demo/test {
34       proxy_pass http://www.baidu.com;
35       content_by_lua_file lua/blacklist.lua;
36     }
37     location /whitelist/demo/test {
38       proxy_pass http://www.baidu.com;
39       content_by_lua_file lua/whitelist.lua;
40     }
41   }
42 }
```

该文件配置了多个接口，对应不同的功能，具体如下。

- / 接口：空接口，用于做性能基准测试。

- /insert 接口：用于向数据库添加黑白名单配置，请求参数依次为 IP 地址、黑白名单类型和插件对应路径。
- /query 接口：用于根据黑白名单类型查询对应列表 IP 地址。
- /blacklist/demo/test 接口：代理接口示例，演示黑名单功能。
- /whitelist/demo/test 接口：代理接口示例，演示白名单功能。

blacklist.lua 和 whitelist.lua 文件中包含了黑白名单的校验逻辑，具体内容如代码清单 4-11 和代码清单 4-12 所示。

代码清单 4-11　blacklist.lua 文件

```
 1 local cjson = require "cjson"
 2 local res = ngx.location.capture('/query?type=black')
 3 local body = res.body
 4 local body_table = cjson.decode(body)
 5 local ip = {ngx.var.remote_addr}
 6 blacklist = {}
 7 for i in pairs(body_table) do
 8   iplist = body_table[i]
 9   local blackip = iplist["address"]
10   table.insert(blacklist, blackip)
11 end
12 for j in pairs(blacklist) do
13   if blacklist[j] == ip[1] then
14     ngx.exit(403)
15     return  ngx.eof()
16   end
17 end
```

代码清单 4-12　whitelist.lua 文件

```
 1 local cjson = require "cjson"
 2 local res = ngx.location.capture('/query?type=white')
 3 local body = res.body
 4 local body_table = cjson.decode(body)
 5 local ip = {ngx.var.remote_addr}
 6 whitelist = {}
 7 for i in pairs(body_table) do
 8   iplist = body_table[i]
 9   local whiteip = iplist["address"]
10   table.insert(whitelist, whiteip)
11 end
12 for j in pairs(whitelist) do
13   if whitelist[j] == ip[1] then
14   else
15     ngx.exit(403)
16     return  ngx.eof()
17   end
18 end
```

整个项目使用 docker-compose up -d 命令启动。启动完成后，我们先进行黑名单测试。测试流程如下。

1）访问 /blacklist/demo/test 接口，做基准测试。

```
$ curl -v 127.0.0.1:80/blacklist/demo/test
* About to connect() to 127.0.0.1 port 80 (#0)
*   Trying 127.0.0.1...
* Connected to 127.0.0.1 (127.0.0.1) port 80 (#0)
> GET / HTTP/1.1
> User-Agent: curl/7.29.0
> Host: 127.0.0.1
> Accept: */*
>
< HTTP/1.1 200 OK
< Server: openresty/1.17.8.1
...
```

2）向数据库插入黑名单（IP=172.19.0.1），IP 地址为容器的网关地址。

```
# 插入黑名单
$ curl http://127.0.0.1:80/insert?ip=172.19.0.1\&type=black\&path=
  /blacklist/demo/test
[{"id":1,"type":"black","address":"172.19.0.1","path":"/blacklist/demo/test"}]
# 验证
$ curl -v 127.0.0.1:80/blacklist/demo/test
*   Trying 127.0.0.1...
* TCP_NODELAY set
* Connected to 127.0.0.1 (127.0.0.1) port 80 (#0)
> GET / HTTP/1.1
> Host: 127.0.0.1
> User-Agent: curl/7.64.1
> Accept: */*
>
< HTTP/1.1 403 Forbidden
< Server: openresty/1.17.8.1
...
```

3）进入 Docker 容器，继续做验证。

```
$ curl -v 127.0.0.1:80/blacklist/demo/test
* About to connect() to 127.0.0.1 port 80 (#0)
*   Trying 127.0.0.1...
* Connected to 127.0.0.1 (127.0.0.1) port 80 (#0)
> GET / HTTP/1.1
> User-Agent: curl/7.29.0
> Host: 127.0.0.1
> Accept: */*
>
< HTTP/1.1 200 OK
< Server: openresty/1.17.8.1
...
```

检验完黑名单后，继续测试白名单功能。

4）向数据库插入白名单（IP=172.19.0.1），验证接口。

```
# 插入白名单
$ curl http://127.0.0.1:80/insert?ip=172.19.0.1\&type=white\&path=
  /whitelist/demo/test
[{"id":2,"type":"white","address":"172.19.0.1","path":"/whitelist/demo/test"}]
# 验证
$ curl -v 127.0.0.1:80/whitelist/demo/test
*   Trying 127.0.0.1...
* TCP_NODELAY set
* Connected to 127.0.0.1 (127.0.0.1) port 80 (#0)
> GET / HTTP/1.1
> Host: 127.0.0.1
> User-Agent: curl/7.64.1
> Accept: */*
>
< HTTP/1.1 200 OK
< Server: openresty/1.17.8.1
...
```

5）进入 Docker 容器，继续做验证。由于请求来源 IP 换为 127.0.0.1，无法正常代理请求。

```
$ curl -v 127.0.0.1:80/whitelist/demo/test
* About to connect() to 127.0.0.1 port 80 (#0)
*   Trying 127.0.0.1...
* Connected to 127.0.0.1 (127.0.0.1) port 80 (#0)
> GET / HTTP/1.1
> User-Agent: curl/7.29.0
> Host: 127.0.0.1
> Accept: */*
>
< HTTP/1.1 403 Forbidden
< Server: openresty/1.17.8.1
...
```

验证完所有逻辑后，我们使用 wrk 工具针对黑白名单插件进行压测。压测命令为：wrk -t10 -c100 -d20s --latency http://127.0.0.1:80/blacklist/demo/test 和 wrk -t10 -c100 -d20s --latency http://127.0.0.1:80/whitelist/demo/test。测试报告如表 4-3 所示。

表 4-3　OpenResty 接口测试报告

指标 / 接口	QPS			延迟	平均响应时间			error	CPU
空接口	511.14	533.16	507.72	1.68s	287.93ms	247.05ms	295.50ms	0	5.6%
白名单接口	310.54	322.01	312.68	1.68s	277.20ms	254.55ms	269.21ms	0	16%
黑名单接口	321.39	321.44	315.22	1.68s	297.08ms	282.20ms	281.22ms	0	15%

可以发现，自定义的黑白名单插件的性能损耗还是比较高的。其主要原因有两点，一

是每次代理请求时都会去数据库查询黑白名单信息；二是对查询到的数据还需进行二次处理。有兴趣的读者可以采用4.4节提到的性能优化技巧对该示例进行优化（主要是引入缓存），并重新进行压测，比较性能是否有所提升。

4.6 本章小结

本章主要介绍了OpenResty的一些通用知识，包括OpenResty软件的下载和安装、Resty CLI中的resty命令行、包管理器工具OPM与LuaRocks以及性能优化建议。

在下一篇中，我们将正式进入Kong网关相关内容的讲解。相信有了第一篇的基础，读者在学习第二篇时会事半功倍。

基 础 篇

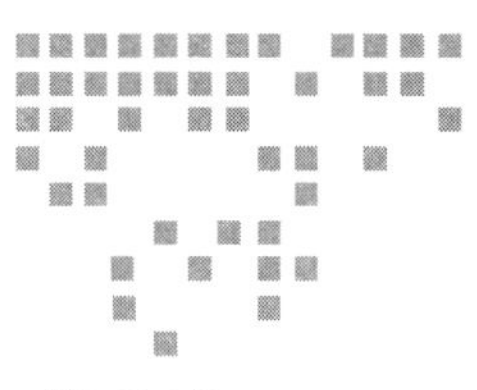

Chapter 5 第5章

Kong 网关配置与部署

本章先从配置文件和软件部署谈起。Kong 网关配置文件主要分为两大类，一类为启动项配置文件，即环境配置，通常为 *.conf 文件，包括日志文件、数据库选择、代理地址端口等一些环境相关的配置；另一类为 Kong 网关元数据配置文件，通常为 *.yml 文件，仅局限于无数据库模式，用于加载 Kong 网关中的各类实体对象。它摒弃了与传统数据库的交互操作，直接从配置文件中加载所需的数据，并正常提供服务。

除此之外，Kong 网关配置还涉及注入 Nginx 指令、自定义 Nginx 模板、在 OpenResty 实例中嵌入 Kong 等操作。本章会对这些操作悉数进行讲解，并介绍 Kong 网关的三种部署模式，分别为无数据库部署模式、数据库部署模式和在 Kong 2.0 版本中最新加入的混合部署模式。它们的功能相近，但各自对应的使用场景不同，需要我们择情而定。

Kong 网关现分为 3 种不同的部署模式，但它们并不是在同一时间点推出的。数据库部署模式是最传统的，同时也是最经典的部署模式。Kong 1.1 版本引入了无数据库部署模式，进而简化了部署流程。Kong 2.0 版本中新加入了混合部署模式（Hybird Mode），主要应对在云环境中部署的场景。

5.1 Kong 启动项配置

下面我们正式开始 Kong 网关启动项配置的学习。它们主要包括为 Kong 网关启动提供的外围环境配置，一般存储在启动项配置文件中。Kong 网关在启动时会按照一定的顺序加载这些配置，并作用于之后的服务。本节会对配置项加载流程、常用配置项和对应的环境变量进行详细讲解，并提供示例配置文件，供读者参考。

5.1.1　配置项加载流程

在正确安装完 Kong 网关之后，用户可以在 /etc/kong/ 目录下找到一个文件 kong.conf.default，即配置模板文件。当我们需要自定义配置文件时，可以复制模板文件，并对其进行编辑。

```
$ cp /etc/kong/kong.conf.default /etc/kong/kong.conf
```

默认情况下，模板文件中的配置项都处于注释状态。Kong 网关会使用默认配置项运行，用户需要打开注释，修改原有配置才能使自定义配置生效。Kong 网关在启动时会自动在以下路径查看是否包含启动项配置文件。

```
/etc/kong/kong.conf
/etc/kong.conf
```

我们可以使用 kong start 命令中的 -c 或者 --conf 参数为配置文件自定义路径。

```
$ kong start --conf /path/to/kong.conf
```

在启动 Kong 服务时加上 --vv 参数会在控制台输出详细的启动信息。

```
$ kong start --conf /path/to/kong.conf --vv
[verbose] Kong: 2.0.5
...
[verbose] reading config file at /etc/kong/kong.conf
[debug] reading environment variables
[debug] admin_access_log = "logs/admin_access.log"
[debug] admin_error_log = "logs/error.log"
[debug] admin_listen = {"0.0.0.0:8001","127.0.0.1:8444 ssl"}
...
[debug] searching for OpenResty 'nginx' executable
[debug] /usr/local/openresty/nginx/sbin/nginx -v: 'nginx version: openresty/1.15.8.3'
[debug] found OpenResty 'nginx' executable at /usr/local/openresty/nginx/sbin/nginx
[debug] sending signal to pid at: /usr/local/kong/pids/nginx.pid
[debug] kill -0 `cat /usr/local/kong/pids/nginx.pid` >/dev/null 2>&1
[debug] starting nginx: /usr/local/openresty/nginx/sbin/nginx -p /usr/local/
  kong -c nginx.conf
[debug] nginx started
[info] Kong started
```

从打印的信息中可以看出，Kong 网关启动时会首先读取配置文件中的配置项或系统中对应的环境变量，然后加载所有配置项，最后启动内置的 Nginx 服务。kong start 命令对应的源码在 /usr/local/share/lua/5.1/kong/cmd 下。start.lua 文件如代码清单 5-1 所示。可以发现，Kong 网关的启动过程与代码内容保持一致。

代码清单 5-1 start.lua 文件

```
14    ...
15    local conf = assert(conf_loader(args.conf, {
16      prefix = args.prefix
17    }, { starting = true }))
      ...
64      assert(nginx_signals.start(conf))
65    ...
```

kong start 命令为 Kong 命令行指令的其中一个，负责 Kong 网关启动。

5.1.2 配置项详解

在了解完 Kong 网关配置项的加载过程后，我们一起看一下 Kong 配置项本身。kong.conf.default 配置模板文件中包含大量配置项（总共 90 多个，具体个数由版本而定）。这里我们将其分为 6 种类型，包括通用配置、Nginx 相关配置、DNS 解析相关配置、数据库相关配置、日志相关配置与其他配置。笔者针对每个类型列举了其中最为常用的配置项，供读者参考查阅。kong.conf.dufault 配置模板文件中的通用配置如表 5-1 所示。

表 5-1 kong.conf.dufault 配置模板文件中的通用配置

配置项	默认值	描述
prefix	/usr/local/kong/	Kong 工作目录
plugins	bundled	Kong 当前节点加载的插件列表，多个插件之间以逗号分隔
declarative_config	none	Kong 元数据配置文件路径
database	postgres	是否启用数据库部署模式
role	traditional	是否启用混合部署模式，可选参数为 control_plane 与 data_plane

kong.conf.dufault 配置模板文件中的 Nginx 相关配置如表 5-2 所示。

表 5-2 kong.conf.dufault 配置模板文件中的 Nginx 相关配置

配置项	默认值	描述
proxy_listen	0.0.0.0:8000, 0.0.0.0:8443 ssl	代理服务监听的地址和端口，以逗号分隔
admin_listen	127.0.0.1:8001, 127.0.0.1:8444 ssl	Admin API 监听的地址和端口，以逗号分隔
nginx_user	nobody nobody	定义 worker 进程使用的用户和组凭据
nginx_worker_processes	auto	Nginx 使用的 worker 进程数量
nginx_daemon	on	Nginx 是否作为后台进程运行
mem_cache_size	128M	内存缓存区域大小
ssl_cipher_suite	modern	Nginx 提供的 TLS 密钥套件
ssl_ciphers	none	Nginx 提供的 TLS 密钥，由用户自定义

kong.conf.dufault 配置模板文件中的 DNS 解析相关配置如表 5-3 所示。

表 5-3　kong.conf.dufault 配置模板文件中的 DNS 解析相关配置

配置项	默认值	描述
dns_hostsfile	/etc/hosts	hosts 文件，在软件启动时加载，修改该文件需重启服务
dns_order	"LAST" "SRV" "A" "CNAME"	解析不同 DNS 记录类型的顺序
dns_stale_ttl	4s	TTL 超时后，记录缓存的时间
dns_not_found_ttl	30s	空 DNS 响应 TTL 时间
dns_error_ttl	1s	错误响应 TTL 时间
dns_no_sync	false	是否启用 DNS 记录同步

kong.conf.dufault 配置模板文件中的 PostgreSQL 和 Cassandra 数据库相关配置如表 5-4、表 5-5 所示。

表 5-4　kong.conf.dufault 配置模板文件中的 PostgreSQL 数据库相关配置

配置项	默认值	描述
pg_host	127.0.0.1	PostgreSQL 服务器地址
pg_port	5432	PostgreSQL 服务器端口
pg_timeout	5000	PostgreSQL 服务器连接超时时间
pg_user	kong	PostgreSQL 服务器用户名
pg_password	none	PostgreSQL 服务器密码
pg_database	kong	PostgreSQL 数据库名称
pg_ssl	false	是否启用 SSL 连接
pg_ssl_verify	false	是否启用服务器证书验证

表 5-5　kong.conf.dufault 配置模板文件中的 Cassandra 数据库相关配置

配置项	默认值	描述
cassandra_contact_points	127.0.0.1	Cassandra 集群节点列表，以逗号分隔
cassandra_port	9042	节点监听的端口
cassandra_keyspace	kong	集群中使用的键空间
cassandra_consistency	ONE	集群一致性级别
cassandra_timeout	5000	读写操作的超时时间，单位为毫秒
cassandra_ssl	false	是否启用 SSL 连接
cassandra_ssl_verify	false	是否启用服务器证书验证

注意　Cassandra 数据库采用最终一致性。最终一致性是指分布式系统中的一个数据对象的多个副本在短时间内可能出现不一致，但经过一段时间，这些副本最终会达成一致。Cassandra 允许用户指定每个操作的一致性级别（Consistency Level）。Cassandra API 目前支持以下几种一致性级别。

- Zero：只对插入或者删除操作有意义，执行节点把该修改发送给所有的备份节点，但是不会等待任何一个节点回复确认，因此不能保证一致性。

- One：对于插入或者删除操作，执行节点保证该修改写到一个存储节点的 Commit Log 和 Memtable 中；对于读操作，执行节点在获得一个存储节点上的数据之后立即返回结果。
- Quorum：假设该数据对象的备份节点数目为 n，对于插入或者删除操作，执行节点保证至少写到 $n/2+1$ 个存储节点上；对于读操作，执行节点向 $n/2+1$ 个存储节点查询，并返回最新的时间戳数据。
- All：对于插入或者删除操作，执行节点保证 n 个节点插入或者删除成功后才向客户端返回成功确认消息。任何一个节点没有成功，则该操作执行失败。对于读操作，执行节点会向 n 个节点查询，返回最新的时间戳数据。同样，如果某个节点没有返回数据，则认为读失败。

kong.conf.dufault 配置模板文件中的日志相关配置如表 5-6 所示。

表 5-6 kong.conf.dufault 配置模板文件中的日志相关配置

配置项	默认值	描述
log_level	notice	Kong 网关日志级别
proxy_access_log	logs/access.log	代理端口请求访问日志路径
proxy_error_log	logs/error.log	代理端口请求错误日志路径
admin_access_log	logs/admin_access.log	Admin API 请求访问日志路径
admin_error_log	logs/error.log	Admin API 请求错误日志路径
status_access_log	off	Status API 请求访问日志路径
status_error_log	logs/status_error.log	Status API 请求错误日志路径

kong.conf.dufault 配置模板文件中的其他相关配置如表 5-7 所示。

表 5-7 kong.conf.dufault 配置模板文件中的其他相关配置

配置项	默认值	描述
lua_package_path	./?.lua;./?/init.lua;	设置 Lua 模块搜索路径
lua_package_cpath	无	设置 Lua C 模块搜索路径
lua_socket_pool_size	30	指定与每个远程服务器关联的 cosocket 连接池的大小
go_pluginserver_exe	/usr/local/bin/go-pluginserver	Kong 中 Go Plugin Server 可执行文件路径
go_plugins_dir	off	Go 编写的 Kong 插件存放的目录
anonymous_reports	on	是否发送匿名使用数据（如错误堆栈跟踪）

注意 cosocket 是 OpenResty 中的专有名词，是将协程和网络套接字的英文拼在一起形成的，即 cosocket = coroutine + socket。我们可以把 cosocket 翻译为协程套接字。cosocket 不仅需要 Lua 协程特性的支持，还需要 Nginx 中事件机制的支持。这两者结合在一起，最终实现了非阻塞网络 I/O。

5.1.3　环境变量

除了从配置文件中加载启动项配置外，Kong 网关还会查找具有相同名称的系统环境变量。用户可以通过预设环境变量的方式来配置 Kong 网关，这尤其适合基于容器的基础架构。环境变量是以 KONG_ 为前缀的大写字符串，使用方式如下所示。

```
$ export KONG_LOG_LEVEL=error
```

它会覆盖以下配置项：

```
log_level = notice # in kong.conf
```

在配置完成后可以观察到，日志文件中不会再记录比 Error 日志级别更低的日志内容。环境变量的优先级高于配置文件中配置项的优先级，因此我们在设置配置项时也应该注意，以防环境变量误覆盖我们期望设置的配置项。表 5-8 展示了一些常用配置项与环境变量的对应关系。

表 5-8　常用配置项与环境变量的对应关系

常用配置项	环境变量	示例配置
prefix	KONG_PREFIX	export KONG_PREFIX=/usr/local/kong/
log_level	KONG_LOG_LEVEL	export KONG_LOG_LEVEL=notice
proxy_access_log	KONG_PROXY_ACCESS_LOG	export KONG_PROXY_ACCESS_LOG= logs/access.log
proxy_error_log	KONG_PROXY_ERROR_LOG	export KONG_PROXY_ERROR_LOG=logs/error.log
admin_access_log	KONG_ADMIN_ACCESS_LOG	export KONG_ADMIN_ACCESS_LOG= logs/admin_access.log
admin_error_log	KONG_ADMIN_ERROR_LOG	export KONG_ADMIN_ERROR_LOG=logs/error.log
database	KONG_DATABASE	export KONG_DATABASE=postgres
pg_host	KONG_PG_HOST	export KONG_PG_HOST=127.0.0.1
pg_password	KONG_PG_PASSWORD	export KONG_PG_PASSWORD=kong

5.1.4　配置文件示例

代码清单 5-2 提供了一个配置文件示例，通过该配置文件可启动 Kong 服务。

代码清单 5-2　自定义 kong.conf 文件

```
 1 prefix = /usr/local/kong/
 2 log_level = notice
 3 proxy_access_log = logs/example/access.log
 4 proxy_error_log = logs/example/error.log
 5 admin_access_log = logs/example/admin_access.log
 6 admin_error_log = logs/example/error.log
 7 proxy_listen = 0.0.0.0:18000 http2 , 0.0.0.0:18443 http2 ssl
 8 admin_listen = 0.0.0.0:28001, 127.0.0.1:28444 ssl
 9 database = postgres
10 pg_host = 127.0.0.1
11 pg_port = 5432
```

```
12 pg_timeout = 5000
13 pg_user = kong
14 pg_password = kong
15 pg_database = kong
16 lua_socket_pool_size = 30
```

第 1 行代码：指定工作目录。

第 2 行代码：指定日志文件记录的日志等级最低为 notice 级别。

第 3 ～ 6 行代码：修改日志文件位置在 /usr/local/kong/logs/example/ 目录下。

第 7 ～ 8 行代码：修改代理及 Admin API 地址和端口。

第 9 行代码：指定数据库为 PostgreSQL。

第 10 ～ 15 行代码：PostgreSQL 数据库的连接配置，包括地址、端口、超时时间、用户名、密码和数据库名。

第 16 行代码：指定与每个远程服务器关联的 cosocket 连接池的大小为 30。

使用 kong start -c /opt/kong.conf 命令启动 Kong 网关后，可以验证某些配置项是否生效，如代码清单 5-3 和代码清单 5-4 所示。

代码清单 5-3　验证代理、Admin API 地址和端口

```
# 查看地址和端口
$ netstat -lntp
Active Internet connections (only servers)
Proto Local Address      State       PID/Program  name
tcp   0.0.0.0:18443      LISTEN      20947/nginx: master
tcp   0.0.0.0:18000      LISTEN      20947/nginx: master
tcp   0.0.0.0:22         LISTEN      2768/sshd
tcp   127.0.0.1:28444    LISTEN      20947/nginx: master
tcp   0.0.0.0:28001      LISTEN      20947/nginx: master
tcp6  :::5432            LISTEN      12873/docker-proxy
```

代码清单 5-4　验证日志文件路径

```
# 日志文件位置
$ tree /usr/local/kong/logs/example
/usr/local/kong/logs/example
├── access.log
├── admin_access.log
└── error.log
```

5.2　注入 Nginx 指令

Kong 网关启动时会自动构建一个 Nginx 配置文件。通过调整 Kong 实例中的 Nginx 配置，可以优化其基础架构性能。我们可以通过设置 Kong 配置项直接将自定义的 Nginx 指令注入此文件。根据注入的内容不同，我们可以将注入 Nginx 指令分为注入单个 Nginx 指令

和通过文件形式注入 Nginx 指令两种形式。

5.2.1　注入单个 Nginx 指令

在 kong.conf 文件中，任何以 nginx_http_、nginx_proxy_ 或 nginx_admin_ 为前缀的条目都会转换为等效的 Nginx 指令，并添加到 Nginx 配置文件中。它们与 Nginx 配置文件的对应关系如下。

1）带有 nginx_http_ 前缀的条目将被注入 http 块指令。

2）带有 nginx_proxy_ 前缀的条目将被注入处理 Kong 代理服务的 server 块指令。

3）带有 nginx_admin_ 前缀的条目将被注入处理 Kong 的 Admin API 服务的 server 块指令。

例如，在 kong.conf 文件中添加以下内容：

```
nginx_proxy_large_client_header_buffers=16 128k
```

系统会将指令添加到 Nginx 配置的代理 server 块中。

```
large_client_header_buffers 16 128k;
```

与 kong.conf 中的配置一样，用户也可以使用环境变量来预设这些指令，例如我们可以设置这样一个环境变量。

```
export KONG_NGINX_HTTP_OUTPUT_BUFFERS="4 64k"
```

Kong 网关会在 Nginx 配置的 http 块中自动添加以下内容：

```
output_buffers 4 64k;
```

读者可以参考 https://nginx.org/en/docs/beginners_guide.html#conf_structure 了解更多有关 Nginx 配置文件结构和块指令的详细信息。这里需要注意的是，某些指令依赖于特定的 Nginx 模块。它们可能不包含在 Kong 发布的官方版本中。

在第 2 章中，我们介绍了可以使用 nginx -V 指令查看 Nginx 的模块信息。对比 Nginx 官网中的指令列表（https://nginx.org/en/docs/dirindex.html）可以发现，Kong 网关中默认没有添加 js_module 模块，因此无法添加该模块下的 js_path 指令。这里演示一个错误示例，在原生 Kong 网关中添加 js_path 指令：

```
$ echo "nginx_http_js_path=/usr/local/" >> /etc/kong/kong.conf
```

添加完配置后，启动 Kong 服务，发生报错。报错信息如下。

```
Error: /usr/local/share/lua/5.1/kong/cmd/start.lua:37: nginx configuration
is invalid (exit code 1):
nginx: [emerg] unknown directive "js_path" in /usr/local/kong/nginx-
kong.conf:36
nginx: configuration file /usr/local/kong/nginx.conf test failed
```

我们可以清楚地看到控制台中的报错信息，其中 js_path 为未知指令，Kong 网关不能识别该指令信息。因此，我们之后在配置文件中添加 Nginx 模块相关指令时，需要仔细查看 Kong 网关本身是否支持，以免发生不必要的错误。

5.2.2 通过文件方式注入 Nginx 指令

对于更复杂的自定义配置方案，例如添加新建的 server 块，我们可以使用上面类似的方法注入 include 指令，然后由 include 指令指向其他 Nginx 配置文件。这里创建一个 my-server.kong.conf 配置文件。

```
# custom server
server {
  listen 2112;
  location / {
    # ...more settings...
    return 200;
  }
}
```

我们可以通过在 kong.conf 文件中添加以下内容，使 Kong 网关监听 2112 端口自定义的服务。

```
nginx_http_include = /path/to/your/my-server.kong.conf
```

或者使用环境变量加载 http 块。

```
$ export KONG_NGINX_HTTP_INCLUDE="/path/to/your/my-server.kong.conf"
```

当用户启动 Kong 网关时，该配置文件中的 server 块也会加入配置文件，同时自定义的服务将与常规 Kong 网关服务共同运行。

```
$ curl -I http://127.0.0.1:2112
HTTP/1.1 200 OK
...
```

需要注意的是，如果在 nginx_http_include 配置文件中使用相对路径，系统会使用 kong.conf 文件中的 prefix 配置项的值来查找文件位置。prefix 配置项可以在启动 Kong 网关时使用 -p 参数指定。

5.3 个性化使用场景

对于绝大多数场景，使用 5.2 节介绍的注入单个 Nginx 指令方式足以定制 Kong 网关中的 Nginx 实例。但对于一些极端场景，用户需要自定义 Nginx 模板文件，或者在 OpenResty 实例中嵌入 Kong 网关。下面我们对这两种情形进行讨论。

5.3.1　自定义 Nginx 模板文件

在极少数情况下，用户可能需要修改一些 Nginx 配置项，而这些配置项又不能通过上面介绍的方式进行修改。此时，我们就需要自定义 Nginx 模板文件，然后 Kong 网关会根据自定义的 Nginx 模板文件生成 Nginx 配置文件，从而达到嵌入自定义配置项的效果。

用户可以在启动 Kong 网关时添加 --nginx-conf 参数，指定 Nginx 配置模板文件。该配置模板文件使用 Penlight 模板引擎。在启动 Nginx 服务之前，Kong 网关会对模板文件进行编译，并转储到 Kong 启动目录中。我们可以在 https://github.com/kong/kong/tree/master/kong/templates 地址中找到默认的模板文件。

此处，我们展示了模板文件示例 custom_nginx.template，如代码清单 5-5 所示。

代码清单 5-5　custom_nginx.template 模板文件

```
# ---------------------
# custom_nginx.template
# ---------------------

worker_processes ${{NGINX_WORKER_PROCESSES}};
daemon ${{NGINX_DAEMON}};

pid pids/nginx.pid;
error_log logs/error.log ${{LOG_LEVEL}};

events {
    use epoll;
    multi_accept on;
}

http {



  resolver ${{DNS_RESOLVER}} ipv6=off;
  charset UTF-8;
  error_log logs/error.log ${{LOG_LEVEL}};
  access_log logs/access.log;

  ... # etc
}
```

用户可以使用如下命令启动 Kong 网关：

```
$ kong start -c kong.conf --nginx-conf custom_nginx.template
```

5.3.2　在 OpenResty 实例中嵌入 Kong

如果用户有正在运行且配置成熟的 OpenResty 服务器，也可以使用 include 指令直接将

Nginx 配置嵌入 Kong。假设 nginx-kong.conf 配置文件中包含与 Kong 网关相关的特定配置，用户可以这样改造原有的 OpenResty 中的 Nginx 配置文件，如代码清单 5-6 所示。

代码清单 5-6　改造 OpenResty 中的 Nginx 配置文件

```
# my_nginx.conf
# ...your nginx settings...
http {
  include 'nginx-kong.conf';
  # ...your nginx settings...
}
```

用户可以使用如下命令启动 OpenResty 服务：

```
$ nginx -p /usr/local/openresty -c my_nginx.conf
```

5.4 Kong 网关部署

根据底层元数据存储方式的不同，Kong 网关可分为三种部署方式：无数据库部署模式、数据库部署模式和混合部署模式。下面我们会针对这三种部署模式的相关配置和部署细节进行详细讲解。

5.4.1 无数据库部署模式

无数据库部署模式中，Kong 网关使用特定的配置文件进行部署。配置文件的格式为 yaml，通常以 yml 后缀结尾。用户可以在启动项配置中使用 declarative_config 指定该文件路径。需要注意的是，使用该配置文件的前提条件是 database 配置项设置为 off。

这里我们基于 Mac 环境，使用 Docker 容器部署 Kong，具体步骤如下。

1）首先创建一个 Docker 网络，名称为 kong-net，网络模式为 bridge 模式。

```
$ docker network create kong-net
# 验证 Docker 网络是否创建成功
$ docker network ls |grep kong-net
9c4dcaff387d        kong-net            bridge              local
```

2）预先准备声明性配置文件 kong.yml，此处我们使用的是官方提供的模板文件。将该文件放置在桌面，并命名为 kong.yml，完整路径为 /Users/xxx/Desktop/kong.yml。kong.yml 文件内容如代码清单 5-7 所示。

代码清单 5-7　kong.yml 文件

```
_format_version: "1.1"
_transform: true

services:
```

```
- name: my-service
  url: https://example.com
  plugins:
  - name: key-auth
  routes:
  - name: my-route
    paths:
    - /

consumers:
- username: my-user
  keyauth_credentials:
  - key: my-key
```

3）启动 Kong 网关。

```
$ docker run -d --name kong \
  --network=kong-net \
  -v "/Users/xxx/Desktop/kong.yml:/etc/kong/kong.yml" \
  -e "KONG_DATABASE=off" \
  -e "KONG_DECLARATIVE_CONFIG=/etc/kong/kong.yml" \
  -e "KONG_PROXY_ACCESS_LOG=/dev/stdout" \
  -e "KONG_ADMIN_ACCESS_LOG=/dev/stdout" \
  -e "KONG_PROXY_ERROR_LOG=/dev/stderr" \
  -e "KONG_ADMIN_ERROR_LOG=/dev/stderr" \
  -e "KONG_ADMIN_LISTEN=0.0.0.0:8001, 0.0.0.0:8444 ssl" \
  -p 8000:8000 \
  -p 8443:8443 \
  -p 127.0.0.1:8001:8001 \
  -p 127.0.0.1:8444:8444 \
  kong:2.0.5
```

4）验证本次部署是否成功，验证分为 3 步。

①验证 Kong 是否启动成功：

```
$ docker ps --filter status=running
CONTAINER ID     IMAGE          STATUS            NAMES
72029370cc8c     kong:2.0.5     Up 2 minutes      kong
```

②验证 service 是否存在：

```
$ curl http://localhost:8001/services
{"next":null,"data":[{"host":"www.baidu.com",..."name":"my-service",...}]}
```

③验证 consumer 是否存在：

```
$ curl http://localhost:8001/consumers
{"next":null,"data":[{... ,"username":"my-user"}]}
```

至此，我们已经成功部署了一个无数据库部署模式的 Kong 网关。

kong.yml 文件遵循特定的数据格式。如代码清单 5-7 所示，_format_version 为必填的元数据，其中 1.1 表示对应的版本号，它与解析文件所需的最低 Kong 软件版本相匹配；_transform 为可选配置项，默认值为 true，如果已经导入 hashed/encrypted 证书，则可以将该值设置为 false，避免重复加密。其他剩余配置项分别对应不同的实体内容。表 5-9 罗列了元数据配置文件中常用的配置项。

表 5-9 元数据配置文件配置项

配置项	属性	描述
services	name	服务名称
services	url	服务地址
services	host	服务器绑定的 upstream 名称
upstreams	name	upstream 名称
upstreams	targets	upstream 添加的后端地址
routes	name	路由名称
routes	paths	匹配路径
plugins	name	插件名称
plugins	config	插件配置参数
consumers	username	consumer 的唯一用户名
consumers	costom_id	consumers 的 ID

在第 1 章和第 2 章中，我们多次使用过元数据配置文件，当时并没有对其中的细节进行详细描述。现在我们回顾一下 1.5.2 节中的 config.yml 配置文件，如代码清单 5-8 所示。

代码清单 5-8 1.5.2 节中的 config.yml 配置文件

```
1 _format_version: "1.1"
2
3 services:
4   - name: service_todolists
5     host: host_todolists
6     routes:
7       - name: route_todolists
8         paths:
9           - /kong/gateway
10
11 upstreams:
12   - name: host_todolists
13     targets:
14       - target: backend:80
```

该配置文件中创建了多个核心实体：route、service、upstream 和 target。它和官方模板文件不同的是名为 service_todolists 的服务并没有配置 url 属性，而是使用了 host 属性。该 host 属性与 upstream 绑定。upstream 绑定了地址为 backend:80 的后端服务，最后与 service 绑定的路由匹配路径为 /kong/gateway。用户可以通过该路径访问 backend:80 地址中的后端服务。

再如 2.3.4 节中的 kong.yml 配置文件，详见代码清单 5-9。

代码清单 5-9　2.3.4 节中的 kong.yml 配置文件

```
 1 _format_version: "1.1"
 2
 3 services:
 4   - name: service_todolists
 5     host: host_todolists
 6     routes:
 7       - name: route_todolists
 8         paths:
 9           - /kong/gateway
10
11 upstreams:
12   - name: host_todolists
13     targets:
14       - target: backend:80
15 plugins:
16   - name: rate-limiting
17     config:
18       minute: 3
19       policy: local
20     route: route_todolists
```

该配置文件在原有的基础上又添加了 plugin 实体。此处添加的是一个 Kong 网关内置的限流插件。该插件绑定在 route_todolists 路由上。用户请求先经过 rate-limiting 的插件处理，之后到达 backend:80 对应的后端服务。

5.4.2　数据库部署模式

数据库部署模式支持的数据库类型分为两种，分别为 PostgreSQL、Cassandra。我们可以修改启动项配置文件中的 database 属性来选择想要使用的数据库。下面分别介绍选用不同数据库时对应的部署方式。

1. PostgreSQL 数据库对应的 Kong 网关部署方式

1）创建一个 Docker 网络，该网络负责 Kong 网关容器与数据库容器之间的通信。

```
$ docker network create kong-net
# 验证是否创建成功
$ docker network ls |grep kong-net
dcc2074b9157        kong-net                    bridge              local
```

2）启动 PostgreSQL 数据库，数据库名、用户名和密码均设置为 kong，端口号为 5432，数据库版本为 9.6。

```
$ docker run -d --name kong-database \
```

```
  --network=kong-net \
  -p 5432:5432 \
  -e "POSTGRES_USER=kong" \
  -e "POSTGRES_DB=kong" \
  -e "POSTGRES_PASSWORD=kong" \
  postgres:9.6
```

3）初始化数据库及表结构信息。

```
$ docker run --rm \
  --network=kong-net \
  -e "KONG_DATABASE=postgres" \
  -e "KONG_PG_HOST=kong-database" \
  -e "KONG_PG_USER=kong" \
  -e "KONG_PG_PASSWORD=kong" \
  kong:2.0.5 kong migrations bootstrap
```

4）启动 Kong 服务，代理端口为 8000，Admin API 端口为 8001。

```
$ docker run -d --name kong \
  --network=kong-net \
  -e "KONG_DATABASE=postgres" \
  -e "KONG_PG_HOST=kong-database" \
  -e "KONG_PG_USER=kong" \
  -e "KONG_PG_PASSWORD=kong" \
  -e "KONG_PROXY_ACCESS_LOG=/dev/stdout" \
  -e "KONG_ADMIN_ACCESS_LOG=/dev/stdout" \
  -e "KONG_PROXY_ERROR_LOG=/dev/stderr" \
  -e "KONG_ADMIN_ERROR_LOG=/dev/stderr" \
  -e "KONG_ADMIN_LISTEN=0.0.0.0:8001, 0.0.0.0:8444 ssl" \
  -p 8000:8000 \
  -p 8443:8443 \
  -p 127.0.0.1:8001:8001 \
  -p 127.0.0.1:8444:8444 \
  kong:2.0.5
```

5）验证结果，通过 Admin API 添加一个服务实体，查看数据库表中是否有对应的记录。

```
# 添加一个服务实体
$ curl -X POST http://127.0.0.1:8001/services \
  --data "name=service_test" \
  --data "host=test"
{"host":"test",..."name":"service_test",...}
```

如图 5-1 所示，可以发现 PostgreSQL 数据库的 services 表中的 name 和 host 列已经存储了服务实体数据。

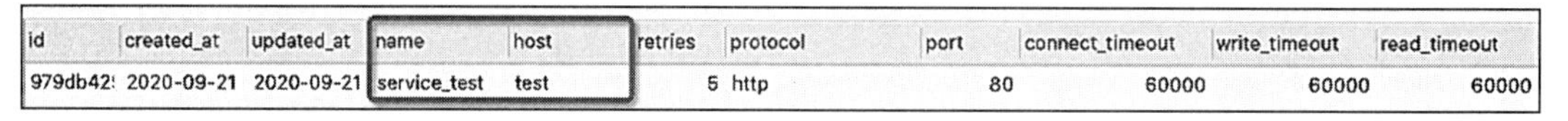

id	created_at	updated_at	name	host	retries	protocol	port	connect_timeout	write_timeout	read_timeout
979db42!	2020-09-21	2020-09-21	service_test	test	5	http	80	60000	60000	60000

图 5-1　PostgreSQL 数据库的 services 表

2. Cassandra数据库对应的Kong网关部署方式

1）创建一个Docker网络。

```
$ docker network create kong-net
# 验证是否创建成功
$ docker network ls |grep kong-net
dcc2074b9157        kong-net                bridge              local
```

2）启动Cassandra数据库，端口号为9042，数据库版本为3。

```
$ docker run -d --name kong-database \
  --network=kong-net \
  -p 9042:9042 \
  cassandra:3
```

3）初始化数据库，keyspace指定为kong。

```
$ docker run --rm \
  --network=kong-net \
  -e "KONG_DATABASE=cassandra" \
  -e "KONG_CASSANDRA_PORT=9042" \
  -e "KONG_CASSANDRA_KEYSPACE=kong" \
  -e "KONG_CASSANDRA_CONTACT_POINTS=kong-database" \
  kong:2.0.5 kong migrations bootstrap
```

4）启动Kong，代理端口为8000，Admin API端口为8001。

```
$ docker run -d --name kong \
  --network=kong-net \
  -e "KONG_DATABASE=cassandra" \
  -e "KONG_CASSANDRA_CONTACT_POINTS=kong-database" \
  -e "KONG_PROXY_ACCESS_LOG=/dev/stdout" \
  -e "KONG_ADMIN_ACCESS_LOG=/dev/stdout" \
  -e "KONG_PROXY_ERROR_LOG=/dev/stderr" \
  -e "KONG_ADMIN_ERROR_LOG=/dev/stderr" \
  -e "KONG_ADMIN_LISTEN=0.0.0.0:8001, 0.0.0.0:8444 ssl" \
  -p 8000:8000 \
  -p 8443:8443 \
  -p 127.0.0.1:8001:8001 \
  -p 127.0.0.1:8444:8444 \
  kong:2.0.5
```

5）验证结果，通过Admin API添加一个服务实体，查看数据库表中是否有对应的记录。

```
# 添加一个服务实体
$ curl -X POST http://127.0.0.1:8001/services \
  --data "name=service_test" \
  --data "host=test"
{"host":"test",..."name":"service_test",...}
```

Cassandra数据库的services表内容如图5-2所示。

partition	id	created_at	updated_at	name	host	retries	protocol	port	read_timeout	write_timeout	connec...
services	4da1911f-0...	2020-09-21...	2020-09-21...	service_test	test	5	http	80	60000	60000	60000

图 5-2　Cassandra 数据库 services 表

从功能性来说，这两个数据库没有本质的差别，都可以提供完善的服务。从使用场景来说，PostgreSQL 偏向于单点模式，Cassandra 可在集群模式下使用。

5.4.3　混合部署模式

混合部署模式是在 Kong 2.0 版本中新引入的一种部署方式，也可以称为控制平面 / 数据平面分离部署。控制平面（Control Plane，CP）功能类似于 Admin API，用于管理配置。数据平面（Data Plane，DP）用于为代理提供流量。每个 DP 节点都会连接到 CP 节点。DP 节点摒弃了传统的通信方式，不直接与数据库连接，而是与 CP 进行交互，并接收最新的配置项。混合部署模式架构如图 5-3 所示。

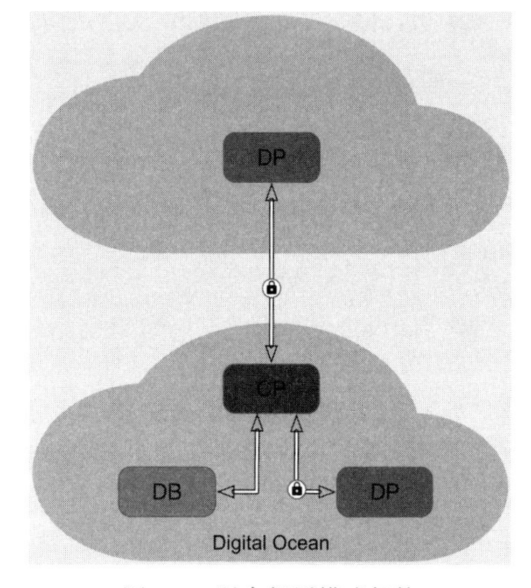

图 5-3　混合部署模式架构

需要注意的是，混合部署模式中的 CP 节点是基于数据库部署的。具体部署流程如下。

1）安装 Kong 与数据库，可以参考 5.5.1 节的步骤。

2）生成共享证书 / 密钥对，以保证 CP 和 DP 节点之间的通信安全；默认证书的有效时间为 3 年，可以使用 --days 参数设置更长时间。

```
# 生成证书 / 密钥对，证书位置默认在当前目录下
$ cd /etc/kong/ && kong hybrid gen_cert
Successfully generated certificate/key pairs, they have been written to: '/etc/
  kong/cluster.crt' and '/etc/kong/cluster.key'.
```

3）在 CP 节点的配置文件 kong.conf 中设置 role、cluster_cert 和 cluster_cert_key 属性。kong.conf 配置文件如代码清单 5-10 所示。

代码清单 5-10　在 CP 节点的 kong.conf 配置文件

```
...
135 role = control_plane
...
153 cluster_cert = cluster.crt
```

```
...
159 cluster_cert_key = cluster.key
...
```

4）启动 CP 节点。

```
$ kong start
# 检查8005端口
$ netstat -lntp
Active Internet connections (only servers)
Proto Local Address           State      PID/Program name
tcp      0.0.0.0:8005         LISTEN     16781/nginx: master
tcp      0.0.0.0:22           LISTEN     2768/sshd
tcp      127.0.0.1:8444       LISTEN     16781/nginx: master
tcp      127.0.0.1:8001       LISTEN     16781/nginx: master
tcp6     :::5432              LISTEN     12873/docker-proxy
```

5）启动 DP 节点。将 database 配置项修改为 off 才能启动 Kong。DP 节点的配置文件 kong.conf 如代码清单 5-11 所示，其中 control_plane_ip 为控制平面节点的 IP 地址。

代码清单 5-11　DP 节点的 kong.conf 配置文件

```
...
135 role = data_plane
...
153 cluster_cert = cluster.crt
...
159 cluster_cert_key = cluster.key
...
165 cluster_control_plane = control_plane_ip:8005
...
697 database = off
...
1037 lua_ssl_trusted_certificate = cluster.crt
...
```

6）验证是否成功部署。

```
$ curl 127.0.0.1:8001/clustering/status
{
  "a08f5bf2-43b8-4f1c-bdf5-0a0ffb421c21": {
    "config_hash": "64d661f505f7e1de5b4c5e5faa1797dd",
    "hostname": "data-plane-2",
    "ip": "192.168.10.3",
    "last_seen": 1571197860
  },
  "e1fd4970-6d24-4dfb-b2a7-5a832a5de6e1": {
    "config_hash": "64d661f505f7e1de5b4c5e5faa1797dd",
    "hostname": "data-plane-1",
    "ip": "192.168.10.4",
```

```
    "last_seen": 1571197866
  }
}
```

5.5 本章小结

本章详细描述了 Kong 网关的两类配置文件和三种部署方式。*.conf 配置文件侧重于环境配置，用户需要根据实际需求修改其中的配置项；*.yml 配置文件为 Kong 网关元数据配置，仅在用户采用无数据库部署模式时才需要编辑。三种部署方式功能相近，但各有特点。无数据库模式部署简便，但在服务器宕机时，内存中存储的所有数据将面临丢失；数据库部署模式可保障数据安全，但在集群模式下存在数据一致性的问题，在大流量场景中数据库存在压力；混合部署模式适用于云原生环境，但部署难度较高，存在数据安全问题。

Kong 网关的配置和部署是学习 Kong 网关的基础，一些常用的配置项和部署方法读者必须熟练掌握。在本章中，我们接触了一些命令行指令，如 kong start。下一章将进入 Kong 网关命令行的学习。

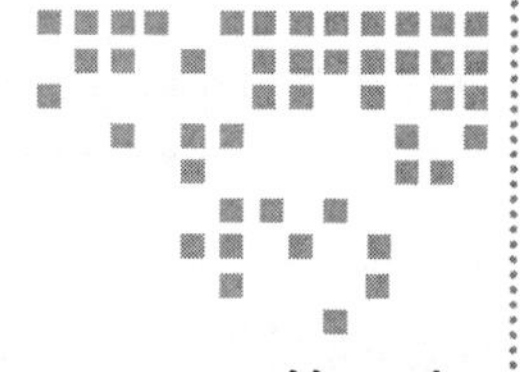

第 6 章 *Chapter 6*

Kong 网关命令行

Kong 命令行指令负责启动、停止和管理 Kong 网关实例。本章会详细介绍 Kong 服务日常运维的基本指令。所有指令的源码都在 /usr/local/share/lua/5.1/kong/cmd 目录下，均由 Lua 脚本编写。目录结构如下所示。

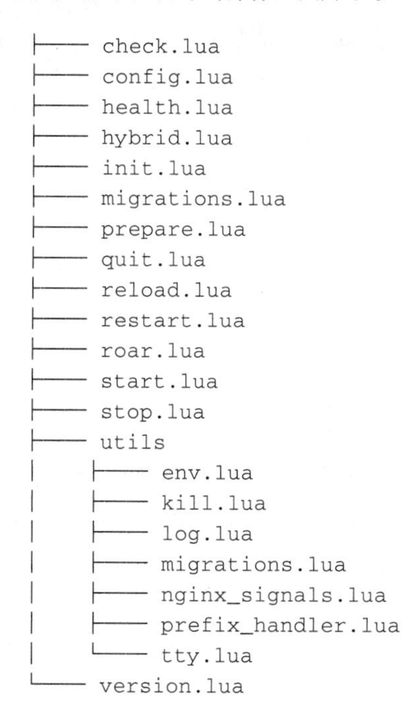

```
├── check.lua
├── config.lua
├── health.lua
├── hybrid.lua
├── init.lua
├── migrations.lua
├── prepare.lua
├── quit.lua
├── reload.lua
├── restart.lua
├── roar.lua
├── start.lua
├── stop.lua
├── utils
│   ├── env.lua
│   ├── kill.lua
│   ├── log.lua
│   ├── migrations.lua
│   ├── nginx_signals.lua
│   ├── prefix_handler.lua
│   └── tty.lua
└── version.lua
```

> 注意　在日常运维中，命令行指令的作用域在本机范围内，即其仅能管理本地节点的Kong服务实例，不能跨集群管理。

6.1　通用标志参数

Kong网关的所有命令行指令由一组统一的可选标志作为参数，即通用标志参数，具体如下。

- --help：打印此命令的帮助信息。
- --v：启用详细模式。
- --vv：启用调试模式，包含更多输出信息。

这里对比一下kong version指令结合--v和--vv可选参数的输出效果。

Kong版本信息：

```
$ kong version
2.0.5
```

kong version指令结合--v参数输出Kong版本信息与verbose信息：

```
$ kong version --v
2020/07/17 10:09:21 [verbose] Kong: 2.0.5
2.0.5
```

kong version指令结合--vv参数输出Kong版本信息与debug信息：

```
$ kong version --vv
2020/07/17 10:09:23 [verbose] Kong: 2.0.5
2020/07/17 10:09:23 [debug] ngx_lua: 10015
2020/07/17 10:09:23 [debug] nginx: 1015008
2020/07/17 10:09:23 [debug] Lua: LuaJIT 2.1.0-beta3
2.0.5
```

其他指令用户可以自行尝试，此处不再演示。

6.2　Kong网关命令行详解

本节会详细介绍Kong网关的常用命令行、命令行参数及具体使用细节。6.2.1节至6.2.12节罗列了Kong网关的全量命令行指令（根据首字母排列），其中最为常用的是kong start、kong restart、kong reload等启停指令；kong config、kong migrations等指令用于操作Kong网关配置文件。

6.2.1　kong check

kong check指令描述：

```
Usage: kong check <conf>
Check the validity of a given Kong configuration file.
<conf> (default /etc/kong/kong.conf) configuration file
```

kong check 指令可以检查配置文件的有效性，默认配置文件为 /etc/kong/kong.conf。如果没有指定配置文件，且默认配置文件不存在，系统会提示：

```
[error] no file at: /etc/kong/kong.conf
```

我们这里对 /etc/kong/kong.conf 配置文件做修改，将 proxy_listen 的地址和端口号改为 127.0.0.1.1:8000，如代码清单 6-1 所示。

代码清单 6-1 kong.conf 文件

```
162 ...
163 #------------------------------------------------------------------------
164 # NGINX
165 #------------------------------------------------------------------------
166
167 proxy_listen = 127.0.0.1.1:8000 reuseport backlog=16384, 0.0.0.0:8443
      http2 ssl reuseport backlog=16384
168                          # Comma-separated list of addresses and ports on
169                          # which the proxy server should listen for
170                          # HTTP/HTTPS traffic.
171 ...
```

执行 kong check --v 指令查看提示信息：

```
$ kong check /etc/kong/kong.conf -v
2020/07/16 06:12:56 [verbose] Kong: 2.0.5
2020/07/16 06:12:56 [verbose] reading config file at /home/kong/kong.conf
Error:
./kong/cmd/utils/log.lua:63: bad argument #2 to 'format' (no value)
stack traceback:
  [C]: in function 'format'
  ./kong/cmd/utils/log.lua:63: in function 'log'
  ./kong/cmd/utils/log.lua:93: in function 'error'
  ./kong/cmd/check.lua:13: in function 'cmd_exec'
  ./kong/cmd/init.lua:88: in function <./kong/cmd/init.lua:88>
  [C]: in function 'xpcall'
  ./kong/cmd/init.lua:88: in function <./kong/cmd/init.lua:45>
  /usr/local/bin/kong:9: in function 'file_gen'
  init_worker_by_lua:48: in function <init_worker_by_lua:46>
  [C]: in function 'xpcall'
  init_worker_by_lua:55: in function <init_worker_by_lua:53>
```

我们发现虽然系统提示了错误信息，但是没有给出具体的错误行数和对应配置，对定位问题细节的帮助不大，只是起到了简单校验的作用。根据笔者日常使用经验，kong check 指令也相对难检查出配置文件的词法和语法错误。所以在编辑配置文件时，用户应尽量基于

原始模板配置文件 /etc/kong/kong.conf.default 做修改；在更改配置文件前，应注意保留配置文件的历史版本信息，尽量避免在回退版本时出错。

6.2.2 kong config

kong config 指令描述：

```
$ kong config --help
Usage: kong config COMMAND [OPTIONS]
Use declarative configuration files with Kong.
The available commands are:
  init [<file>]          Generate an example config file to get you
                         started. If a filename is not
                         given, ./kong.yml is used by default.
  db_import <file>       Import a declarative config file into the
                         Kong database.
  db_export [<file>]     Export the Kong database into a declarative
                         config file. If a filename is not
                         given, ./kong.yml is used by default.
  parse <file>           Parse a declarative config file (check its
                         syntax) but do not load it into Kong.
Options:
  -c,--conf         (optional string)   Configuration file.
  -p,--prefix       (optional string)   Override prefix directory.
```

kong config 指令包含 4 个子命令，包括 init、parse、db_import 和 db_export。它们均围绕 Kong 元数据配置文件 kong.yml 展开。其中，init 和 parse 子命令可以实现初始化配置文件、校验配置文件语法功能，db_import 和 db_export 子命令可以帮助用户完成元数据配置文件和数据库存储信息的导入 / 导出。

1. init 子命令

kong config init 命令可以初始化元数据配置文件，在无数据库部署模式中使用，具体操作如下所示。

```
$ kong config -c /etc/kong/kong.conf init
$ ls
kong.yml
```

该指令会依据 kong.conf 文件生成一个 kong.yml 文件，-c 参数是可选的，默认会查找 /etc/kong 目录下的文件。使用 init 子命令生成的配置文件默认仅启用 _format_version 配置项，如代码清单 6-2 所示。

代码清单 6-2　kong.yml 配置文件

```
1 # ------------------------------------------------------------------
2 #
3 # 这是一份声明式配置示例文件
```

```
 4
 5
 6 #
 7 # 实体和属性字段不能以“-”字符开头
 8
 9 # _format_version 为必填项，指定该配置文件支持的最小版本
10 #
11
12 _format_version: "1.1"
  ...
68 #    - extra_limits
69       - my_tag
```

2. parse 子命令

kong config parse 命令可以帮助用户检查元数据配置文件中的内容是否有词法或语法错误。这里我们使用 init 子命令生成的配置文件进行修改，添加一个 service 实体，如代码清单 6-3 所示。

代码清单 6-3　原 kong.yml 配置文件

```
1 _format_version: "1.1"
2 services:
3   - name: example-service
4     url: http://example.com
5     tags:
6       - example
```

使用 parse 子命令检查该配置文件，返回如下成功信息。

```
$ kong config parse kong.yml
parse successful
```

现在，我们修改原 kong.yml 配置文件，添加一个不存在的 error 实体，如代码清单 6-4 所示。

代码清单 6-4　kong.yml 错误配置文件

```
1 _format_version: "1.1"
2 services:
3   - name: example-service
4     url: http://example.com
5     tags:
6       - example
7 errors:
8   - name: error
```

再次执行 parse 子命令，可以发现语法检查报错。报错信息如下。

```
$ kong config parse kong.yml
```

```
Error: Failed parsing:
in 'errors': unknown field
  Run with --v (verbose) or --vv (debug) for more details
```

3. db_import 子命令

kong config db_import 命令用于将元数据配置文件中的描述信息导入数据库。这里我们对代码清单 6-3 中的示例文件进行操作。

```
$ kong config db_import kong.yml
parse successful, beginning import
import successful
```

可以发现，数据库表 services 中导入了一条记录信息（见图 6-1）。记录信息与配置文件中的内容匹配。

id	created_at	updated_at	name	tags	host	retries	protocol	port	connect_timeout	write_timeout	read_timeout
7a267194	2020-09-22 (	2020-09-22 0	example-service	{example}	example.com	5	http	80	60000	60000	60000

图 6-1　数据库表 services

用户在执行 kong config db_import 命令前，最好先使用 parse 命令检查一下配置文件，保证配置文件内容正确。

4. db_export 子命令

kong config db_export 命令用于将数据库中的内容导回到配置文件中。该命令使用方式如下。

```
$ kong config db_export kong.export.yml
```

如果不指定文件名，系统会使用默认的文件 kong.yml，并将该文件导出到当前目录中。导出文件如代码清单 6-5 所示。

代码清单 6-5　kong.export.yml 文件

```
 1 _format_version: '1.1'
 2 services:
 3 - host: example.com
 4   created_at: 1600736337
 5   connect_timeout: 60000
 6   id: 7a267194-6123-5ee0-a1c9-4c1559eb0d95
 7   protocol: http
 8   name: example-service
 9   read_timeout: 60000
10   port: 80
11   updated_at: 1600736337
12   retries: 5
13   write_timeout: 60000
14   tags:
15   - example
```

对比代码清单 6-3 和代码清单 6-5，它们在核心元数据上是保持一致的，只不过代码清单 6-5 多了一些默认的其他属性。

6.2.3　kong health

kong health 指令描述：

```
$ kong health --help
Usage: kong health [OPTIONS]
Check if the necessary services are running for this node.
Options:
  -p,--prefix      (optional string) prefix at which Kong should be running
```

kong health 可以帮助用户验证 Kong 进程是否正常运行。如果 Kong 进程正常运行，输入该指令，系统会显示：

```
$ kong health
nginx.......running
Kong is healthy at /usr/local/kong
```

如果 Kong 进程因异常退出，或手动关闭 Kong 服务，输入该指令，系统会提示：

```
kong health
nginx.......not running
Error: Kong is not running at /usr/local/kong
  Run with --v (verbose) or --vv (debug) for more details
```

我们翻看 health.lua 源码会发现，kong health 命令底层监控的还是 Nginx 进程。Nginx 作为 Kong 网关核心发动机，是判断 Kong 网关是否健康的关键。

6.2.4　kong hybrid

kong hybrid 指令描述：

```
$ kong hybrid --help
Usage: kong hybrid COMMAND [OPTIONS]
Hybrid mode utilities for Kong.
The available commands are:
  gen_cert [<cert> <key>]       Generate a certificate/key pair that is
                                suitable for use in hybrid mode
                                deployment.
                                Cert and key will be written to
                                './cluster.crt' and './cluster.key' inside
                                the current directory unless filenames are
                                given.
Options:
  -d,--days       (optional number) Override certificate validity duration.
                                Default: 1095 days (3 years)
```

kong hybrid 指令用于创建一个共享的证书 / 密钥对，以便验证身份以及保证在混合部署模式中 CP 和 DP 节点之间的通信安全。

```
$ kong hybrid gen_cert
Successfully generated certificate/key pairs, they have been written to:
  '/etc/kong/cluster.crt' and '/etc/kong/cluster.key'.
```

创建成功后，其默认保存至当前目录下，建议放在 Kong 配置文件目录下，方便管理。

6.2.5 kong migrations

kong migrations 指令描述：

```
$ kong migrations --help
Usage: kong migrations COMMAND [OPTIONS]
Manage database schema migrations.
The available commands are:
  bootstrap                  Bootstrap the database and run all
                             migrations.
  up                         Run any new migrations.
  finish                     Finish running any pending migrations after
                             'up'.
  list                       List executed migrations.
  reset                      Reset the database.
Options:
-y,--yes                     Assume "yes" to prompts and run
                             non-interactively.
-q,--quiet                   Suppress all output.
-f,--force                   Run migrations even if database reports as
                             already executed.
--db-timeout                 (default 60)Timeout, in seconds, for all database
                             operations (including schema consensus for
                             Cassandra).
--lock-timeout               (default 60)Timeout, in seconds, for nodes waiting on
                             the leader node to finish running
                             migrations.
-c,--conf  (optional string)Configuration file.
```

kong migrations 指令包含 5 个子命令，分别为 bootstrap、up、finish、list 和 reset，其中较为常用的是 bootstrap、list 和 reset 子命令。它们分别对应数据迁移时的初始化、查询和清空操作。

1. bootstrap 子命令

kong migrations bootstrap 指令用于初始化数据库表信息。

```
$ kong migrations bootstrap -c /etc/kong/kong.conf
Bootstrapping database...
migrating core on database 'kong'...
core migrated up to: 000_base (executed)
core migrated up to: 003_100_to_110 (executed)
```

```
core migrated up to: 004_110_to_120 (executed)
...
24 migrations processed
24 executed
Database is up-to-date
```

kong 数据库表如图 6-2 所示。

Name	OID	Owner	ACL	Table Type	Rows	Primary Key	Has OIDs
acls	41796	kong		Normal	0	0	No
acme_storage	41816	kong		Normal	0	0	No
basicauth_credentials	41746	kong		Normal	0	0	No
ca_certificates	41605	kong		Normal	0	0	No
certificates	41460	kong		Normal	0	0	No
cluster_events	41422	kong		Normal	0	0	No
consumers	41486	kong		Normal	0	0	No
hmacauth_credentials	41635	kong		Normal	0	0	No
jwt_secrets	41726	kong		Normal	0	0	No
keyauth_credentials	41765	kong		Normal	0	0	No
locks	41413	kong		Normal	0	0	No
oauth2_authorization_codes	41672	kong		Normal	0	0	No
oauth2_credentials	41654	kong		Normal	0	0	No
oauth2_tokens	41696	kong		Normal	0	0	No
plugins	41500	kong		Normal	0	0	No
ratelimiting_metrics	41785	kong		Normal	0	0	No
response_ratelimiting_met...	41826	kong		Normal	0	0	No
routes	41444	kong		Normal	0	0	No
schema_meta	41405	kong		Normal	0	0	No
services	41434	kong		Normal	0	0	No
sessions	41836	kong		Normal	0	0	No
snis	41469	kong		Normal	0	0	No
tags	41577	kong		Normal	0	0	No
targets	41542	kong		Normal	0	0	No
ttls	41567	kong		Normal	0	0	No
upstreams	41531	kong		Normal	0	0	No

图 6-2　kong 数据库表

-c 参数可以指定 kong.conf 配置文件。需要注意的是，默认的配置文件中没有设置连接数据库的密码，需要用户手动修改。

2. up 子命令

kong migrations up 与 kong migrations bootstrap 相同，都用于初始化数据库表信息。初始化效果与 kong migrations bootstrap 命令是一样的，具体操作如下所示。

```
$ kong migrations up -c /etc/kong/kong.conf
Error: Cannot run migrations: Database needs bootstrapping or is older
than Kong 1.0.
To start a new installation from scratch, run 'kong migrations bootstrap'.
To migrate from a version older than 1.0, migrated to Kong 1.5.0 first.
If you still have 'apis' entities, you can convert them to Routes and
Services using the 'kong migrations migrate-apis' command in Kong 1.5.0.
```

注意　虽然 kong migrations up 指令和 kong migrations bootstrap 指令有相同的效果，但是它们针对的是不同的 Kong 版本。当 Kong 版本低于 0.15 时，需要使用 kong migrations up 命令。此外，当 Kong 版本低于 0.15 时，同一时间只能有一个 Kong 节点执行操作。在更高的 Kong 版本中，该项限制被去除。

3. finish 子命令

kong migrations finish 与 kong migrations up 指令相关，用于完成 kong migrations up 指令挂起的迁移操作。因为该指令所关联的 Kong 版本非常旧，此处不做详细介绍。

4. list 子命令

kong migrations list 指令可以用于列出执行完的迁移操作，具体如下。

```
$ kong migrations list
Executed migrations:
                 core: 000_base, 003_100_to_110, 004_110_to_120,
                       005_120_to_130, 006_130_to_140, 007_140_to_150,
                       008_150_to_200
            hmac-auth: 000_base_hmac_auth, 002_130_to_140
               oauth2: 000_base_oauth2, 003_130_to_140
                  jwt: 000_base_jwt, 002_130_to_140
           basic-auth: 000_base_basic_auth, 002_130_to_140
             key-auth: 000_base_key_auth, 002_130_to_140
        rate-limiting: 000_base_rate_limiting, 003_10_to_112
                  acl: 000_base_acl, 002_130_to_140
                 acme: 000_base_acme
response-ratelimiting: 000_base_response_rate_limiting
              session: 000_base_session
```

其中，core 代表核心元数据；hmac-auth、oauth2、jwt 等代表插件数据，000_base 等包含数字的信息为版本号。

5. reset 子命令

kong migrations reset 指令可以用于重置数据库。这里的重置数据库并不是清空表中的数据，而是删除所有与 Kong 服务相关的表，使用时需要谨慎考虑。

```
$ kong migrations reset
> Are you sure? This operation is irreversible. [Y/n] y
Resetting database...
Database successfully reset
```

6.2.6 kong prepare

kong prepare 指令描述：

```
$ kong prepare --help
Usage: kong prepare [OPTIONS]
Prepare the Kong prefix in the configured prefix directory. This command
can be used to start Kong from the nginx binary without using the 'kong
start' command.
Example usage:
  kong migrations up
  kong prepare -p /usr/local/kong -c kong.conf
  nginx -p /usr/local/kong -c /usr/local/kong/nginx.conf
```

```
Options:
  -c,--conf        (optional string) configuration file
  -p,--prefix      (optional string) override prefix directory
  --nginx-conf     (optional string) custom Nginx configuration template
```

我们在使用这条命令后，可以通过Nginx二进制文件启动Kong服务，而非使用kong start命令。该指令通常使用如下方式启用：

```
$ /usr/local/openresty/nginx/sbin/nginx -p /usr/local/kong -c nginx.conf
```

可以发现，该服务与通过kong start命令启动的服务并没有差别。读者仅需熟练掌握kong start命令即可，这条指令在生产环境中的使用率不高。

6.2.7 kong quit

kong quit指令描述：

```
$ kong quit --help
Usage: kong quit [OPTIONS]
Gracefully quit a running Kong node (Nginx and other configured services)
in given prefix directory.
This command sends a SIGQUIT signal to Nginx, meaning all requests will
finish processing before shutting down.
If the timeout delay is reached, the node will be forcefully stopped
(SIGTERM).
Options:
  -p,--prefix       (optional string) prefix Kong is running at
  -t,--timeout      (default 10) timeout before forced shutdown
  -w,--wait         (default 0) wait time before initiating the shutdown
```

执行kong quit指令时会向Nginx发送SIGQUIT信号，服务器会在处理完所有当下的请求后关闭服务。如果处理超时（默认为10s），则向节点发送SIGTERM指令，强制执行停止操作。在生产环境中推荐使用kong quit指令关闭服务器，这样可以尽量保证当前正在处理的请求正常返回。kong quit指令执行结果如下：

```
$ kong quit
Kong stopped (gracefully)
```

6.2.8 kong reload

kong reload指令描述：

```
$ kong reload --help
Usage: kong reload [OPTIONS]
Reload a Kong node (and start other configured services if necessary) in
given prefix directory.
This command sends a HUP signal to Nginx, which will spawn new workers
  (taking configuration changes into account),and stop the old ones when
they have finished processing current requests.
```

```
Options:
  -c,--conf         (optional string) configuration file
  -p,--prefix       (optional string) prefix Kong is running at
  --nginx-conf      (optional string) custom Nginx configuration template
```

kong reload 指令会重新加载 Kong 节点，底层沿用了 Nginx 信号处理机制。当 Nginx 接收到 HUP 信号时，会尝试去解析并应用新的配置文件。如果 Nginx 可以应用新的配置文件，会创建新的 worker 进程，并发送信号给旧 worker 进程，让其优雅地退出。接收到信号的旧 worker 进程会关闭监听 socket，但还会处理当前的请求。处理完请求之后，旧 worker 进程退出。如果 Nginx 不能应用新的配置文件，仍将用旧的配置文件来提供服务。

6.2.9 kong restart

kong restart 指令描述：

```
$ kong restart --help
Usage: kong restart [OPTIONS]
Restart a Kong node (and other configured services like Serf) in the given
prefix directory.
This command is equivalent to doing both 'kong stop' and 'kong start'.
Options:
  -c,--conf         (optional string)   configuration file
  -p,--prefix       (optional string)   prefix at which Kong should be running
  --nginx-conf      (optional string)   custom Nginx configuration template
  --run-migrations (optional boolean)  optionally run migrations on the DB
  --db-timeout      (default 60)
  --lock-timeout    (default 60)
```

kong restart 指令为 kong stop 和 kong start 指令的结合。该指令的细节可以参考 kong stop 和 kong start 这两条指令。运行该命令时，系统显示：

```
$ kong restart
Kong stopped
Kong started
```

6.2.10 kong start

kong start 指令描述：

```
$ kong start --help
Usage: kong start [OPTIONS]
Start Kong (Nginx and other configured services) in the configured prefix
directory.
Options:
-c,--conf          (optional string)     Configuration file.
-p,--prefix        (optional string)     Override prefix directory.
--nginx-conf       (optional string)     Custom Nginx configuration
                                         template.
--run-migrations   (optional boolean)    Run migrations before starting.
```

```
--db-timeout       (default 60)          Timeout, in seconds, for all
                                         database operations (including
                                         schema consensus for Cassandra).
--lock-timeout     (default 60)          When --run-migrations is enabled,
                                         timeout,in seconds, for nodes
                                         waiting on the leader node to
                                         finish running migrations.
```

kong start指令可以使用相应的配置文件启动Kong服务，-c参数用来添加启动配置文件，--nginx-conf参数用来指定自定义Nginx配置模板文件。正常情况下，使用kong start命令启动时，系统显示：

```
$ kong start -v
2020/07/22 11:00:36 [verbose] Kong: 2.0.5
2020/07/22 11:00:36 [verbose] reading config file at /etc/kong/kong.conf
2020/07/22 11:00:36 [verbose] prefix in use: /usr/local/kong
2020/07/22 11:00:36 [verbose] retrieving database schema state...
2020/07/22 11:00:36 [verbose] schema state retrieved
2020/07/22 11:00:36 [verbose] preparing nginx prefix directory at
/usr/local/kong
2020/07/22 11:00:36 [verbose] SSL enabled, no custom certificate set:
using default certificate
2020/07/22 11:00:36 [verbose] default SSL certificate found at
/usr/local/kong/ssl/kong-default.crt
2020/07/22 11:00:36 [verbose] Admin SSL enabled, no custom certificate
set: using default certificate
2020/07/22 11:00:36 [verbose] admin SSL certificate found at
/usr/local/kong/ssl/admin-kong-default.crt
2020/07/22 11:00:38 [info] Kong started
```

如果在启动的时候添加--v参数，可以清晰地看到Kong服务器的完整启动过程。

如果Kong网关已经在运行中，则重复执行kong start命令，系统会报错，但不会影响运行中的服务：

```
$ kong start
Error: Kong is already running in /usr/local/kong
```

6.2.11 kong stop

kong stop指令描述：

```
$ kong stop --help
Usage: kong stop [OPTIONS]
Stop a running Kong node (Nginx and other configured services) in given
prefix directory.
This command sends a SIGTERM signal to Nginx.
Options:
  -p,--prefix      (optional string) prefix Kong is running at
```

kong stop指令会直接将SIGTERM信号发送到Nginx，强制停止服务。该指令适用于开发环境和测试环境，不建议在生产环境中使用，因为这样会导致当前处理的请求全部丢失。运行该命令时，系统显示如下：

```
$ kong stop
Kong stopped
```

6.2.12 kong version

kong version 指令描述：

```
$ kong version --help
Usage: kong version [OPTIONS]
Print Kong's version. With the -a option, will print the version of all
underlying dependencies.
Options:
  -a,--all         get version of all dependencies
```

kong version 指令可以用于打印 Kong 版本，-a 参数用于打印所有底层依赖项的版本。通过该指令，我们可以清晰地看到 Kong 的底层依赖项及版本信息，以便在定制化开发或者定位问题时更有针对性。

```
$ kong version -a
Kong: 2.0.5
ngx_lua: 10015
nginx: 1015008
Lua: LuaJIT 2.1.0-beta3
```

注意 Kong 命令行指令总共有 13 条（基于 2.0.5 版本）。除了本节介绍的 12 条之外，还有一条 kong roar 指令。

6.3 本章小结

本章详细讲解了 Kong 网关命令行指令的相关知识点，包括使用方法和使用场景，并从源码层分析了它们的实现原理。命令行指令是我们运维服务的最基本工具，希望读者可以牢牢掌握，在第 11 章中，我们还会对某些特定场景做一些回顾，届时还会看到它们的身影。

在下一章中，我们会继续深入学习 Kong 网关的核心功能：服务代理和认证鉴权。它们共同构建了网关层最基础的操作。

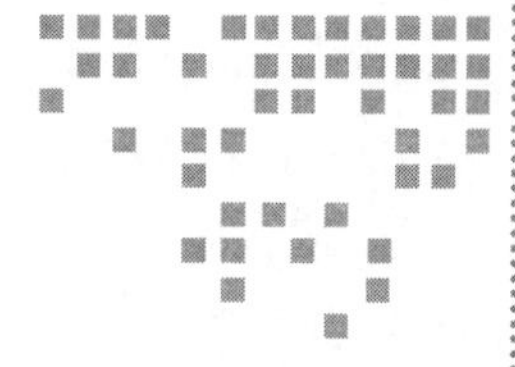

第 7 章 Chapter 7

Kong 网关代理及鉴权

在接下来的章节中，我们会和读者分享一些 Kong 网关的核心功能及使用指南。本章将着重介绍 Kong 网关最常用的功能——服务代理和认证鉴权，其中包括 Kong 网关代理基础知识、路由匹配规则和路由匹配优先级；Kong 网关代理行为；配置 SSL 协议、代理 WebSocket 流量、代理 gRPC 流量、Kong 网关鉴权。

Kong 网关作为成熟的 API 网关产品，对这些功能的支持已经非常完善。我们在讲述过程中也会将其与传统网关 Nginx 或 OpenResty 进行对比，让读者对其有一个更立体的认识。

7.1 Kong 网关代理基础知识

在本节中，我们一起来学习 Kong 网关代理的相关术语和环境配置。这些概念在前几章中已有提及，这里我们会明确这些概念，并在后续章节中沿用。

7.1.1 Kong 网关术语简介

Kong 网关对服务的层次结构进行了更细粒度的划分，并抽象出一些专业术语。我们在学习代理功能之前，首先需要对这些概念达成共识。在之后的章节中，为了防止表述引起歧义，笔者在描述场景时都会直接使用这些术语。下面我们先来看一下 Kong 网关代理中包含的基本概念。

- Client：下游客户端，向 Kong 代理端口发出请求。在现实场景中，Client 可以是前端页面、App 客户端或者第三方外部调用者。
- Upstream Service：位于 Kong 网关的下一层，是用户自定义的服务集合，一般一个 Ups-

tream Service 绑定一个或多个 Target。

- Target：Upstream Service 集合中的服务实例，一般情况下是后端服务接口，即 Web 应用开发中 Controller 层定义的接口。
- Service：Kong 服务实体，表示每个上游服务的抽象。这是一个抽象概念，比如其可以是查询用户积分服务或者计费接口等。
- Route：Kong 路由实体。路由是 Kong 网关入口，定义了匹配请求的规则，并根据该规则将请求路由到指定的服务上。
- Plugin：Kong 插件。插件分为全局插件和特定插件（特定插件的作用域不是全局，而是绑定的路由或服务）。它们是在代理生命周期中运行的业务逻辑。用户可以通过 Admin API 配置插件。

注意 早先的 Kong 版本还有 API 实体的概念。Kong DashBoard 最初就是基于 API 实体概念对 Kong 网关进行配置的。但从 Kong 1.0.0 版本开始，API 实体就被移除了。本书介绍的代理场景都是以路由和服务实体概念为基础的。

7.1.2 Kong 网关代理环境配置

第 5 章详细介绍了 Kong 网关的配置信息。这里再回顾一下和代理功能相关的几个核心配置。

- proxy_listen：定义了一个"地址 + 端口"列表。Kong 网关接收来自客户端的公共流量，并将其代理到上游服务，默认值为 0.0.0.0:8000。
- admin_listen：定义了一个"地址 + 端口"列表。理论上，其仅可以由管理员访问，因为它们暴露了 Kong 网关的配置功能，默认值为 127.0.0.1:8001。
- stream_listen：类似于 proxy_listen，但适用于 4 层通用代理（TCP、TLS），默认情况下是关闭的。

7.2 Kong 网关代理示例

下面我们通过一个简单的示例，直观地介绍一下 Kong 网关的代理功能。项目结构如下。

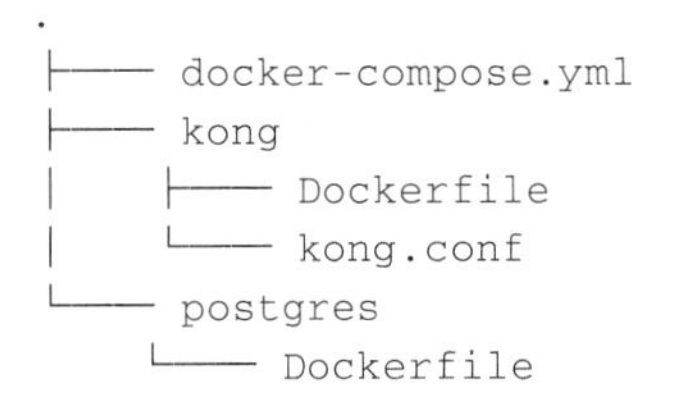

```
.
├── docker-compose.yml
├── kong
│    ├── Dockerfile
│    └── kong.conf
└── postgres
     └── Dockerfile
```

其中，docker-compose.yml 文件内容如代码清单 7-1 所示。

代码清单 7-1 docker-compose.yml 文件

```
 1 version: "3"
 2 services:
 3   postgres:
 4     container_name: postgres
 5     build:
 6       context: ./postgres
 7     environment:
 8       POSTGRES_DB: kong
 9       POSTGRES_USER: kong
10       POSTGRES_PASSWORD: kong
11     ports: ['5432:5432']
12     networks:
13       kong:
14         ipv4_address: 162.20.10.2
15
16   kong:
17     container_name: kong
18     build: ./kong
19     environment:
20       KONG_PG_HOST: 162.20.10.2
21       KONG_DATABASE: "postgres"
22       KONG_PG_PASSWORD: kong
23     ports: ['8001:8001','8000:8000']
24     volumes:
25       - ./kong:/etc/kong/
26     command: /bin/bash -c "kong migrations bootstrap && kong start -c
                                /etc/kong/kong.conf.default"
27     networks:
28       kong:
29         ipv4_address: 162.20.10.4
30
31 networks:
32   kong:
33     ipam:
34       config:
35         - subnet: 162.20.10.0/16
```

关于其他配置文件，读者可以查看本书附带的源码。这里我们使用 Admin API 为 Kong 网关添加代理配置，步骤如下。

1）创建一个名为 demo 的上游服务：

```
$ curl -X POST http://127.0.0.1:8001/upstreams \
  --data "name=demo"
```

2）为上游服务绑定一个 target，代理到 www.baidu.com 地址：

```
$ curl -X POST http://127.0.0.1:8001/upstreams/demo/targets \
  --data "target=www.baidu.com:80" \
  --data "weight=100"
```

3）创建一个名为 service_demo 的服务，host 属性与之前创建的上游服务对应：

```
$ curl -X POST http://127.0.0.1:8001/services \
  --data "name=service_demo" \
  --data "host=demo"
```

4）创建一个名为 route_demo 的路由，匹配路径为 /baidu：

```
$ curl -X POST http://127.0.0.1:8001/services/service_demo/routes \
  --data "paths[]=/baidu"  \
  --data "name=route_demo"
```

5）验证代理是否生效：

```
$ curl 127.0.0.1:8000/baidu
<!DOCTYPE html>
<!--STATUS OK--><html> ...<title>百度一下，你就知道</title>... </html>
```

如果在配置路由时使用不支持的属性，例如 HTTP 或者 HTTPS 协议不支持 sources 属性，那么系统会显示如下报错信息。

```
# 在上述示例中重新添加一个访问路径为 /sourses 且带有 sources 属性的路由
$ curl -i -X POST http://127.0.0.1:8001/services/service_demo/routes
  --data "paths[]=/sources"  \
  --data "name=route_sources" \
  --data "protocols=https" \
  --data "sources=127.0.0.1"
HTTP/1.1 400 Bad Request
Content-Type: Application/json
Server: kong/<x.x.x>
{
  "code": 2,
  "fields": {
    "sources": "cannot set 'sources' when 'protocols' is 'http' or 'https'"
  },
  "message": "schema violation (sources: cannot set 'sources' when 'protocols'
    is 'http' or 'https')",
  "name": "schema violation"
}
```

如果 Kong 网关收到一个请求，但是没有匹配到任何路由，网关层会返回：

```
# 在上述示例中创建一个访问路径为 /baidu 的路由，接着访问一个没有配置的 /test 路由
$ curl 127.0.0.1:8000/test
HTTP/1.1 404 Not Found
Content-Type: Application/json
Server: kong/<x.x.x>
{
  "message": "no route and no Service found with those values"
}
```

如果路由层匹配成功，但是转发请求的 Service 实体没有绑定 target 实例，网关层会返回：

```
# 在上述示例中添加 www.baidu.com:80 的 target，将其删除后访问查看结果
# 删除 target
$ curl -X POST http://127.0.0.1:8001/upstreams/demo/targets \
  --data "target=www.baidu.com:80" \
  --data "weight=0"
# 查看结果
$ curl 127.0.0.1:8000/baidu
HTTP/1.1 503 Service Temporarily Unavailable
Content-Type: Application/json
Server: kong/<x.x.x>
{
  "message":"failure to get a peer from the ring-balancer"
}
```

7.3　路由匹配规则

通过 7.2 节的学习，读者应该掌握了路由和服务实体的配置方法。本节开始正式讨论 Kong 网关的路由匹配规则。根据代理协议的不同，Kong 网关可以划分为三种代理模式。这三种代理模式是互斥的，各模式之间支持的可配置属性也存在差异，如表 7-1 所示。

表 7-1　三种代理模式信息

协议	包含的属性
HTTP	hosts、paths、methods、headers、snis
TCP	sources、destinations、snis
gRPC	hosts、headers、paths、snis

虽然这三种模式存在众多差异，看上去非常复杂，但 Kong 网关的路由匹配规则是通用的，只要掌握其中一种模式即可类推到另外两个。下面我们先来了解一下路由的通用匹配规则和各属性之间的作用关系，再继续深入探讨每个属性的匹配细则。

7.3.1　通用匹配规则

这里我们选用最常用的 HTTP 代理模式来为大家讲解路由通用匹配规则。HTTP 代理模式由 4 个基本属性构成：paths、hosts、methods 和 headers。（snis 仅适用于加密协议，暂时不做讨论。）我们可以将它简单类比为请求的域名、路径、请求方法和请求头信息。在配置路由时，这几个属性都是可选的，但必须至少指定其中任意一个。这里列举两个路由示例，见代码清单 7-2 和代码清单 7-3。

代码清单 7-2　路由示例一

```
{
  "hosts": ["example.com", "foo-service.com"],
  "paths": ["/foo", "/bar"],
  "methods": ["GET"]
}
```

代码清单 7-3 路由示例二

```
{
  "paths": ["/foo/bar"],
  "methods": ["GET", "POST"]
}
```

上述两个示例都是合法的路由配置，它们至少指定了一个属于该模式的属性。如果客户端请求想匹配这两个路由，需要满足以下两个条件。

1）客户端请求必须包含所有已配置的字段，即所有已配置属性需为非空。

2）客户端请求中的字段值必须至少与路由配置项的其中一个匹配，即单个属性的字段配置项满足“或”关系。

路由匹配条件比较抽象，读者可以参考以下示例来判断客户端请求是否匹配代码清单 7-2 中所对应的路由。

```
# 示例一
GET /foo HTTP/1.1
Host: example.com

# 示例二
GET /bar HTTP/1.1
Host: foo-service.com

# 实例三
GET /foo/hello/world HTTP/1.1
Host: example.com
```

我们发现上述三个请求均可以匹配。首先它们都包含了示例路由中声明的配置项，即 hosts、paths 和 methods（这三个属性都有值），其次 hosts 属性的值为 example.com 和 foo-service.com 中的一个，满足条件；methods 属性的值均为 GET 方法；paths 属性的值均以 /bar 或 /foo 为前缀，因此它们都是可以匹配路由的。

我们再来看一些不能匹配路由的请求示例，并描述具体原因。

```
# 示例一
GET / HTTP/1.1
Host: example.com

# 示例二
POST /foo HTTP/1.1
Host: example.com

# 示例三
GET /foo HTTP/1.1
Host: foo.com
```

示例一不能匹配的原因是 paths 属性不匹配，路由中没有以 / 开头的路径；示例二不能匹配的原因是 methods 属性不匹配，客户端请求方法为 POST，而路由中仅包含 GET 方法；

示例三不能匹配的原因是 hosts 属性不匹配，路由中的 hosts 属性没有 foo.com 字段。

代码清单 7-3 的路由配置同样可以使用 Nginx 配置文件实现，如代码清单 7-4 所示。

代码清单 7-4　Nginx 配置文件

```
location ^~ /foo/bar {
  if ($request_method !~ ^(GET|POST)$ ) {
    return 501;
  }
  ...
}
```

现在我们基本了解了路由的通用匹配规则。下面看一下每个属性特有的匹配细则。

7.3.2　paths 属性

paths 属性是路由实体中配置最为频繁的一个属性。在实际应用场景中，用户常常通过接口名区分不同业务功能的服务。通过配置路由的 paths 属性，用户可以很方便地对大量接口进行归并和拆分。paths 属性除了支持常规匹配规则外，还有很多其他细节。下面我们逐一进行讲解。

1. 常规匹配规则

常规匹配规则非常简单，只要客户端请求路径是以 paths 属性值中的任意一个为前缀，就能匹配路由。假设路由实体为：

```
{
  "paths": ["/service", "/hello/world"]
}
```

以下这些请求都是可以匹配该路由的。

```
# 匹配 /service 路径
GET /service HTTP/1.1
Host: example.com

# 匹配 /service 路径
GET /service/resource?param=value HTTP/1.1
Host: example.com

# 匹配 /hello/world 路径
GET /hello/world/resource HTTP/1.1
Host: anything.com
```

默认情况下，在完成路由匹配后，Kong 网关会在不更改 URL 路径的情况下代理上游请求。

2. 正则表达式

除了常规匹配规则外，Kong 网关还支持使用正则表达式进行模糊匹配。这个功能在实

际场景中非常实用。假设路由为:

```
{
  "paths": ["/users/\d+/profile", "/hello/world"]
}
```

该路由可以匹配以下请求。

```
# 匹配 /hello/world 路径
GET /hello/world HTTP/1.1
Host: ...

# 匹配 /users/\d+/profile 路径
GET /users/595a4dca-cc8f-11ea-ad07-a860b6003809/profile HTTP/1.1
Host: ...

# 匹配 /users/\d+/profile 路径
POST /users/69bec038-cc8f-11ea-ad07-a860b6003809/profile HTTP/1.1
Host: ...
```

用户在配置 paths 属性时，可以同时添加普通前缀表达式和正则表达式，但匹配规则不受影响。

路由的 paths 属性的正则表达式底层由 PCRE（Perl Compatible Regular Expression，可兼容的 Perl 正则表达式）提供支持，解析和匹配规则都与其保持一致。

> 注意　正则表达式包括基本的正则表达式（Basic Regular Expression，BRE）、扩展的正则表达式（Extended Regular Expression，ERE）、Perl 的正则表达式（Perl Regular Expression，PRE）。这几类正则表达式在语法规范、解析规则和解析效率上均存在一定差异。常见的正则表达式语法大多源自 Perl 的正则表达式。用户在使用正则表达式时，如果出现格式不符或者与预期不匹配的情况，可能是语法差异造成的。

3. 捕获组

路由中的 paths 属性也支持正则表达式的捕获组（Capturing Group）功能。匹配的组将从路径中提取出来，并在插件中使用。假设路由的 paths 属性的正则表达式为:

```
/version/(?<version>\d+)/users/(?<user>\S+)
```

客户端请求路径为:

```
/version/1/users/king
```

Kong 网关会将该请求路径视为匹配，然后从插件的 ngx.ctx 变量中获取提取的捕获组，示例如下:

```
local router_matches = ngx.ctx.router_matches
```

```
-- router_matches.uri_captures is:
-- { "1", "king", version = "1", user = "king" }
```

通常，我们在定制插件时会依赖请求路径，而捕获组功能能让我们轻松获取到信息。

4. Paths 属性匹配优先级

在实际场景中，可能会出现一个请求路径能够匹配多个路由的情况。这里我们讨论一下 paths 属性匹配优先级。先来看一个示例，考虑以下路由实体，如代码清单 7-5 所示。

代码清单 7-5　路由实体示例

```
[
  {
    "paths": ["/status/\d+"],
    "regex_priority": 3
  },
  {
    "paths": ["/status/\d+/version/\d+"],
    "regex_priority": 0
  },
  {
    "paths": ["/status/\d+/version/\d+/status/\d+"],
    "regex_priority": 0
  },
  {
    "paths": ["/version/\d+/status/\d+"],
    "regex_priority": 6
  },
  {
    "paths": ["/version"],
  },
  {
    "paths": ["/version/any"],
  }
]
```

1）普通前缀路径遵守最长前缀路径匹配规则，即 /version/any/ 优先级高于 /version。

2）正则表达式根据路由的 regex_priority 属性从最高优先级到最低优先级进行评估。同优先级的正则表达式也遵守最长前缀路径匹配规则。

3）正则表达式的匹配优先级始终高于前缀路径表达式。

根据上述规则，我们可以对代码清单 7-5 中的路由进行如下排序。

```
1. /version/\d+/status/\d+
2. /status/\d+
3. /status/\d+/version/\d+/status/\d+
4. /status/\d+/version/\d+
5. /version/any
6. /version
```

> 注意 对于 Kong 1.1 及之前的版本，paths 属性的匹配顺序是前缀路径优先，正则表达式路径滞后。而在 Kong 1.2 及后续版本中，正则表达式路径优先匹配。读者在规划 paths 属性匹配优先级时，需要考虑 Kong 版本的影响，以免发生错误。

5. strip_path 属性

路由实体中还有一个与 paths 属性强关联的属性：strip_path。该属性从字面上理解是修剪路径，在实际应用中是指路由中的 paths 属性字段值仅用于匹配路由。在匹配路由之后，匹配部分即被修剪，不会包含在上游请求中。下面我们看一个具体的使用示例。

路由实体为：

```
{
  "paths": ["/service"],
  "strip_path": true,
  "service": {
    "id": "..."
  }
}
```

Kong 网关接收到客户端发来的请求为：

```
GET /service/path/to/resource HTTP/1.1
Host: ...
```

在匹配路由后，Kong 网关会向上游服务发送以下请求：

```
GET /path/to/resource HTTP/1.1
Host: ...
```

可以发现，路由匹配的字段 /service 已经被修剪。该功能不仅可以用于前缀路径表达式，也可以用于正则表达式。

在有些场景中，用户需要客户端发来的请求与代理到上游服务的请求的路径保持一致，此时需要关闭修剪路径功能，即将 strip-path 置为 false 即可。需要注意的是，该属性默认为 true，所以在配置上游服务时需要考虑这个情况，以免无法与后端服务匹配。

7.3.3 hosts 属性

hosts 属性也经常用于配置路由实体中。我们主要通过 hosts 属性来区分流量的来源——将不同的 host 字段值作为不同流量来源的细分入口，并加以不同的业务规则。相对于 paths 属性来说，hosts 属性的配置并不复杂，包括常规匹配规则、通配符匹配规则和 preserve_host 属性配置。我们一起来看一下具体细节。

1. 常规匹配规则

hosts 属性可以接收多个值，每个值之间以逗号分隔。它的常规匹配规则也非常直接，只要客户端请求头中的 host 字段与路由中的 hosts 属性的字段中的任意一个完全一致，即表示匹配成功。假设路由实体为：

```
{
  "hosts": ["example.com", "foo-service.com"]
}
```

以下两个请求都可以匹配上述路由。

```
Host: example.com
Host: foo-service.com
```

2. 通配符匹配规则

为了提高 hosts 属性匹配的灵活性，Kong 网关允许用户在 hosts 属性中指定带通配符的字符串。该配置有一个限制条件，即字符串两边仅能包含一个通配符，中间不限，分析如下。

1）合法的带通配符的 hosts 属性：

```
*.example.com
a.*.com
example.*
```

2）不合法的带通配符的 hosts 属性：

```
*.example.*
```

.example.com 可以匹配诸如 a.example.com 和 x.y.example.com 等域名，example. 可以匹配诸如 example.com 和 example.org 等域名。它们都属于合法的 hosts 属性。*.example.* 因为两边都带有通配符，所以不合法。

hosts 属性中也可以同时包含普通域名和带通配符的域名，匹配规则一致。

3. preserve_host 属性

在匹配完成后进行代理时，Kong 网关的默认行为是将上游请求请求头中的 host 字段设置为 Service 实体中配置的 host 属性。preserve_host 属性接收一个布尔类型值，我们可以更改其默认行为。

假设路由实体配置为：

```
{
  "hosts": ["service.com"],
  "service": {
    "id": "..."
  }
}
```

客户端向 Kong 网关发送请求：

```
GET / HTTP/1.1
Host: service.com
```

路由匹配成功后，Kong 网关从 Service 实体的 host 属性中提取字段，并发送以下请求：

```
# my-service-host.com 为 service 实体中的 host 属性的值
GET / HTTP/1.1
Host: <my-service-host.com>
```

如果我们将 preserve_host=true 添加到原路由配置中：

```
{
  "hosts": ["service.com"],
  "preserve_host": true,
  "service": {
    "id": "..."
  }
}
```

并假设收到来自客户端的相同请求：

```
GET / HTTP/1.1
Host: service.com
```

此时，Kong 网关将根据客户端请求保留 host 字段，并发送以下请求：

```
GET / HTTP/1.1
Host: service.com
```

我们发现 host 字段经过 Kong 网关路由转发，透传到上游服务。在实际开发中，我们可以根据业务需要决定是否启用该配置。

7.3.4 methods 属性

methods 属性允许根据 HTTP 请求方法匹配请求。它可接收多个值，默认值为空。该配置使用户可以对接口进行更细粒度的控制，精确到 HTTP 请求方法。下面是配置 methods 属性的路由示例：

```
{
  "methods": ["GET", "HEAD"],
  "service": {
    "id": "..."
  }
}
```

该路由可以匹配请求方法为 GET 和 HEAD 的客户端请求，如：

```
GET / HTTP/1.1
Host: ...
HEAD /resource HTTP/1.1
Host: ...
```

其他请求方法均无法正常匹配。

7.3.5 headers 属性（hosts 除外）

从 1.3.0 版本开始，Kong 网关可以通过 host 以外的报文请求头来匹配路由，这使得用户可以对路由配置高度定制化，比如在请求头中带入版本信息、设备信息等各类自定义参数。我们一起来看一个配置 headers 属性的路由示例：

```
{
  "headers": { "version": ["v1", "v2"] },
  "service": {
    "id": "..."
  }
}
```

该路由会匹配请求头中包含 version 字段且 version 值为 v1 或者 v2 的客户端请求，例如：

```
GET / HTTP / 1.1
version: v1
GET / HTTP / 1.1
version: v2
```

我们可以通过该路由示例非常便捷地对接口进行多版本管理。

7.3.6 sources & destinations 属性

sources & destinations 属性仅适用于 TCP 和 TLS 路由。它们允许通过传入的 IP 地址和端口号列表来匹配路由。两个属性的不同点在于一个是匹配源地址，一个是匹配目标地址。我们来看一个示例：

```
{
  "protocols": ["tcp", "tls"],
  "sources": [{"ip":"10.1.0.0/16", "port":1234}, {"ip":"10.2.2.2"},
    {"port":9123}],
  "id": "...",
}
```

路由会匹配源地址是 10.1.0.0/16（CIDR 范围中的 IP），或者 IP 地址是 10.2.2.2，抑或者端口号为 9123 的 TCP 或 TLS 连接。

> 注意 无类别域间路由（Classless Inter-Domain Routing，CIDR）是一个用于给用户分配 IP 地址、在互联网上有效地路由 IP 数据包以及对 IP 地址进行归类的方法。

7.3.7 snis 属性

当使用安全协议时（HTTPS、gRPC 或 TLS），用户可以将 snis 当作路由属性。示例如下：

```
{
  "snis": ["foo.test", "example.com"],
  "id": "..."
}
```

在 TLS 连接的 SNI 扩展名中设置的主机名若能匹配 snis 属性中的字段，则该请求可以匹配此路由。如前所述，SNI 路由不仅适用于 TLS，还适用于 TLS 上承载的其他协议，例如 HTTPS。如果在 snis 属性中指定多个 SNI，仅需匹配其中任何一个即可，名称之间匹配满足“或”关系。

SNI 指示在 TLS 握手期间要连接的服务器，并且在建立 TLS 连接后无法修改。这意味着在执行路由匹配时，无论请求头中 host 字段是什么，复用相同 keepalive 连接的多个请求将具有相同的 SNI 主机名。理论上，用户可以随便配置路由的 snis 属性和 hosts 属性，但通常情况下不推荐这么操作。

SNI（server Name Indication，服务器名称指示）指示在握手期间浏览器正在联系的主机名，允许服务器为多个网站安全地托管多个 SSL 证书。多个网站存在于同一 IP 地址上。使用 SNI 时，服务器的主机名包含在 TLS 握手中，这使得 HTTPS 网站具有唯一的 TLS 证书（即使网站共享 IP 地址）。

7.4 路由匹配优先级

在 7.3 节中，我们了解了路由可以根据 paths、hosts、methods、headers（当使用安全协议 HTTPS 时再加上 snis）属性定义匹配规则。请求经过 Kong 网关时，满足所有限定条件才能匹配路由。但在实际使用场景中，我们会遇到这样的问题，一个请求可以满足多个路由匹配条件。在这种情况下，我们需要对照路由匹配优先级，找到最精准匹配的路由。

7.4.1 优先级策略

路由匹配的优先级策略：优先匹配满足条件最多的路由。

以下所示有两个路由配置，路由 B 包含一个 hosts 属性和一个 methods 属性，而路由 A 仅有一个 hosts 属性。

```
# 路由 A
{
  "hosts": ["example.com"],
  "service": {
    "id": "..."
  }
},
# 路由 B
```

```
{
  "hosts": ["example.com"],
  "methods": ["POST"],
  "service": {
    "id": "..."
  }
}
```

先看一个请求：

```
POST / HTTP/1.1
Host: example.com
```

它可以同时匹配路由 A 和路由 B，但是由于路由 A 仅匹配一个条件，而路由 B 可以匹配两个条件，因此该请求会优先匹配路由 B。

以下请求会直接匹配路由 A，因为它的请求方法为 GET，与路由 B 不匹配：

```
GET / HTTP/1.1
Host: example.com
```

在某些特殊情况下，多个路由符合匹配条件的数目也会完全一致。此时，我们应该按照如下优先级选择路由。

1）hosts 属性比通配符优先级高。

2）headers 属性中有更多匹配值的路由优先级高。

3）paths 属性中包含正则表达式的路由比包含普通前缀路径表达式的路由优先级高。

4）匹配路径较长的路由优先级高。

5）创建时间更早的路由优先级高。

该用例的示例过于冗长，此处不再赘述，有兴趣的读者可以自行尝试。推荐读者在实际环境配置路由信息时提前规划匹配策略。

7.4.2　后备路由策略

FallBack 并不是 Kong 网关路由的内在机制，而是用户利用路由匹配优先级策略实现的后备路由策略。后备路由的示例如下：

```
{
  "paths": ["/"],
  "service": {
    "id": "..."
  }
}
```

我们发现任何向 Kong 网关发出的 HTTP 请求实际上都会匹配此路由，因为所有 URI 都以“/”为前缀，并且根据 7.4.1 节提到的路由匹配优先级，paths 属性配置为“/”的路由最后才匹配到，这样就有效地保证了所有请求都可以被正常处理，不会出现无故抛出 404 或者找不到匹配路由的情况。同理，我们也可以发散思维，使用 /ApplicationName 作为单个上游服务的 FallBack 路由，定制一些个性化保护策略。更多 FallBack 路由应用，可以根据实际业务场景进行实践。

7.5 Kong 网关代理行为

7.3 节和 7.4 节详细地说明了 Kong 网关通过路由将请求转发到上游服务的匹配规则。在本节中，我们将目光聚焦在 Kong 网关代理行为，详细描述请求与路由匹配，并向上游服务转发的内部细节。

7.5.1 超时机制

Kong 网关执行完代理期间所有必要的流程后（包括插件逻辑），就会把请求转发给上游服务。这是由 Nginx 的 ngx_http_proxy_module 完成的。用户可以配置 Service 实体的一些属性来自定义 Kong 网关与上游服务之间的超时时间，具体属性和描述如表 7-2 所示。

表 7-2 Service 实体超时属性配置

属性	描述
upstream_connect_timeout	Kong 网关与上游服务的连接超时时间，默认值为 60 000ms
upstream_send_timeout	Kong 网关向上游服务发送请求时，连续执行两个写操作之间的超时时间，默认值为 60 000ms
upstream_read_timeout	Kong 网关接收来自上游服务请求时，连续执行两个读操作之间的超时时间，默认值为 60 000ms

Kong 网关将通过 HTTP1.1 协议发送请求，并在请求头中配置如表 7-3 所示内容。

表 7-3 在请求头中配置字段

字段	描述
Host: <your_upstream_host>	上游服务实体中定义的 host 属性
Connection: keep-alive	允许复用连接
X-Real-IP: <remote_addr>	获取到上一级代理的 IP
X-Forwarded-For: <address>	获取用户真实 IP
X-Forwarded-Proto: <protocol>	识别实际用户发出的协议
X-Forwarded-Host: <host>	客户端主机名
X-Forwarded-Port: <port>	代理的目的端口

对于用户自定义的请求头信息，Kong 网关都会透传、转发。

我们在使用 WebSocket 协议时会遇到一个例外情况——Kong 网关会在请求头中加入以下内容来升级客户端与上游服务之间的传输协议。

```
Connection: Upgrade
Upgrade: websocket
```

7.5.2 错误重试机制

在代理期间发生错误时，Kong 网关将利用 Nginx 的重试机制重发请求。此处，我们可以通过更改两个配置来调整重试策略。

1）重试次数：在配置服务时使用 retries 属性。

2）错误原因：使用 Nginx 的默认机制显示与服务器建立连接、向其传递请求或读取响应头时发生的错误或超时原因。

> 注意 错误重试机制的第 2 个选项是基于 Nginx 的 proxy_next_upstream 指令实现的。该选项不能通过 Kong 直接配置，但是可以使用自定义 Nginx 配置文件添加，具体做法可以参考第 5 章内容。

7.5.3 插件执行策略

Kong 网关可以通过插件机制扩展功能。这些插件可挂载在代理请求的请求 / 响应生命周期中。用户可以通过 Admin API 配置全局插件，或者在特定的路由和服务上运行插件。

一旦路由条件匹配，Kong 网关将运行与这些实体绑定的插件。配置在路由上的插件比配置在服务上的插件先运行。我们会在第 9 章中介绍更多关于插件的知识，也会详细介绍插件的执行顺序。

7.5.4 响应内容

当上游服务处理完请求后，Kong 网关会接收到来自上游服务的响应，并最终以流的方式将其发送到下游客户端。在此期间，Kong 网关将先执行添加在路由或者服务上的后置插件，触发 header_filter 钩子。在执行完插件中的业务逻辑后，Kong 网关会在响应头添加以下内容，并将完整的响应头返回客户端。具体添加的字段和描述如表 7-4 所示。

表 7-4 Kong 网关默认在响应头添加的字段

字段	描述
Via: kong/x.x.x	Kong 网关版本号
X-Kong-Proxy-Latency: <latency>	Kong 网关从接收到客户端请求到转发给上游服务所需的时间
X-Kong-Upstream-Latency: <latency>	Kong 网关接收到上游服务返回的响应所需的时间

将响应头信息发送到客户端后，Kong 网关会继续触发后置插件中的 body_filter 钩子。由于 Nginx 的流特性，该钩子可能会被触发多次。最终，处理完的响应块会发送到客户端。

7.6 配置 SSL 协议

在本节中，我们会给 Kong 网关配置 SSL 协议，使用 8444 和 8443 端口分别监听 Admin API 和代理服务。配置 SSL 协议的具体步骤如下。

1）使用 OpenSSL 工具创建证书：

```
$ cd /root && openssl req -new -newkey rsa:2048 -sha256 -nodes -out
  example_com.crt -keyout example_com.key -subj "/C=CN/ST=ShangHai/
  L=Shanghai/O=Example Inc./OU=Web Security/CN=example.com"
$ openssl x509 -req -days 365 -in example_com.crt -signkey example_com.key
  -out certreq.crt
```

2）修改 kong.conf 配置文件，指定 admin_ssl_cert 与 admin_ssl_cert_key 文件的位置：

```
420  ...
421 admin_ssl_cert = /root/certreq.crt
422 #admin_ssl_cert =            # The absolute path to the SSL certificate for
423                              # `admin_listen` values with SSL enabled.
424 admin_ssl_cert_key = /root/example_com.key
425 #admin_ssl_cert_key =        # The absolute path to the SSL key for
426 ...
```

3）重启 Kong 服务，验证是否生效，使用 curl 命令查看端口是否可用：

```
$ kong restart
# 验证代理监听端口
$ curl -k https://127.0.0.1:8443
{"message":"no Route matched with those values"}
# 验证 admin 监听端口
$ curl -k https://127.0.0.1:8444
{"plugins":{"enabled_in_cluster":[],..."version":"2.0.5"...}
```

4）添加代理配置。

①添加一个名为 demo 的 services，并配置代理后端地址为 http://www.baidu.com：

```
$ curl -k -X POST https://127.0.0.1:8444/services \
  --data "name=demo" \
  --data "url=http://www.baidu.com"
```

②为上述 services 实体添加路由 routes（名为 demo），客户端访问的 URL 为 /baidu：

```
$ curl -k -X POST https://127.0.0.1:8444/services/demo/routes \
  --data "paths[]=/baidu"  \
  --data "name=demo"
```

③使用 curl 命令验证代理是否成功：

```
$ curl -k -i https://127.0.0.1:8443/baidu
HTTP/1.1 200 OK
...
X-Kong-Upstream-Latency: 29
X-Kong-Proxy-Latency: 0
```

```
Via: kong/2.0.5

<!DOCTYPE html>
<!--STATUS OK--><html>...<title>百度一下，你就知道</title>...</html>
```

7.7　代理 WebSocket 流量

Kong 网关除了可以代理 HTTP 请求之外，还可以代理 WebSocket 流量。下面为大家演示如何配置代理 WebSocket 流量。整体项目结构如下。

```
.
├── docker-compose.yml
├── kong
│   ├── Dockerfile
│   └── kong.conf.default
├── postgres
│   └── Dockerfile
└── websocket_server
    ├── Dockerfile
    └── server.js
```

其中，docker-compose.yml 文件内容如代码清单 7-6 所示。

代码清单 7-6　docker-compose.yml 文件

```
 1 version: "3"
 2 services:
 3   postgres:
 4     container_name: postgres
 5     build:
 6       context: ./postgres
 7     environment:
 8       POSTGRES_DB: kong
 9       POSTGRES_USER: kong
10       POSTGRES_PASSWORD: kong
11     ports: ['5432:5432']
12     networks:
13       websocket:
14         ipv4_address: 162.20.10.2
15
16   kong:
17     container_name: kong
18     build: ./kong
19     environment:
20       KONG_PG_HOST: 162.20.10.2
21       KONG_DATABASE: "postgres"
22       KONG_PG_PASSWORD: kong
23     ports: ['8001:8001','8000:8000']
24     volumes:
25       - ./kong:/etc/kong/
```

```
26      command: /bin/bash -c "kong migrations bootstrap && kong start -c
                                  /etc/kong/kong.conf.default"
27      networks:
28        websocket:
29          ipv4_address: 162.20.10.4
30
31    websocket_server:
32      container_name: websocket_server
33      build: ./websocket_server
34      ports: ['3000:3000']
35      networks:
36        websocket:
37          ipv4_address: 162.20.10.5
38
49  networks:
40    websocket:
41      ipam:
42        config:
43          - subnet: 162.20.10.0/16
```

Kong 与 PostgreSQL 大家已经很熟悉了，这里不做过多介绍。我们先来看一下 websocket_server 的 Dockerfile 配置文件，如代码清单 7-7 所示。

代码清单 7-7　Dockerfile 配置文件

```
1 FROM node:latest
2 WORKDIR /root
3 ADD ./server.js ./
5 RUN npm install nodejs-websocket --save
6 CMD ["node","server.js"]
```

它本质上是一个用 Node.js 编写的 WebSocket 服务器，核心代码如代码清单 7-8 所示。

代码清单 7-8　server.js 文件

```
 1 var ws = require('nodejs-websocket');
 2 var server = ws.createServer(function(socket){
 3   var count = 1;
 4   socket.on('text', function(str) {
 5     //在控制台输出前端传来的消息
 6     console.log(str);
 7     //向前端回复消息
 8     socket.sendText('服务器端收到客户端发来的消息了！ ' + count++);
 9   });
10 }).listen(3000);
```

使用 docker-compose 指令启动该项目，并使用 Admin API 来配置 Kong 网关，代理 WebSocket 流量，具体操作如下。

```
# 添加一个 upstream，名称为 upstreams_websocket
$ curl -X POST http://127.0.0.1:8001/upstreams/ \
```

```
  --data "name=upstreams_websocket"
# 为 upstream 绑定后端 websocket_server 地址
$ curl -XPOST http://127.0.0.1:8001/upstreams/upstreams_websocket/targets\
  --data "target=162.20.10.5:3000" \
  --data "weight=100"
# 添加一个 service，绑定上述名为 upstreams_websocket 的 upstream
$ curl -X POST http://127.0.0.1:8001/services/ \
  --data "name=websocket_service" \
  --data "host=upstreams_websocket"
# 为上述名为 websocket_service 的 service 添加路由
$ curl -X POST http://127.0.0.1:8001/services/websocket_service/routes/ \
  --data "name=websocket_route" \
  --data "paths[]=/"
```

上述操作完成后在浏览器中右击选择“检查”，将客户端代码（见代码清单 7-9）添加至 Console 窗口，点击回车键确认。模拟 WebSocket 客户端效果如图 7-1 所示。

代码清单 7-9　客户端代码

```
var ws = new WebSocket('ws://127.0.0.1:8000/'); //地址为 Kong 网关代理地址
//Web Socket 已连接上，使用 send() 方法发送数据
ws.onopen = function() {
//这里用一个延时器模拟事件
  setInterval(function() {
    ws.send('客户端消息');
  },2000);
}
//这里接收服务器端发过来的消息
ws.onmessage = function(e) {
  console.log(e.data)
}
```

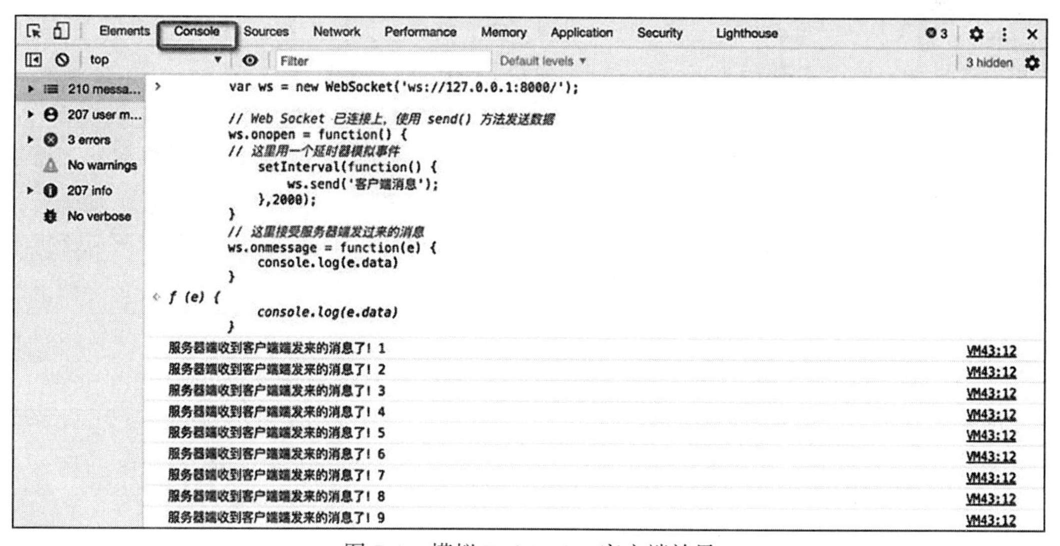

图 7-1　模拟 WebSocket 客户端效果

完成后，选择 Network 菜单，筛选 WebSocket 流量。可以发现，客户端与服务器端已建立连接并正常通信，如图 7-2 所示。

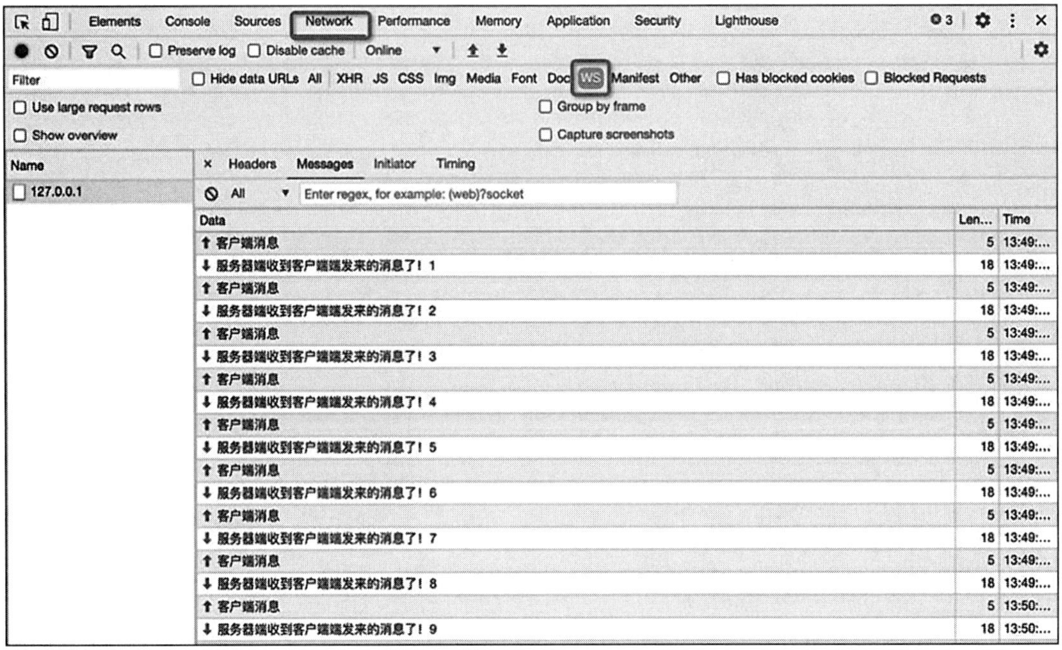

图 7-2　WebSocket 交互效果

7.8　代理 gRPC 流量

Kong 网关从 1.3 版本开始支持 gRPC 代理。本节将学习如何使用 Kong 网关来管理 gRPC 服务。这里我们使用 grpcurl 和 grpcbin 分别模拟 gPRC 客户端和 gRPC 服务。

注意　gRPC 是一个远程过程调用（RPC）框架，最初由 Google 于 2015 年左右开发，近年来得到越来越多的应用。gRPC 基于 HTTP2 进行传输，并使用 Protobuf 作为接口定义语言（IDL）。gRPC 具有许多传统 RESTful API 所不具备的功能，例如双向流传输和有效的二进制编码。

首先安装 grpcurl 和 grpcbin 工具，搭建 gRPC 初始环境。

1）安装 grpcurl 和 grpcbin：

```
$ brew install grpcurl
$ docker run -d --name grpcbin -p 9000:9000 -p 9001:9001 moul/grpcbin
```

2）使用 grpcurl 发送请求，验证环境是否搭建成功：

```
$ grpcurl -v -d '{"greeting": "helloworld"}' \
  -plaintext localhost:9000 hello.HelloService.SayHello
Resolved method descriptor:
rpc SayHello ( .hello.HelloRequest ) returns ( .hello.HelloResponse );
Request metadata to send:
(empty)
Response headers received:
content-type: Application/grpc
Response contents:
{
  "reply": "hello helloworld"
}
Response trailers received:
(empty)
Sent 1 request and received 1 response
```

接下来，使用 Kong 网关代理上述 gRPC 流量。

1）gRPC 基于 HTTP2 传输，所以需要修改 Kong 网关配置文件。打开配置文件中的 HTTP2 协议开关：

```
185 ...
186 proxy_listen = 0.0.0.0:8000 http2, 0.0.0.0:8443 http2 ssl
187 ...
```

2）添加一个名为 grpc 的服务实体，指定协议为 gRPC，主机地址为 127.0.0.1，端口号为 9000：

```
$ curl -X POST 127.0.0.1:8001/services \
  --data name=grpc \
  --data protocol=grpc \
  --data host=127.0.0.1 \
  --data port=9000
```

3）为上述服务实体添加一个名为 catch-all 的路由，指定协议为 gRPC、客户端访问 URI 为“/”；

```
$  curl  -X POST 127.0.0.1:8001/services/grpc/routes  \
  --data protocols=grpc  \
  --data name=catch-all  \
  --data paths=/
```

4）使用客户端工具 grpcurl 验证效果，其中 -v 参数表示打印 verbose 信息，-d 参数表示请求数据，-plaintext 参数表示连接时使用纯文本 HTTP2。

```
$ grpcurl -v -d '{"greeting": "Kong"}' -plaintext 127.0.0.1:8000
  hello.HelloService.SayHello
Resolved method descriptor:
rpc SayHello ( .hello.HelloRequest ) returns ( .hello.HelloResponse );
Request metadata to send:
```

```
(empty)
Response headers received:
content-type: Application/grpc
date: Fri, 28 Aug 2020 02:37:08 GMT
server: openresty
via: kong/2.0.5
x-kong-proxy-latency: 0
x-kong-upstream-latency: 1
Response contents:
{
  "reply": "hello Kong"
}
Response trailers received:
(empty)
Sent 1 request and received 1 response
```

相较于初始的 gRPC 环境，我们发现在响应头中多了 via、x-kong-proxy-latency 和 x-kong-upstream-latency 字段，说明请求已经经过 Kong 网关处理并代理到后端的 gRPC 服务中。

同时，gRPC 服务可以与日志类、分析监控类插件一起使用，具体内容可参考第 9 章。这里我们先尝试使用一下 File Log 插件。

1）在上述案例中为名为 catch-all 的路由添加 File Log 插件，其中日志文件位于 /tmp 目录（该目录对于 Kong 有写权限）下，名为 grpc.log：

```
$ curl -X POST localhost:8001/routes/catch-all/plugins \
  --data name=file-log \
  --data config.path=/tmp/grpc.log
```

2）使用 grpcurl 客户端工具进行访问，并使用 tail 指令查看该文件中是否有日志写入：

```
$ grpcurl -v -d '{"greeting": "Kong"}' \
  -plaintext 101.132.180.171:8000 hello.HelloService.SayHello
$ tail -f /tmp/grpc.log
{"latencies":{"request":2,"kong":2,"proxy":1},"service":{"host":"127.0.0.1
  "..."url":"http:\/\/127.0.0.1:8000\/hello.HelloService\/SayHello"...
```

7.9 Kong 网关鉴权

API 网关鉴权的模式和流程各不相同，基于 Kong 网关实现服务鉴权的最简单方法是在服务实体上配置鉴权插件。下面我们看一下具体实现细节。

7.9.1 通用鉴权流程

在介绍详细流程之前，我们先引入一个概念：消费者（Consumer）。消费者的核心原则是用户可以将插件附加在其之上，从而定制请求行为。

注意　理解消费者的最简单方法就是将它们一对一映射到具体用户。然而，对于 Kong 网关来说，这个理解过于狭隘。例如开发者有多个应用，他可以为每个应用及其版本定义一个消费者，或者为每个平台定义一个消费者，例如 AndroidConsumer、IOSConsumer 等。

最常见的鉴权是对服务进行身份校验，并且不允许任何未经身份验证的请求通过。鉴权插件的通用方案如下。

1）配置服务和路由实体，验证代理请求是否通过。

①添加一个名为 example-service 的服务，并代理到 http://mockbin.org/request，修改地址为 Kong 官方给出的示例地址：

```
$ curl -i -X POST \
  --url http://127.0.0.1:8001/services/ \
  --data 'name=example-service' \
  --data 'url=http://mockbin.org/request'
```

②为该服务添加一个路由，访问路径为 /auth-sample：

```
$ curl -i -X POST \
  --url http://127.0.0.1:8001/services/example-service/routes \
  --data 'paths[]=/auth-sample'
```

③使用 curl 命令验证上述配置是否成功：

```
$ curl http://127.0.0.1:8000/auth-sample
{
  "startedDateTime": "2020-09-25T00:34:45.620Z",
  "clientIPAddress": "162.20.0.1",
  "method": "GET",
  "url": "http://127.0.0.1/request",
  "httpVersion": "HTTP/1.1",
  "cookies": {},
  "headers": {
    "host": "mockbin.org",
    "connection": "close",
    "x-forwarded-for": "162.20.0.1, 10.102.78.77, 3.12.247.135",
    "x-forwarded-proto": "http",
    "x-forwarded-host": "127.0.0.1",
    "x-forwarded-port": "80",
    "x-real-ip": "47.75.63.6",
    "user-agent": "curl/7.64.1",
  ...
```

2）将鉴权插件作用于服务实体或者全局。

①为 services 添加名为 key-auto 的鉴权插件：

```
$ curl -X POST 127.0.0.1:8001/services/example-service/plugins \
  --data "name=key-auth"
```

②验证该鉴权插件是否添加成功，如果添加成功，但是没有key，返回结果会报错；如果没有添加成功，则正常返回。

```
$ curl http://127.0.0.1:8000/auth-sample
{"message":"No API key found in request"}
```

3）创建一个消费者实体。

添加一个消费者，username为user123，custom_id为SOME_CUSTOM_ID：

```
$ curl -d "username=user123&custom_id=SOME_CUSTOM_ID"
  http://127.0.0.1:8001/consumers/
```

4）为消费者提供特定身份验证方法的身份验证凭据。

①为该消费者配置新的凭证：

```
$ curl -X POST http://127.0.0.1:8001/consumers/user123/key-auth -d ''
{
  "created_at":1600994689,"consumer":{"id":"d833db4e-4eae-4575-947e-
    d7c2f61bb299"},
  "id":"bb499039-e071-4419-9c00-5bd8af17a5f7",
  "tags":null,
  "ttl":null,
  "key":"joWSLkrBQUgXT2darCwZGjVxBFPUHljs"
}
```

②将上述消费者中的key作为url的querystring参数并发出请求：

```
$ curl http://127.0.0.1:8000/auth-sample?apikey=joWSLkrBQUgXT2darCwZGjVxBFPUHljs
{
  "startedDateTime": "2020-09-25T00:46:01.856Z",
  "clientIPAddress": "162.20.0.1",
  "method": "GET",
  "url": "http://127.0.0.1/request?apikey=joWSLkrBQUgXT2darCwZGjVxBFPUHljs",
  "httpVersion": "HTTP/1.1",
  "cookies": {},
 ...
  "queryString": {
    "apikey": "joWSLkrBQUgXT2darCwZGjVxBFPUHljs"
  },
...
```

至此，当有请求进入Kong网关时，网关层都会检查提供的凭据（凭据内容取决于身份验证类型）。如果请求无法验证，Kong网关将阻止请求；如果验证通过，Kong网关会在请求头中添加使用者和凭据信息，并转发请求。

7.9.2 匿名接入流程

从上述的例子我们发现，当添加key-auth鉴权插件后，请求必须带上凭据才能访问通过。接下来我们看一下如何配置匿名用户直接访问代理服务。

1）紧接上述流程添加一个名为 anonymous_users 的匿名用户：

```
$ curl -i -X POST \
  --url http://127.0.0.1:8001/consumers/ \
  --data "username=anonymous_users"
```

2）配置 key-auth 鉴权插件允许匿名用户访问：

```
# 获取 plugins 的 id
$ curl 127.0.0.1:8001/services/example-service/plugins
{"next":null,"data":..."id":"16276239-c173-48d5-82c7-171e01d8fb5f",...}

# 获取 consumers 的 id
$ curl http://127.0.0.1:8001/consumers/anonymous_users
{..."id":"19a20edc-ade4-45ff-8201-259c542727d3",...}

# 允许匿名用户访问
$ curl -i -X PATCH \
  --url http://localhost:8001/plugins/16276239-c173-48d5-82c7-171e01d8fb
  5f \
  --data "config.anonymous=19a20edc-ade4-45ff-8201-259c542727d3"
```

3）使用 curl 命令验证是否可以直接访问：

```
$ curl -X GET \
  --url http://localhost:8000/auth-sample
{
  "startedDateTime": "2020-09-25T01:03:23.809Z",
  "clientIPAddress": "162.20.0.1",
  "method": "GET",
  "url": "http://127.0.0.1/request",
  "httpVersion": "HTTP/1.1",
  "cookies": {},
...
  "x-consumer-id": "19a20edc-ade4-45ff-8201-259c542727d3",
  "x-consumer-username": "anonymous_users",
  "x-anonymous-consumer": "true",
...
  "queryString": {},
...
```

Kong 网关能够配置服务，同时允许身份验证和匿名访问。比如用户可以对某个服务开设匿名用户访问权限，但是限流策略比较严格；同时对该服务增加一个需要身份验证的访问权限，并放宽限流策略。

7.9.3　多重认证策略

Kong 网关支持给服务配置多个鉴权插件，允许不同客户端使用不同的身份验证策略来访问指定的服务或路由。在评估多个身份验证凭据时，逻辑比较复杂，关键因素在于 config.

anonymous 属性。

- ❑ 未设置 config.anonymous 属性时，鉴权插件将始终执行身份验证。如果身份未通过验证，则会返回 40XX。当使用多个鉴权插件时，验证结果之间会取“与”关系。
- ❑ 设置 config.anonymous 属性时，不是每个鉴权插件都会执行，而是仅当上个鉴权条件失败，才会执行下一个鉴权插件。当所有身份验证失败后，不会返回 4XX，而是将请求当作匿名消费者接入。当使用多个鉴权插件时，验证结果之间会取“或”关系。

注意 多重认证策略补充说明如下。

- ❑ 当给服务配置多个鉴权插件时，必须统一配置匿名访问权限或者统一不配置。如果有些鉴权插件的配置，有些没配置，会造成鉴权结果未知。这在开发环境中是严禁的。
- ❑ 当多个插件间为“与”关系时，最后执行的插件的凭据信息将被接入上游服务；当多个插件间为“或”关系时，第一个验证成功的插件的凭据信息会被接入上游服务，或者最后一个匿名接入的消费者的信息会被接入上游服务。

7.10 本章小结

本章详细探讨了 Kong 网关的代理功能和鉴权流程。这两个功能都是最常用、最基础的功能，也是使用 Kong 网关时必须要掌握的技能。用户结合使用这两个功能，可以在开发环境中构建出高度定制化的网关层组件。

下一章会介绍 Kong 网关的负载均衡策略和健康检查功能。届时，我们会了解如何使用 Kong 网关搭建高可用的后端服务架构。

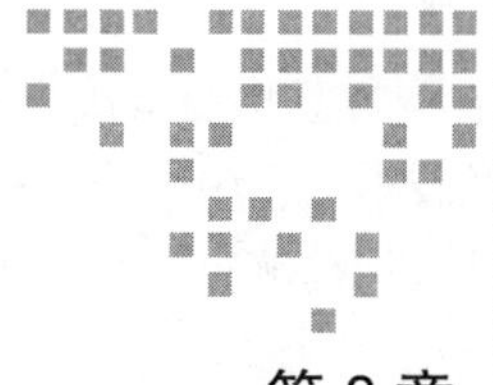

第 8 章 Chapter 8

Kong 网关负载均衡策略与健康检查

第 7 章介绍了 Kong 网关的代理和鉴权功能。本章会延续这个话题，介绍如何使用 Kong 网关实现后端服务负载均衡以及健康检查机制，并讨论如何结合使用这两个特性来保障后端服务整体稳定、高可用。

8.1 负载均衡

在本节中，笔者将带领读者一起了解负载均衡以及如何实现负载均衡，最后再聚焦于它们在 Kong 网关中的相关衍生概念。

8.1.1 负载均衡简介

负载均衡（Load Balance）是指将服务负载分摊到多个操作单元，实现高性能运行。负载均衡构建在原有网络架构之上，提供了一种透明、廉价、有效的方法来扩展服务器和网络带宽，提高了网络数据处理能力、吞吐量、网络的可用性和灵活性。

负载均衡在整个微服务体系中意义重大。众所周知，微服务架构为典型的分布式系统，服务间的调用关系完全依赖服务注册、服务发现机制。因此，如何保证新注册的服务可以快速添加进有效服务列表是首要解决的问题。负载均衡需要保证后端服务集群中有若干台（非全部）服务器发生故障时，客户端依旧可以稳定、可靠地访问。负载均衡，实现了后端服务集群在业务需要时快速扩缩容，这相较于频繁升级或降级单点服务配置，可以节省大量时间成本和资源成本。

8.1.2 负载均衡解决方案

从全局来看，负载均衡解决方案总体分为两种：软件负载均衡解决方案和硬件负载均衡解决方案。在技术选型中，我们可以根据实际需求二选一，或者两者兼而有之。市场上较为成熟的软件负载均衡解决方案为 Nginx、HAProxy 和 LVS；硬件负载均衡解决方案为 F5、A10 等。

软硬件负载均衡解决方案各有优缺点。我们可以横向对比一下 F5 和 Nginx 这两种常用解决方案，如表 8-1 所示。

表 8-1 F5 与 Nginx 优缺点

	F5	Nginx
优点	能够直接通过智能交换机实现，负载能力强，适用于大设备量、大访问量的简单应用	基于系统与应用的负载均衡，能够更好地根据系统与应用的状况来分配负载，适用于复杂应用，性价比高，而且容易扩展集群
缺点	设备价格高昂，配置冗余，很难做集群，并且负载均衡器设备为单点部署，无法有效掌握服务器及应用的状态	负载能力受服务器本身性能的影响。更大的负载能力需要更高性能的服务器配置

综上所述，当企业规模不大时，可以使用 Nginx 或者 HAProxy 等软件负载均衡解决方案。随着规模扩大，企业可以考虑使用软件集群方案，最后可以同时使用软硬件负载均衡解决方案，兼顾稳定性和灵活性。

8.1.3 Kong 网关中的负载均衡

Kong 网关的负载均衡能力依托于 Nginx 服务器。所以从大的范畴上划分，其也属于软件负载均衡解决方案中的一种。Kong 网关在 Nginx 负载均衡策略基础上做了更高的抽象。从功能特性上划分，其可以分为两种实现方式：一种是基于 DNS；另一种是基于 Ring-Balancer（环状负载均衡器，无须 DNS 服务器即可实现服务注册，并且可以动态挂载、注销后端服务、调整服务权重配比）。

8.2 基于 DNS 的负载均衡

当使用基于 DNS 的负载均衡策略时，所有后端服务的注册操作都是在 Kong 网关之外完成的。Kong 服务器仅接收来自 DNS 服务器的更新。用户除配置 Kong 网关外，还需自行配置 DNS 服务器。

在 Kong 网关中，所有服务的 host 属性配置为主机名而非 IP 地址的服务。所有服务都会自动使用基于 DNS 的负载均衡策略。基于 DNS 的负载均衡策略生效的前提是：主机名不能解析为上游服务的名称，即不能与上游服务中的 name 属性名称一致，或者不能出现在 DNS 服务器的 hosts 文件中。

DNS记录中的TTL值决定DNS寻址信息刷新的频率。当TTL值设置为0时，每个请求都会重新进行DNS解析操作，这会影响网关性能，但会降低DNS更新的延时。因此，我们需要在性能和一致性之间做权衡，选择合适的TTL值。

DNS记录类型分为A记录、AAAA记录、CNAME记录、SRV记录等。此处，我们详细介绍A记录与SRV记录的配置要点。

注意　DNS记录类型

- A记录：指定主机名（或域名）对应的IP地址记录。
- AAAA记录：将域名解析到一个指定的IPv6的IP上。
- CNAME记录：通常称为别名解析，可以将注册的不同域名都转到一个域名记录上。由这个域名记录统一解析、管理注册的域名。与A记录不同的是，CNAME记录设置的不一定是IP地址，也可以是域名。
- SRV记录：用来指定服务地址。与常见的A记录、CNAME记录不同的是，SRV记录中除了记录服务器的地址，还记录了服务的端口，并且可以设置每个服务地址的优先级和权重。

8.2.1　A记录（包含AAAA记录）

一条A记录中包含一个或多个IP地址。因此，当主机名解析为A记录时，每个后端服务都必须有自己的IP地址，否则会报错。由于A记录中没有设置权重，因此相当于使用了普通轮询策略。客户端会按顺序调用后端服务。

8.2.2　SRV记录

如上所述，SRV记录中包含IP地址、端口号和权重信息，后端服务可以通过IP地址+端口号的组合做唯一标识，用户可以使用同一个IP地址+不同的端口号启动同一个服务的多个实例。由于SRV记录中设置了权重，因此相当于使用了加权轮询策略。客户端会按顺序调用后端服务，并根据权重信息加以不同的负载。

需要注意的是，服务实体中配置的端口属性会被DNS服务器的端口信息覆盖，比如服务实体配置为host=myhost.com、port=123，而myhost.com域名最终解析为值为127.0.0.1:456的SRV记录，该请求会代理到http://127.0.0.1:456/somepath，且端口号123被456所覆盖。

8.2.3　DNS记录优先级

在Kong网关中，DNS解析器会按一定顺序对不同类型的记录进行解析，默认优先级排列如下。

1）上一次成功解析的记录类型。

2）SRV 记录。

3）A 记录（包含 AAAA 记录）。

4）CNAME 记录。

读者也可以修改 dns_order 配置项自定义解析顺序，具体可以参考 5.1.2 节的内容。

8.2.4 其他注意事项

在使用基于 DNS 的负载均衡策略时，读者需要注意以下事项。

1）每当 DNS 记录刷新时，系统内部会生成一份列表，以便设置权重。用户需要尽量保持权重值配置占用较少的条目数，以保持高效的算法性能。例如，17 和 31 这两个权重值在系统内部对应存储 527 个条目，而 16 和 32 在系统内部仅对应存储 3 个条目，条目值占用得越少，性能越好。条目值的估算方式为 $\frac{\sum_{i=0}^{n} a_i}{(a_0, a_1, \cdots, a_n)}$，其中 a_i 为单个权重值。当 TTL 设置得较小时，权重值配置所带来的性能影响会更大。

2）DNS 信息通过 UDP 协议传输，默认限制为 512 字节。如果有许多条目内容需要返回，则 DNS 服务器优先返回部分数据并设置截断（Truncate）标志，表示还有更多响应内容需要发送，包括 Kong 网关在内的 DNS 客户端将通过 TCP 协议发送第二个请求来获取完整的响应内容。

3）有些 DNS 服务器在默认情况下并不会使用截断标志进行响应，而是直接将响应内容限制在 512 字节。例如，Consul 在默认情况下仅返回最多前三个条目，并且不设置截断标志。用户需要提前考虑这种情况，以免遗漏服务实例。

4）DNS 服务器有时会返回 3 name error 消息。对于 Kong 服务器来说，这是一个有效响应（但无法正常使用）。用户可以检查域名是否配置正确，或者 DNS 服务器是否配置正确，以获得更符合预期的响应。

8.3 环状负载均衡器

环状负载均衡器（Ring-Balancer）是 Kong 网关独有的特性。我们可以通过配置 Ring-Balancer 与后端服务直连，从而实现负载均衡。下面我们会围绕基础概念、负载均衡策略和其他注意事项来介绍 Ring-Balancer。

8.3.1 基础概念

Ring-Balancer 内部是通过 Upstream 和 Target 实体来完成负载均衡的。这两个概念在第 7 章讨论代理功能时已有提及，当时主要是强调 Route 实体和 Service 实体之间的关系，偏向于代理请求前半部分的路由功能。在本节中，我们将焦点放在代理请求的后半部分。在这之前，我们再详细回顾一下 Upstream 和 Target 这两个核心实体的概念。

- Upstream：上游服务抽象、后端服务集合，或者称为虚拟域名。它的名称对应路由实体中的 hosts 字段。名称与路由实体中 hosts 字段匹配的 Upstream 会接收所有来自该路由的请求。
- Target：后端服务实例。Target 对象需要配置后端服务对应的 IP 地址 + 端口号或者域名 + 端口号。每个 Target 对象还需要配置权重，表示它们的相对负载。后端服务中的 IP 地址支持 IPv4 和 IPv6 格式。

下面我们看一下 Upstream 和 Target 在 Ring-Balancer 中的具体使用方式。

1. 上游服务抽象（Upstream）

每个上游服务都对应一个属于自己的 Ring-Balancer。上游服务实体中可以添加若干个后端服务实例。所有代理到该上游服务的请求会在这些后端服务实例间进行负载均衡。一个 Ring-Balancer 具有固定数量的插槽（Slot），插槽数目可以预先配置，上游服务会根据后端服务实例的权重填充在插槽内。

用户可以使用 Admin API 在相应上游服务中添加或删除后端服务实例。这个操作成本在系统内部是非常廉价的。相比之下，更改上游服务实体本身这个操作的成本比较昂贵，比如修改插槽数量时，系统需要重建整个 Ring-Balancer。在所有操作中，只有当用户清理所有后端服务实例的历史信息或者更改插槽数量时，Ring-Balancer 才会被重新构建。

Ring-Balancer 内部有 *N* 个插槽，它们随机分布在一个环状结构上。高随机性是保证 Ring-Balancer 运行时简单、高效的必要条件。并且在环结构上执行简单的轮询操作能达到加权轮询的算法效果，同时新增和删除后端服务实例的操作也变得非常容易。

每个后端服务实例使用的插槽数量至少为 100，这样才能保证该后端服务实例对应的插槽在 Ring-Balancer 上可以正常分布。对应地，总插槽数也需要正确配置，比如一个上游服务配置了 8 个后端服务实例，那么插槽数量应该至少配置 800，否则会出问题。

这里我们需要做出的权衡是，插槽数越多，随机分布的效果就越好，负载均衡结果越符合用户预期，但同时新增或删除后端服务实例的成本也会越高。

> 注意　系统初始默认插槽数为 10 000。一般情况下，我们使用默认插槽数即可满足开发环境要求。

2. 后端服务实例（Target）

上游服务会维护 Target 对象的历史更改记录，且考虑到性能问题，所以一般情况下只添加 Target，而不修改或删除 Target。如果我们需要修改 Target，只需为该 Target 添加一个新的条目，并更改其权重属性（系统会使用最新添加的条目配置）。同理，如果我们需要删除 Target 时，可将该 Target 的权重置为 0，这样就可以将其从 Ring-Balancer 中删除。更多详细操作可以参考附录 3：Admin API 操作指南中的 Target 章节。

当一个Target的非活动条目数比活动条目数多10倍时，系统便会自动清理该Target。清理工作会触发Ring-Balancer重建。所以在日常操作中，尽量添加Target条目，而不是直接清理Target记录。

Target除了可以配置IP地址之外，还可以配置域名。在配置域名时，系统首先会解析域名，然后将该域名对应的所有后端服务实例添加到Ring-Balancer中。权重信息也会等量地配置多份。例如，给api.host.com:123配置weight为100，首先将api.host.com解析为具有两个IP地址的A记录，并为这两个ip地址+端口号123分别添加Target，设置权重为100。如果api.host.com解析为SRV记录，那么系统会拾取记录中的IP地址+端口号，另外权重信息也会覆盖成SRV记录中的数值。

Ring-Balancer会根据DNS记录中的TTL值重新查询记录信息，并在TTL时间到期时更新自己。

> 注意　当DNS记录中的TTL值设置为0时，域名会被当作一个单独的Target对象添加，并且保留指定的权重信息。每次请求代理到此对象时，系统都会重新查询DNS服务器。

8.3.2　负载均衡策略

默认情况下，Ring-Balancer使用加权轮询策略进行负载均衡。还有一种替代方案是使用一致性哈希算法进行负载均衡。一致性哈希算法的输入值可以为none、consumer、ip、header和cookie。当输入值为none时，Ring-Balancer会采用默认的加权轮询算法。一致性哈希算法同时支持两个属性：主属性和备用属性。当主属性不可用时，Ring-Balancer会将备用属性当作输入值。下面我们一起来看一下这些输入值的具体内容。

- none：不使用一致性哈希算法，使用加权轮询算法（默认）。
- consumer：使用Consumer ID作为哈希算法输入值。如果没有可用的Consumer ID，则使用Credential ID（凭证ID）。
- ip：使用远程（始发）ip地址作为输入值。使用此选项时，需要先理解real_ip_header配置含义。
- header：使用特定的请求头作为输入值，一般为hash_on_header或hash_fallback_header。二者可以互为备用属性。
- cookie：使用特定路径下（hash_on_cookie_path属性配置，默认是“/”）的特定cookie名（hash_on_cookie属性配置）作为输入值。如果请求中不存在指定的cookie值，系统会在响应中设置。如果将cookie作为哈希策略主属性，则所有备用属性将不会生效。

Kong网关中的一致性哈希算法基于Consistent Hashing（或称Ketama Principle）算法实

现，可确保在修改 Ring-Balancer 中的 Target 对象时，只有最小数量的哈希值会丢失，并最大化上游服务的缓存命中效率。

注意　一致性哈希算法是分布式系统中常用的算法。一致性哈希算法解决了普通余数哈希算法伸缩性差的问题，可以保证在添加或删除节点的情况下，有尽可能多的请求路由到原先的节点。

Ring-Balancer 还支持最小连接数算法。该算法会优先选择连接数最小的 Target 对象，并会根据 Target 对象的权重进行加权处理。

8.3.3　其他注意事项

Ring-Balancer 同时支持单节点模式和集群模式。如果用户采用加权轮询算法，单节点模式和集群模式间没有什么差别。如果用户采用一致性哈希算法，那么需要重点考虑所有 Ring-Balancer 配置是否完全相同，以保证哈希算法散列的效果相同。为此，我们在构建 Ring-Balancer 时需注意以下几点。

1）在集群模式中使用一致性哈希算法时，配置 Target 对象必须使用 IP 地址，严禁使用域名。使用域名可能会导致负载均衡器内部算法逐渐产生偏离。这主要由两个原因引起的。一个原因是 DNS 服务器中的 TTL 配置仅精确到秒，当修改配置时，精度不够可能会造成数据不一致。另一个致命的原因是有些 DNS 服务器仅返回几条记录信息（没有返回全量数据），使得整个 DNS 解析失效，进而引发更大的问题。

2）我们需要谨慎挑选哈希算法的输入值，确保它们的散列值足够多，以达到良好的平衡效果。算法中的散列值是根据 CRC-32 算法计算的。如果开发者系统有千万量级的用户，但是仅配置了极少数的消费者，这时选择 Consumer ID 作为哈希输入值无疑是不明智的，应该选择 IP 作为输入值。如果许多客户端处在同一个 NAT 网关，例如呼叫中心系统，那么使用 cookie 作为输入值比使用 IP 地址更好。

8.4　负载均衡特性使用场景

前面几节已经完整地描述了 Kong 网关中负载均衡特性的相关知识。下面通过两个示例学习如何使用 Kong 网关负载均衡特性从软件层面实现蓝绿发布和金丝雀发布。

8.4.1　蓝绿发布

两个示例共用一套基础代码，整体项目结构如下所示，其中包含 Kong 网关基础设施、Node 后端服务和 Go 后端服务。在蓝绿发布场景中，Go 后端服务对应蓝色环境，而 Node 后端服务对应绿色环境。

```
.
├── docker-compose.yml
├── go
│   ├── Demo
│   └── Dockerfile
├── kong
│   ├── Dockerfile
│   └── kong.conf.default
├── node
│   ├── Demo
│   └── Dockerfile
└── postgres
    └── Dockerfile
```

docker-compose.yml 文件内容如代码清单 8-1 所示。

代码清单 8-1　docker-compose.yml 文件

```
1 version: "3"
2 services:
3   postgres:
4     container_name: postgres
5     build:
6       context: ./postgres
7     environment:
8       POSTGRES_DB: kong
9       POSTGRES_USER: kong
10      POSTGRES_PASSWORD: kong
11    ports: ['5432:5432']
12    networks:
13      demo:
14        ipv4_address: 162.20.10.2
15
16  kong:
17    container_name: kong
18    build: ./kong
19    environment:
20      KONG_PG_HOST: 162.20.10.2
21      KONG_DATABASE: "postgres"
22      KONG_PG_PASSWORD: kong
23    ports: ['8001:8001','8000:8000']
24    volumes:
25      - ./kong:/etc/kong/
26    command: /bin/bash -c "kong migrations bootstrap && kong start -c
        /etc/kong/kong.conf.default"
27    networks:
28      demo:
29        ipv4_address: 162.20.10.4
30
31  go:
32    container_name: go
```

```
33      build: ./go
34      ports: ['8080:8080']
35      volumes:
36        - ./go/Demo:/root
37      command: /bin/bash -c "./demo"
38      networks:
39        demo:
40          ipv4_address: 162.20.10.5
41
42    node:
43      container_name: node
44      build: ./node
45      ports: ['8081:8080']
46      volumes:
47        - ./node/Demo/:/root/
48      command: /bin/bash -c "npm install && npm start"
49      networks:
50        demo:
51          ipv4_address: 162.20.10.6
52
53  networks:
54    demo:
55      ipam:
56        config:
57          - subnet: 162.20.10.0/16
```

这里的kong、postgres为Kong网关基础服务，与第7章中的示例项目类似。在此基础上，我们又新增了Go和Node后端服务。它们也都基于Docker容器构建。其中，Go后端服务中的Dockerfile文件内容如代码清单8-2所示。

代码清单8-2　Go后端服务中的Dockerfile文件

```
1 FROM Go:latest
2 WORKDIR /root
3 ADD ./Demo/* ./
```

该后端服务使用了Go语言环境镜像，源码和可执行文件均在Demo文件夹下，其中核心源码在base.go和user.go文件中。它们定义了之后要调用的接口。服务启动后使用8080端口。Go后端服务整体目录结构如下。

```
.
├── bootstrap
├── controller
│   ├── base
│   │   └── base.go
│   └── user
│       └── user.go
├── demo
├── go.mod
```

```
├── go.sum
├── main.go
└── router
    └── router.go
```

Node 后端服务中的 Dockerfile 文件内容如代码清单 8-3 所示。

代码清单 8-3 Node 后端服务中的 Dockerfile 文件

```
1 FROM node:latest
2 WORKDIR /root
```

Node 后端服务中的源码主要在 Routes.js 文件中，整体目录结构如下所示。

```
.
├── app.js
├── config
│   └── Config.js
├── package-lock.json
├── package.json
└── routes
    └── Routes.js
```

接下来，我们使用 docker-compose up -d 指令将服务运行起来，并按照以下步骤一起完成蓝绿发布。

1）首先创建一套蓝色环境，使用 Admin API 新建一个名为 go_upstream 的上游服务：

```
$ curl -X POST http://127.0.0.1:8001/upstreams \
  --data "name=go_upstream"
```

2）为第一步创建的 go_upstream 绑定后端服务：

```
$ curl -X POST http://127.0.0.1:8001/upstreams/go_upstream/targets \
  --data "target=162.20.10.5:8080" \
  --data "weight=100"
```

3）创建一个名为 demo_service 的服务，host 属性为 go_upstream，与上游服务绑定：

```
$ curl -X POST http://127.0.0.1:8001/services/ \
  --data "name=demo_service" \
  --data "host=go_upstream"
```

4）创建一个路由，设置访问路径为 /web/web_demo，供客户端调用：

```
$ curl -X POST http://127.0.0.1:8001/services/demo_service/routes/ \
  --data "name=demo_route" \
  --data "paths[]=/web/web_demo"
```

5）至此，初始的蓝色环境已经搭建完成。验证该环境是否可用：

```
$ curl 127.0.0.1:8000/web/web_demo/demo/api/users/v1
```

```
{"language":"go","type":"application","user":"demo_v1","version":"v1"}
```

6）预先准备一套绿色环境，创建一个名为node_upstream的上游服务：

```
$ curl -X POST http://127.0.0.1:8001/upstreams \
  --data "name=node_upstream"
```

7）将node_upstream绑定到对应的后端服务：

```
$ curl -X POST http://127.0.0.1:8001/upstreams/node_upstream/targets \
  --data "target= 162.20.10.6:8080" \
  --data "weight=100"
```

8）绿色环境准备就绪后，直接进行蓝绿环境切换：

```
$ curl -X PATCH http://127.0.0.1:8001/services/demo_service\
  --data "host=node_upstream"
```

9）切换完成后，使用相同的方法验证绿色环境：

```
$ curl 127.0.0.1:8000/web/web_demo/demo/api/users/v1
{"language":"node","type":"application","version":"v1","user":"demo_v1"}
```

可以发现，客户端调用同一个接口，在进行蓝绿环境切换后，响应值发生了改变。language字段从原先的go转换为node。整个环境切换非常平顺，客户端几乎是无感的。

注意　在蓝绿发布过程中，有两个生产环境：蓝色环境和绿色环境。蓝色环境表示在当前版本下拥有实时流量的环境，绿色环境表示包含更新代码的环境。任何时候，只有一套环境有实时流量。

当要发布一个新版本时，我们会先将代码部署到没有流量的环境中。一切准备就绪后，将所有流量通过路由切换到绿色环境。如果在发布过程中出现问题，也可以快速将流量切回蓝色环境。运维人员需要在发布过程中密切监控代码行为，查看绿色环境中的版本是否运行良好。

8.4.2　金丝雀发布

我们依旧沿用蓝绿发布中的基础项目介绍金丝雀发布，使用docker-compose up -d启动项目之后，进入以下操作流程。

1）首先创建一个名为demo_upstream的上游服务：

```
$ curl -X POST http://127.0.0.1:8001/upstreams \
  --data "name=demo_upstream"
```

2）为该demo_upstream绑定Go后端服务，权重设置为1000：

```
$ curl -X POST http://127.0.0.1:8001/upstreams/demo_upstream/targets \
```

```
  --data "target=162.20.10.5:8080" \
  --data "weight=1000"
```

3）为该 demo_upstream 绑定 Node 后端服务，权重设置为 0：

```
$ curl -X POST http://127.0.0.1:8001/upstreams/demo_upstream/targets \
  --data "target=162.20.10.6:8080" \
  --data "weight=0"
```

4）创建一个名为 demo_service 的服务，与 demo_upstream 绑定：

```
$ curl -X POST http://127.0.0.1:8001/services/ \
  --data "name=demo_service" \
  --data "host=demo_upstream"
```

5）最后创建一个路由，并设置访问路径为 /web/web_demo：

```
$ curl -X POST http://127.0.0.1:8001/services/demo_service/routes/ \
  --data "name=demo_route" \
  --data "paths[]=/web/web_demo"
```

6）初始环境准备完毕后，循环调用 127.0.0.1:8000/web/web_demo/demo/api/users/v1 接口 1000 次。可以发现，所有的请求都是由 Go 后端服务处理的，没有流量到达 Node 后端服务：

```
$ for i in {1..1000};do curl 127.0.0.1:8000/web/web_demo/demo/api/users/v1;done
{"language":"go","type":"application","user":"demo_v1","version":"v1"}
{"language":"go","type":"application","user":"demo_v1","version":"v1"}
...
{"language":"go","type":"application","user":"demo_v1","version":"v1"}
{"language":"go","type":"application","user":"demo_v1","version":"v1"}
```

7）使用金丝雀发布模式将流量 10% 切换到新的环境。此处将 Go 后端服务对应的 Target 权重修改为 900：

```
$ curl -X POST http://127.0.0.1:8001/upstreams/demo_upstream/targets \
  --data "target=162.20.10.5:8080" \
  --data "weight=900"
```

8）再将 Node 后端服务对应的 Target 权重修改为 100：

```
$ curl -X POST http://127.0.0.1:8001/upstreams/demo_upstream/targets \
  --data "target=162.20.10.6:8080" \
  --data "weight=100"
```

9）使用第 6 步中相同的方法进行验证，查看是否发布成功：

```
$ for i in {1..1000};do curl 127.0.0.1:8000/web/web_demo/demo/api/users/v1;done
{"language":"go","type":"application","user":"demo_v1","version":"v1"}
{"language":"go","type":"application","user":"demo_v1","version":"v1"}
{"language":"node","type":"application","version":"v1","user":"demo_v1"}
```

```
...
{"language":"node","type":"application","version":"v1","user":"demo_v1"}
...
{"language":"go","type":"application","user":"demo_v1","version":"v1"}
{"language":"go","type":"application","user":"demo_v1","version":"v1"}
```

从测试结果可以看出，响应值中有少量 language 字段已转换为 node。我们对结果进行统计，可以得出流经 Go 后端服务与 Node 后端服务的流量比大致为 9 : 1，符合设想。在实际应用场景中，用户可以进一步加大新流量比例，直至完全替代老服务。

注意　与蓝绿发布类似，金丝雀发布也有两套环境。与蓝绿发布不同的是，金丝雀发布的流量是逐渐迁移的。当确认代码能够正常运行时，逐步放开新代码的比例。如果出现问题，所有流量都会回滚到之前的版本，这在很大程度上降低了风险。

开发人员不仅可以控制流量的比例，也可以对流量进行更精细化的控制，比如将新版本先推送给低价值用户或高信任度用户等。

8.5　健康检查

在配置完 Ring-Balancer 后，Ring-Balancer 会平衡各个后端服务实例之间的负载，并且基于上游服务配置项对所有后端服务执行健康检查操作。Ring-Balancer 会将流量路由到健康状态达标的后端服务实例上。本节会详细介绍 Kong 网关支持的两种健康检查方式：主动健康检查和被动健康检查。

8.5.1　健康检查标准

对于 Target 和 Upstream 这两个对象来说，它们的健康检查标准略有不同。Target 专注于每个后端服务实例本身；Upstream 更偏向于服务集合全局。

1. 后端服务实例健康检查标准

健康检查功能针对的对象是单个 Kong 网关节点，不存在集群范围内的健康信息同步。每个 Kong 网关节点会根据其后端服务实例的健康检查结果动态地标注服务健康状态。这个方案是合理的，因为对于多个 Kong 网关节点，很有可能某些节点可以顺利连接到后端服务，而有些却不行。如果能够顺利连接，节点认为该服务是健康的；如果不能顺利连接，节点认为该服务是不健康的，然后将流量路由到其认为健康的后端服务。对于用户来说，他们无须知晓路由细节。网关层保证了整体路由的平稳。

健康检查机制无论是主动策略还是被动策略，本质上都是通过比较数据来得出结果的。系统会根据用户配置记录一些用于确定后端服务实例是否健康的元数据，再与用户自定义的阈值做比较。比如处理完一个请求可能会返回 TCP 错误、超时或者 http 状态码等信息。根据这些信息，系统内部会实时更新一系列内部计数器。

- 当返回的状态码是healthy时，系统内部会递增successes计数器，并清零其他计数器。
- 如果发生连接失败，系统内部会递增tcp failure计数器，并清零successes计数器。
- 如果发生超时，系统内部会递增timeouts计数器，并清零successes计数器。
- 当返回的状态码是unhealthy时，系统内部会递增http failure计数器，并清零successes计数器。

如果tcp failures、http failures或timeouts计数器中的任何一个达到预设阈值，对应的后端服务将标记为不健康。如果successes计数器达到预设阈值，对应的后端服务将标记为健康。

http状态码可以分为healthy和unhealthy。每个计数器上的各个阈值都可以单独配置。下面是一个Upstream配置示例。

```
{
  "name": "service.v1.xyz",
  "healthchecks": {
    "active": {
      "concurrency": 10,
      "healthy": {
        "http_statuses": [ 200, 302 ],
        "interval": 0,
        "successes": 0
      },
      "http_path": "/",
      "timeout": 1,
      "unhealthy": {
        "http_failures": 0,
        "http_statuses": [ 429, 404, 500, 501,
          502, 503, 504, 505 ],
        "interval": 0,
        "tcp_failures": 0,
        "timeouts": 0
      }
    },
    "passive": {
      "healthy": {
        "http_statuses": [ 200, 201, 202, 203,
          204, 205, 206, 207,
          208, 226, 300, 301,
          302, 303, 304, 305,
          306, 307, 308 ],
        "successes": 0
      },
      "unhealthy": {
        "http_failures": 0,
```

```
          "http_statuses": [ 429, 500, 503 ],
          "tcp_failures": 0,
          "timeouts": 0
        }
      }
    },
    "slots": 10
  }
```

如果上游服务中绑定的所有后端服务实例都标记为不健康，那么Kong网关会返回503 Service Unavailable。

用户还需注意以下几点。

1）健康检查不会更改数据库中Target对象的活动状态。

2）被标记为不健康的后端服务不会从Ring-Balancer中删除，因此不会影响Ring-Balancer中哈希算法的运算结果。

3）运行健康检查时需要注意负载均衡策略中提到的注意事项，比如确保DNS服务器返回完整的IP地址集。

2. 上游服务健康检查标准

除了对每个后端服务有单独的健康检查之外，上游服务也有健康状态检查。上游服务的健康状态取决于和它绑定的后端服务的状态。用户可以修改healthchecks.threshold配置项更改上游服务的健康状态。

我们举一个简单的例子：假设该上游服务配置healthchecks.threshold=55，并且绑定了5个后端服务，且每个后端服务的权重都为100，那么总权重为500。此时，其中1个后端服务发生故障，被标记为不健康，总的健康率从100%降到了80%，但是高于用户设置的阈值55%，所以整个上游服务依旧可以正常代理请求。当再有一个后端服务也发生故障，总的健康率下降为60%，高于55%，整个上游服务依旧可以正常代理请求。当又有一个后端服务发生故障，总的健康率下降为40%，此时已低于预设阈值，上游服务被标记为不健康，不能再正常代理请求。

当后端服务逐步恢复，总的健康率重新高于设定的阈值时，上游服务也会跟着自动恢复，重新提供代理功能。

8.5.2　健康检查类型

Kong网关中的健康检查方式包括主动健康检查和被动健康检查。

1）主动健康检查（Active Check）：定期请求后端服务实例指定http或者https端点，并根据响应情况确定后端服务的健康状态。

2）被动健康检查（Passive Check）：也称为断路器（Circuit Breaker），Kong网关会实时分析流量，并根据响应行为确定目标的健康状态。

主动检查和被动检查有各自适用的场景，并有各自的优缺点。用户可以根据实际需求选择健康检查方式。

1）当启用主动健康检查时，恢复健康的后端服务可以自动重新启用。被动健康检查不能。

2）被动健康检查不会产生额外的流量，但主动健康检查会。

3）主动健康检查需要在后端服务中额外添加一个接口作为探测端点，被动健康检查不需要这样的配置。

4）主动健康检查添加了额外的接口，以便用户自定义健康检查指标，并生成对应状态码供 Kong 网关使用。后端服务即使经受住被动健康检查，也可以通过主动健康检查发现错误（比如业务性指标已出错），不再去代理新的流量。

用户可以组合使用两种健康检查方式，例如默认启用被动健康检查，仅根据自身流量监控后端服务运行状况，并在后端服务运行状况不佳时再开启主动健康检查机制，以便后端服务恢复之后重新启用。

8.5.3 健康检查配置

健康检查配置根据类型不同略有差别。被动健康检查配置仅需配置计数器阈值；而主动健康检查不仅需要配置相关的阈值，还需配置探针信息，以便收集测量数据。

1. 启用主动健康检查

用户可以通过配置 Upstream 对象中的 healthchecks.active.* 配置项，启用主动健康检查机制。healthchecks.active.type 配置项指定了探针监测的协议类型，字段内容可以为 http 或 https。用户也可以配置 tcp 字段来简单测试给定的域名和端口是否连接成功。

主动健康检查的配置项分为几大类。下面我们一一展开介绍。

（1）探针类相关配置项

- healthchecks.active.http_path：探针的请求路径，系统会通过该路径向后端服务发送 GET 请求，默认值为“/”。
- healthchecks.active.timeout：请求的连接超时时间，默认为 1 秒。
- healthchecks.active.concurrency：后端服务的并发数。

（2）探针运行间隔时间配置项

- healthchecks.active.healthy.interval：检查服务健康的间隔时间，单位为秒。当其设置为 0 时，系统不再检查服务的健康状态。
- healthchecks.active.unhealthy.interval：检查服务不健康的间隔时间，单位为秒。当其设置为 0 时，系统不再检查服务的非健康状态。

用户可以自由调整这两个配置项。系统可以以相同时间间隔进行健康检查，也可以错开时间。

（3）https 协议相关配置项

- healthchecks.active.https_verify_certificate：是否检查远程主机的 SSL 证书的有效性。

- healthchecks.active.https_sni：在健康检查时将域名用作 SNI 证书。

这里需要注意的是，TLS 验证失败次数会在 tcp failures 计数器中累加，而 http failures 计数器仅识别 http 状态码，无论底层采用的是 HTTP 协议还是 HTTPS 协议。

（4）计数器阈值配置项

- healthchecks.active.healthy.successes：记录主动健康检查获得的流量阈值，判断条件由 healthchecks.active.healthy.http_statuses 配置项设定。
- healthchecks.active.unhealthy.tcp_failures：记录因为发生 TCP 错误，而没有通过主动健康检查的流量阈值。
- healthchecks.active.unhealthy.timeouts：记录因为发生超时，而没有通过主动健康检查的流量阈值。
- healthchecks.active.unhealthy.http_failures：记录因为发生 HTTP 状态码错误，而没有通过主动健康检查的流量阈值。判断条件由 healthchecks.active.unhealthy.http_statuses 配置项设定。

系统会根据探针检测结果累加相应计数器。当它们达到上述配置的阈值后，触发健康状态更改。

2. 启动被动健康检查

被动健康检查没有探针机制，用户仅需配置其计数器阈值。被动健康检查的配置项如下。

- healthchecks.passive.healthy.successes：记录通过被动健康检查的流量阈值。判断条件由 healthchecks.passive.healthy.http_statuses 配置项设定。如果流量超过该阈值，则对应的后端服务状态判定为健康。
- healthchecks.passive.unhealthy.tcp_failures：记录因为发生 TCP 错误，而没有通过被动健康检查的流量阈值。该阈值作为判定后端服务是否通过被动健康检查的标准之一。
- healthchecks.passive.unhealthy.timeouts：记录因为发生超时，而没有通过被动健康检查的流量阈值。该阈值作为判定后端服务是否通过被动健康检查的标准之一。
- healthchecks.passive.unhealthy.http_failures：记录因为发生 HTTP 状态码错误，而没有通过被动健康检查的流量阈值。该阈值作为判定后端服务是否通过被动健康检查的标准之一。判断条件由 healthchecks.passive.unhealthy.http_statuses 配置项设定。

3. 禁用健康检查

想要禁用上游服务的主动健康检查功能，需要将 healthchecks.active.healthy.interval 和 healthchecks.active.unhealthy.interval 这两个配置项都设置为 0。想要禁用被动健康检查功能，需要将 healthchecks.passive 类别下的配置项都设置为 0。

系统提供了细粒度的监控行为控制，我们可以将对应的配置项设置为 0，即表示单独禁用了该功能。比如，我们希望在健康检查指标中不考虑超时因素，可以将 healthchecks.active.unhealthy.timeouts 和 healthchecks.passive.unhealthy.timeouts 都设置为 0。

默认情况下，healthchecks 配置项下的所有计数器阈值和间隔时间均设置为 0，这意味着新创建的 Upstream 对象默认未启用任何健康检查机制。

8.6 本章小结

负载均衡策略和健康检查是网关层保证后端服务稳定、可靠的关键。用户可以根据具体场景，灵活搭配 Kong 网关提供的各项功能。

至此，我们已经完成了本书第 2 篇的所有学习内容。这部分内容包含了大量 Kong 网关的原生概念，建议读者做到融会贯通。在第三篇中，我们会讲解 Kong 网关中的高级特性——插件，以及 Kong 网关与其他常用开源软件之间的联动，从更高维度剖析 Kong 网关。

进 阶 篇

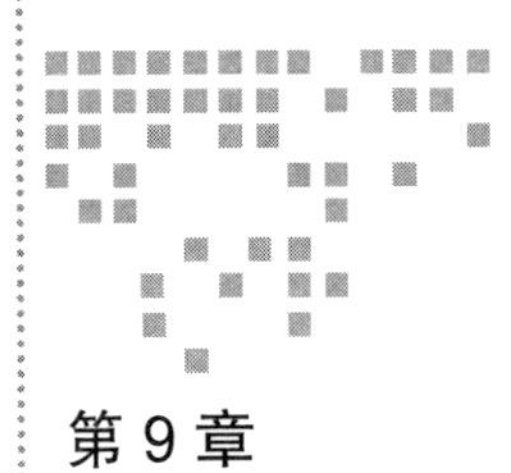

Chapter 9 第9章

Kong 网关插件

从本章开始，我们正式进入 Kong 网关插件功能的学习。插件机制是 Kong 网关区别于传统网关最核心的功能，也是用户个性化定制网关的必备功能。在本章中，我们先强化一下 Kong 网关插件的概念，了解插件在 Kong 网关中的应用方式，然后分析 Kong 官方定义的插件组件，最后一起学习如何在 Kong 网关中使用插件开发套件自定义插件，并分享完整的插件开发流程。

9.1 Kong 网关插件简介

本节会讲述 Kong 网关插件的基础知识，其中包括 Kong 网关插件的基础概念和插件运行原理，这有助于我们更好地理解之后的章节。

9.1.1 Kong 网关插件概念

在进一步讨论插件机制之前，我们回顾一下 Kong 服务器的系统架构，特别是它与 Nginx 如何进行集成以及与 Lua 脚本之间的关系。我们知道 lua-nginx-module 模块使 Nginx 具备调用 Lua 脚本的功能。Kong 网关等同于一个具备 lua-nginx-module 模块的 Nginx 服务器，是基于 OpenResty 再次开发的。OpenResty 也不是 Nginx 的一个分支，其实是一组扩展 Nginx 功能的模块。

归根结底，Kong 网关就是一个 Lua 应用程序。它的主要功能就是加载和执行 Lua 模块（这里我们抽象成了插件），并为它们提供整个开发环境，包括 SDK、数据库抽象、数据迁移等。

插件是由 Lua 模块组成的，它们通过插件开发包（Plugin Development Kit，PDK）与

HTTP 请求、响应或者流进行交互，然后实现各种逻辑。PDK 也是一组 Lua 方法。插件可以通过它们与 Kong 服务器的核心组件进行交互。

9.1.2　Kong 网关插件原理

Kong 官方插件存放在 /usr/local/share/lua/5.1/kong/plugins 目录下，所有的插件都是从该目录下的 base_plugin.lua 文件中继承而来的。该文件定义了插件在各阶段被执行的方法名，如代码清单 9-1 所示。

代码清单 9-1　base_plugin.lua 文件

```
function BasePlugin:init_worker()
  ngx_log(DEBUG, "executing plugin \"", self._name, "\": init_worker")
end

if subsystem == "http" then
  function BasePlugin:certificate()
    ngx_log(DEBUG, "executing plugin \"", self._name, "\": certificate")
  end

  function BasePlugin:rewrite()
    ngx_log(DEBUG, "executing plugin \"", self._name, "\": rewrite")
  end

  function BasePlugin:access()
    ngx_log(DEBUG, "executing plugin \"", self._name, "\": access")
  end

  function BasePlugin:response()
   ngx_log(DEBUG, "executing plugin \"", self._name, "\": response")
  end

  function BasePlugin:header_filter()
    ngx_log(DEBUG, "executing plugin \"", self._name, "\": header_filter")
  end

  function BasePlugin:body_filter()
    ngx_log(DEBUG, "executing plugin \"", self._name, "\": body_filter")
  end
elseif subsystem == "stream" then
  function BasePlugin:preread()
    ngx_log(DEBUG, "executing plugin \"", self._name, "\": preread")
  end
end
```

根据方法名可以看出，上述 7 个方法（init_work、certificate、rewrite、access、response、header_filter 和 body_filter）对应 Nginx 与 OpenResty 的 11 个执行阶段，并对其进行了删减。在 9.3 节中，我们会对此进行更深入的讲解。

9.2 Kong官方插件

Kong官方提供了大量优质的插件。从类别上，我们可将它们划分为鉴权、安全、流量、分析监控、内容转换、日志和其他类型七大类。建议读者在使用之前先对Kong官方提供的插件多做了解。本节会围绕这些插件做重点讲解。由于篇幅有限，笔者仅挑选了一些实用度较高的插件。想要了解插件更多详情的读者可以参考Kong网关插件官方文档。

9.2.1 鉴权类插件

鉴权类插件包括Basic Authentication、HMAC Authentication、Key Authentication、JWT、OAuth2.0 Authentication、Session和Upstream Http Basic Authentication等。这里我们主要介绍Basic Authentication、JWT和OAuth2.0 Authentication这三个插件。它们对应着开发流程中比较主流的鉴权方式。

1. Basic Authentication

Basic Authentication插件使用传统的用户名–密码方式对服务或路由添加身份验证功能。插件会依次检查请求头中Proxy-Authorization和Authorization字段对应的内容。

（1）启用插件示例

Basic Authentication插件可以作用于指定的服务和路由，也可以作用于全局。

1）作用于指定的服务

- Admin API定义如下：

```
$ curl -X POST http://<admin-hostname>:8001/services/<service>/plugins \
  --data "name=basic-auth"  \
  --data "config.hide_credentials=true"
```

- yaml配置文件如下：

```
plugins:
- name: basic-auth
  service: <service>
  config:
    hide_credentials: true
```

2）作用于指定的路由

- Admin API定义如下：

```
$ curl -X POST http://<admin-hostname>:8001/routes/<route>/plugins \
  --data "name=basic-auth"  \
  --data "config.hide_credentials=true"
```

- yaml配置文件如下：

```
plugins:
- name: basic-auth
  route: <route>
```

```
  config:
    hide_credentials: true
```

3）作用于全局

❑ Admin API 定义如下：

```
$ curl -X POST http://<admin-hostname>:8001/plugins/ \
  --data "name=basic-auth"  \
  --data "config.hide_credentials=true"
```

❑ yaml 配置文件如下：

```
plugins:
- name: basic-auth
  config:
    hide_credentials: true
```

（2）配置项参数

Basic Authentication 插件配置参数如表 9-1 所示。

表 9-1　Basic Authentication 插件配置参数

配置参数	描述
name	插件名称，此处为 basic-auth
service.id	插件绑定的服务 ID
route.id	插件绑定的路由 ID
enabled	是否启用插件，默认为 true
config.hide_credentials	将请求代理给上游服务时，是否显示凭证信息，默认为 false
config.anonymous	当身份验证失败时，是否使用匿名消费者

（3）使用示例

9.2 节的所有示例都沿用同一套基础环境。基础环境搭建过程如下。

1）搭建基础环境 Kong 网关服务与数据库：

```
# 创建数据库
$ docker run -d --name kong-database \
  --network=kong-net \
  -p 5432:5432 \
  -e "POSTGRES_USER=kong" \
  -e "POSTGRES_DB=kong" \
  -e "POSTGRES_PASSWORD=kong" \
  postgres:9.6
# 初始化数据库
$ docker run --rm \
  --network=kong-net \
  -e "KONG_DATABASE=postgres" \
  -e "KONG_PG_HOST=kong-database" \
  -e "KONG_PG_USER=kong" \
  -e "KONG_PG_PASSWORD=kong" \
  -e "KONG_CASSANDRA_CONTACT_POINTS=kong-database" \
```

```
  kong:2.0.5 kong migrations bootstrap
# 启动 Kong
$ docker run -d --name kong \
  --network=kong-net \
  -e "KONG_DATABASE=postgres" \
  -e "KONG_PG_HOST=kong-database" \
  -e "KONG_PG_USER=kong" \
  -e "KONG_PG_PASSWORD=kong" \
  -e "KONG_CASSANDRA_CONTACT_POINTS=kong-database" \
  -e "KONG_PROXY_ACCESS_LOG=/dev/stdout" \
  -e "KONG_ADMIN_ACCESS_LOG=/dev/stdout" \
  -e "KONG_PROXY_ERROR_LOG=/dev/stderr" \
  -e "KONG_ADMIN_ERROR_LOG=/dev/stderr" \
  -e "KONG_ADMIN_LISTEN=0.0.0.0:8001, 0.0.0.0:8444 ssl" \
  -p 8000:8000 \
  -p 8443:8443 \
  -p 8001:8001 \
  -p 8444:8444 \
  kong:2.0.5
```

2）添加后端环境，这里我们选择将 8.4.1 节中的 Node 项目添加至 Kong 网关环境中：

```
# 使用 docker-compose up -d 指令启动 Node 项目
$ docker-compose up -d
# 项目结构如下
├── docker-compose.yml
└── node
    ├── Demo
    └── Dockerfile
```

此处示例项目的目录结构与内容和之前保持不变，这里主要修改了 docker-compose.yml 文件，将 node 项目和 Kong 网关置于同一个网络环境。docker-compose.yml 文件如代码清单 9-2 所示。

代码清单 9-2　docker-compose.yml 文件

```
 1 version: "3"
 2 services:
 3   node:
 4     container_name: node
 5     build: ./node
 6     ports: ['8081:8080']
 7     volumes:
 8       - ./node/Demo/:/root/
 9     command: /bin/bash -c "npm install && npm start"
10     networks:
11       kong-net:
12         ipv4_address: 172.18.0.9
13
14 networks:
15   kong-net:
16     external: true
```

3）创建对应的service、route、upstream和target对象：

```
# 创建一个名为demo的upstream
$ curl -X POST http://127.0.0.1:8001/upstreams \
  --data "name=demo"
# 将demo的upstream代理到172.18.0.9
$ curl -X POST http://127.0.0.1:8001/upstreams/demo/targets \
  --data "target=172.18.0.9:8080" \
  --data "weight=100"
# 创建一个名为service_demo的service，并绑定之前创建的名为demo的upstream
$ curl -X POST http://127.0.0.1:8001/services \
  --data "name=service_demo" \
  --data "host=demo"
# 创建一个名为route_demo的route，并设置访问URI为/
$ curl -X POST http://127.0.0.1:8001/services/service_demo/routes \
  --data "paths[]=/"  \
  --data "name=route_demo"
# 验证是否成功代理
$ curl http://127.0.0.1:8000/demo/api/users/v1
{"language":"node","type":"application","version":"v1","user":"demo_v1"}
```

基础环境构建完成之后，我们开始使用Basic Authentication插件。

1）对指定的服务添加插件，用户也可以对全局或指定的路由添加插件：

```
# 对指定的服务启用插件
$ curl -X POST http://127.0.0.1:8001/services/service_demo/plugins \
  --data "name=basic-auth"  \
  --data "config.hide_credentials=true"
# 验证插件是否生效
$ curl -i http://127.0.0.1:8000/demo/api/users/v1
{"message":"Unauthorized"}
```

2）创建一个消费者，并关联凭证信息，重新验证请求是否可以通过：

```
# 创建消费者
$ curl -d "username=user123&custom_id=SOME_CUSTOM_ID" \
  http://127.0.0.1:8001/consumers/
{"custom_id":"SOME_CUSTOM_ID","created_at":1604457823,"id":"c8a2cd02-2afb-
    4049-993f-a5df8617d54c","tags":null,"username":"user123"}
# 为该消费者添加凭证
$ curl -X POST http://127.0.0.1:8001/consumers/user123/basic-auth \
  --data "username=Aladdin" \
  --data "password=OpenSesame"
{"created_at":1604457853,"consumer":{"id":"c8a2cd02-2afb-4049-993f-a5df861
    7d54c"},"id":"e202a781-d486-4b20-bd88-99f2c0c5fdb2","tags":null,
    "password":"65440f4184b7167e987d868f8209cec88dd39e3b","username":"Al
    addin"}
# 将用户名Aladdin、密码OpenSesame进行base64加密并添加进授权标头，标头为
    Authorization或Proxy-Authorization
$ echo "Aladdin:OpenSesame" | base64
QWxhZGRpbjpPcGVuU2VzYW1lCg==
```

```
# 验证通过
$ curl http://127.0.0.1:8000/demo/api/users/v1 \
  -H 'Authorization: Basic QWxhZGRpbjpPcGVuU2VzYW1lCg=='
{"language":"node","type":"application","version":"v1","user":"demo_v1"}
```

2. JWT

JWT 插件根据 RFC7519 协议中指定的包含 HS256 或 RS256 算法的 JWT 令牌对请求进行身份校验。

如果令牌的签名通过验证，那么 Kong 网关会将请求代理到上游服务，否则将其丢弃。Kong 网关还会对 RFC7519 协议中某些注册的声明（如 exp、nbf）进行验证。

请求注解（Request For Comments，RFC)）是一系列以编号排定的文件。文件收集了互联网相关信息以及 UNIX、互联网社区的软件文件。基本的互联网通信协议都在 RFC 文件内详细说明。RFC 文件还额外在规范标准内加入许多论题，例如对于互联网新开发的协议及其发展中所有的记录。因此，几乎所有的互联网标准都被收录在 RFC 文件中。其中，RFC7519 是与 JWT 插件有关的协议描述。

（1）启用插件示例

JWT 插件可以作用于指定的服务和路由，也可以作用于全局。

1）作用于指定的服务

❑ Admin API 定义如下：

```
$ curl -X POST http://<admin-hostname>:8001/services/<service>/plugins \
  --data "name=jwt"
```

❑ yaml 配置文件如下：

```
plugins:
- name: jwt
  service: <service>
  config:
    <optional_parameter>: <value>
```

2）作用于指定的路由

❑ Admin API 定义如下：

```
$ curl -X POST http://<admin-hostname>:8001/routes/<route>/plugins \
  --data "name=jwt"
```

❑ yaml 配置文件如下：

```
plugins:
- name: jwt
  route: <route>
```

```
  config:
    <optional_parameter>: <value>
```

3）作用于全局

- Admin API定义如下：

```
$ curl -X POST http://<admin-hostname>:8001/plugins/ \
  --data "name=jwt"
```

- yaml配置文件如下：

```
plugins:
- name: jwt
  config:
    <optional_parameter>: <value>
```

（2）配置参数

JWT插件配置参数如表9-2所示。

表9-2　JWT插件配置参数

配置参数	描述
name	插件名称，此处为jwt
service.id	插件绑定的服务ID
route.id	插件绑定的路由ID
enabled	是否启用插件，默认为true
config.uri_param_names	用于检索JWT信息的请求参数列表
config.cookie_names	用于检索JWT信息的Cookie列表
config.header_names	用于检索JWT信息的请求头列表
config.claims_to_verify	Kong网关验证的声明列表
config.secret_is_base64	凭证的密钥是否启用base64编码。当启用该选项时，消费者需要创建一个base64编码的密钥，在对JWT签名时使用原始密钥，默认为false
config.anonymous	当身份验证失败时，是否使用匿名消费者
config.run_on_preflight	是否在预检请求中执行身份验证，默认为true
config.maximum_expiration	JWT过期时间。如果指定了该配置参数，还需要在claims_to_verify配置参数中添加exp字段

（3）使用示例

在使用示例中，我们会演示使用HS256算法和RS256算法的JWT凭证。它们分别对应对称加密算法和非对称加密算法。

1）对指定的服务添加插件：

```
# 对指定的服务启用插件
$ curl -X POST http://127.0.0.1:8001/services/service_demo/plugins \
  --data "name=jwt"
# 验证插件是否生效
```

```
$ curl http://127.0.0.1:8000/demo/api/users/v1
{"message":"Unauthorized"}
```

2）创建一个使用 username 为 jwt_user、custom_id 为 jwt_custom 的消费者：

```
$ curl -d "username=jwt_user&custom_id=jwt_custom" \
  http://127.0.0.1:8001/consumers
```

①创建一个使用 HS256 算法的 JWT 凭证，验证请求是否通过：

```
# 创建 JWT 凭证，记录字段 key 的值和 secret 的值
$ curl -X POST http://127.0.0.1:8001/consumers/jwt_user/jwt \
  -H "Content-Type: application/x-www-form-urlencoded"
{
  "rsa_public_key":null,
  "created_at":1604559637,
  "consumer":{"id":"c32e95a4-bb2a-4d83-a1bb-1fe0c2e248aa"},
  "id":"612a6449-602b-4a8c-a7db-cf60d045eb1a",
  "tags":null,
  "key":"qo2rFZn5216zeVlsNAUXdH9TAMbFkqIo",
  "secret":"6KPVj43efLRHbOC07jPgqn3mohHISMdr",
  "algorithm":"HS256"
}
# 将 JWT 凭证作为请求参数添加进请求，验证请求是否通过
$ curl http://127.0.0.1:8000/demo/api/users/v1?jwt=eyJhbGciOiJIUzI1NiIsInR
  5cCI6IkpXVCJ9.eyJpc3MiOiJxbzJyRlpuNTIxNnplVmxzTkFVWGRIOVRBTWJGa3FJby
  J9.1tJpN1pfr3PcHojtPLyzPbchj3EqYX7NbCOEdjzHYYw
{"language":"node","type":"application","version":"v1","user":"demo_v1"}
```

此处示例中的 JWT 凭证是使用 Kong 官网（http://jwt.io/）提供的 JWT 生成工具在线生成的，细节如图 9-1 所示。

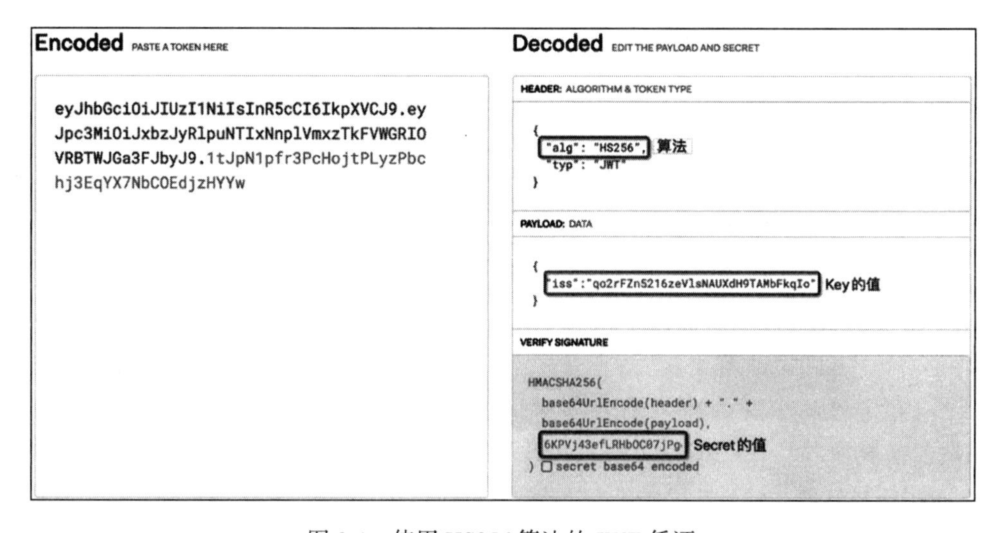

图 9-1　使用 HS256 算法的 JWT 凭证

②创建一个使用RS256算法的JWT凭证，并验证请求是否通过：

```
# 在Kong服务器中生成公钥与私钥
$ docker exec -it kong /bin/bash
$ cd /home/kong
$ openssl genrsa -out private.pem 2048
$ openssl rsa -in private.pem -outform PEM -pubout -out public.pem
# 将之前生成的public.pem文件中的内容添加至rsa_public_key字段，为jwt_user创建一个使用
  RS256算法的JWT凭证
$ curl -X POST http://127.0.0.1:8001/consumers/jwt_user/jwt \
  -F "rsa_public_key=-----BEGIN PUBLIC KEY-----
    MIIBIjANBgkqhkiG9w0BAQEFAAOCAQ8AMIIBCgKCAQEAoW4ibZG3smysm0UwbnP3
    YbCtAeHKB8Lpe6/LndgvVTmTl0d5VNj6xxlFuW6zBzKrLhLT4wvOjhzrLmu2tZ9b
    FdQW309jRt8hCbwzTdQ42VmV4bYsGgpmav8087v6Kl86ROily7w/c5mK3h/hTsE4
    jj2q4EhiHiuklyBy2wNC5hg+TWmZRQrOSVBaCayeutkiCzhzZ34FiB28YVaHcDoT
    91zlkd+c8iX9ACB0cKt/yiQgHTJfG9E0yBxsvh22J+PMaIKen6w7haSKJRcjjYcz
    gS0/7HqQW/aHIy+KQbw57cExQu8vDsorAPIbN1byChTLt5645t4U8FGiLhnUkeUx
    JQIDAQAB
    -----END PUBLIC KEY-----" \
    -F algorithm=RS256
```


```
{
    "rsa_public_key":"-----BEGIN PUBLIC KEY-----\nMIIBIjANBgkqhkiG9w0BAQEFAAOC
      AQ8AMIIBCgKCAQEAoW4ibZG3smysm0UwbnP3\nYbCtAeHKB8Lpe6\/LndgvVTmTl0d5VNj6x
      xlFuW6zBzKrLhLT4wvOjhzrLmu2tZ9b\nFdQW309jRt8hCbwzTdQ42VmV4bYsGgpmav8087v
      6Kl86ROily7w\/c5mK3h\/hTsE4\njj2q4EhiHiuklyBy2wNC5hg+TWmZRQrOSVBaCayeutki
      CzhzZ34FiB28YVaHcDoT\n91zlkd+c8iX9ACB0cKt\/yiQgHTJfG9E0yBxsvh22J+PMaIKen
      6w7haSKJRcjjYcz\ngS0\/7HqQW\/aHIy+KQbw57cExQu8vDsorAPIbN1byChTLt5645t4U8
      FGiLhnUkeUx\nJQIDAQAB\n-----END PUBLIC KEY-----",
    "created_at":1604562736,
    "consumer":{"id":"c32e95a4-bb2a-4d83-a1bb-1fe0c2e248aa"},
    "id":"30936a28-025f-4cad-84c5-d02402c52a86",
    "tags":null,
    "key":"AysM4GYsVk6pQmhrcy72qn9dHrQ0aGOY",
    "secret":"79XVOh8ugHInfXcsyndo1suv4DVBl0Tf",
    "algorithm":"RS256"
}
```


```
# 将JWT凭证作为请求参数添加进请求中，验证请求是否通过
$ curl http://127.0.0.1:8000/demo/api/users/v1?jwt=eyJhbGciOiJSUzI1NiIsInR
    5cCI6IkpXVCJ9.eyJpc3MiOiJBeXNNNEdZc1ZrNnBRbWhyY3k3MnFuOWRIclEwYUdPWS
    J9.huntguZZvq66pfcUpjwyNco2poE2iZkZLttBek1v3Ile-OLdegwFdwXJMNgaIuATT
    JyR-xFkVbNJsCFyq8XaqHq_4MIow28t_OekDwk-mOwFdjS0Fwj9C-EPz6Jb0kyEiuYdb
    74HASAqpHsYKckeUH1msOYmbuiH00EYXDeCYe0lOpsNUj80sz-1AmzhujU2zjo7sCyr5
    TWFi2H1FEhUZh_SYmGNV9oD8KuZ32wQl0AtvxbsAqChgsYx_cKQd5uxeUqJ-fZgqRl_L
    95aIzBlq18mHKmMpZ1DJ-ZHkmjCdLDEYRpo88SsOWsx3FMgwJzvWeFGKI2hR3GfVvjRV
    GbX9Q
{"language":"node","type":"application","version":"v1","user":"demo_v1"}
```

同理，此处使用RS256算法的JWT凭证如图9-2所示。

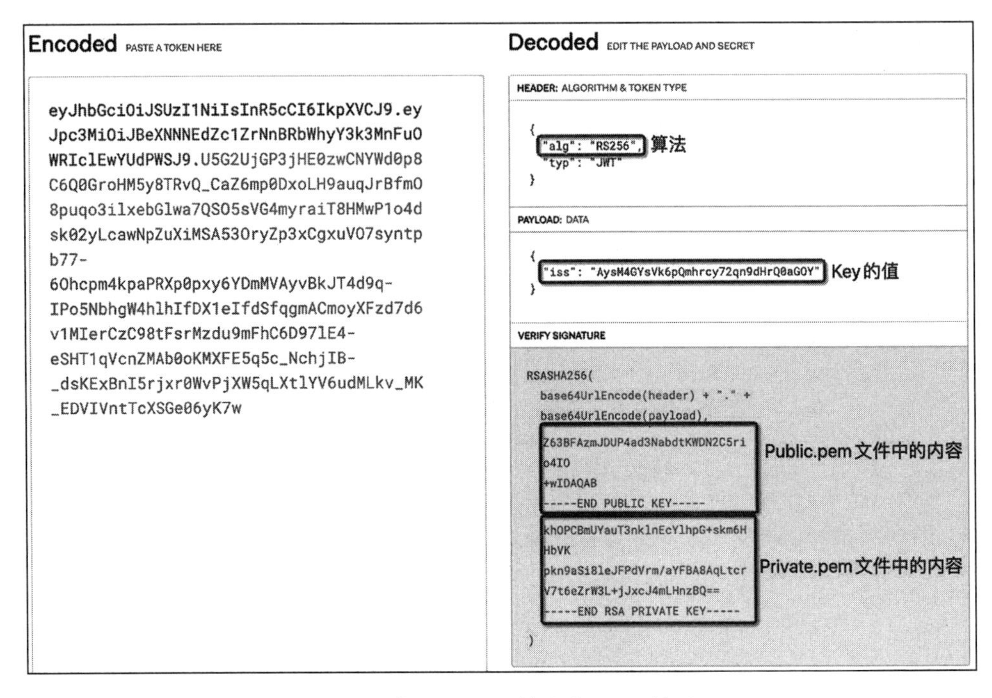

图 9-2 使用 RS256 算法的 JWT 凭证

3. OAuth2.0 Authentication

OAuth2.0 是开放授权协议的一个标准，允许用户授权某个应用在不提供账号和密码的情况下获取该用户在另一个应用服务器上的某些特定资源。OAuth2.0 包括 4 种授权模式：授权码模式、隐式授权模式、密码模式和客户端凭证模式。OAuth2.0 Authentication 插件对这 4 种模式均提供了很好的支持。

（1）启用插件示例

OAuth2.0 Authentication 插件可以作用于指定的服务，也可以作用于全局。

1）作用于指定的服务

❑ Admin API 定义如下：

```
$ curl -X POST http://<admin-hostname>:8001/services/<service>/plugins \
  --data "name=oauth2"  \
  --data "config.scopes=email" \
  --data "config.scopes=phone" \
  --data "config.scopes=address" \
  --data "config.mandatory_scope=true" \
  --data "config.enable_authorization_code=true" \
  --data "config.hash_secret=false"
```

2）作用于全局

❑ Admin API 定义如下：

```
$ curl -X POST http://<admin-hostname>:8001/plugins/ \
  --data "name=oauth2"  \
  --data "config.scopes=email" \
  --data "config.scopes=phone" \
  --data "config.scopes=address" \
  --data "config.mandatory_scope=true" \
  --data "config.enable_authorization_code=true" \
  --data "config.hash_secret=false"
```

（2）配置参数

OAuth2.0 Authentication 插件配置参数表如 9-3 所示。

表 9-3　OAuth2.0 Authentication 插件配置参数

配置参数	描述
name	插件名称，此处为 basic-auth
service.id	插件绑定的服务 ID
enabled	是否启用插件，默认为 true
config.scopes	终端用户可以访问的作用域数组
config.mandatory_scope	终端用户是否至少授权一个作用域，默认为 false
config.token_expiration	令牌过期时间。客户端需要刷新令牌，设置为 0 表示禁用过期时间，默认值为 7200
config.enable_authorization_code	是否启用授权码模式
config.enable_client_credentials	是否启用客户端凭证模式
config.enable_implicit_grant	是否启动隐式授权模式
config.enable_password_grant	是否启用密码模式
config.auth_header_name	是否携带 access token 的请求头名称，默认值为 authorization
config.hide_credentials	将请求代理给上游服务时，是否显示凭证信息，默认为 false
config.accept_http_if_already_terminated	是否接收已由代理或负载均衡器终止的 HTTPS 请求
config.anonymous	当身份验证失败时，是否使用匿名用户
config.global_credentials	是否与其他插件合用 OAuth2.0 配置，默认为 false
config.refresh_token_ttl	access token 和 refresh token 的有效时间，默认为 2 周，设置为 0 表示令牌永久有效
config.reuse_refresh_token	刷新 access token 时，是否保留 refresh token，默认为 false
config.hash_secret	client_secret 是否以哈希形式存储，默认为 false
config.pkce	pkce 模式，可选值为 none、lax 和 strict

（3）使用示例

这里我们仅针对 OAuth2.0 中最常用的授权码模式进行验证。关于其他模式的使用方式，用户可以参考 Kong 网关官方文档。

1）对指定的服务添加插件；

```
# 对指定的服务添加插件
$ curl -X POST http://127.0.0.1:8001/services/service_demo/plugins \
```

```
  --data "name=oauth2"  \
  --data "config.scopes=email" \
  --data "config.scopes=phone" \
  --data "config.scopes=address" \
  --data "config.mandatory_scope=true" \
  --data "config.enable_authorization_code=true"
# 验证插件是否添加成功
$ curl 127.0.0.1:8000/demo/api/users/v1
{"error_description":"The access token is missing","error":"invalid_request"}
```

2）创建一个消费者，名称为 user123；

```
$ curl -X POST http://127.0.0.1:8001/consumers/ \
  --data "username=user123"
```

3）将创建完成的消费者关联一个授权项，并指定跳转地址为 http://mockbin.org/；

```
$ curl -X POST http://127.0.0.1:8001/consumers/user123/oauth2 \
  --data "name=Test" \
  --data "redirect_uris=http://mockbin.org/"
{
"redirect_uris":["http:\/\/mockbin.org\/ "],
"created_at":1606816715,
"consumer":{"id":"2195348d-e1ae-48a3-b574-832d15b9dd1b"},
"id":"cf85b8b2-fc0b-45a0-af0e-e868a457222f",
"tags":null,
"name":"Test",
"client_secret":"M0RcrcEtA1O9KGt57SeHmkRSUzhxvoBc",
"client_id":"zaXiEIDQq1UrJgaE9Kyfb2W8ldGSj0py"
}
```

4）获取 access_token；

```
$ curl -X POST http://127.0.0.1:8001/oauth2_tokens \
  --data "credential.id=cf85b8b2-fc0b-45a0-af0e-e868a457222f" \
  --data "expires_in=3600"
{
"created_at":1606816826,
"id":"a8fcd9a7-5460-4bba-b10a-f25627a437ad",
"scope":null,
"authenticated_userid":null,
"refresh_token":null,
"expires_in":3600,
"access_token":"08AGoGECrL6EkdAo7naYCSVLi7xCIqGs",
"token_type":"bearer",
"credential":{"id":"cf85b8b2-fc0b-45a0-af0e-e868a457222f"},
"ttl":null,
"service":null
}
```

5）将 access_token 添加至请求头中，验证请求是否成功。

```
$ curl 127.0.0.1:8000/demo/api/users/v1 \
  --header "Authorization: bearer 08AGoGECrL6EkdAo7naYCSVLi7xCIqGs"
{"language":"node","type":"application","version":"v1","user":"demo_v1"}
```

9.2.2 安全类插件

安全类插件包括 ACME、Bot Detection、CORS 和 IP Restriction 等。这里我们详细介绍 IP Restriction 插件。

IP Restriction 插件对应实现传统的黑白名单功能。在 Kong 网关配置中，黑白名单功能是互斥的，即针对一个插件实例，只能配置黑名单或白名单。在实际中，该配置已经覆盖绝大多数的使用场景。

（1）启用插件示例

IP Restriction 插件可以作用于指定的服务、路由和消费者，也可以作用于全局。

1）作用于指定的服务

- Admin API 定义如下：

```
$ curl -X POST http://<admin-hostname>:8001/services/<service>/plugins \
  --data "name=ip-restriction"  \
  --data "config.allow=54.13.21.1" \
  --data "config.allow=143.1.0.0/24"
```

- yaml 配置文件如下：

```
plugins:
- name: ip-restriction
  service: <service>
  config:
    allow:
    - 54.13.21.1
    - 143.1.0.0/24
```

2）作用于指定的路由

- Admin API 定义如下：

```
$ curl -X POST http://<admin-hostname>:8001/routes/<route>/plugins \
  --data "name=ip-restriction"  \
  --data "config.allow=54.13.21.1" \
  --data "config.allow=143.1.0.0/24"
```

- yaml 配置文件如下：

```
plugins:
- name: ip-restriction
  route: <route>
  config:
    allow:
    - 54.13.21.1
    - 143.1.0.0/24
```

3）作用于指定的消费者

❑ Admin API 定义如下：

```
$ curl -X POST http://<admin-hostname>:8001/consumers/<consumer>/plugins \
  --data "name=ip-restriction"  \
  --data "config.allow=54.13.21.1" \
  --data "config.allow=143.1.0.0/24"
```

❑ yaml 配置文件如下：

```
plugins:
- name: ip-restriction
  consumer: <consumer>
  config:
    allow:
    - 54.13.21.1
    - 143.1.0.0/24
```

4）作用于全局

❑ Admin API 定义如下：

```
$ curl -X POST http://<admin-hostname>:8001/plugins/ \
  --data "name=ip-restriction"  \
  --data "config.allow=54.13.21.1" \
  --data "config.allow=143.1.0.0/24"
```

❑ yaml 配置文件如下：

```
plugins:
- name: ip-restriction
  config:
    allow:
    - 54.13.21.1
    - 143.1.0.0/24
```

（2）配置参数

IP Restriction 插件配置参数如表 9-4 所示。

表 9-4　IP Restriction 插件配置参数

配置参数	描述
name	插件名称，此处为 ip-restriction
service.id	插件绑定的服务 ID
route.id	插件绑定的路由 ID
consumer.id	插件绑定的消费者 ID
enabled	是否启用插件，默认为 true
config.allow	白名单列表，与 config.deny 配置项互斥
config.deny	黑名单列表，与 config.allow 配置项互斥

（3）使用示例

下面我们演示 IP Restriction 插件的使用示例。

1）首先配置白名单，验证插件是否生效：

```
# 在服务中启用该插件，这里我们添加一个白名单，白名单IP地址为172.18.0.2
$ curl -X POST http://127.0.0.1:8001/services/service_demo/plugins \
  --data "name=ip-restriction" \
  --data "config.whitelist=172.18.0.2"
# 请求不通过，白名单生效
$ curl http://127.0.0.1:8000/demo/api/users/v1
{"message":"Your IP address is not allowed"}
# 添加白名单IP地址172.18.0.1
$ curl -XPATCH \
  http://127.0.0.1:8001/plugins/9943db5d-a774-410f-96e8-c4e936ccdbb0 \
  --data "config.whitelist[]=172.18.0.2&config.whitelist[]=172.18.0.1"
# 再次访问，请求通过，新增的白名单生效
$ curl http://127.0.0.1:8000/demo/api/users/v1
{"language":"node","type":"application","version":"v1","user":"demo_v1"}
```

2）验证黑名单，由于黑白名单功能互斥，在验证黑名单功能之前需先删除白名单插件：

```
# 查询白名单插件ID
$ curl http://127.0.0.1:8001/plugins
{"next":null,"data":[{...,"id":"9943db5d-a774-410f-96e8-c4e936ccdbb0"...}
# 删除白名单插件
$ curl -XDELETE http://127.0.0.1:8001/plugins/9943db5d-a774-410f-96e8-c4e936ccdbb0
# 验证是否删除成功
$ curl 127.0.0.1:8001/plugins
{"next":null,"data":[]}
# 对指定的服务启用插件，配置黑名单IP地址为172.18.0.1
$ curl -X POST http://127.0.0.1:8001/services/service_demo/plugins \
  --data "name=ip-restriction" \
  --data "config.blacklist=172.18.0.1"
# 验证黑名单是否生效
$ curl http://127.0.0.1:8000/demo/api/users/v1
{"message":"Your IP address is not allowed"}
# 关闭黑名单插件
$ curl -XPATCH \
  http://127.0.0.1:8001/plugins/b1f25668-1756-4870-8b2d-637456e2bcc5 \
  --data "enabled=false"
# 再次访问，请求通过
$ curl http://127.0.0.1:8000/demo/api/users/v1
{"language":"node","type":"application","version":"v1","user":"demo_v1"}
```

9.2.3　流量类插件

流量类插件包括 ACL、Proxy Cache、Rate Limiting、Request Size Limiting、Request Termination 和 Response Rate Limiting 等。这里我们详细介绍 Proxy Cache、Rate Limiting、Request Termination 和 Response Rate Limiting 这四个插件。

1. Proxy Cache

Proxy Cache 插件为反向代理提供了缓存功能。它可以基于响应码、响应内容类型和请求方法缓存响应实体。缓存实体可以存储一段时间，过期之后网关层将重新获取同一资源的后续请求并保持缓存。用户可以通过 Admin API 手动清除缓存信息。

（1）启用插件示例

Proxy Cache 插件可以作用于指定的服务、路由和消费者，也可以作用于全局。

1）作用于指定的服务

- Admin API 定义如下：

```
$ curl -X POST http://<admin-hostname>:8001/services/<service>/plugins \
  --data "name=proxy-cache"  \
  --data "config.cache_ttl=300" \
  --data "config.strategy=memory"
```

- yaml 配置文件如下：

```
plugins:
- name: proxy-cache
  service: <service>
  config:
    cache_ttl: 300
    strategy: memory
```

2）作用于指定的路由

- Admin API 定义如下：

```
$ curl -X POST http://<admin-hostname>:8001/routes/<route>/plugins \
  --data "name=proxy-cache"  \
  --data "config.cache_ttl=300" \
  --data "config.strategy=memory"
```

- yaml 配置文件如下：

```
plugins:
- name: proxy-cache
  route: <route>
  config:
    cache_ttl: 300
    strategy: memory
```

3）作用于指定的消费者

- Admin API 定义如下：

```
$ curl -X POST http://<admin-hostname>:8001/consumers/<consumer>/plugins \
  --data "name=proxy-cache"  \
  --data "config.cache_ttl=300" \
  --data "config.strategy=memory"
```

❑ yaml 配置文件如下：

```
plugins:
- name: proxy-cache
  consumer: <consumer>
  config:
    cache_ttl: 300
    strategy: memory
```

4）作用于全局

❑ Admin API 定义如下：

```
$ curl -X POST http://<admin-hostname>:8001/plugins/ \
  --data "name=proxy-cache"  \
  --data "config.cache_ttl=300" \
  --data "config.strategy=memory"
```

❑ yaml 配置文件如下：

```
plugins:
- name: proxy-cache
  config:
    cache_ttl: 300
    strategy: memory
```

（2）配置参数

Proxy Cache 插件配置参数表如 9-5 所示。

表 9-5　Proxy Cache 插件配置参数

配置参数	描述
name	插件名称，此处为 proxy-cache
service.id	插件绑定的服务 ID
route.id	插件绑定的路由 ID
consumer.id	插件绑定的消费者 ID
enabled	是否启用插件，默认为 true
config.response_code	缓存的响应状态码，默认为 200、301 和 404
config.request_method	缓存的请求方法，默认为 GET 和 HEAD
config.content_type	缓存的响应内容类型，默认为 text/plain 和 application/json
config.vary_headers	组成缓存键的请求头信息
config.vary_query_params	组成缓存键的请求参数
config.cache_ttl	缓存生存时间（TTL），默认为 300 秒
config.cache_control	是否遵守 RFC7234 协议定义的缓存控制行为
config.storage_ttl	缓存在后端的生存时间，该值与 cache_ttl 配置参数相独立
config.strategy	缓存的存储方式，默认值为 memory
config.memory.dictionary_name	保存缓存对象的共享字典名称

（3）使用示例

1）对指定的服务添加 Proxy Cache 插件，验证插件是否生效：

```
# 对指定的服务添加 Proxy Cache 插件
$ curl -X POST http://127.0.0.1:8001/services/service_demo/plugins \
  --data "name=proxy-cache"  \
  --data "config.cache_ttl=300" \
  --data "config.strategy=memory"
# 验证插件是否生效
$ curl -i 127.0.0.1:8000/demo/api/users/v1
HTTP/1.1 200 OK
Content-Type: application/json; chartset=utf-8
Content-Length: 2381
Connection: keep-alive
X-Cache-Key: bd8c2a2966165b6bdbaa565bbefe94fc
X-Cache-Status: Bypass
...
```

从响应头信息中可以看到 X-Cache-Status 和 X-Cache-Key，说明该插件已经生效。但是，X-Cache-Status 的值为 Bypass，说明该请求被忽略了。其原因在于响应头信息的 content_type 为 application/json; chartset=utf-8，与插件配置项中的默认值 application/json 没有完全匹配。

2）对配置项进行调整，继续验证。可以发现 X-Cache-Status 为 Miss，表示请求已经满足缓存的要求，但是还未命中缓存：

```
# 修改 config.content_type 参数为 application/json; charset=utf-8
$ curl -XPATCH http://127.0.0.1:8001/plugins/e95b2965-5261-4aaa-a39f-f54bb
    48e7717 \
  --data "config.content_type[]=application/json; charset=utf-8"
# 再次验证请求是否命中缓存
$ curl -i 127.0.0.1:8000/demo/api/users/v1
HTTP/1.1 200 OK
Content-Type: application/json; chartset=utf-8
Content-Length: 2381
Connection: keep-alive
X-Cache-Key: 37d821f6757e773bc8a221f8832e6d7e
X-Cache-Status: Miss
Accept-Ranges: bytes
...
```

3）继续发送请求，发现 X-Cache-Status 为 Hit，表示该请求已命中缓存。

```
$ curl -i 127.0.0.1:8000/demo/api/users/v1
HTTP/1.1 200 OK
Content-Type: application/json; chartset=utf-8
Content-Length: 2381
Connection: keep-alive
X-Cache-Key: 37d821f6757e773bc8a221f8832e6d7e
```

```
X-Cache-Status: Hit
Accept-Ranges: bytes
...
```

注意 Kong 通过 X-Cache-Status 响应头表示请求的代理缓存行为，共有 4 种可能。
- Miss：缓存生效，但是缓存中找不到对应资源，请求被代理到上游服务。
- Hit：命中缓存。
- Refresh:：缓存生效，并找到对应资源，但因为 Cache-Control 行为限制或者 cache_ttl 达到硬编码阈值，无法满足请求。
- Bypass：缓存不生效。

我们在启用该插件时配置 config.cache_ttl 为 300，即缓存失效的时间为 300 秒。读者也可以通过 Admin API 查看并手动删除该缓存。

```
# 查看缓存的数据信息，37d821f6757e773bc8a221f8832e6d7e 为 X-Cache-Key 的值
$ curl 127.0.0.1:8001/proxy-cache/37d821f6757e773bc8a221f8832e6d7e
{
  "timestamp": 1607998714,
  "headers": {
    "content-type": "application\/json; charset=utf-8",
    "Access-Control-Allow-Origin": "*",
    "X-Cache-Status": "Miss",
    "ETag": "W\/\"48-dJFdERWCCWZVyx4LxwmXVCoYsH8\"",
    "content-length": "72",
    "X-Cache-Key": "37d821f6757e773bc8a221f8832e6d7e",
    "X-Powered-By": "Express",
    "Date": "Tue, 15 Dec 2020 02:18:34 GMT",
    "connection": "keep-alive"
  },
  "req_body": "",
  "body_len": 72,
  "body": "{\"language\":\"node\",\"type\":\"application\",\"version\"
    :\"v1\",\"user\":\"demo_v1\"}",
  "ttl": 300,
  "status": 200,
  "version": 1
}
# 删除该缓存
$ curl -i -XDELETE \
127.0.0.1:8001/proxy-cache/37d821f6757e773bc8a221f8832e6d7e
HTTP/1.1 204 No Content
```

2. Rate Limiting

Rate Limiting 插件可以限定接口调用方在给定单位时间内允许的接口调用数。Kong 网关中的 Rate Limiting 插件提供了多种时间维度供开发者选择，同时提供了 local、cluster 和

redis 三种限流策略来应对不同的限流场景。

（1）启用插件示例

Rate Limiting 插件可以作用于指定的服务、路由和消费者，也可以作用于全局。

1）作用于指定的服务

❑ Admin API 定义如下：

```
curl -X POST http://<admin-hostname>:8001/services/<service>/plugins \
  --data "name=rate-limiting"  \
  --data "config.second=5" \
  --data "config.hour=10000" \
  --data "config.policy=local"
```

❑ yaml 配置文件如下：

```
plugins:
- name: rate-limiting
  service: <service>
  config:
    second: 5
    hour: 10000
    policy: local
```

2）作用于指定的路由

❑ Admin API 定义如下：

```
$ curl -X POST http://<admin-hostname>:8001/routes/<route>/plugins \
  --data "name=rate-limiting"  \
  --data "config.second=5" \
  --data "config.hour=10000" \
  --data "config.policy=local"
```

❑ yaml 配置文件如下：

```
plugins:
- name: rate-limiting
  route: <route>
  config:
    second: 5
    hour: 10000
    policy: local
```

3）作用于指定的消费者

❑ Admin API 定义如下：

```
curl -X POST http://<admin-hostname>:8001/consumers/<consumer>/plugins \
  --data "name=rate-limiting"  \
  --data "config.second=5" \
  --data "config.hour=10000" \
  --data "config.policy=local"
```

- yaml 配置文件如下：

```
plugins:
- name: rate-limiting
  consumer: <consumer>
  config:
    second: 5
    hour: 10000
    policy: local
```

4）作用于全局

- Admin API 定义如下：

```
$ curl -X POST http://<admin-hostname>:8001/plugins/ \
  --data "name=rate-limiting"  \
  --data "config.second=5" \
  --data "config.hour=10000" \
  --data "config.policy=local"
```

- yaml 配置文件如下：

```
plugins:
- name: rate-limiting
  config:
    second: 5
    hour: 10000
    policy: local
```

（2）配置参数

Rate Limiting 插件配置参数如表 9-6 所示。

表 9-6　Rate Limiting 插件配置参数

配置参数	描述
name	插件名称，此处为 rate-limiting
service.id	插件绑定的服务 ID
route.id	插件绑定的路由 ID
consumer.id	插件绑定的消费者 ID
enabled	是否启用插件，默认为 true
config.second	每秒内请求限流次数
config.minute	每分钟内请求限流次数
config.hour	每小时内请求限流次数
config.day	每天内请求限流次数
config.month	每月内请求限流次数
config.year	每年内请求限流次数
config.limit_by	限流插件的统计数据源，可选值为 consumer、credential、ip、service 和 header，默认为 consumer

（续）

配置参数	描述
config.header_name	参与限流统计的请求头信息
config.policy	限流策略，可选值为 local、cluster 和 redis
config.fault_tolerant	当 Kong 网关连接外置数据库发生问题时，是否继续代理请求，默认为 true
config.hide_client_headers	是否隐藏响应头信息
config.redis_host	Redis 地址
config.redis_port	Redis 端口号，默认为 6379
config.redis_password	Redis 密码
config.redis_timeout	Redis 超时时间，默认为 2000 毫秒
config.redis_database	redis 数据库，默认为 0

（3）使用示例

Rate Limiting 插件总共提供了三种限流策略：local、redis 和 cluster。下面针对这三种策略分别进行演示。

1）local 策略。

对指定的服务添加 Rate Limiting 插件，设置参数 config.minute 为 3、config.policy 为 local。使用示例如下。

```
# 对指定的服务添加 Rate Limiting 插件
$ curl -X POST http://127.0.0.1:8001/services/service_demo/plugins \
  --data "name=rate-limiting"  \
  --data "config.minute=3" \
  --data "config.policy=local"
# 一分钟内前 3 次请求成功
$ curl -i http://127.0.0.1:8000/demo/api/users/v1
HTTP/1.1 200 OK
...
X-RateLimit-Remaining-Minute: 2
X-RateLimit-Limit-Minute: 3
RateLimit-Remaining: 2
RateLimit-Limit: 3
...
{"language":"node","type":"application","version":"v1","user":"demo_v1"}
$ curl -i http://127.0.0.1:8000/demo/api/users/v1
HTTP/1.1 200 OK
...
X-RateLimit-Remaining-Minute: 1
X-RateLimit-Limit-Minute: 3
RateLimit-Remaining: 1
RateLimit-Limit: 3
...
{"language":"node","type":"application","version":"v1","user":"demo_v1"}
$ curl -i http://127.0.0.1:8000/demo/api/users/v1
HTTP/1.1 200 OK
```

```
...
X-RateLimit-Remaining-Minute: 0
X-RateLimit-Limit-Minute: 3
RateLimit-Remaining: 0
RateLimit-Limit: 3
...
{"language":"node","type":"application","version":"v1","user":"demo_v1"}
# 第 4 次访问失败
$ curl -i http://127.0.0.1:8000/demo/api/users/v1
HTTP/1.1 429 Too Many Requests
...
X-RateLimit-Remaining-Minute: 0
X-RateLimit-Limit-Minute: 3
RateLimit-Remaining: 0
RateLimit-Limit: 3
...
{"message":"API rate limit exceeded"}
```

2）redis 策略

当使用 redis 策略时，Kong 网关依赖外部 redis 服务器计算单位时间内允许访问接口的次数。使用示例如下。

```
# 下载 redis 镜像
$ docker pull redis
# 指定 redis 使用的 Kong 基础服务的网络 kong-net，指定 IP 地址为 172.18.0.4
$ docker run -d \
  -p 6379:6379 \
  --network kong-net \
  --ip 172.18.0.4 \
  --name redis \
  redis:latest
# 对指定的服务启用 Rate Limiting 插件，设置参数 config.minute 为 3、config.policy 为 redis
$ curl -X POST http://127.0.0.1:8001/services/service_demo/plugins \
  --data "name=rate-limiting"  \
  --data "config.minute=3" \
  --data "config.policy=redis" \
  --data "config.redis_host=172.18.0.4" \
  --data "config.redis_port=6379" \
  --data "config.redis_database=0"
# 一分钟内前 3 次请求成功
$ curl -i http://127.0.0.1:8000/demo/api/users/v1
HTTP/1.1 200 OK
...
X-RateLimit-Remaining-Minute: 2
X-RateLimit-Limit-Minute: 3
RateLimit-Remaining: 2
RateLimit-Limit: 3
...
{"language":"node","type":"application","version":"v1","user":"demo_v1"}
$ curl -i http://127.0.0.1:8000/demo/api/users/v1
```

```
HTTP/1.1 200 OK
...
X-RateLimit-Remaining-Minute: 1
X-RateLimit-Limit-Minute: 3
RateLimit-Remaining: 1
RateLimit-Limit: 3
...
{"language":"node","type":"application","version":"v1","user":"demo_v1"}
$ curl -i http://127.0.0.1:8000/demo/api/users/v1
HTTP/1.1 200 OK
...
X-RateLimit-Remaining-Minute: 0
X-RateLimit-Limit-Minute: 3
RateLimit-Remaining: 0
RateLimit-Limit: 3
...
{"language":"node","type":"application","version":"v1","user":"demo_v1"}
# 第 4 次访问失败
$ curl -i http://127.0.0.1:8000/demo/api/users/v1
HTTP/1.1 429 Too Many Requests
...
X-RateLimit-Remaining-Minute: 0
X-RateLimit-Limit-Minute: 3
RateLimit-Remaining: 0
RateLimit-Limit: 3
...
{"message":"API rate limit exceeded"}
```

Redis 数据库中存储的 Key 与 Value 如图 9-3 所示。

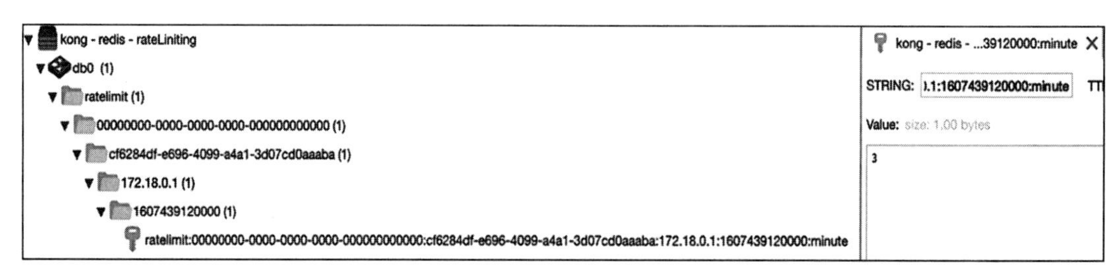

图 9-3　Redis 数据库中存储的 Key 与 Value

3）cluster 策略

cluster 策略仅适用于集群模式。使用示例如下。

```
# 搭建 Kong 网关集群，再启动一台 Kong 服务器，新启动的 Kong 服务器端口号为 8002 和 8003
$ docker run -d --name kong-cluster \
  --network=kong-net \
  -e "KONG_DATABASE=postgres" \
  -e "KONG_PG_HOST=kong-database" \
  -e "KONG_PG_USER=kong" \
```

```
  -e "KONG_PG_PASSWORD=kong" \
  -e "KONG_CASSANDRA_CONTACT_POINTS=kong-database" \
  -e "KONG_PROXY_ACCESS_LOG=/dev/stdout" \
  -e "KONG_ADMIN_ACCESS_LOG=/dev/stdout" \
  -e "KONG_PROXY_ERROR_LOG=/dev/stderr" \
  -e "KONG_ADMIN_ERROR_LOG=/dev/stderr" \
  -e "KONG_ADMIN_LISTEN=0.0.0.0:8001, 0.0.0.0:8444 ssl" \
  -p 8002:8000 \
  -p 8003:8001 \
  kong:2.0.5
# 验证Kong网关集群是否可用
$ curl 127.0.0.1:8002/demo/api/users/v1
{"language":"node","type":"application","version":"v1","user":"demo_v1"}
# 对指定的服务添加Rate Limiting插件
$ curl -X POST http://127.0.0.1:8001/services/service_demo/plugins \
  --data "name=rate-limiting"  \
  --data "config.minute=3" \
  --data "config.policy=cluster"
# 轮流访问两个节点，一分钟内前3次请求如下
# 节点A
$ curl -i 127.0.0.1:8000/demo/api/users/v1
HTTP/1.1 200 OK
...
X-RateLimit-Remaining-Minute: 2
X-RateLimit-Limit-Minute: 3
RateLimit-Remaining: 2
RateLimit-Limit: 3
...
{"language":"node","type":"application","version":"v1","user":"demo_v1"}
# 节点B
$ curl -i 127.0.0.1:8002/demo/api/users/v1
HTTP/1.1 200 OK
...
X-RateLimit-Remaining-Minute: 1
X-RateLimit-Limit-Minute: 3
RateLimit-Remaining: 1
RateLimit-Limit: 3
...
{"language":"node","type":"application","version":"v1","user":"demo_v1"}
# 节点A
$ curl -i 127.0.0.1:8000/demo/api/users/v1
HTTP/1.1 200 OK
...
X-RateLimit-Remaining-Minute: 0
X-RateLimit-Limit-Minute: 3
RateLimit-Remaining: 0
RateLimit-Limit: 3
...
{"language":"node","type":"application","version":"v1","user":"demo_v1"}
# 第4次访问，两个节点均访问失败
$ curl -i 127.0.0.1:8002/demo/api/users/v1
```

```
HTTP/1.1 429 Too Many Requests
...
X-RateLimit-Remaining-Minute: 0
X-RateLimit-Limit-Minute: 3
RateLimit-Remaining: 0
RateLimit-Limit: 3
...
{"message":"API rate limit exceeded"}
```

这三种策略有各自的优缺点如表 9-7 所示。

表 9-7 Rate-Limiting 插件三种策略对比

策略	优点	缺点
cluster	准确，不需要额外的组件	由于每个请求都会强制对基础数据存储区进行读写操作，所以对性能的影响比较大
redis	准确，对于性能的影响小于 cluster 策略	需要额外安装 Redis，比 local 策略对性能的影响大
local	对性能的影响最小	精度较差，并且除非在 Kong 之前使用一致性哈希负载均衡器，否则在扩展节点无法保证限流效果

3. Request Termination

Request Termination 插件可以截断用户请求，使用开发者自定义的状态码和响应信息返回响应值。该插件在处理应急事件，如系统维护、禁用指定的服务、防止过度消费时非常有用。

（1）启用插件示例

Request Termination 插件可以作用于指定的服务、路由和消费者，也可以作用于全局。

1）作用于指定的服务

❑ Admin API 定义如下：

```
$ curl -X POST http://<admin-hostname>:8001/services/<service>/plugins \
  --data "name=request-termination"  \
  --data "config.status_code=403" \
  --data "config.message=So long and thanks for all the fish!"
```

❑ yaml 配置文件如下：

```
plugins:
- name: request-termination
  service: <service>
  config:
    status_code: 403
    message: So long and thanks for all the fish!
```

2）作用于指定的路由

❑ Admin API 定义如下：

```
$ curl -X POST http://<admin-hostname>:8001/routes/<route>/plugins \
  --data "name=request-termination"  \
```

```
  --data "config.status_code=403" \
  --data "config.message=So long and thanks for all the fish!"
```

❑ yaml 配置文件如下：

```
plugins:
- name: request-termination
  route: <route>
  config:
    status_code: 403
    message: So long and thanks for all the fish!
```

3）作用于指定的消费者

❑ Admin API 定义如下：

```
$ curl -X POST http://<admin-hostname>:8001/consumers/<consumer>/plugins \
  --data "name=request-termination"  \
  --data "config.status_code=403" \
  --data "config.message=So long and thanks for all the fish!"
```

❑ yaml 配置文件如下：

```
plugins:
- name: request-termination
  consumer: <consumer>
  config:
    status_code: 403
    message: So long and thanks for all the fish!
```

4）作用于全局

❑ Admin API 定义如下：

```
$ curl -X POST http://<admin-hostname>:8001/plugins/ \
  --data "name=request-termination"  \
  --data "config.status_code=403" \
  --data "config.message=So long and thanks for all the fish!"
```

❑ yaml 配置文件如下：

```
plugins:
- name: request-termination
  config:
    status_code: 403
    message: So long and thanks for all the fish!
```

（2）配置参数

Request Termination 插件配置参数如表 9-8 所示。

表 9-8　Request Termination 插件配置参数

配置参数	描述
name	插件名称，此处为 request-termination

（续）

配置参数	描述
service.id	插件绑定的服务 ID
route.id	插件绑定的路由 ID
consumer.id	插件绑定的消费者 ID
enabled	是否启用插件，默认为 true
config.status_code	响应码，默认为 503
config.message	响应信息
config.body	响应体正文，与 config.message 配置参数互斥
config.content_type	响应体的 ContentType 类型，默认为 application/json; charset=utf-8

（3）使用示例

对指定的服务添加 Request Termination 插件，自定义状态码和响应体。

```
# 对指定的服务添加 Request Termination 插件
$ curl -X POST http://127.0.0.1:8001/services/service_demo/plugins \
  --data "name=request-termination" \
  --data "config.status_code=403" \
  --data "config.body=Page under maintenance"
# 观察接口返回值，验证插件是否生效
$ curl -i 127.0.0.1:8000/demo/api/users/v1
HTTP/1.1 403 Forbidden
Date: Tue, 24 Nov 2020 08:41:43 GMT
Connection: keep-alive
Server: kong/2.0.5
Content-Length: 22
X-Kong-Response-Latency: 1

Page under maintenance
```

4. Response Rate Limiting

Response Rate Limiting 与 Rate Limiting 插件类似，都可以实现限流功能。不同的是，Response Rate Limiting 插件是根据上游服务返回的自定义响应头限制客户端发送的请求数。

（1）启用插件示例

Response Rate Limiting 插件可以作用于指定的服务、路由和消费者，也可以作用于全局。

1）作用于指定的服务

❑ Admin API 定义如下：

```
$ curl -X POST http://<admin-hostname>:8001/services/<service>/plugins \
  --data "name=response-ratelimiting"  \
  --data "config.limits.{limit_name}=<SMS>" \
  --data "config.limits.{limit_name}.minute=10"
```

❑ yaml 配置文件如下：

```
plugins:
```

```
- name: response-ratelimiting
  service: <service>
  config:
    limits:
      {limit_name}: <SMS>
    limits:
      {limit_name}:
      minute: 10
```

2）作用于指定的路由

❑ Admin API定义如下：

```
$ curl -X POST http://<admin-hostname>:8001/routes/<route>/plugins \
  --data "name=response-ratelimiting"  \
  --data "config.limits.{limit_name}=<SMS>" \
  --data "config.limits.{limit_name}.minute=10"
```

❑ yaml配置文件如下：

```
plugins:
- name: response-ratelimiting
  route: <route>
  config:
    limits:
      {limit_name}: <SMS>
    limits:
      {limit_name}:
      minute: 10
```

3）作用于指定的消费者

❑ Admin API定义如下：

```
$ curl -X POST http://<admin-hostname>:8001/consumers/<consumer>/plugins \
  --data "name=response-ratelimiting"  \
  --data "config.limits.{limit_name}=<SMS>" \
  --data "config.limits.{limit_name}.minute=10"
```

❑ yaml配置文件如下：

```
plugins:
- name: response-ratelimiting
  consumer: <consumer>
  config:
    limits:
      {limit_name}: <SMS>
    limits:
      {limit_name}:
      minute: 10
```

（2）配置参数

Response Termination插件配置参数如表9-9所示。

表 9-9 Response Termination 插件配置参数

配置参数	描述
name	插件名称，此处为 response-ratelimiting
service.id	插件绑定的服务 ID
route.id	插件绑定的路由 ID
enabled	是否启用插件，默认为 true
api_id	插件绑定的 API ID
config.limits.{limit_name}	自定义对象列表，可以在 limit_name 占位符中设置任意名称
config.limits.{limit_name}.second	每秒内限流次数
config.limits.{limit_name}.minute	每分钟内限流次数
config.limits.{limit_name}.hour	每小时内限流次数
config.limits.{limit_name}.day	每天内限流次数
config.limits.{limit_name}.month	每月内限流次数
config.limits.{limit_name}.year	每年内限流次数
config.header_name	递增计数器的响应头名称
config.block_on_first_violation	判断当达到某个限制条件时，是否立即响应请求
config.limit_by	限流维度，可选值为 consumer、credentials 和 ip
config.policy	限流策略，可选值为 local、cluster 和 redis
config.fault_tolerant	当 Kong 网关连接外置数据库发生问题时，是否继续代理请求，默认为 true
config.hide_client_headers	是否隐藏响应头信息
config.redis_host	Redis 地址
config.redis_port	Redis 端口，默认为 6379
config.redis_password	Redis 密码
config.redis_timeout	Redis 超时时间，默认为 2000 毫秒
config.redis_database	Redis 数据库，默认为 0

（3）启用插件示例

1）Response Rate Limiting 插件基于上游服务返回的自定义响应头实现限流，所以我们需要先改造 Node 后端源码的 Routes.js 文件：

```
4 ....
5 app.get('/users/v1', (req, res) => {
6   res.set({
7       "X-Kong-Limit": "sms=1"
8   });
9   ...
```

上述代码在响应头中添加 key 为 X-Kong-Limit，value 为 sms=1 的内容，其中 sms 与该插件中的 {limit_name} 对应。

2）重新启动 node 后端，使新添加的配置生效：

```
$ docker restart node
```

3）对指定的服务启用 Response Rate Limiting 插件，限流策略为一分钟访问 3 次：

```
$ curl -X POST http://127.0.0.1:8001/services/service_demo/plugins \
  --data "name=response-ratelimiting"  \
  --data "config.limits.sms.minute=3"
```

4）验证插件是否生效：

```
# 一分钟内前 3 次请求成功
$ curl -i http://127.0.0.1:8000/demo/api/users/v1
HTTP/1.1 200 OK
...
X-RateLimit-Limit-sms-minute: 3
X-RateLimit-Remaining-sms-minute: 2
...
{"language":"node","type":"application","version":"v1","user":"demo_v1"}
$ curl -i http://127.0.0.1:8000/demo/api/users/v1
HTTP/1.1 200 OK
...
X-RateLimit-Limit-sms-minute: 3
X-RateLimit-Remaining-sms-minute: 1
...
{"language":"node","type":"application","version":"v1","user":"demo_v1"}
$ curl -i http://127.0.0.1:8000/demo/api/users/v1
HTTP/1.1 200 OK
...
X-RateLimit-Limit-sms-minute: 3
X-RateLimit-Remaining-sms-minute: 0
...
{"language":"node","type":"application","version":"v1","user":"demo_v1"}
# 第 4 次访问失败
$ curl -i http://127.0.0.1:8000/demo/api/users/v1
HTTP/1.1 429 Too Many Requests
Content-Type: application/json; charset=utf-8
Connection: keep-alive
X-Powered-By: Express
Access-Control-Allow-Origin: *
ETag: W/"48-dJFdERWCCWZVyx4LxwmXVCoYsH8"
Date: Thu, 10 Dec 2020 08:56:48 GMT
X-RateLimit-Limit-sms-minute: 3
X-RateLimit-Remaining-sms-minute: 0
Content-Length: 0
X-Kong-Upstream-Latency: 3
X-Kong-Proxy-Latency: 2
Via: kong/2.0.5
```

9.2.4 分析监控类插件

分析监控类插件支持 Datadog、Prometheus 和 Zipkin 等监控软件。这里我们详细介绍 Prometheus 插件。Prometheus 插件可以以 Prometheus Exposition 格式公开与 Kong 网关和代

理上游服务相关的指标。Prometheus 服务器会对这些指标进行抓取。

（1）启用插件示例

Prometheus 插件可以作用于指定的服务，也可以作用于全局。

1）作用于指定的服务

- Admin API 定义如下：

```
$ curl -X POST http://<admin-hostname>:8001/services/<service>/plugins \
  --data "name=prometheus"
```

- yaml 配置文件如下：

```
plugins:
- name: prometheus
  service: <service>
  config:
    <optional_parameter>: <value>
```

2）作用于全局

- Admin API 定义如下：

```
$ curl -X POST http://<admin-hostname>:8001/services/<service>/plugins \
  --data "name=prometheus"
```

- yaml 配置文件如下：

```
plugins:
- name: prometheus
  service: <service>
  config:
    <optional_parameter>: <value>
```

（2）配置参数

Prometheus 插件配置参数如表 9-10 所示。

表 9-10 Prometheus 插件配置参数

配置参数	描述
name	插件名称，此处为 prometheus
service.id	插件绑定的服务 ID
enabled	是否启用插件，默认为 true

（3）启用插件示例

对指定的服务添加 Prometheus 插件，验证插件是否生效。

```
# 对指定的服务添加 Prometheus 插件
$ curl -X POST http://127.0.0.1:8001/services/service_demo/plugins \
  --data "name=prometheus"
# 查询 Prometheus 是否收集到 Kong 网关数据，验证插件是否生效
```

```
$ curl 127.0.0.1:8001/metrics
kong_bandwidth{type="egress",service="service_demo",route="route_demo"}
  126193
...
kong_datastore_reachable 1
kong_http_status{code="200",service="service_demo",route="route_demo"} 44
...
```

9.2.5 内容转换类插件

内容转换类插件包括 Correlation ID、gPRC-gateway、gRPC-Web、Request Transformer 和 Response Transformer 等。这里我们详细介绍 Request Transformer 和 Response Transformer 这两个插件。

1. Request Transformer

Request Transformer 插件可以在上游服务接收到请求之前，更改客户端发送给 Kong 网关请求中的内容，即对请求头和请求体进行增删改查操作。

（1）启用插件示例

Request Transformer 插件可以作用于指定的服务、路由和消费者，也可以作用于全局。

1）作用于指定的服务

- Admin API 定义如下：

```
$ curl -X POST http://<admin-hostname>:8001/services/<service>/plugins \
  --data "name=request-transformer"  \
  --data "config.remove.headers=x-toremove" \
  --data "config.remove.headers=x-another-one" \
  --data "config.remove.querystring=qs-old-name:qs-new-name" \
  --data "config.remove.querystring=qs2-old-name:qs2-new-name" \
  --data "config.remove.body=formparam-toremove" \
  --data "config.remove.body=formparam-another-one" \
  --data "config.replace.body=body-param1:new-value-1" \
  --data "config.replace.body=body-param2:new-value-2" \
  --data "config.rename.headers=header-old-name:header-new-name" \
  --data "config.rename.headers=another-old-name:another-new-name" \
  --data "config.rename.querystring=qs-old-name:qs-new-name" \
  --data "config.rename.querystring=qs2-old-name:qs2-new-name" \
  --data "config.rename.body=param-old:param-new" \
  --data "config.rename.body=param2-old:param2-new" \
  --data "config.add.headers=x-new-header:value" \
  --data "config.add.headers=x-another-header:something" \
  --data "config.add.querystring=new-param:some_value" \
  --data "config.add.querystring=another-param:some_value" \
  --data "config.add.body=new-form-param:some_value" \
  --data "config.add.body=another-form-param:some_value"
```

- yaml 配置文件如下：

```
plugins:
```

```
- name: request-transformer
  service: <service>
  config:
    remove:
      headers:
      - x-toremove
      - x-another-one
    remove:
      querystring:
      - qs-old-name:qs-new-name
      - qs2-old-name:qs2-new-name
    remove:
      body:
      - formparam-toremove
      - formparam-another-one
    replace:
      body:
      - body-param1:new-value-1
      - body-param2:new-value-2
    rename:
      headers:
      - header-old-name:header-new-name
      - another-old-name:another-new-name
    rename:
      querystring:
      - qs-old-name:qs-new-name
      - qs2-old-name:qs2-new-name
    rename:
      body:
      - param-old:param-new
      - param2-old:param2-new
    add:
      headers:
      - x-new-header:value
      - x-another-header:something
    add:
      querystring:
      - new-param:some_value
      - another-param:some_value
    add:
      body:
      - new-form-param:some_value
      - another-form-param:some_value
```

2）作用于指定的路由

- Admin API 定义如下：

```
$ curl -X POST http://<admin-hostname>:8001/routes/<route>/plugins \
  --data "name=request-transformer"  \
  --data "config.remove.headers=x-toremove" \
```

```
  ...... \
  --data "config.add.body=new-form-param:some_value" \
  --data "config.add.body=another-form-param:some_value"
```

❑ yaml 配置文件如下:

```
plugins:
- name: request-transformer
  route: <route>
  config:
    ......
```

3)作用于指定的消费者

❑ Admin API 定义如下:

```
$ curl -X POST http://<admin-hostname>:8001/consumers/<consumer>/plugins \
  --data "name=request-transformer"  \
  --data "config.remove.headers=x-toremove" \
  ...... \
  --data "config.add.body=new-form-param:some_value" \
  --data "config.add.body=another-form-param:some_value"
```

❑ yaml 配置文件如下:

```
plugins:
- name: request-transformer
  consumer: <consumer>
  config:
    ......
```

4)作用于全局

❑ Admin API 定义如下:

```
$ curl -X POST http://<admin-hostname>:8001/plugins/ \
  --data "name=request-transformer"  \
  --data "config.remove.headers=x-toremove" \
  ...... \
  --data "config.add.body=new-form-param:some_value" \
  --data "config.add.body=another-form-param:some_value"
```

❑ yaml 配置文件如下:

```
plugins:
- name: request-transformer
  config:
    ......
```

(2)配置参数

Request Transformer 插件配置参数如表 9-11 所示。

表 9-11 Request Transformer 插件配置参数

配置参数	描述
name	插件名称，此处为 request-transformer
service.id	插件绑定的服务 ID
route.id	插件绑定的路由 ID
consumer.id	插件绑定的消费者 ID
enabled	是否启用插件，默认为 true
config.http_method	更改上游请求的 HTTP 请求方法
config.remove.headers	删除指定的请求头
config.remove.querystring	删除指定的查询参数
config.remove.body	删除指定的请求体
config.replace.uri	替换上游请求的 URI 值
config.replace.body	替换上游请求的请求体
config.replace.headers	替换上游请求的请求头
config.replace.querystring	替换上游请求的查询参数
config.rename.headers	重命名指定的请求头
config.rename.querystring	重命名指定的请求参数
config.rename.body	重命名指定的请求体
config.add.headers	添加指定的请求头
config.add.querystring	添加指定的请求参数
config.add.body	添加指定的请求体
config.append.headers	追加指定的请求头
config.append.querystring	追加指定的请求参数
config.append.body	追加指定的请求体

（3）使用示例

对指定的服务添加 Request Transformer 插件，验证插件是否生效。

```
# 查看原请求返回内容与后端日志
$ curl -i http://127.0.0.1:8000/demo/api/users/v1
{"language":"node","type":"application","version":"v1","user":"demo_v1"}
$ docker logs node
...
GET /demo/api/users/v1 200 3.960 ms - 72
# 对指定的服务添加 Request Transformer 插件，将原请求的 uri:/demo/api/users/v1 替换成 /
  demo/api/users/v2，并添加请求参数 node=node
$ curl -X POST http://127.0.0.1:8001/services/service_demo/plugins \
  --data "name=request-transformer" \
  --data "config.replace.uri=/demo/api/users/v2" \
  --data "config.add.querystring=node:node"
# 对比原请求返回内容与后端日志，查看是否添加了该插件的信息
$ curl 127.0.0.1:8000/demo/api/users/v1
{"language":"node","type":"application","user":"demo_v2","version":"v2"}
$ docker logs node
```

```
...
GET /demo/api/users/v2?node=node 200 1.801 ms - 72
```

2. Response Transformer

Response Transformer 插件可以在响应返给客户端之前，转换上游服务发送给 Kong 网关的响应，即对响应头和响应体进行增删改查操作。

（1）启用插件示例

Response Transformer 插件可以作用于指定的服务、路由和消费者，也可以作用于全局。

1）作用于指定的服务

❑ Admin API 定义如下：

```
$ curl -X POST http://<admin-hostname>:8001/services/<service>/plugins \
  --data "name=response-transformer"  \
  --data "config.remove.headers=x-toremove" \
  --data "config.remove.headers=x-another-one" \
  --data "config.remove.json=json-key-toremove" \
  --data "config.remove.json=another-json-key" \
  --data "config.add.headers=x-new-header:value" \
  --data "config.add.headers=x-another-header:something" \
  --data "config.add.json=new-json-key:some_value" \
  --data "config.add.json=another-json-key:some_value" \
  --data "config.add.json_types=new-json-key:string" \
  --data "config.add.json_types=another-json-key:number" \
  --data "config.append.headers=x-existing-header:some_value" \
  --data "config.append.headers=x-another-header:some_value"
```

❑ yaml 配置文件如下：

```
plugins:
- name: response-transformer
  service: <service>
  config:
    remove:
      headers:
      - x-toremove
      - x-another-one
    remove:
      json:
      - json-key-toremove
      - another-json-key
    add:
      headers:
      - x-new-header:value
      - x-another-header:something
    add:
      json:
      - new-json-key:some_value
      - another-json-key:some_value
```

```
  add:
    json_types:
    - new-json-key:string
    - another-json-key:number
  append:
    headers:
    - x-existing-header:some_value
    - x-another-header:some_value
```

2）作用于指定的路由

❑ Admin API 定义如下：

```
$ curl -X POST http://<admin-hostname>:8001/routes/<route>/plugins \
  --data "name=response-transformer"  \
  --data "config.remove.headers=x-toremove" \
  ...... \
  --data "config.append.headers=x-existing-header:some_value" \
  --data "config.append.headers=x-another-header:some_value"
```

❑ yaml 配置文件如下：

```
plugins:
- name: response-transformer
  route: <route>
  config:
    ......
```

3）作用于指定的消费者

❑ Admin API 定义如下：

```
$ curl -X POST http://<admin-hostname>:8001/consumers/<consumer>/plugins \
  --data "name=response-transformer"  \
  --data "config.remove.headers=x-toremove" \
  ...... \
  --data "config.append.headers=x-existing-header:some_value" \
  --data "config.append.headers=x-another-header:some_value"
```

❑ yaml 配置文件如下：

```
plugins:
- name: response-transformer
  consumer: <consumer>
  config:
    ......
```

4）作用于全局

❑ Admin API 定义如下：

```
$ curl -X POST http://<admin-hostname>:8001/plugins/ \
  --data "name=response-transformer"  \
```

```
    --data "config.remove.headers=x-toremove" \
    ...... \
    --data "config.append.headers=x-existing-header:some_value" \
    --data "config.append.headers=x-another-header:some_value"
```

- yaml 配置文件如下：

```
plugins:
- name: response-transformer
  config:
    ......
```

（2）配置参数

Response Transformer 插件配置参数如表 9-12 所示。

表 9-12　Response Transformer 插件配置参数

配置参数	描述
name	插件名称，此处为 response-transformer
service.id	插件绑定的服务 ID
route.id	插件绑定的路由 ID
consumer.id	插件绑定的消费者 ID
enabled	是否启用插件，默认为 true
config.remove.headers	删除指定的请求头
config.remove.json	删除 JSON 响应体中指定的字段
config.rename.headers	重命名指定的请求头
config.replace.headers	替换指定的请求头
config.replace.json	替换 JSON 响应体中指定的字段
config.replace.json_types	指定替换的字段类型
config.add.headers	添加指定的请求头
config.add.json	在 JSON 响应体中添加指定的字段
config.add.json_types	指定添加的字段类型
config.append.headers	追加指定的请求头
config.append.json	在 JSON 响应体中追加指定的字段
config.append.json_types	指定追加的字段类型

（3）使用示例

对指定的服务添加 Response Transformer 插件，验证插件是否生效。

```
# 查看原请求返回信息
$ curl -i http://127.0.0.1:8000/demo/api/users/v1
HTTP/1.1 200 OK
Content-Type: application/json; charset=utf-8
Content-Length: 72
Connection: keep-alive
X-Powered-By: Express
```

```
Access-Control-Allow-Origin: *
ETag: W/"48-dJFdERWCCWZVyx4LxwmXVCoYsH8"
Date: Thu, 10 Dec 2020 09:31:30 GMT
X-Kong-Upstream-Latency: 6
X-Kong-Proxy-Latency: 1
Via: kong/2.0.5

{"language":"node","type":"application","version":"v1","user":"demo_v1"}
# 对指定的服务添加 Rsponse Transformer 插件，在返回的请求头中添加两个请求头，分别是 x-new-
  header、x-another-header，对应的值分别是 value、something；追加请求头 x-existing-
  header 和 x-another-header，对应的值都是 some_value
$ curl -X POST http://127.0.0.1:8001/services/service_demo/plugins \
  --data "name=response-transformer"  \
  --data "config.add.headers=x-new-header:value" \
  --data "config.add.headers=x-another-header:something" \
  --data "config.append.headers=x-existing-header:some_value" \
  --data "config.append.headers=x-another-header:some_value"
# 对比原请求返回信息，查看是否添加了该插件的信息
$ curl -i 127.0.0.1:8000/demo/api/users/v1
HTTP/1.1 200 OK
Content-Type: application/json; charset=utf-8
Content-Length: 72
Connection: keep-alive
X-Powered-By: Express
Access-Control-Allow-Origin: *
X-Kong-Limit: sms=1
ETag: W/"48-dJFdERWCCWZVyx4LxwmXVCoYsH8"
Date: Thu, 10 Dec 2020 09:42:10 GMT
x-new-header: value
x-another-header: something
x-existing-header: some_value
x-another-header: some_value
X-Kong-Upstream-Latency: 5
X-Kong-Proxy-Latency: 7
Via: kong/2.0.5

{"language":"node","type":"application","version":"v1","user":"demo_v1"}
```

9.2.6 日志类插件

日志插件包括 File Log、Http Log、Sys Log、TCP Log 和 UDP Log 等。这里我们详细介绍 File Log 和 TCP Log 这两个插件。

1. File Log

File Log 插件可以将请求和响应数据写入磁盘上的日志文件。在生产环境中，我们不建议使用此插件。因为受系统限制，该插件使用了阻塞文件 I/O，这将会严重影响性能。

（1）启用插件示例

File Log 插件可以作用于指定的服务、路由和消费者，也可以作用于全局。

1）作用于指定的服务

❑ Admin API 定义如下：

```
$ curl -X POST http://<admin-hostname>:8001/services/<service>/plugins \
  --data "name=file-log"  \
  --data "config.path=/tmp/file.log"
```

❑ yaml 配置文件如下：

```
plugins:
- name: file-log
  service: <service>
  config:
    path: /tmp/file.log
```

2）作用于指定的路由

❑ Admin API 定义如下：

```
$ curl -X POST http://<admin-hostname>:8001/routes/<route>/plugins \
  --data "name=file-log"  \
  --data "config.path=/tmp/file.log"
```

❑ yaml 配置文件如下：

```
plugins:
- name: file-log
  route: <route>
  config:
    path: /tmp/file.log
```

3）作用于指定的消费者

❑ Admin API 定义如下：

```
$ curl -X POST http://<admin-hostname>:8001/consumers/<consumer>/plugins \
  --data "name=file-log"  \
  --data "config.path=/tmp/file.log"
```

❑ yaml 配置文件如下：

```
plugins:
- name: file-log
  consumer: <consumer>
  config:
    path: /tmp/file.log
```

4）作用于全局

❑ Admin API 定义如下：

```
$ curl -X POST http://<admin-hostname>:8001/plugins/ \
  --data "name=file-log"  \
  --data "config.path=/tmp/file.log"
```

❑ yaml 配置文件如下：

```
plugins:
- name: file-log
  config:
    path: /tmp/file.log
```

（2）配置参数

File Log 插件配置参数如表 9-13 所示。

表 9-13　File Log 插件配置参数

参数	描述
name	插件名称，此处为 file-log
service.id	插件绑定的服务 ID
route.id	插件绑定的路由 ID
consumer.id	插件绑定的消费者 ID
enabled	是否启用插件，默认为 true
config.path	日志文件的路径。如果文件不存在，系统会创建该文件，但需要确保 Kong 具有对此文件的写入权限
config.reopen	是否每次请求都关闭并重新打开日志

（3）使用示例

对指定的服务添加 File Log 插件，验证插件是否生效。

```
# 对指定的服务添加 File Log 插件，日志文件地址为 /tmp/file.log
$ curl -X POST http://127.0.0.1:8001/services/service_demo/plugins \
  --data "name=file-log" \
  --data "config.path=/tmp/file.log"
# 调用接口，生成访问日志
$ curl http://127.0.0.1:8000/demo/api/users/v1
# 观察日志收集情况，验证插件是否生效
$ docker exec kong cat /tmp/file.log
{
    "latencies": {
        "request": 7,
        "kong": 1,
        "proxy": 5
    },
    "service": {
        "host": "demo",
        "created_at": 1607997999,
        "connect_timeout": 60000,
        "id": "90ebe17e-f9d4-4b38-a996-00ac9a989061",
        "protocol": "http",
        "name": "service_demo",
        "read_timeout": 60000,
        "port": 80,
```

```
        "updated_at": 1607997999,
        "retries": 5,
        "write_timeout": 60000
    },
    "request": {
        "querystring": {},
        "size": "95",
        "uri": "\/demo\/api\/users\/v1",
        "url": "http:\/\/127.0.0.1:8000\/demo\/api\/users\/v1",
        "headers": {
            "host": "127.0.0.1:8000",
            "accept": "*\/*",
            "user-agent": "curl\/7.64.1"
        },
        "method": "GET"
    },
    "client_ip": "172.18.0.1",
    "tries": [{
        "balancer_latency": 0,
        "port": 8080,
        "balancer_start": 1607998182816,
        "ip": "172.18.0.9"
    }],
    "upstream_uri": "\/demo\/api\/users\/v1",
    "response": {
        "headers": {
            "content-type": "application\/json; charset=utf-8",
            "date": "Tue, 15 Dec 2020 02:09:42 GMT",
            "x-powered-by": "Express",
            "connection": "close",
            "content-length": "72",
            "x-kong-proxy-latency": "1",
            "via": "kong\/2.0.5",
            "x-kong-limit": "sms=1",
            "x-kong-upstream-latency": "5",
            "etag": "W\/\"48-dJFdERWCCWZVyx4LxwmXVCoYsH8\"",
            "access-control-allow-origin": "*"
        },
        "status": 200,
        "size": "407"
    },
    "route": {
        "id": "e5dec54d-981c-4700-a3a6-416eda23dee1",
        "path_handling": "v0",
        "paths": ["\/"],
        "protocols": ["http", "https"],
        "service": {
            "id": "90ebe17e-f9d4-4b38-a996-00ac9a989061"
        },
        "name": "route_demo",
        "strip_path": true,
```

```
        "preserve_host": false,
        "regex_priority": 0,
        "updated_at": 1607998004,
        "https_redirect_status_code": 426,
        "created_at": 1607998004
    },
    "started_at": 1607998182815
}
```

2. TCP Log

TCP Log 插件可以将请求和响应数据记录到 TCP 服务器，是最为常见的记录日志的方式。

（1）启用插件示例

TCP Log 插件可以作用于指定的服务、路由和消费者，也可以作用于全局。

1）作用于指定的服务

❑ Admin API 定义如下：

```
$ curl -X POST http://<admin-hostname>:8001/services/<service>/plugins \
  --data "name=tcp-log"  \
  --data "config.host=127.0.0.1" \
  --data "config.port=9999"
```

❑ yaml 配置文件如下：

```
plugins:
- name: tcp-log
  service: <service>
  config:
    host: 127.0.0.1
    port: 9999
```

2）作用于指定的路由

❑ Admin API 定义如下：

```
$ curl -X POST http://<admin-hostname>:8001/routes/<route>/plugins \
  --data "name=tcp-log"  \
  --data "config.host=127.0.0.1" \
  --data "config.port=9999"
```

❑ yaml 配置文件如下：

```
plugins:
- name: tcp-log
  route: <route>
  config:
    host: 127.0.0.1
    port: 9999
```

3）作用于指定的消费者

❑ Admin API 定义如下：

```
$ curl -X POST http://<admin-hostname>:8001/consumers/<consumer>/plugins \
  --data "name=tcp-log"  \
  --data "config.host=127.0.0.1" \
  --data "config.port=9999"
```

- yaml 配置文件如下：

```
plugins:
- name: tcp-log
  consumer: <consumer>
  config:
    host: 127.0.0.1
    port: 9999
```

4）作用于全局

- Admin API 定义如下：

```
$ curl -X POST http://<admin-hostname>:8001/plugins/ \
  --data "name=tcp-log"  \
  --data "config.host=127.0.0.1" \
  --data "config.port=9999"
```

- yaml 配置文件如下：

```
plugins:
- name: tcp-log
  config:
    host: 127.0.0.1
    port: 9999
```

（2）配置参数

TCP Log 插件配置参数如表 9-14 所示。

表 9-14　TCP Log 插件配置参数

配置参数	描述
name	插件名称，此处为 tcp-log
service.id	插件绑定的服务 ID
route.id	插件绑定的路由 ID
consumer.id	插件绑定的消费者 ID
enabled	是否启用插件，默认为 true
config.host	接收数据的 IP 地址或主机名
config.port	接收数据的端口号
config.timeout	超时时间，单位为毫秒，默认为 10 秒
config.keepalive	空闲连接存活时间，单位为毫秒，默认为 60 秒

（3）使用示例

对指定的服务添加 TCP Log 插件，验证插件是否生效。

```
# 对指定的服务添加TCP Log插件，host为日志服务器的地址，port自定义
$ curl -X POST http://127.0.0.1:8001/services/service_demo/plugins \
  --data "name=tcp-log"  \
  --data "config.host=127.0.0.1" \
  --data "config.port=9999"
```

在第10章中，我们会具体介绍HTTP Log插件与ELK平台结合使用的案例。TCP Log插件的使用与之类似，此处不再做过多介绍。

9.2.7 其他插件

其他插件包括AWS Lambda、Azure Function和Serverless Function等，其中AWS Lambda和Azure Function这两个插件涉及特定的云服务，使用场景较为特殊，此处不再赘述。Serverless Function插件可以在Kong网关中动态运行自定义的Lua代码，有兴趣的读者可以自行尝试。

9.3 自定义Kong网关插件

在9.2节中，我们学习了Kong网关官方提供的各类插件。它们覆盖了网关层定制化需求的方方面面，已经极大地满足了开发者的需求。但在实际生产环境中，由于官方插件无法深入细节，我们还要对某些场景做定制化开发。为此，Kong网关提供了一整套规范且完整的插件开发流程，并对其中许多通用化的操作进行了抽象，降低了自定义插件开发难度，提高了开发效率。除此之外，Kong网关还提供了自定义插件的全生命周期管理。开发者在添加、更新或删除自定义插件时，也不会影响正在运行的服务。

本节总共分为3个部分。

- 了解Kong网关自定义插件开发流程和插件生命周期管理。
- 学习Kong网关插件开发套件。
- 使用前两部分学到的知识完成一个完整示例。

9.3.1 自定义插件开发流程和插件生命周期管理详解

自定义插件开发流程包含多个环节。下面我们先看一下插件的整理目录结构，然后再对其中的模块进行讲解，最后学习如何在开发环境中正确使用自定义插件。

1. 插件目录结构

前文中已有说明，Kong网关插件其实是一组Lua模块。本节描述的每个文件都可以视为一个单独的Lua模块。Kong插件中的Lua脚本遵循同一个命名规范。Kong网关会检测符合命令规范的Lua文件并加载它们。命名规范如下所示：

```
kong.plugins.<plugin_name>.<module_name>
```

为了让 Kong 网关明确需要去查找哪些自定义插件，用户需要在配置文件的 plugins 属性中添加插件名称字段。多个插件之间使用逗号隔开，例如：

```
plugins = bundled,my-custom-plugin # 用户自定义插件名
```

当用户不希望加载任何系统自带的插件时，可以在 plugins 属性中添加自定义的插件名：

```
plugins = my-custom-plugin  # 用户自定义插件名
```

现在，Kong 网关会尝试从以下命名空间加载多个 Lua 模块：

```
kong.plugins.my-custom-plugin.<module_name>
```

其中，有些模块是必需的（例如 handler 模块），有些是可选的，以便实现一些额外功能。下面我们会详细描述基本插件模块以及它们的用途。

（1）基本插件模块

插件必须包含两个模块，目录结构如下：

```
simple-plugin
├─── handler.lua
└─── schema.lua
```

- handler 模块：插件的核心模块。它提供了一组接口，需要用户自定义实现，其中每个方法都会在请求和连接生命周期中的指定时间点运行。
- schema 模块：该模块定义了配置项的规则和格式，会对用户输入的数据进行校验。

（2）高级插件模块

有些插件与 Kong 网关集成得很深，比如需要在数据库中定义业务数据表，或者在 Admin API 中暴露新的端点等。插件可以通过添加新的模块来完成这些功能。一个插件包括所有的可选模块（除基本模块之外，还有高级模块），其目录结构如下：

```
complete-plugin
├─── api.lua
├─── daos.lua
├─── handler.lua
├─── migrations
│    ├─── cassandra.lua
│    └─── postgres.lua
└─── schema.lua
```

表 9-15 列出了一些插件模块以及每个模块的简要说明。下面章节会对这些模块的功能及开发做详细说明。

表 9-15 插件模块

插件模块	是否必须	描述
api	否	其对应文件定义了插件在 Admin API 中暴露的端点。用户可以使用这些接口与插件中的实体数据进行交互

（续）

插件模块	是否必须	描述
daos	否	其对应文件定义了插件需要用到的表结构
handler	是	插件的核心模块，它提供了一组接口，需要用户自定义实现
migrations/xxx	否	其对应文件定义了插件数据库迁移指令。该模块仅在用户使用数据库启动模式时才生效
schema	是	其对应文件定义了插件配置项的规则和格式。该模块会对用户输入的数据进行校验

2. 实现自定义逻辑

Kong 插件允许用户使用 Lua 脚本，在请求和响应生命周期或建立 TCP 连接过程中注入自定义逻辑。对应方法是实现 base_plugin.lua 文件中的若干方法。这些方法需要在 handler 模块下实现。

```
kong.plugins.<plugin_name>.handler
```

（1）请求上下文

handler 模块中包含的方法如表 9-16 和表 9-17 所示，分为 http 和 stream 两种类型。用户可以覆盖其中的任何方法，以便在 Kong 网关运行生命周期中的各个入口点实现自定义逻辑。

1）http 子模块对应 HTTP 和 HTTPS 请求响应。

表 9-16　http 子模块

函数名	对应 lua-nginx-module 挂载点	描述
:init_worker()	init_worker	在每个 Nginx 工作进程启动时执行
:certificate()	ssl_certificate	在 SSL 握手阶段执行
:rewrite()	rewrite	在重写请求路径时执行。注意，此处 Kong 网关还没有识别到服务实体和消费者实体，所以只有定义在全局的插件才会执行
:access()	access	在客户端请求被代理到上游服务之前执行
:header_filter()	header_filter	在接收到上游服务发送的所有响应头内容时执行
:body_filter()	body_filter	在接收到上游服务发送的响应体内容时执行。如果响应体过大，会被切分成多个块。所以，对于一个请求，该方法可能被多次调用
:log()	log	在最后一个响应字节发送到客户端时触发

2）stream 子模块对应 TCP 流。

表 9-17　stream 子模块

函数名	对应 lua-nginx-module 挂载点	描述
:init_worker()	init_worker	在每个 Nginx 工作进程启动时执行
:preread()	preread	每次连接时执行一次
:log()	log	在最后一个响应字节发送到客户端时执行

除init_worker方法外，所有方法在调用时都可以接收一个参数。该参数是一个Table对象，其中包含用户自定义字段的值。字段属性由插件配置项约束。

（2）handler模块规范

handler模块返回一个Table对象，其中包含所有用户希望执行的方法。下面我们展示一个示例文件。它实现了所有可用的方法，并包含相应的注释。

```
-- 插件模板中的扩展方法都是可选的，Lua中没有真正的接口概念
local BasePlugin = require "kong.plugins.base_plugin"
local CustomHandler = BasePlugin:extend()
-- 用户自定义handler模块的构造函数
-- 如果想要扩展hanlder模块，可自定义模块名称，此处为my-custom-plugin，并实例化
function CustomHandler:new()
  CustomHandler.super.new(self, "my-custom-plugin")
end

function CustomHandler:init_worker()
  -- 执行父方法
  CustomHandler.super.init_worker(self)
  -- 在此实现任何自定义逻辑
end

function CustomHandler:certificate(config)
  -- 执行父方法
  CustomHandler.super.certificate(self)
  -- 在此实现任何自定义逻辑
end

function CustomHandler:rewrite(config)
  -- 执行父方法
  CustomHandler.super.rewrite(self)
  -- 在此实现任何自定义逻辑
end

function CustomHandler:access(config)
  -- 执行父方法
  CustomHandler.super.access(self)
  -- 在此实现任何自定义逻辑
end

function CustomHandler:header_filter(config)
  -- 执行父方法
  CustomHandler.super.header_filter(self)
  -- 在此实现任何自定义逻辑
end

function CustomHandler:body_filter(config)
  -- 执行父方法
  CustomHandler.super.body_filter(self)
  -- 在此实现任何自定义逻辑
```

```
end

function CustomHandler:log(config)
  -- 执行父方法
  CustomHandler.super.log(self)
  -- 在此实现任何自定义逻辑
end

-- 该模块需要返回创建的表，这样 Kong 网关可以执行这些功能
return CustomHandler
```

当然，我们也可以将插件的实现逻辑抽象到另一个文件中，然后在hanlder模块中调用这些方法。很多Kong网关官方插件就使用这种方式。用户可以按实际情况选择合适的方案。

```
local BasePlugin = require "kong.plugins.base_plugin"

-- 实际的逻辑是在以下这些模块中实现的
local access = require "kong.plugins.my-custom-plugin.access"
local body_filter = require "kong.plugins.my-custom-plugin.body_filter"

local CustomHandler = BasePlugin:extend()

function CustomHandler:new()
  CustomHandler.super.new(self, "my-custom-plugin")
end

function CustomHandler:access(config)
  CustomHandler.super.access(self)
  -- 用户可以调用 access 模块中的任何方法，示例中调用了 execute 方法，并将 config 作为入参
  access.execute(config)
end

function CustomHandler:body_filter(config)
  CustomHandler.super.body_filter(self)
  -- 用户可以调用 body_filter 模块中的任何方法，示例中调用了 execute，并将 config 作为入参
  body_filter.execute(config)
end

return CustomHandler
```

（3）插件执行顺序

插件与插件之间有时会存在依赖关系，例如依赖于消费者身份验证的插件必须在鉴权插件之后运行。考虑到这一点，Kong网关定义了插件执行顺序的优先级，以确保程序逻辑能够正常运行。

用户可以通过配置插件的优先级属性来更改插件的执行顺序。方式是在handler模块返回的Table对象中加入优先级字段，例如：

```
CustomHandler.PRIORITY = 10
```

优先级属性值越高的插件相对于其他插件执行得越早。Kong 官方绑定的插件的执行顺序如表 9-18 所示。

表 9-18　插件的执行顺序

插件	优先级
pre-function	+inf
zipkin	100 000
ip-restriction	3000
bot-detection	2500
cors	2000
session	1900
kubernetes-sidecar-injector	1006
jwt	1005
oauth2	1004
key-auth	1003
ldap-auth	1002
basic-auth	1001
hmac-auth	1000
request-size-limiting	951
acl	950
rate-limiting	901
response-ratelimiting	900
request-transformer	801
response-transformer	800
aws-lambda	750
azure-functions	749
prometheus	13
http-log	12
statsd	11
datadog	10
file-log	9
udp-log	8
tcp-log	7
loggly	6
syslog	4
galileo	3
request-termination	2
correlation-id	1
post-function	−1000

用户自定义插件也需要考虑插件的执行顺序，以防在错误的时间点执行，导致逻辑出错。

3. 插件配置项

通常情况下，用户定义的配置项需要满足所有插件使用者的需求。插件的配置项会存储在数据库中。当插件执行时，Kong 网关负责获取这些数据，并将它们传递给 handler 模块。

在 Kong 网关中，配置项是一个 Table 对象，我们称之为 schema。用户可以在启用插件时通过 Admin API 传入这些键 – 值对。同时，Kong 网关还提供了验证用户输入的配置项是否有效的方法。

用户在调用 Admin API 时，Kong 网关会根据 schema 自动对输入的配置项进行校验。例如，用户执行了如下请求：

```
$ curl -X POST http://kong:8001/services/<service-name-or-id>/plugins/ \
  -d "name=my-custom-plugin" \
  -d "config.foo=bar"
```

如果 config 对象下的所有属性都满足 schema 规则，那么响应值会返回 201 Created。并且系统会将配置项存储在数据库中，格式如下：

```
{
  foo = "bar"
}
```

如果配置项校验失败，Admin API 会返回 400 Bad Request 和对应的错误信息。

插件配置项对应的模块为：

```
kong.plugins.<plugin_name>.schema
```

（1）schema 模块规范

该模块与 handler 模块类似，也返回一个 Table 对象，其中包含自定义插件配置项的属性信息，如表 9-19 所示。

表 9-19　自定义插件配置项的属性信息

属性名	数据类型	描述
name	string	插件名称，比如 key-auth
fields	table	字段详情
entity_checks	function	校验规则

所有插件默认继承表 9-20 所示的属性。

表 9-20　默认继承属性

属性名	数据类型	描述
id	string	自动生成的插件 ID
name	string	插件名称 key-auth

（续）

属性名	数据类型	描述
created_at	number	插件配置时间
route	table	插件绑定的路由
service	table	插件绑定的服务
consumer	table	插件绑定的消费者
protocols	table	插件运行的协议栈
enabled	boolean	该插件是否生效
tags	table	插件的标签

大多数情况下，用户不需要关注这些继承的属性，使用默认值即可。用户也可以在启用插件时自定义这些字段。

下面是一份 schema 模块的示例文件。大部分 schema.lua 文件遵从这样的格式。

```
local typedefs = require "kong.db.schema.typedefs"

return {
  -- 插件名称
  name = "<plugin-name>",
  -- 字段详情
  fields = {
    {
      -- 这个插件的作用域只能在服务或者路由上
      consumer = typedefs.no_consumer
    },
    {
      -- 这个插件仅适用于 HTTP 或者 HTTPS 协议
      protocols = typedefs.protocols_http
    },
    {
      config = {
        type = "record",
        fields = {
          -- 自定义配置文件 schema
        },
      },
    },
  },
  -- 校验规则
  entity_checks = {
    -- 自定义校验规则
  }
}
```

（2）schema 字段详情规范

schema 模块中的 fields 属性描述了用户自定义的字段信息，它的数据结构非常灵活，充分描绘了每个字段的规则详情。下面是一份示例。

```
{
  name = "<plugin-name>",
  fields = {
    config = {
      type = "record",
      fields = {
        {
          some_string = {
            type = "string",
            required = false,
          },
        },
        {
          some_boolean = {
            type = "boolean",
            default = false,
          },
        },
        {
          some_array = {
            type = "array",
            elements = {
              type = "string",
              one_of = {
                "GET",
                "POST",
                "PUT",
                "DELETE",
              },
            },
          },
        },
      },
    },
  },
}
```

表 9-21 罗列一些常用的属性规则。

表 9-21 常用的属性规则

属性规则	描述
type	属性类型
required	属性是否可选
default	属性的默认值
elements	array 或 set 格式的元素类型
keys	map 格式的 key 元素类型
values	map 格式的 value 元素类型
fields	record 格式的元素类型

另外还有一些属性规则，此处不一一罗列。有兴趣的读者可以通过官方文档查阅。

（3）schema模块示例

为了加深理解，我们来看一下Kong网关官方的key-auth插件是如何实现schema模块的，代码清单9-3如下所示。

代码清单9-3 schema.lua文件

```
-- schema.lua
local typedefs = require "kong.db.schema.typedefs"

return {
  name = "key-auth",
  fields = {
    {
      consumer = typedefs.no_consumer
    },
    {
      protocols = typedefs.protocols_http
    },
    {
      config = {
        type = "record",
        fields = {
          {
            key_names = {
              type = "array",
              required = true,
              elements = typedefs.header_name,
              default = {
                "apikey",
              },
            },
          },
          {
            hide_credentials = {
              type = "boolean",
              default = false,
            },
          },
          {
            anonymous = {
              type = "string",
              uuid = true,
              legacy = true,
            },
          },
          {
            key_in_body = {
              type = "boolean",
              default = false,
```

```
          },
        },
        {
          run_on_preflight = {
            type = "boolean",
            default = true,
          },
        },
      },
    },
  },
},
}
```

这样，开发者在hanlder模块的access方法中就可以直接使用schema模块中定义的配置项。即使用户没有输入这些配置项，schema模块中也定义了默认值。

```
-- handler.lua
local BasePlugin = require "kong.plugins.base_plugin"

local kong = kong

local CustomHandler = BasePlugin:extend()

CustomHandler.VERSION  = "1.0.0"
CustomHandler.PRIORITY = 10

function CustomHandler:new()
  CustomHandler.super.new(self, "my-custom-plugin")
end

function CustomHandler:access(config)
  CustomHandler.super.access(self)

  kong.log.inspect(config.key_names)        -- { "apikey" }
  kong.log.inspect(config.hide_credentials) -- false
end

return CustomHandler
```

这里，插件使用kong.log.inspect方法将配置项信息打印到Kong网关的日志文件中。用户可以阅读其他插件的源码，了解更多schema模块的使用细节。

4. 插件与数据库交互

不是所有插件都必须与数据库产生交互。当开发者需要在持久化层存储更多、更复杂的数据时，就需要用到本节讲述的内容。Kong网关在持久化层提供了一个抽象，允许开发者操作自定义实体。这些实体对象称为DAO（Data Access Objects，数据访问对象）。Kong网关支持PostgreSQL和Cassandra这两个数据库。下面我们介绍Kong网关提供的与数据库交互的API，以及如何实现自定义实体。本节涉及的模块如下。

```
kong.plugins.<plugin_name>.daos
kong.plugins.<plugin_name>.migrations.init
kong.plugins.<plugin_name>.migrations.000_base
kong.plugins.<plugin_name>.migrations.001_xxx
kong.plugins.<plugin_name>.migrations.002_yyy
```

（1）kong.db对象

Kong网关中核心组件的实体是service、route、consumer和plugin。所有这些实体都可以通过kong.db.*全局单例对象访问，如代码清单9-4所示。

代码清单9-4 kong.db文件

```
-- Core DAOs
local services_dao = kong.db.services
local routes_dao = kong.db.routes
local consumers_dao = kong.db.consumers
local plugins_dao = kong.dao.plugins
```

开发者自定义插件中的实体也可以通过kong.db.*全局单例对象访问。

（2）DAO对象API

DAO对象负责操作存储在数据库中的表数据。这些数据与Kong网关中的实体对象一一对应。Kong网关底层支持的数据库都遵循一套相同的接口。

插入service实体或者插件实体的操作都非常简单，例如：

```
local inserted_service, err = kong.db.services:insert({
  name = "mockbin",
  url = "http://mockbin.org",
})

local inserted_plugin, err = kong.db.plugins:insert({
  name = "key-auth",
  service_id = { id = inserted_service.id },
})
```

（3）自定义实体

开发者如果想要在插件中使用自定义实体，首先需要根据情况定义一个或多个实体。数据格式是Lua Table，其中描述了自定义实体的相关信息，包括实体字段的名称、数据类型等。实体的配置项与插件配置中的配置项有些类似，但实体的配置项多了一些额外的元信息，比如实体主键。实体配置项在daos模块中定义。

```
kong.plugins.<plugin_name>.daos
```

下面是一份示例文件：

```
-- daos.lua
```

```
local typedefs = require "kong.db.schema.typedefs"

return {
  -- 该插件会生成一个名为 keyauth_credentials 的自定义 DAO 对象
  keyauth_credentials = {
    name                    = "keyauth_credentials", -- 数据库中对应的表
    endpoint_key            = "key",
    primary_key             = { "id" },
    cache_key               = { "key" },
    generate_admin_api      = true,
    admin_api_name          = "key-auths",
    admin_api_nested_name = "key-auth",
    fields = {
      {
        -- 主键
        id = typedefs.uuid,
      },
      {
        created_at = typedefs.auto_timestamp_s,
      },
      {
        -- 消费者 ID 作为外键
        consumer = {
          type      = "foreign",
          reference = "consumers",
          default   = ngx.null,
          on_delete = "cascade",
        },
      },
      {
        -- 唯一的键值
        key = {
          type       = "string",
          required   = false,
          unique     = true,
          auto       = true,
        },
      },
    },
  },
}
```

表 9-22 是示例文件中一些顶层属性的描述信息。

表 9-22 顶层属性的描述信息

名称	类型	是否必需	描述
name	string	是	DAO 对象的名称（kong.db.[name]）
primary_key	table	是	实体主键，大多数情况下 Kong 网关插件实体使用 UUID 作为主键，主键名为 id。插件实体也支持复合主键

（续）

名称	类型	是否必需	描述
endpoint_key	string	否	在 Admin API 中作为备用标志符的字段，例如将 endpoint_key 设为 key，对于某个实体 id=123，key="foo"，则 /keyauth_credentials/123 和 /keyauth_credentials/foo 这两条 URL 是等价的
cache_key	table	否	用于生成 cache_key 所需的字段
generate_admin_api	boolean	否	是否自动生成 Admin API，默认情况下会为所有 DAO 对象生成 Admin API，包括自定义的 DAO 对象。如果想要为 DAO 对象创建完全自定义的 Admin API，或者想要完全禁用自动生成功能，将此选项设置为 false
admin_api_name	string	否	当启用 generate_admin_api 功能时，系统默认会使用 name 属性自动生成 Admin API 端点
admin_api_nested_name	string	否	与 admin_api_name 属性类似
fields	table	是	实体中每个字段的描述信息

我们在定义实体对象时，可以通过添加属性对每个实体对象的字段做约束。开发者使用 DAO 对象插入或更新这些实体时，会先检查校验信息，如果输入的内容不符合规范，则返回错误。typedefs 变量中包含大量实用的类型定义和别名字段，例如主键字段中最常用的 typedefs.uuid 属性或者 created_at 字段中较为常用的 typedefs.auto_timestamp_s 属性。表 9-23 罗列了一些常用的字段属性。

表 9-23 常用的字段属性

名称	类型	是否必需	描述
type	string	是	字段类型，支持以下标量类型：string、integer、number、boolean；还支持以下符合类型：array、record、set；除此之外，还可以取 foreign，表示外键关系
default	any	否	字段默认值。当该值为空时，会自动填充 Lua 语言中的默认值，而非数据库中的默认值
required	boolean	否	字段是否必需，当设置为 true 时，输入时缺少该字段会抛出错误
unique	boolean	否	字段是否唯一，当设置为 true 时，如果另一个实体已经存在会抛出错误
auto	boolean	否	是否自动填充字段，当 type=="uuid" 时，该字段将填充 UUID；当 type=="string" 时，该字段将填充随机字符串。如果字段名为 created_at 或 updated_at，该字段将在插入或更新实体时填充当前时间
reference	string	否	当 type 是 foreign 类型时，该字段是必需的，且字段值必须是已存在的 schema 名称
on_delete	string	否	当 type 是 foreign 类型时，该字段是必需的。该字段指示了当实体关联的外键对象被删除时执行什么操作。其有三个可选值，cascade（删除所有从属实体）、null（将从属实体的外键字段值为 null）、restrict（执行操作出现错误）

如果读者想了解实体的更多内容，可以阅读 typedefs.lua 文件中的源码或者阅读 Kong

网关核心组件的 schema 定义。

（4）自定义 DAO 对象

用户定义的实体并不能直接与数据库交互，需要为每个有效的实体构建一个 DAO 对象。DAO 对象会使用实体文件中定义的名称，并通过 kong.db 接口进行访问。上述示例中定义的实体文件会生成一个名为 keyauth_credentials 的 DAO 对象。我们可以在插件中通过 kong.db.keyauth_credentials 接口访问该对象。

下面我们介绍一些自定义 DAO 对象的操作细节。

1）查询操作

查询操作模板语句：

```
local entity, err, err_t = kong.db.<name>:select(primary_key)
```

该语句会在数据库中查询对象并返回，可能会出现三种情况。

- 通过主键找到对应的实体，实体对象以 Table 格式返回。
- 查询过程中发生了错误，比如数据库连接丢失，此时 entity 参数返回 nil，err 参数返回描述错误原因的字符串，err_t 参数也返回错误信息，但数据格式是 Table。
- 没有找到对应的实体，也没有发生错误，entity 参数返回 nil，不返回错误信息。

使用示例如下所示：

```
local entity, err = kong.db.keyauth_credentials:select({
  id = "c77c50d2-5947-4904-9f37-fa36182a71a9"
})

if err then
  kong.log.err("Error when inserting keyauth credential: " .. err)
  return nil
end

if not entity then
  kong.log.err("Could not find credential.")
  return nil
end
```

2）遍历操作

遍历操作模板语句：

```
for entity, err on kong.db.<name>:each(entities_per_page) do
  if err then
    ...
  end
  ...
end
```

这个方法可以创建分页请求，遍历数据库中的所有实体，entities_per_page 参数控制每页返回的实体数，默认为 100。每次迭代时，entity 参数都会返回一个新对象。当发生错误时，err参数会填充错误内容。推荐读者在执行遍历操作时先检查错误信息，然后再执行自定义逻辑。

使用示例如下所示：

```
for credential, err on kong.db.keyauth_credentials:each(1000) do
  if err then
    kong.log.err("Error when iterating over keyauth credentials: " .. err)
    return nil
  end

  kong.log("id: " .. credential.id)
end
```

3）插入操作

插入操作模板语句：

```
local entity, err, err_t = kong.db.<name>:insert(<values>)
```

执行插入操作后，返回值包括三种情况。

- entity：返回插入实体的副本或者nil。
- err：返回错误信息，类型为字符串。
- err_t：返回错误信息，类型为Table。

执行插入操作成功后，返回的实体副本包含系统默认和自动生成的填充值。使用示例如下：

```
local entity, err = kong.db.keyauth_credentials:insert({
  consumer = { id = "c77c50d2-5947-4904-9f37-fa36182a71a9" },
  key = "secret",
})

if not entity then
  kong.log.err("Error when inserting keyauth credential: " .. err)
  return nil
end
```

假设没有发生任何错误，返回的实体副本包含自动填充的字段，如id和created_at。

4）更新操作

更新操作模板语句：

```
local entity, err, err_t = kong.db.<name>:update(primary_key, <values>)
```

执行更新操作的前提是系统可以找到与主键对应的实体值。执行更新操作后，返回值包括三个情况。

- entity：返回更新后的实体副本或者nil。
- err：返回错误信息，类型为字符串。
- err_t：返回错误信息，类型为Table。

下面这个示例展示了更新实体对象中的 key 字段值。

```
local entity, err = kong.db.keyauth_credentials:update({
  { id = "2b6a2022-770a-49df-874d-11e2bf2634f5" },
  { key = "updated_secret" },
})

if not entity then
  kong.log.err("Error when updating keyauth credential: " .. err)
  return nil
end
```

此处指定主键的语法与插入操作中指定外键的语法相似。

5）更新或插入操作

更新或插入操作模板语句：

```
local entity, err, err_t = kong.db.<name>:upsert(primary_key, <values>)
```

更新或插入操作融合了插入和更新两个操作。当 primary_key 对应的实体存在时，其类似于更新操作；当 primary_key 对应的实体不存在时，其类似于插入操作。

使用示例如下所示：

```
local entity, err = kong.db.keyauth_credentials:upsert({
  { id = "2b6a2022-770a-49df-874d-11e2bf2634f5" },
  { consumer = { id = "a96145fb-d71e-4c88-8a5a-2c8b1947534c" } },
})

if not entity then
  kong.log.err("Error when upserting keyauth credential: " .. err)
  return nil
end
```

6）删除操作

删除操作模板语句：

```
local ok, err, err_t = kong.db.<name>:delete(primary_key)
```

在执行删除操作后，返回值包括三个情况。

- ok：表示删除指定实体成功。
- err：返回错误信息，类型为字符串。
- err_t：返回错误信息，类型为 Table。

使用示例如下所示：

```
local ok, err = kong.db.keyauth_credentials:delete({
  { id = "2b6a2022-770a-49df-874d-11e2bf2634f5" }
})

if not ok then
```

```
    kong.log.err("Error when deleting keyauth credential: " .. err)
    return nil
  end
```

需要注意的是，即使主键对应的实体不存在，该操作也会返回 true。这是出于性能考虑的，系统不希望在删除前执行读操作。如果用户需要执行此项检查，必须手动操作，在执行 delete 方法前先执行 select 方法。

（5）migration 模块

开发者在定义完实体之后，还需要创建 migration 模块（迁移模块）。Kong 网关启动时会根据用户自定义的 migration 模块创建数据库表。如果用户的插件需要同时支持 Cassandra 和 PostgreSQL，就需要创建两个 migration 模块。

migration 模块的文件目录结构如下：

```
└─── <plugin_name>
     └─── migrations
          ├─── init.lua
          └─── 000_base_my_plugin
```

初始的 init.lua 文件内容仅包含单个迁移脚本，这里我们称之为 000_base_my_plugin。init.lua 文件内容为：

```
-- `migrations/init.lua`
return {
  "000_base_my_plugin",
}
```

有时，我们需要对已发布的插件进行升级，可能会涉及数据库表和字段的改动。此时，我们需要创建一份新的迁移文件。在插件发布后，严令禁止开发者对迁移文件进行修改。迁移模块本身没有严格的命名规则。我们可以按照约定俗成的方式进行命名，即初识版本的前缀为 000，下一个版本的前缀为 001，依次类推。继之前的示例，如果开发者想要发布新版本的插件，则这个版本中会引入一个名称为 foo 的表。下面演示添加一个新的迁移文件，文件名为 <plugin_name>/migrations/001_100_to_110.lua，然后在 init.lua 文件中引入。

```
-- `<plugin_name>/migrations/init.lua`
return {
  "000_base_my_plugin",
  "001_100_to_110",
}
```

注意　完整的版本号定义为 <主版本号>.<次版本号>.<修订版本号>，如 1.0.1。版本号升级的影响如下。

- 主版本号：功能模块有大的变动，比如增加多个模块或者整体架构发生变化。
- 次版本号：局部的变动。但局部的变动也可能造成程序和以前版本不兼容，或者对该程序以前的协作关系产生破坏，又或者在功能上有大的改进。

- 修订版本号：局部的变动，主要是局部函数的功能改进，或者 bug 的修正，又或者功能的扩充。

最后我们来看一下迁移文件的语法规范。Kong 网关核心组件支持 PostgreSQL 和 Cassandra 这两个数据库。用户在创建自定义插件可以选择全部支持，或者只支持其中一个。迁移文件会返回一个 Table 对象。migration 模块结构大致如下：

```
-- `<plugin_name>/migrations/000_base_my_plugin.lua`
return {
  postgresql = {
    up = [[
      CREATE TABLE IF NOT EXISTS "my_plugin_table" (
        "id"           UUID                         PRIMARY KEY,
        "created_at"   TIMESTAMP WITHOUT TIME ZONE,
        "col1"         TEXT
      );

      DO $$
      BEGIN
        CREATE INDEX IF NOT EXISTS "my_plugin_table_col1"
                                  ON "my_plugin_table" ("col1");
      EXCEPTION WHEN UNDEFINED_COLUMN THEN
        -- Do nothing, accept existing state
      END$$;
    ]],
  },
  cassandra = {
    up = [[
      CREATE TABLE IF NOT EXISTS my_plugin_table (
        id          uuid PRIMARY KEY,
        created_at  timestamp,
        col1        text
      );

      CREATE INDEX IF NOT EXISTS ON my_plugin_table (col1);
    ]],
  }
}

-- `<plugin_name>/migrations/001_100_to_110.lua`
return {
  postgresql = {
    up = [[
      DO $$
      BEGIN
        ALTER TABLE IF EXISTS ONLY "my_plugin_table" ADD "cache_key" TEXT UNIQUE;
      EXCEPTION WHEN DUPLICATE_COLUMN THEN
```

```
        -- Do nothing, accept existing state
      END;
    $$;
    ]],
    teardown = function(connector, helpers)
      assert(connector:connect_migrations())
      assert(connector:query([[
        DO $$
        BEGIN
          ALTER TABLE IF EXISTS ONLY "my_plugin_table" DROP "col1";
        EXCEPTION WHEN UNDEFINED_COLUMN THEN
          -- Do nothing, accept existing state
        END$$;
      ]])
    end,
  },

  cassandra = {
    up = [[
      ALTER TABLE my_plugin_table ADD cache_key text;
      CREATE INDEX IF NOT EXISTS ON my_plugin_table (cache_key);
    ]],
    teardown = function(connector, helpers)
      assert(connector:connect_migrations())
      assert(connector:query("ALTER TABLE my_plugin_table DROP col1"))
    end,
  }
}
```

如果插件仅支持PostgreSQL或Cassandra数据库，那么仅需添加该数据库对应的那部分策略即可。每个策略都由两段内容组成，即up和teardown。

- up：包含原始的SQL或CQL语句。当执行kong migrations up命令时，也会执行该语句。
- teardown：包含一个Lua方法，入参是一个connector参数，该参数可以执行SQL或CQL语句中的query方法。当执行kong migrations finish命令时，触发执行该方法。

建议用户在up段中执行非破坏性操作（例如创建新表、添加新记录等），在teardown段中执行破坏性操作（例如删除数据、更改列类型等）。同时，我们强烈建议用户编写的SQL或CQL语句可以重复运行，比如使用DROP TABLE IF EXISTS替代DROP TABLE，使用CREATE INDEX IF NOT EXIST替代CREATE INDEX，这样当迁移模块发生错误时，仅需修改对应问题，重新执行指令即可。

5. 插件与缓存交互

有时插件需要在请求或响应中频繁访问自定义实体。通常情况下，我们会在第一次访问时加载它们，然后将其缓存在内存中，这样会显著提高性能，同时确保数据库不会因请求过多而负载过重。

我们可以考虑这样一个场景，api-key鉴权插件需要对每个请求做鉴权操作，所以它需要每次都从数据库中加载自定义的凭证对象。当客户端发送请求并提供api-key时，系统会在数据库检查该密钥是否存在，然后根据情况处理请求或者检索Consumer ID识别用户。如果每次都去访问数据库，效率会非常低。这主要体现在以下两点。

- 查询数据库本身会增加延时，使请求处理速度变慢。
- 数据库负载过度增加可能会造成数据库崩溃或数据库查询速度变慢，这反过来会影响Kong网关节点的效率。

为了避免这种情况发生，我们可以在Kong网关节点的内存中缓存自定义实体，这样在查询数据时就能尽量少地访问数据库，在高负载的情况下使请求处理也能更快、更可靠。插件缓存对应的模块为：

```
kong.plugins.<plugin_name>.daos
```

（1）缓存自定义实体

一旦开发者自定义了实体，就可以使用PDK提供的kong.cache模块将它们缓存在内存中：

```
local cache = kong.cache
```

缓存分为两级，具体如下。

1）Lua内存缓存：Nginx worker进程中的本地缓存，可以缓存任何数据类型的Lua值。

2）共享内存缓存（SHM）：Nginx节点的本地缓存，在所有worker进程之间共享。它只能保存标量值，在保存复杂类型（如Table类型）的值时需要（反）序列化。

数据从数据库加载后，将同时存储在两个缓存中。如果同一个worker进程再次请求相同的数据，Nginx将从Lua内存缓存中检索之前存储的数据。如果是同一个Nginx节点的另一个worker进程请求该数据，Nginx会在共享内存缓存中查找该数据，然后对其反序列化，并将其存储在自己的Lua内存缓存中，最后返回数据。表9-24描述了kong.cache模块功能。

表 9-24 kong.cache 模块功能

方法名	描述
value, err = cache:get（key, opts?, cb, ...）	从缓存中查找键对应的值
ttl, err, value = cache:probe（key）	检查是否缓存了键对应的值，如果是，返回剩余的TTL；如果不是，返回0。第三个返回值是缓存值本身
cache:invalidate_local（key）	从节点中删除键对应的值
cache:invalidate（key）	从节点中删除键对应的值，并将该事件传播到集群中的其他所有节点
cache:purge()	从节点中删除所有的缓存值
config.path	日志文件的路径，如果文件不存在，系统会创建该文件，但需要确保Kong具有对此文件的写入权限

回到之前讨论的身份验证插件，看一下如何在该插件开发中引入缓存功能模块，具体细节如代码清单9-5所示。

代码清单9-5 在身份验证插件开发中引入缓存功能模块

```
-- handler.lua
local BasePlugin = require "kong.plugins.base_plugin"

local kong = kong

local function load_credential(key)
  local credential, err = kong.db.keyauth_credentials:select_by_key(key)
  if not credential then
    return nil, err
  end
  return credential
end

local CustomHandler = BasePlugin:extend()

CustomHandler.VERSION  = "1.0.0"
CustomHandler.PRIORITY = 1010

function CustomHandler:new()
  CustomHandler.super.new(self, "my-custom-plugin")
end

function CustomHandler:access(config)
  CustomHandler.super.access(self)

  -- 从请求参数中获取apikey字段对应的值
  local key = kong.request.get_query_arg("apikey")

  local credential_cache_key = kong.db.keyauth_credentials:cache_key(key)

  -- 先使用cache.get方法查找apikey是否存储于内存中
  -- 如果不存在，则在数据库中继续查找
  -- 如果存在，则cache.get会自动将值存储在内存中
  local credential, err = kong.cache:get(credential_cache_key, nil,
    load_credential, credential_cache_key)
  if err then
    kong.log.err(err)
    return kong.response.exit(500, {
      message = "Unexpected error"
    })
  end

  if not credential then
    -- 凭证在缓存和数据库中均不存在
    return kong.response.exit(401, {
      message = "Invalid authentication credentials"
    })
  end

  -- 当凭证存在时，将凭证信息塞入上游服务请求头中
```

```
    kong.service.request.set_header("X-API-Key", credential.apikey)
  end

  return CustomHandler
```

在上述示例中，我们使用了插件开发工具包中的各种组件与请求、缓存模块进行交互。当满足某些条件后，直接生成响应返回。这样，一旦消费者携带 apikey 字段发送请求，缓存就会被预热，后续相同的请求就不会再触发数据库查询。

在使用缓存模块的过程中也会引入一些问题，比如在数据库中更新或删除缓存的数据会造成数据库中的数据与缓存中的数据不一致。为了避免这种情况发生，我们需要从缓存中删除这些对象，并且强制 Kong 从数据库中再次读取，这个过程称为缓存失效。

（2）缓存失效

对于大多数实体来说，缓存失效是可以自动完成的。但对于一些具有复杂关系的实体对象，我们需要手动订阅一些 CRUD 事件才能完成缓存失效。

1）自动缓存失效

如果开发者是依赖定义实体对象时，使用 cache_key 属性实现的缓存机制，那么缓存失效功能是开箱即用的。参照 9.3.1 节中配置的实体，我们可以看到，该实体的缓存键 - 值声明为它的 key 字段。这里使用 key 字段是因为它有唯一键的约束，不会有两个实体生成相同的缓存键。

我们可以使用 DAO 对象的 cache_key 方法生成缓存键：

```
cache_key = kong.db.<dao>:cache_key(arg1, arg2, arg3, ...)
```

该方法中的参数必须是实体中 cache_key 属性指定的字段，并按照指定顺序排列。开发者需要确保生成的缓存键是唯一的。

对于使用该方法生成的缓存，其缓存失效是一个自动过程。CRUD 操作会使 Kong 网关将缓存标记为已受影响，并将其广播到集群中的其他节点，以便它们能在缓存中删除这个特定值。处理下一个请求时，Kong 网关会从数据库中获取新值。如果操作父对象时键 - 值发生变化，Kong 网关会对父对象和子对象同时执行缓存失效操作。

注意 Kong 网关缓存模块提供了逆向缓存的功能。比如，当数据在数据库中搜索不到时，缓存会将没有命中这个结果缓存下来。当再遇到类似请求，Kong 网关会直接返回没有命中这个结果。逆向缓存也遵循缓存模块的其他规则，比如自动缓存失效机制。

2）手动执行缓存失效

在某些情况下，开发者希望手动执行缓存失效，比如认为实体中的 cache_key 属性定义得还不够灵活；或者开发者没有通过 DAO 对象使用 cache_key 方法。无论哪一种原因，开发者都需要订阅 Kong 网关正在监听的缓存失效事件，并执行开发者自定义的缓存失效逻辑。

要监听 Kong 网关内部的缓存失效通道，我们需要在插件的 init_worker 钩子方法中实现以下内容。

```
function MyCustomHandler:init_worker()
  -- 监听 Consumer 对象上的所有 CRUD 操作
  kong.worker_events.register(function(data)

  end, "crud", "consumers")

  -- 或者监听单个操作
  kong.worker_events.register(function(data)
    kong.log.inspect(data.operation)  -- "update"
    kong.log.inspect(data.old_entity) -- old entity table (only for "update")
    kong.log.inspect(data.entity)     -- new entity table
    kong.log.inspect(data.schema)     -- entity's schema
  end, "crud", "consumers:update")
end
```

如果上述监听器适用于所需的实体，开发者就可以对插件内部缓存的任何实体手动执行缓效失效操作，例如：

```
kong.worker_events.register(function(data)
  if data.operation == "delete" then
    local cache_key = data.entity.id
    kong.cache:invalidate("prefix:" .. cache_key)
  end
end, "crud", "consumers")
```

6. 扩展 Admin API 模块

在之前几章中，我们已经知道了用户可以通过 Admin API 提供的 REST 接口配置和管理 Kong 网关。开发者在编写插件时也可以添加自定义的路径来扩展 Admin API，从而对自定义实体进行个性化管理。Admin API 的内核是 Lapis 程序。Kong 网关提供了更高维度的抽象，使开发者更容易扩展接口。扩展 Admin API 模块为：

```
kong.plugins.<plugin_name>.api
```

注意　Lapis 是 Lua 和 MoonScript 编写的 Web 框架。它建立在 OpenResty 应用之上，使用户构建的应用程序可以直接在 Nginx 内部运行。

Kong 网关会监测并加载扩展 Admin API 模块对应的文件内定义的端点信息。该文件返回一个 Table 对象，结构如下所示：

```
{
  ["<path>"] = {
```

```
    schema = <schema>,
    methods = {
        before = function(self) ... end,
        on_error = function(self) ... end,
        GET = function(self) ... end,
        PUT = function(self) ... end,
        ...
    }
  },
  ...
}
```

其中，各字段描述如下。

- <path>：表示一个接口路径，路径中可以包含插值参数。
- <schema>：实体定义，核心组件或者自定义插件实体定义可以通过 kong.db.<entity>.schema 对象获取。
- methods：包含一系列方法，索引是字符串类型。
- before 属性是可选的。如果配置了 before 属性，则在调用其他方法之前，会先执行开发者定义的方法。
- 使用 HTTP 方法名（如 GET、PUT）作为索引，当用户请求匹配到路径和 HTTP 方法时，将执行该索引对应的方法。如果在路径上配置了 before 属性，则会优先执行 before 属性对应的方法。注意，before 属性对应的方法可以使用 kong.response.exit 提前退出请求，这样可以跳过原有的 HTTP 请求方法。
- on_error 属性是可选的。开发者可以先定义一个方法，如果配置了 on_error 属性，当其他方法抛出错误时会执行该方法。如果没有配置，Kong 会使用默认错误处理程序返回错误。

代码示例清单如下：

```
local endpoints = require "kong.api.endpoints"

local credentials_schema = kong.db.keyauth_credentials.schema
local consumers_schema = kong.db.consumers.schema

return {
  ["/consumers/:consumers/key-auth"] = {
    schema = credentials_schema,
    methods = {
      GET = endpoints.get_collection_endpoint(
        credentials_schema, consumers_schema, "consumer"),

      POST = endpoints.post_collection_endpoint(
        credentials_schema, consumers_schema, "consumer"),
    },
  },
}
```

上述代码在"/consumers/:consumers/key-auth"路径上创建了两个Admin API，分别对应GET和POST两个请求方法的接口方法，对应获取消费者凭证和创建消费者凭证。上述代码还调用kong.api.endpoints库中的方法。感兴趣的读者可以查看key-auth插件的api.lua文件源码来获取更多细节。

kong.api.endpoints模块包含Kong网关中CRUD操作的默认实现。它可以用于执行对应的Dao层操作，并且以合适的http状态码响应。它还可以用于从路径中获取参数信息。如果kong.api.endpoints模块提供的方法不够多，开发者还可以使用其他Lua方法，其中包括：

- PDK提供的所有方法；
- self参数、Lapis的请求对象；
- 开发者自己引入的模块。

更加完整的示例如下所示：

```
local endpoints = require "kong.api.endpoints"

local credentials_schema = kong.db.keyauth_credentials.schema
local consumers_schema = kong.db.consumers.schema

return {
  ["/consumers/:consumers/key-auth/:keyauth_credentials"] = {
    schema = credentials_schema,
    methods = {
      before = function(self, db, helpers)
        local consumer, _, err_t = endpoints.select_entity(self, db, consumers_
          schema)
        if err_t then
          return endpoints.handle_error(err_t)
        end
        if not consumer then
          return kong.response.exit(404, { message = "Not found" })
        end

        self.consumer = consumer

        if self.req.method ~= "PUT" then
          local cred, _, err_t = endpoints.select_entity(self, db, credentials_
            schema)
          if err_t then
            return endpoints.handle_error(err_t)
          end

          if not cred or cred.consumer.id ~= consumer.id then
            return kong.response.exit(404, { message = "Not found" })
          end
          self.keyauth_credential = cred
          self.params.keyauth_credentials = cred.id
```

```
        end
      end
      GET  = endpoints.get_entity_endpoint(credentials_schema),
      PUT  = function(self, db, helpers)
        self.args.post.consumer = { id = self.consumer.id }
        return endpoints.put_entity_endpoint(credentials_schema)(self, db, helpers)
      end
    }
  },
}
```

7. 插件测试用例

Kong网关中的首选插件测试框架是busted。它可以与resty-cli解释器一起运行。我们可以在GitHub中的Kong仓库源码的bin目录下找到busted可运行文件。

Kong网关还为开发者提供了一个帮助程序spec.helpers。它可以在测试套件中利用Lua脚本实现启停，还能在运行测试用例之前在数据库中插入或删除数据，并提供其他帮助。

如果用户想要在自己的开发环境中搭建测试框架，需要复制以下文件。

- bin/busted：busted可执行文件。
- spec/helpers.lua：Kong提供的帮助方法。
- spec/kong_tests.conf：使用helpers模块运行Kong实例的配置文件。

假设用户的LUA_PATH中已经包含spec.helpers模块，就可以使用以下示例代码来启停Kong网关。

```
local helpers = require "spec.helpers"

for _, strategy in helpers.each_strategy() do
  describe("my plugin", function()

    local bp = helpers.get_db_utils(strategy)

    setup(function()
      local service = bp.services:insert {
        name = "test-service",
        host = "httpbin.org"
      }

      bp.routes:insert({
        hosts = { "test.com" },
        service = { id = service.id }
      })

      -- 启动 Kong 网关
      assert(helpers.start_kong( { plugins = "bundled,my-plugin" }))

      admin_client = helpers.admin_client()
    end)
```

```
    teardown(function()
      if admin_client then
        admin_client:close()
      end

      helpers.stop_kong()
    end)

    before_each(function()
      proxy_client = helpers.proxy_client()
    end)

    after_each(function()
      if proxy_client then
        proxy_client:close()
      end
    end)

    describe("thing", function()
      it("should do thing", function()
        -- 通过 Kong 网关发送请求
        local res = proxy_client:get("/get", {
          headers = {
            ["Host"] = "test.com"
          }
        })

        local body = assert.res_status(200, res)

      end)
    end)
  end)
end
```

需要注意的是，如果开发者通过默认的 kong_tests.conf 配置文件启动，那么此时的代理监听端口为 9000 和 9443，Admin API 监听端口为 9001。开发者可以修改 kong_tests.conf 配置文件来更改默认配置。

8. 插件生命周期管理

Kong 网关自定义插件由 Lua 源文件组成。这些源文件需要安装在 Kong 节点的文件系统中才能生效。下面我们从打包源文件、安装、加载、验证、删除、发布等方面介绍自定义插件的使用。这些步骤需要在 Kong 网关集群中的所有节点上操作，以确保插件在所有节点上都生效。

（1）打包源文件

开发者可以使用常规打包策略（比如 tar 包），也可以使用 LuaRocks 包管理工具来执行这项工作。这里我们推荐使用 LuaRocks，因为它已经包含在官方发布的 Kong 安装包中。

使用 LuaRocks 时，开发者必须创建一个 rockspec 文件来指定打包的内容。读者可以参考 Kong 插件模板（https://github.com/Kong/kong-plugin）来了解示例，参考 LuaRocks 的官方文档了解更多信息。用户可以使用以下命令打包源文件：

```
$ luarocks make
$ luarocks pack <plugin-name> <version>
```

打包后的源文件目录结构大致如下：

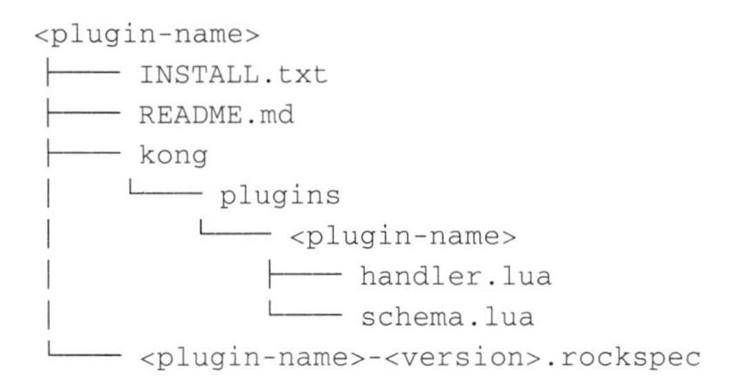

```
<plugin-name>
├─── INSTALL.txt
├─── README.md
├─── kong
│    └─── plugins
│         └─── <plugin-name>
│              ├─── handler.lua
│              └─── schema.lua
└─── <plugin-name>-<version>.rockspec
```

（2）安装插件

要使 Kong 节点能够使用自定义插件，用户必须在服务器的文件系统中安装自定义插件的源文件。官方提供了三种方式，具体内容如下。

1）通过 LuaRocks 安装 rock 包

rock 包可以在本地安装，也可以通过远程服务安装。如果用户已经在系统中安装了 Lua Rocks 工具，就可以在 LuaRocks 树中安装 rock 包，示例如下：

```
$ luarocks install <rock-filename>
```

此处的 rock-filename 可以是本地文件名称，也可以是远程方法。

注意 LuaRocks 树是指 LuaRocks 工具安装 Lua 模块的目录。

2）通过 LuaRocks 安装源文件

另一种方式是通过 LuaRocks 工具直接将源文件安装在 LuaRocks 树中。开发者需要在插件目录结构中包含 rockspec 文件，然后执行以下指令：

```
$ cd <plugin-name>
$ luarocks make
```

这样，源文件就会安装在系统默认的 kong/plugins/<plugin-name> 路径下。

3）手动安装

最后一种方式是用户手动安装。它的好处是可以避免污染系统自带的 LuaRocks 树。用户可以通过修改 Kong 网关配置中的 lua_packge_path 属性来更改包指向的目录。该属性其实是 Lua 虚拟机中 LUA_PATH 变量的别名。这个属性可以配置成目录列表，目录间以分号分隔，具体配置示例如下：

```
lua_package_path = /<path-to-plugin-location>/?.lua;;
```

其中，/<path-to-plugin-location>表示自定义插件对应的目录路径。"?"表示占位符，会被kong.plugins.<plugin-name>替代，用户不需要更改。";;"表示默认的Lua路径，用户也不需要更改。

例如，开发者定义了一个名为something的插件，其在文件系统的路径为/usr/local/custom/kong/plugins/<something>/handler.lua，Kong软件的路径为/usr/local/custom，那么lua_package_path属性可以配置为：

```
lua_package_path = /usr/local/custom/?.lua;;
```

多个插件下的lua_package_path属性配置如下：

```
lua_package_path = /path/to/plugin1/?.lua;/path/to/plugin2/?.lua;;
```

lua_package_path属性可以替换成等效的KONG_LUA_PACKAGE_PATH环境变量。

（3）加载插件

用户必须将自定义插件的名称添加到Kong配置文件的插件列表中，并且每个Kong节点都必须配置：

```
plugins = bundled,<plugin-name>
```

如果用户不希望包含默认绑定的插件，可以这样配置：

```
plugins = <plugin-name>
```

用户也可以使用等效的环境变量KONG_PLUGINS来配置绑定插件。环境变量也需要在每个节点都配置。这里还需要注意的是，插件在服务器重启后才会生效，因此需执行该指令：

```
$ kong restart
```

如果用户想在更新插件时保持Kong网关停机，可以使用如下指令：

```
$ kong prepare
$ kong reload
```

（4）验证插件

此时，用户已经完成打包源文件、安装和加载插件的步骤，插件是否正常加载需要验证。我们可以将Kong网关的日志级别调整至debug：

```
log_level = debug
```

如果在启动项日志中看到如下内容，就表明插件已经正常加载：

```
[debug] Loading plugin <plugin-name>
```

（5）删除插件

删除一个插件需要 3 个步骤。

1）先从 Kong 网关的服务或路由配置中删除插件，确保该插件不再作用于全局，也不作用于任何服务、路由或消费者。对于整个 Kong 网关集群，该步骤只需执行一次。而且该步骤只是让 Kong 网关集群不再使用这个插件，但它仍然可以再被启用。

2）从配置项的 plugins 属性中删除该插件，并确保在执行此操作之前已完成步骤 1。在此步骤之后，任何人都不能将插件重新应用在服务、路由、消费者或者全局对象中。此步骤需要执行 kong restart 或 kong reload 指令才能生效。

3）要彻底删除插件，需要在每个 Kong 节点上删除与插件相关的文件。在删除文件之前，确保已完成步骤 2，并确保已经重启 Kong 服务器。如果用户之前使用 LuaRocks 安装插件，这里可以使用 luarocks remove <plugin-name> 指令来删除插件。

（6）发布插件

我们在发布插件时，首选还是 LuaRocks 工具。开发者在 rockspec 文件中定义模块及其依赖项。用户可以通过 LuaRocks 工具在平台上安装模块，开发者也可以使用 LuaRocks 工具将模块传给其他人使用。

9.3.2 插件开发套件

Kong 网关提供了一套完整的插件开发套件，以帮助开发者自定义插件、响应对象或者系统内部的核心组件（比如数据库、缓存模块等）。插件开发套件（Plugin Development Kit，PDK）包含了大量的 Lua 方法和变量。插件可以使用这些方法和变量实现用户自定义的逻辑。PDK 最初在 Kong0.14.0 版本中发布。我们先来看一些插件开发套件中的元素。

- kong.version：当前 Kong 节点的版本号，是字符串类型。其使用方法如下。

```
print(kong.version) -- "0.14.0"
```

- kong.version_num：当前 Kong 节点的版本号，用来做版本比较，是整数类型。其使用方法如下。

```
if kong.version_num < 13000 then -- 000.130.00 -> 0.13.0
-- no support for Routes & Services
end
```

- kong.pdk_major_version：当前 PDK 的主版本号，是整数类型。其使用方法如下。

```
if kong.pdk_version_num < 2 then
-- PDK is below version 2
end
```

- kong.pdk_version：当前 PDK 的版本号，是字符串类型。其使用方法如下。

```
print(kong.pdk_version) -- "1.0.0"
```

- kong.configuration：当前 Kong 节点的配置信息，基于配置文件和环境变量。这里，配置文件中以逗号分隔的列表显示为字符串数组。其使用方法如下。

```
print(kong.configuration.prefix) -- "/usr/local/kong"
-- this table is read-only; the following throws an error:
kong.configuration.prefix = "foo"
```

- kong.db：Kong 的 DAO 对象实例，包含多个实体的访问对象。其使用方法如下。

```
kong.db.services:insert()
kong.db.routes:select()
```

- kong.dns：Kong 的 DNS 解析器实例。
- kong.worker_events：Kong 的 IPC 模块实例，用于内部 worker 进程间通信。
- kong.cluster_events：Kong 的集群事件模块实例，用于节点间通信。
- kong.cache：Kong 的缓存对象实例。

这里仅展示了少量的变量和方法，更多内容及使用指南，用户可以查询 Kong 网关官网。

9.3.3　Go 插件开发向导

Kong 2.0 版本开始支持使用 Go 语言对 Kong 网关插件进行扩展。这里我们简要介绍一下 Go 插件基础概念和使用说明。

1. Go 插件基础概念

在 Go 插件开发中，Kong 网关系统新引入了一个组件：Go Plugin Server。该组件的功能是利用 Unix 套接字与 Kong 网关进行交互，按需动态加载 Go 插件并运行代码。Kong 网关管理 Go Plugin Server 的生命周期时，需要提前知道 Go Plugin Server 可执行文件所在的目录位置。

Kong 网关还提供了一个 go-pdk 开发包。用户可以使用它编写 Go 插件、访问 Kong PDK 提供的功能。该开发包中的大多数功能与 Lua PDK 中提供的功能类似。用户将 "github.com/Kong/go-pdk" 添加到导入的软件列表中即可直接使用该开发包。

2. 准备工作

在正式编写 Go 插件之前，我们需要先做一些准备工作，总共包括 6 步。

1）安装 Go 编译器。

2）安装 Go Plugin Server 可执行文件，其默认目录为 /usr/local/bin。用户也可以在配置文件或环境变量中指定 go_pluginserver_exe 属性来自定义文件目录。

3）在配置文件中设置 go_plugins_dir 属性，指定 Go 插件安装的目录位置。其默认值为 off，代表禁用 Go 插件。

4）将编译好的插件添加到第 3 步配置的目录中。

5）与 Lua 脚本插件一致，将插件名称添加到 plugins 配置项中，让 Kong 网关可以正确加载插件。

6）使用 Admin API 或 yaml 配置文件正常使用插件。

第 2 步较为复杂，我们稍做展开。Go Plugin Server 本身是一个典型的 Go 应用程序。我们可以按以下步骤构建。

1）初始化 go.mod 文件：

```
$ go mod init kong-go-plugin
go: creating new go.mod: module kong-go-plugin
```

2）导入 Go Plugin Server 应用的依赖：

```
$ go get -d -v github.com/Kong/go-pluginserver
go: github.com/Kong/go-pluginserver upgrade => v0.5.0
go: downloading github.com/Kong/go-pluginserver v0.5.0
go: downloading github.com/Kong/go-pdk v0.5.0
go: downloading github.com/ugorji/go v1.1.7
go: downloading github.com/ugorji/go/codec v1.1.7
```

3）构建 Go Plugin Server 应用：

```
$ go build github.com/Kong/go-pluginserver
```

4）构建插件（构建结果为一个 .so 后缀的文件）：

```
go build -buildmode plugin go-hello.go
```

3. 自定义插件

本节将介绍如何编写自定义插件。我们先看一个示例插件。

```
package main

import (
  "fmt"
  "github.com/Kong/go-pdk"
)

type Config struct {
  Message string
}

func New() interface{} {
  return &Config{}
}

func (conf Config) Access(kong *pdk.PDK) {
  host, err := kong.Request.GetHeader("host")
  if err != nil {
    kong.Log.Err(err.Error())
  }
  message := conf.Message
  if message == "" {
```

```
    message = "hello"
  }
  kong.Response.SetHeader("x-hello-from-go", fmt.Sprintf("Go says %s to %s",
    message, host))
}
```

自定义插件可以分为以下5个步骤。

1）声明一个struct类型的数据结构保存配置。

2）编写一个New方法创建配置的实例。

3）添加方法，并自定义对应阶段的实现逻辑。

4）编译源文件。

5）将库文件（.so文件）添加到插件目录中。

在Lua脚本语言中，我们是通过定义schema.lua文件来约定配置文件的数据结构的。由于Go为静态编程语言，我们可以直接在数据结构中定义配置。

```
type MyConfig struct {
  Path   string
  Reopen bool
}
```

公有字段（以大写字母开头的字段）将用于填充配置数据。如果用户希望在数据层中使用其他名称，可以在公有字段后添加标签。它们定义在encoding/json包中。

```
type MyConfig struct {
  Path   string `json:my_file_path`
  Reopen bool   `json:reopen`
}
```

开发者必须在插件中定义一个名为New的方法。该方法负责创建配置数据的实例，并以接口类型返回，如下所示。

```
func New() interface{} {
  return &MyConfig{}
}
```

最后，如同Lua语言编写的插件一样，我们可以在请求处理的各个执行阶段自定义逻辑。例如，我们想要在access阶段自定义逻辑，可以声明一个名为Access的方法。

```
func (conf *MyConfig) Access (kong *pdk.PDK) {
  ...
}
```

除此之外，我们还可以自定义段信息，包括Certificate、Rewrite、Access、Preread和Log。

9.3.4　自定义插件实例

在本节中，我们会结合上述章节描述的流程自定义一个插件。该插件功能比较简单，由

Request Termination插件改造而来。Request Termination可以自定义响应码、响应信息和响应体。此处，我们补充自定义响应头功能，将新改造的插件取名为Mock。详细操作过程如下所示。

1）首先将Request Termination插件的内容复制一份，将目录名改为mock。整体目录结构如下：

```
$ tree -L 1 /usr/local/share/lua/5.1/kong/plugins/mock/
/usr/local/share/lua/5.1/kong/plugins/mock/
├── handler.lua
└── schema.lua
```

2）将该插件所有文件中的RequestTermination字段修改为Mock，大小写区别处理：

```
$ sed -i s#RequestTermination#Mock#g handler.lua
$ sed -i s#request-termination#mock#g schema.lua
```

3）自定义插件逻辑，新增自定义Header功能。

①在schema.lua文件的第24行添加自定义参数header，类型为字符串：

```
23 ...
24   { header = { type = "string" }, },
25 ...
```

②在handler.lua文件中添加header变量，并将header变量在自定义响应头X-Kong-Header中返回：

```
20 ...
21 function MockHandler:access(conf)
22   local status  = conf.status_code
23   local content = conf.body
24   local header = conf.header
25
26   if content then
27     local headers = {
28       ["Content-Type"] = conf.content_type
29     }
30
31     return kong.response.exit(status, content, {["X-Kong-Header"] = header})
32   end
33
34   local message = conf.message or DEFAULT_RESPONSE[status]
35   return kong.response.exit(status, message and { message = message } or nil)
36 end
37 ...
```

4）将该插件加载至Kong环境，修改kong.conf配置文件：

```
74 ...
75 plugins = bundled,mock
76 ...
```

5）全部修改完成后重新启动Kong服务，并添加服务、路由和插件实体：

```
# 重新启动 Kong 服务
$ kong restart
# 添加服务，并代理后端至 node 项目
$ curl -X POST http://127.0.0.1:8001/services \
  --data "name=service_demo" \
  --data "url=http://172.18.0.9:8080"
# 将服务与路由信息关联，访问 URI 为 /
$ curl -X POST http://127.0.0.1:8001/services/service_demo/routes \
  --data "paths[]=/"  \
  --data "name=route_demo"
# 在服务中启用该插件
$ curl -X POST 127.0.0.1:8001/services/service_demo/plugins \
  --data "name=mock" \
  --data "config.body=Page" \
  --data "config.header=hello" \
  --data "config.status_code=403"
```

6）验证插件是否生效，查看响应头X-Kong-Header是否存在，且内容是否为自定义的字符串hello：

```
$ curl -i 127.0.0.1:8000/
HTTP/1.1 403 Forbidden
Date: Mon, 14 Dec 2020 02:35:02 GMT
Connection: keep-alive
X-Kong-Header: hello
Content-Length: 4
X-Kong-Response-Latency: 0
Server: kong/2.0.5

Page
```

至此，整个Mock插件已经修改完毕。读者可以仿照示例，根据实际需要自定义自己需要的Kong网关插件。

9.4　本章小结

本章的内容相对较多，可作为Kong网关区别于其他网关产品最显著的特征，非常值得我们花时间好好学习。用户可以分两个阶段去掌握Kong网关插件的相关知识。首先要熟练掌握Kong网关自带的插件。它们功能强大、开箱即用，并且有性能保证，可以满足工作中80%使用场景的需求。自定义插件给了我们更大的灵活度。同时，Kong网关提供了PDK包，其中封装了大量实例、常用的方法供开发者调用。

下一章会继续介绍Kong网关日志的相关知识，以及如何将网关层与现有日志系统进行联动。

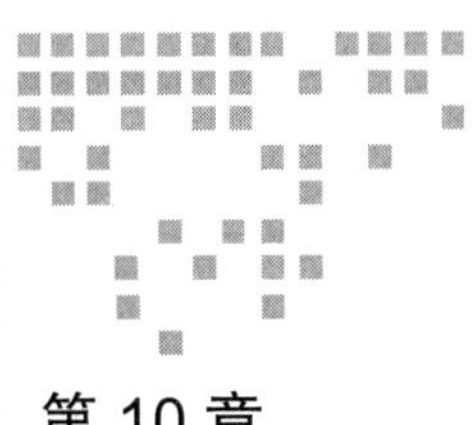

Chapter 10 第10章

Kong网关日志

每个软件都有自带的日志系统，每种语言也都有自带的日志模块或框架，Kong网关也不例外。在本章中，我们将学习Kong网关内置的日志系统，以及如何围绕Kong网关搭建简单、易用的高性能日志平台。本章分为三节：Kong网关日志简介、Kong网关结合日志平台和自定义日志。下面我们会逐步对这些内容进行讲解。

10.1 Kong网关日志简介

Kong网关内部提供了完善的日志系统，方便用户查找记录、定位问题，同时便于我们对日志文件做聚合分析，进行更深入的挖掘。在本节中，我们一起来学习Kong网关内部日志系统的概况，包括日志文件在文件系统中的位置、记录的内容，以及日志级别的划分。

10.1.1 Kong网关日志分类

Kong网关遵循传统服务器（Nginx、Apache等服务器）的日志文件目录结构，其中access.log文件存放访问日志；error.log文件存放错误日志。除运行时日志外，日志内容还包含Admin API功能对应的操作日志以及启停日志。下面我们会一一对这些日志内容做详细介绍。

1. 运行时日志

运行时日志是开发及运维人员平常接触最多，也是查询最为频繁的日志。它可以分为访问日志和错误日志。日志文件默认位于/usr/local/kong/logs/目录。我们可以通过修改Kong网关启动项配置文件更改日志文件的位置。

访问日志记录了所有客户端的请求信息，其中包含请求 IP、请求时间、访问 URI 等内容。访问日志中的具体内容可以通过 log_format 配置项来设置。错误日志中记录了访问出错的信息，用于定位错误，排查 Bug。access.log 文件如代码清单 10-1 所示，error.log 文件如代码清单 10-2 所示。

代码清单 10-1　access.log 文件

```
127.0.0.1 - - [17/Nov/2020:09:30:53 +0800] "GET /baidu HTTP/1.1" 200 154 "
  -" "Mozilla/5.0 (Macintosh; Intel Mac OS X 10_15_7) AppleWebKit/537.
  36 (KHTML, like Gecko) Chrome/86.0.4240.198 Safari/537.36"
```

代码清单 10-2　error.log 文件

```
2020/11/17 14:01:21 [warn] 5944#0: *177156638 [lua] balancer.lua:242: call
  back(): [healthchecks] balancer smsgateway reported health status ch
  anged to HEALTHY, context: ngx.timer, client: 192.168.1.10, server:
  192.168.1.20:8001
```

2. Admin API 日志

Admin API 日志是 Kong 网关独有的日志信息。它记录了开发人员操作调用 Admin API 留下的操作记录。Admin API 日志也默认位于 /usr/local/kong/logs/ 目录，日志文件为 admin_access.log。下面是用户调用 /status 和 /endpoints 接口的日志信息，如代码清单 10-3 所示。

代码清单 10-3　admin_access.log 文件

```
127.0.0.1 - - [17/Nov/2020:09:51:20 +0800] "GET /status HTTP/1.1" 200 1182
  "-" "Mozilla/5.0 (Macintosh; Intel Mac OS X 10_15_7) AppleWebKit/537
  .36 (KHTML, like Gecko) Chrome/86.0.4240.198 Safari/537.36"
127.0.0.1 - - [17/Nov/2020:09:57:52 +0800] "GET /endpoints HTTP/1.1" 200
  3659 "-" "Mozilla/5.0 (Macintosh; Intel Mac OS X 10_15_7) AppleWebK
  it/537.36 (KHTML, like Gecko) Chrome/86.0.4240.198 Safari/537.36"
```

Admin API 的日志格式支持用户自定义。与 Nginx 相同，我们可通过修改文件 nginx_kong.lua 中的 log_format 配置项进行自定义。读者可参考 http://nginx.org/en/docs/http/ngx_http_log_module.html，10.3.1 节中会详细描述自定义日志。

3. 启停日志

启停日志指的是用户调用命令行指令时系统记录的日志，主要存放在 error.log 文件中。我们也可以通过命令行参数 -v 将其输出到控制台。代码清单 10-4 和代码清单 10-5 记录了最常用的启动和关闭 Kong 网关日志。

代码清单 10-4　error.log 启动文件

```
2020/10/19 16:54:48 [notice] 6533#0: openresty/1.15.8.3
2020/10/19 16:54:48 [notice] 6533#0: built by gcc 4.8.5 20150623 (Red Hat
  4.8.5-39) (GCC)
```

```
2020/10/19 16:54:48 [notice] 6533#0: OS: Linux 3.10.0-957.21.3.el7.x86_64
2020/10/19 16:54:48 [notice] 6533#0: getrlimit(RLIMIT_NOFILE): 65535:65535
2020/10/19 16:54:48 [notice] 6545#0: start worker processes
2020/10/19 16:54:48 [notice] 6545#0: start worker process 6546
2020/10/19 16:54:48 [notice] 6546#0: *1 [lua] cache_warmup.lua:46:
  cache_warmup_single_entity(): Preloading 'services' into the
  core_cache..., context: init_worker_by_lua*
2020/10/19 16:54:48 [notice] 6546#0: *1 [lua] cache_warmup.lua:85:
  cache_warmup_single_entity(): finished preloading 'services' into
  the core_cache (in 0ms), context: init_worker_by_lua*
2020/10/19 16:54:48 [notice] 6546#0: *1 [lua] cache_warmup.lua:46:
  cache_warmup_single_entity(): Preloading 'plugins' into the
  core_cache..., context: init_worker_by_lua*
2020/10/19 16:54:48 [notice] 6546#0: *1 [lua] cache_warmup.lua:85:
  cache_warmup_single_entity(): finished preloading 'plugins' into the
  core_cache (in 0ms), context: init_worker_by_lua*
```

代码清单 10-5　error.log 关闭文件

```
2020/10/19 17:26:37 [notice] 10074#0: signal 15 (SIGTERM) received from 10112, exiting
2020/10/19 17:26:37 [notice] 10075#0: exiting
2020/10/19 17:26:37 [notice] 10075#0: exit
2020/10/19 17:26:37 [notice] 10074#0: signal 17 (SIGCHLD) received from 10075
2020/10/19 17:26:37 [notice] 10074#0: worker process 10075 exited with code 0
2020/10/19 17:26:37 [notice] 10074#0: exit
```

10.1.2　Kong 网关日志级别

Kong 网关内部的日志级别总共分为 6 个层级：debug、info、notice、warn、error 和 crit（按严重程度递增）。用户可以在配置文件中设置 log_level 属性调整日志级别。这些日志级别对应的日志内容如下。

1）debug 级别：提供了有关插件生命周期以及插件与其他组件之间的调试信息，仅在调试环节使用。这个级别的日志输出量太大，不建议在生产环境中打开。

2）info、notice 级别：这两个级别的日志内容没有太大差别，打印内容均为系统的正常行为日志，其中大部分内容是可以忽略的。

3）warn 级别：记录需要进一步调查的异常行为。这些异常行为不会导致系统事务失败，但需要引起重视。

4）error 级别：记录导致系统请求错误的日志，例如 HTTP 状态码为 500，监控系统需要监控此类日志的发生频率。

5）crit 级别：当 Kong 网关发生致命错误不能正常工作，且影响到多个客户端应用时，系统使用该日志级别。Nginx 还提供了 alert 和 emerge 日志级别。Kong 现在暂时将 crit 定为最高日志级别。

默认情况下，系统使用 notice 日志级别，这也是推荐的日志级别。如果用户觉得日志内容过于烦琐，也可以适当提高日志级别。

10.2　Kong 网关结合日志平台

在上一节中，我们分析了 Kong 网关中日志系统的概况，对日志分类、日志级别和具体日志内容有了一定的了解。然而在实际开发环境中，仅仅知晓这些内容还远远不够，我们需要一套完整的日志平台来收录 Kong 网关产生的各类日志，并提供统一的入口供开发人员查询。我们经过比较，选择市场上比较成熟的日志平台解决方案 ELK，并与 Kong 网关的业务场景进行结合，最后给出一些优化建议及具体使用指南。

10.2.1　ELK 方案简介

ELK 是三个开源项目的首字母缩写，这三个项目分别是 Elasticsearch、Logstash 和 Kibana。Elasticsearch 是一个基于 Lucene 的实时全文搜索分析引擎，提供搜索、分析和存储数据三大功能。它使用 Java 语言开发，基于 RESTful 风格提供接口，是现在主流的企业级搜索方案。Logstash 是数据收集引擎，支持动态地从各数据源中搜集数据，并对数据进行过滤、转化和分析。Kibana 是数据查询和分析的可视化平台，通常与 Elasticsearch 配合使用，同时允许用户创建定制化的仪表盘和视图，以特殊的方式查询和过滤数据。

注意　Lucene 是 Apache 软件基金会发布的一个开源的全文检索引擎工具包，由资深全文检索专家 Doug Cutting 创建，是一个全文检索引擎架构，提供了完整的创建索引、查询索引以及部分文本分析功能。

1. ELK 平台搭建

图 10-1 是最简单的 ELK 架构。Logstash 负责接入多方数据源，对数据进行初筛、过滤和处理，经过处理的数据转存入 Elasticsearch 中，最后 Kibana 根据自定义的格式查询日志。

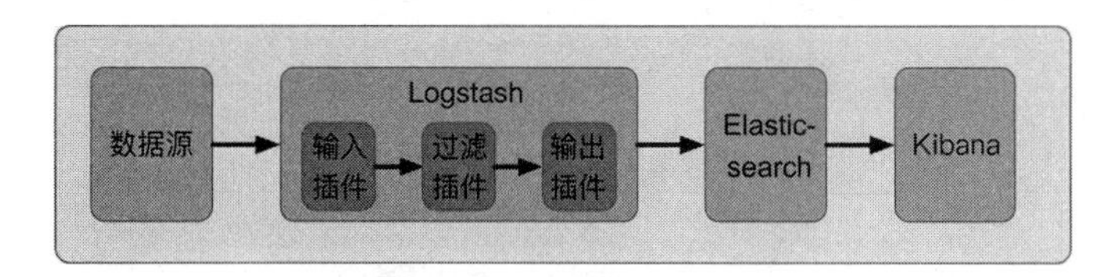

图 10-1　最简单的 ELK 架构

下面我们使用 Docker 快速搭建一套基础 ELK 平台，具体操作步骤如下。

1）创建名为 elk 的 Docker 网络，用于 Kibana、Logstash、Elasticsearch 三者之间的通信：

```
$ docker network create elk
7024d3d6b8f98681270ee9cc0238d48dca4a14623e932fbb207a3dff748676cb
```

2）拉取 Docker 镜像，分别为 logstash、elasticsearch 与 kibana 镜像，版本统一为 7.9.2：

```
$ docker pull logstash:7.9.2
$ docker pull elasticsearch:7.9.2
$ docker pull kibana:7.9.2
```

3）使用之前创建的 Docker 网络启动 Docker 镜像：

```
# 创建一个名为 logstash 的镜像，IP 地址为 172.19.0.2
$ docker run -d --network elk \
  --ip 172.19.0.2 \
  --name logstash \
  logstash:7.9.2
# 创建一个名为 elasticsearch 的容器，IP 地址为 172.19.0.3；discovery.type 设置为单例模式
$ docker run -d --network elk \
  --ip 172.19.0.3 \
  --name elasticsearch \
  -p 9200:9200 \
  -p 9300:9300 \
  -e "ES_JAVA_OPTS=-Xms512m -Xmx512m" \
  -e "discovery.type=single-node" \
  elasticsearch:7.9.2
# 创建一个名为 kibana 的容器，IP 地址为 172.19.0.4；ELASTICSEARCH_HOSTS 地址设置为
  http://172.19.0.3:9200
$ docker run -d --network elk \
  --ip 172.19.0.4 \
  --name kibana \
  -p 5601:5601 \
  -e ELASTICSEARCH_HOSTS=http://172.19.0.3:9200 \
  kibana:7.9.2
```

4）操作完成后，在浏览器中访问 http://127.0.0.1:9200 与 http://127.0.0.1:5601，查看 Elasticsearch 与 Kibana 是否启动成功。图 10-2 和图 10-3 为 Elasticsearch 与 Kibana 启动成功后的页面。

```
{
  "name" : "19f383dc00e6",
  "cluster_name" : "docker-cluster",
  "cluster_uuid" : "nQWKBWD2QdewxsloHpqjeQ",
  "version" : {
    "number" : "7.9.2",
    "build_flavor" : "default",
    "build_type" : "docker",
    "build_hash" : "d34da0ea4a966c4e49417f2da2f244e3e97b4e6e",
    "build_date" : "2020-09-23T00:45:33.626720Z",
    "build_snapshot" : false,
    "lucene_version" : "8.6.2",
    "minimum_wire_compatibility_version" : "6.8.0",
    "minimum_index_compatibility_version" : "6.0.0-beta1"
  },
  "tagline" : "You Know, for Search"
}
```

图 10-2　Elasticsearch 页面

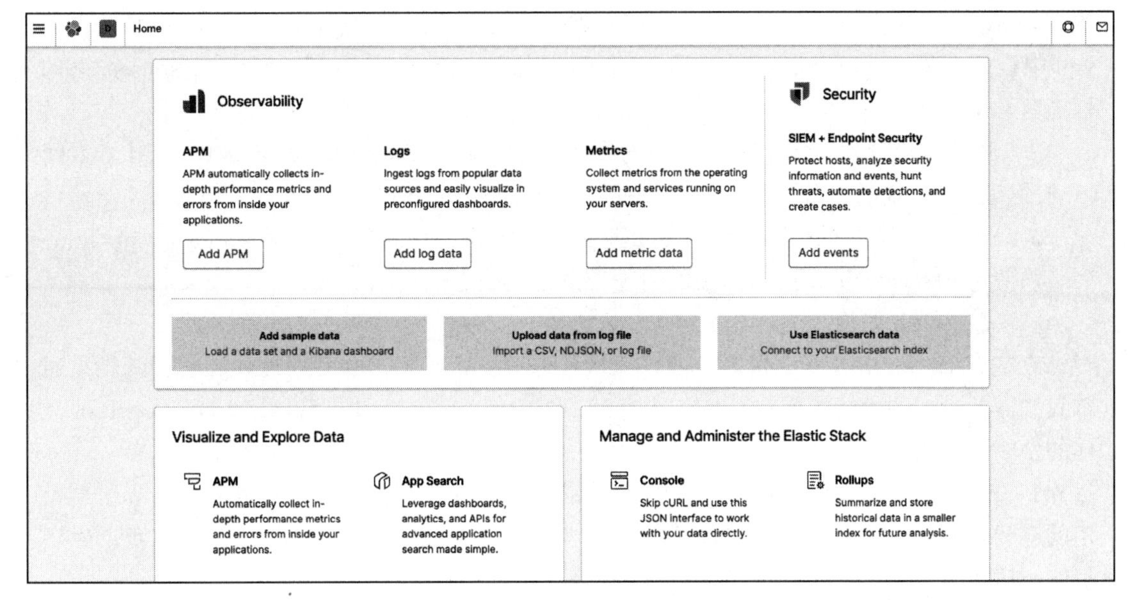

图 10-3　Kibana 页面

2. ELK 平台优化

在上一节中，我们使用默认配置搭建了一套 ELK 平台。但在实际生产环境中，使用默认配置而不做任何参数调优可能造成性能瓶颈，比如 CPU 使用率过高、OOM 问题、Kibana 查询速度慢等。这里我们总结了一些常用的 ELK 优化建议供读者参考。

（1）Elasticsearch 调优

Elasticsearch 性能优化主要分为两个方面：索引层面和服务器层面。

在索引层面，Elasticsearch 性能优化如下。

1）增加刷新时间间隔：当我们对日志系统查询延迟要求不高时，可以适当延长刷新时间间隔，这样能够有效减少段（Segment）合并压力，提高索引速度。与之对应的配置项为 index.refresh_interval，默认为 1 秒，推荐设置为 30 秒。

2）调整副本数量：增加副本数量可以提高集群的可用性和搜索并发数，但同时会影响写入索引的效率。建议将副本数量设置为 1，以便提升整体性能。

3）开启异步刷写：如果业务上允许微量的日志数据丢失，可以对某些特定索引开启异步刷写。

4）开启慢查询日志：无论是数据库还是搜索引擎，在排查问题时，开启慢查询日志相当必要。我们可以调用模板 API 进行全局设置。

在服务器层面，Elasticsearch 性能优化如下。

1）内存调优：由于 Elasticsearch 基于 Lucene 构建，在分配内存时，我们需要平衡好两者的内存占比。通常情况下两者约各占一半，还需预留一些内存供操作系统使用，同时必须禁止 Swap 分区交换，因为允许内存与磁盘交换会引发致命的性能问题。在 elasticsearch.yml 中设置 bootstrap.memory_lock 为 true，可以保持 JVM 锁定内存，保证 Elasticsearch 的性能。

2）调整集群分片：每个分片占用的硬盘容量不超过 Elasticsearch 最大的 JVM 堆空间（一般不超过 32GB），分片数目一般不超过集群节点数目的 3 倍。

3）Mapping 建模和查询优化：尽量避免使用关联关系处理，如 nested 或 parent/child。当必须使用 nested fields 时，需要限制字段数量。

（2）Logstash 调优

在进行 Logstash 性能调优时，建议每次仅修改一个配置项并观察性能和资源消耗。通常我们需要考虑的性能指标有 CPU、内存和 I/O。I/O 包括磁盘 I/O 和网络 I/O。Logstash 具体的性能调优包括以下几项。

1）常见的 JVM 调优：尽量扩展 JVM 堆内存，但是需要给操作系统和其他进程留出一定的空间。Xms 和 Xmx 需设置为相同的值，并防止在运行时调整堆内存大小，以免产生昂贵的开销。

2）通过启动项参数来增加 filter 和 output 工作线程数。Logstash 正则解析极其消耗计算资源，如果业务中大量使用 Logstash 正则解析，可以设置线程数大于核数。

3）在启动项参数中配置 pipeline.batch.size。该参数决定了 Logstash 每次调用 ES bulk index API 时传输的数据量。增大该值可以在一定范围内提高性能，但会增加额外的内存开销。用户应做好性能和内存之间的平衡。

3. ELK 平台架构升级

随着业务量不断增长，日志量还会继续成倍增加。当日志量达到一定量级后，传统的优化方案可能也会逐渐失效，此时我们应该考虑对整体架构进行升级，如在前端引入 Filebeat 或 Metricbeat 等数据中转代理，在中间层加入消息中间层进一步减轻流量洪峰压力。图 10-4 为升级后的 ELK 平台架构。对于消息中间层，我们通常选型 Kafka。除了具有削峰功能之外，Kafka 还支持将数据转发给流处理平台，以便对业务日志做一些实时聚合分析。

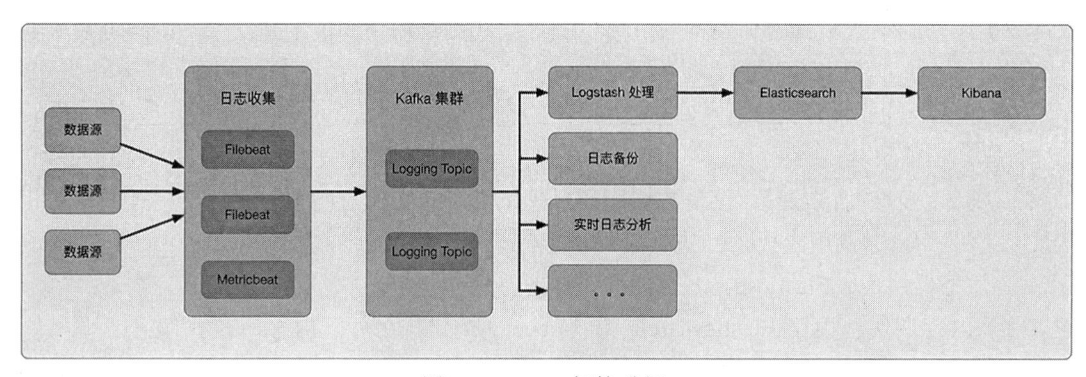

图 10-4　ELK 架构升级

> 注意　Kafka 最初由 Linkedin 公司开发，是一个分区的、多副本的基于 Zookeeper 的分布式流处理平台，通常情况下可以当作 MQ 系统使用。Kafka 主要作为日志收集系统和消息系统。关于 Kafka 的更多信息，读者可以登录 Kafka 官网（http://kafka.apache.org/）查阅。

10.2.2　Kong 网关结合 ELK

在介绍 Kong 网关与 ELK 系统结合的细节之前，我们再来回顾一下搭建日志平台对于 Kong 网关的必要性，大致可以分为以下几点。

1）日志平台极大地简化了开发和运维人员查询日志的操作。由于 Kong 网关天然支持集群模式，日志会散落在多台服务器上，如果没有统一的日志平台收集日志内容，定位问题会变得非常复杂。

2）日志平台可以有效地将开发人员隔离在服务器资源之外，确保服务器中信息的安全性。如果开发人员频繁登录服务器查询日志，可能会引发误操作或者信息泄露，从而影响网关服务的稳定。

3）日志平台可以对日志内容做整体管理，比如数据备份、数据聚合、数据分析等。数据是互联网应用的核心价值来源，日志平台为日志内容后续的扩展处理提供了基础。

4）日志平台不仅收集了网关层日志，还存储了后端应用层的日志文件。日志平台记录了每个接口的全生命周期。通过日志平台，我们可以追踪请求的调用链。

日志平台还有其他作用，此处不再赘述。不同的日志平台也会有相应的功能侧重点。这里我们在上节搭建的传统 ELK 平台上接入 Kong 网关日志。

接入 Kong 网关数据源有两种方式，一种是通过 Filebeat 来收集日志文件中的内容，然后再集中到 Logstash 中；另一种是直接通过 Kong 网关提供的日志插件 HTTP Log，使用 Admin API 预先添加配置，然后由该插件将日志内容通过 HTTP 传输给 Logstash，之后的流程两者类似。这里我们推荐使用第二种方式，原因是配置简单、容易理解，而且当扩展系统时，此方案更为灵活。下面我们来看一下具体的操作流程。

1）假定已经搭建好 Kong 网关和 ELK 系统，首先使用 Admin API 配置 HTTP Log 插件，其中 config.http_endpoint 配置项指定 Logstash 服务的地址，端口号可以自定义，但是必须与 logstash 配置文件中的内容匹配；config.method 指定传输数据的方法，默认为 POST，也可以为 PUT 和 PATCH；config.timeout 和 config.keepalive 指定超时时间和连接存活时间，默认均为 1000 毫秒。

```
$ curl -X POST http://127.0.0.1:8001/plugins/ \
  --data "name=http-log" \
  --data "config.http_endpoint=http://172.19.0.2:9900" \
  --data "config.method=POST" \
  --data "config.timeout=1000" \
  --data "config.keepalive=1000"
```

2）修改 Logstash 服务的配置文件 logstash.conf，示例如代码清单 10-6 所示。

代码清单 10-6 logstash.conf 文件

```
 1 input {
 2   http {
 3     host => "0.0.0.0"
 4     port => 9900
 5     additional_codecs => {"application/json"=>"json"}
 6     codec => plain {
 7       charset=>"GB2312"
 8     }
 9     threads => 4
10     ssl => false
11     type => "kong_dev"
12   }
13 }
14 
15 output {
16   elasticsearch {
17     hosts => ["172.19.0.3:9200"]
18     index => "%{type}_%{+YYYY.MM.dd}"
19   }
20 }
```

Logstash 配置项较为复杂，如表 10-1 所示。

表 10-1 Logstash 配置项描述

配置项	配置项描述
input	输入源配置，Logstash 处理管道的前置组件
output	输出项配置，Logstash 处理管道的最末端组件
http	HTTP 输入源配置，用于接收其他主机发送的 HTTP 报文
host	HTTP 输入源地址配置，此处值为 0.0.0.0，表示所有的地址都可以发送到本机
port	HTTP 输入源端口，此处值为 9900
additional_codecs	配置文本类型和 codec 的映射，默认配置 Json 格式的文本，对应使用 Json 格式的 codec
codec	如果映射集合中找不到文本类型对应的 codec，默认按照该配置项进行解析
ssl	是否开启 SSL
type	自定义类型
elasticsearch	输出项类型，此处表示输出内容到 Elasticsearch 中
host	Elasticsearch 服务地址
index	Elasticsearch 索引规范

3）启用修改后的配置文件，重新启动 Logstash 服务，使配置生效。配置文件存放在 /usr/share/logstash/pipeline/ 目录下，文件名为 logstash.conf：

```
# 进入容器
```

```
$ docker exec -it logstash /bin/bash
# 将该文件内容改为代码清单 10-1 中的内容，保存并退出
$ vi /usr/share/logstash/pipeline/logstash.conf
# 退出容器
$ exit
# 重新启动容器，使其配置生效
$ docker restart logstash
```

4）登录 Kibana，创建索引，将 Elasticsearch 中存放的 Kong 网关数据展现出来。操作细节如图 10-5 至图 10-8 所示。用户可以根据图中描述的信息依次操作，最终效果如图 10-9 所示。

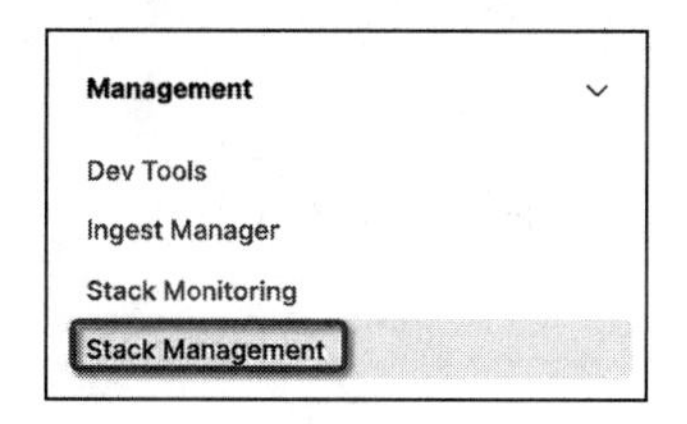

图 10-5 Stack Management 页面

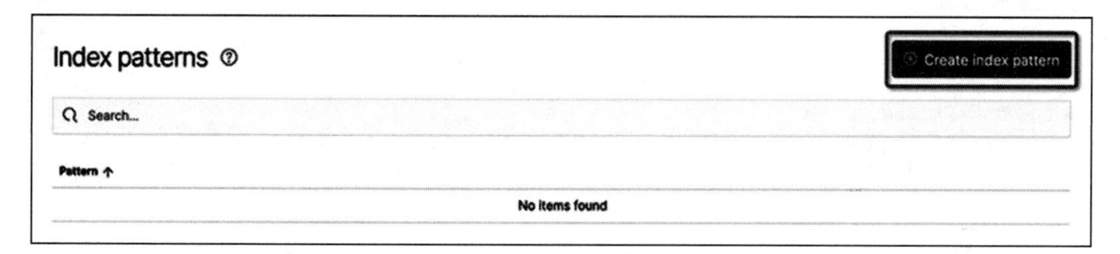

图 10-6 Index patterns 页面

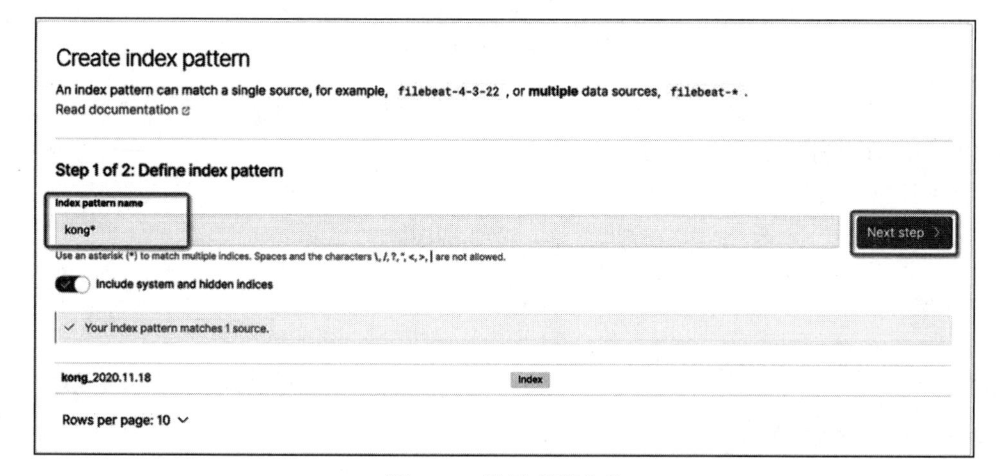

图 10-7 设置索引名称

Create index pattern

An index pattern can match a single source, for example, filebeat-4-3-22 , or **multiple** data sources, filebeat-* .
Read documentation

Step 2 of 2: Configure settings

kong*

Select a primary time field for use with the global time filter.

Time field　Refresh
@timestamp

› Show advanced options

‹ Back　Create index pattern

图 10-8　创建索引

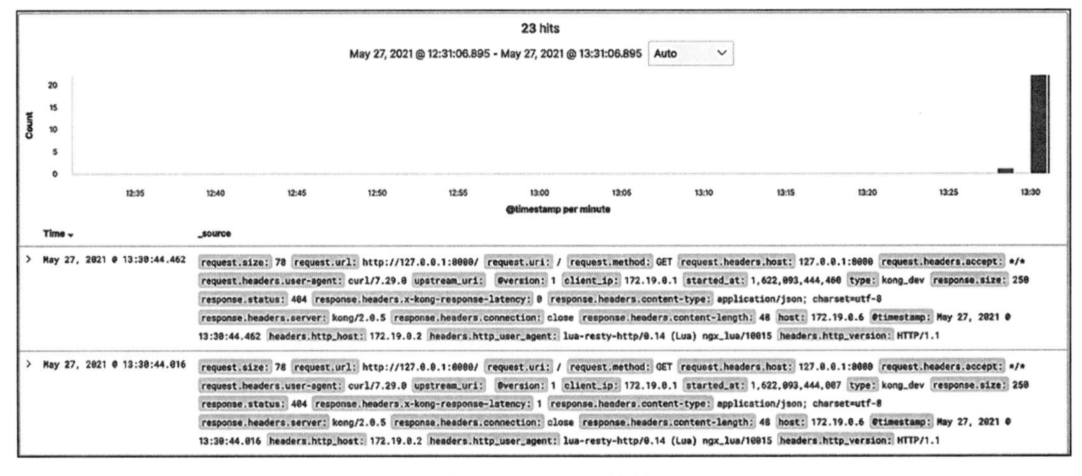

图 10-9　Kibana 效果

5）经过上述步骤，所有配置已经完成。我们最后来比对一下 Kong 网关本地日志内容与 ELK 中的日志内容是否匹配一致。

❑ 本地日志内容：

```
$ docker -f logs kong
...
172.19.0.1 - - [26/Oct/2020:03:43:30 +0000] "GET / HTTP/1.1" 404 48 "-" "curl/7.64.1"
```

❑ ELK 中的日志内容如图 10-10 所示。

10.2.3　日志系统使用场景

在本节中，我们会使用 10.2.2 节搭建好的日志平台，对一些日志系统日常使用场景和常见错误进行分析。

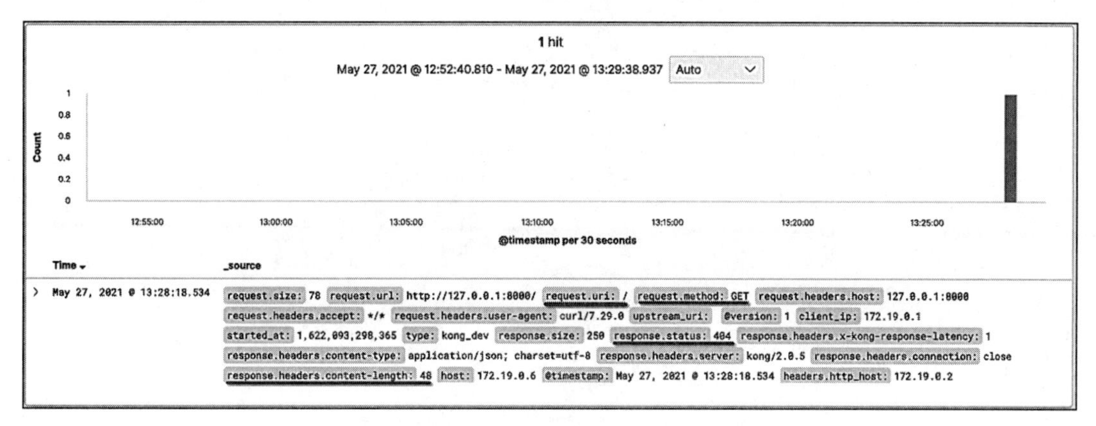

图 10-10　ELK 中的日志内容

1. 日常使用场景

在 8.4.1 节中，我们已经体验了如何使用 Kong 网关实时切换流量、实现蓝绿发布，但是示例在验证效果上还不是非常直观。这里我们回顾一下蓝绿发布场景的用例，使用日志系统来观察网关层和后端服务流量的实时变化。蓝绿发布操作切换的是 service 上对应的 upstream 上游服务，日志系统中的 service.host 字段对应后端不同的 upstream，所以我们可以通过观察日志系统中的 service.host 字段来观察流量切换的效果。接下来，我们介绍具体的操作。

1）使用 docker-compose up -d 指令启动 go 与 node 项目。项目结构如下：

```
# 启动项目
$ docker-compose up -d
# 项目结构
.
├── docker-compose.yml
├── go
│    ├── Demo
│    └── Dockerfile
└── node
     ├── Demo
     └── Dockerfile
```

go 与 node 项目结构与第 8 章中的项目结构一样，这里主要修改了 docker-compose.yml 文件内容，将所有的服务和日志系统放在同一个网络环境中，如代码清单 10-7 所示。

代码清单 10-7　docker-compose.yml 文件

```
1 version: "3"
2 services:
3   go:
```

```
 4     container_name: go
 5     build: ./go
 6     ports: ['8080:8080']
 7     volumes:
 8       - ./go/Demo:/root
 9     command: /bin/bash -c "./demo"
10     networks:
11       elk:
12         ipv4_address: 172.19.0.8
13
14   node:
15     container_name: node
16     build: ./node
17     ports: ['8081:8080']
18     volumes:
19       - ./node/Demo/:/root/
20     command: /bin/bash -c "npm install && npm start"
21     networks:
22       elk:
23         ipv4_address: 172.19.0.9
24
25 networks:
26   elk:
27     external: true
```

2）将 go 后端服务作为蓝环境：

```
# 创建一个名为 go_upstream 的上游服务
$ curl -X POST http://127.0.0.1:8001/upstreams \
  --data "name=go_upstream"
# 为创建的 go_upstream 绑定后端服务
$ curl -X POST http://127.0.0.1:8001/upstreams/go_upstream/targets \
  --data "target=172.19.0.8:8080" \
  --data "weight=100"
# 创建一个名为 demo_service 的服务，host 属性为 go_upstream，与之前的上游服务绑定
$ curl -X POST http://127.0.0.1:8001/services/ \
  --data "name=demo_service" \
  --data "host=go_upstream"
# 创建一个路由，设置访问路径为 /，供客户端调用
$ curl -X POST http://127.0.0.1:8001/services/demo_service/routes/ \
  --data "name=demo_route" \
  --data "paths[]=/"
# 验证是否配置成功
$ curl 127.0.0.1:8000/demo/api/users/v1
{"language":"go","type":"application","user":"demo_v1","version":"v1"}
```

3）将 node 后端服务作为绿环境：

```
# 创建一个名为 node_upstream 的上游服务
$ curl -X POST http://127.0.0.1:8001/upstreams \
  --data "name=node_upstream"
```

```
# 将node_upstream绑定到对应的后端服务
$ curl -X POST http://127.0.0.1:8001/upstreams/node_upstream/targets \
  --data "target=172.19.0.9:8080" \
  --data "weight=100"
```

4）使用 for 循环及 curl 指令实现每隔 0.5 秒发送一个请求：

```
$ for i in {1..1000};do curl 127.0.0.1:8000/demo/api/users/v1 && sleep 0.5
    s;done
```

5）在测试过程中进行蓝绿环境切换：

```
$ curl -X PATCH http://127.0.0.1:8001/services/demo_service\
  --data "host=node_upstream"
```

6）查看日志系统，发现总请求数为 1000，与测试请求数匹配，如图 10-11 所示。

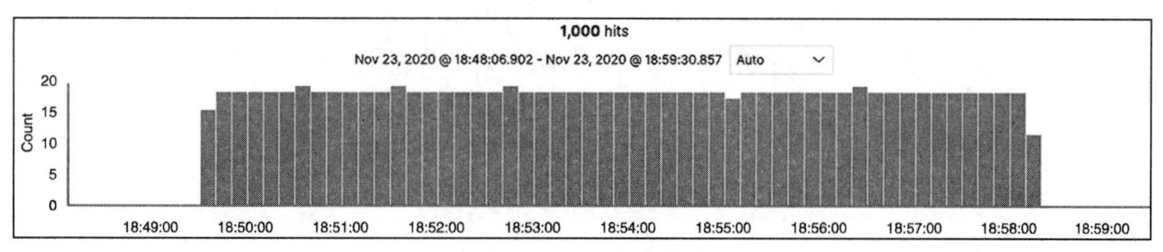

图 10-11　总请求

7）在 Kibana 中搜索 service.host:"go_upstream" 和 service.host:"node_upstream"，可以查看蓝绿环境的流量分布。如图 10-12 和图 10-13 所示，18:54 时刻的流量分布变化精确地刻画了流量切换的生效瞬间。

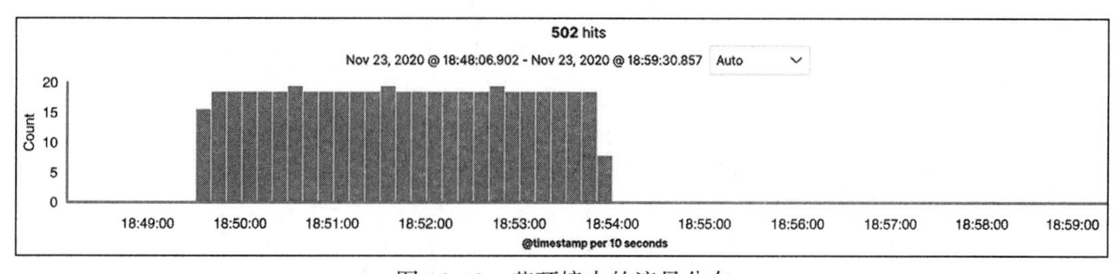

图 10-12　蓝环境中的流量分布

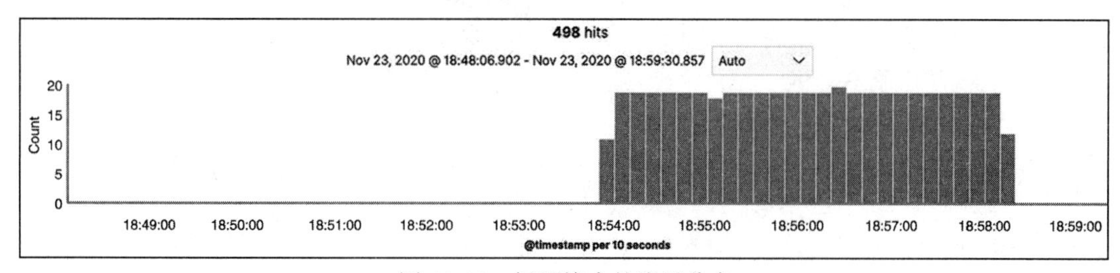

图 10-13　绿环境中的流量分布

2. 常见错误场景

下面罗列几种 Kong 网关使用过程中常见的错误场景。我们来看一下如何使用日志系统发现并解决这些问题。这里人为制造一些错误场景，由此总结一下在该错误场景下会出现哪些特定关键字。

（1）没有配置路由或路由不匹配

1）删除上述配置中的 demo_routes 路由：

```
$ curl -X DELETE http://127.0.0.1:8001/routes/demo_routes
```

2）客户端访问 /demo/api/users/v1 接口：

```
$ curl http://127.0.0.1:8000/demo/api/users/v1
{"message":"no Route matched with those values"}
```

规律总结：在日志系统中搜索 "message":"no Route matched with those values"，如果发现有信息匹配，可以确认环境中有漏配路由、误删路由或路由不匹配的情况；如果发现该路由对应的接口在生产环境中需要访问，应该及时添加该接口。

（2）没有配置 Target

1）恢复上述 demo_routes 路由，且将 target 删除：

```
# 添加 demo_routes 路由
$ curl -X POST http://127.0.0.1:8001/services/demo_services/routes \
  --data "paths[]=/"  \
  --data "name=demo_routes"
# 删除 target
$ curl -X POST http://127.0.0.1:8001/upstreams/demo_upstreams/targets \
  --data "target=172.19.0.8:8080" \
  --data "weight=0"
$ curl -X POST http://127.0.0.1:8001/upstreams/demo_upstreams/targets \
  --data "target=172.19.0.9:8080" \
  --data "weight=0"
```

2）客户端再次访问 /demo/api/users/v1 接口：

```
$ curl http://127.0.0.1:8000/demo/api/users/v1
{"message":"failure to get a peer from the ring-balancer"}
```

规律总结：在日志系统中搜索 "message":"failure to get a peer from the ring-balancer"，如果发现有信息匹配，可以确认环境中有漏配 Target 或误删 Target 的情况。

（3）后端应用服务宕机

1）恢复后端 targets 对象：

```
# 恢复后端 targets;
$ curl -X POST http://127.0.0.1:8001/upstreams/demo_upstreams/targets \
  --data "target=172.19.0.8:8080" \
  --data "weight=100"
```

```
$ curl -X POST http://127.0.0.1:8001/upstreams/demo_upstreams/targets \
  --data "target=172.19.0.9:8080" \
  --data "weight=100"
# 将后端应用下线
$ docker stop go node
```

2）再次使用 curl 命令访问 /demo/api/users/v1 接口：

```
$ curl http://127.0.0.1:8000/demo/api/users/v1
An invalid response was received from the upstream server
```

规律总结：在日志系统中搜索 An invalid response was received from the upstream server，如果发现有信息匹配，可以确认环境中后端服务宕机。

（4）配置鉴权插件访问失败

1）恢复后端应用，配置 basic-auth 插件：

```
# 恢复后端应用
$ docker start go node
# 作用于全局的 basic-auth 插件
$ curl -X POST http://127.0.0.1:8001/plugins \
  --data "name=basic-auth" \
  --data "config.hide_credentials=true"
```

2）再次使用 curl 命令访问 /demo/api/users/v1 接口：

```
$ curl http://127.0.0.1:8000/demo/api/users/v1
{"message":"Unauthorized"}
```

规律总结：在日志系统中搜索 "message":"Unauthorized"，如果有匹配的信息，可以确认在路由或者服务、全局变量中配置了鉴权插件。

10.3 自定义日志

经过对上述两节内容的学习，我们已经掌握了 Kong 网关日志系统搭建、使用和调优技巧。这些内容都基于 Kong 网关默认日志。下面我们会讨论如何自定义日志。自定义日志有多种方式，这里着重介绍两种：一种是通过 Kong 网关本身提供的自定义日志功能，另一种是借助 ELK 系统中 Logstash 模块的日志处理功能。

自定义日志功能在实际开发过程中应用非常普遍，一些典型的场景如下。

1）格式化日志信息：在日志内容中添加系统元信息，如开发环境、集群节点、系统时间等，重新组织日志格式，统一搜索条件。

2）日志信息脱敏：将用户的敏感信息，如用户密码、手机号、身份证号等信息脱敏，防止信息泄露。

3）业务定制化：完善的日志平台还包括日志采样、调用链追踪等功能，可用于对日志进行个性化处理。

10.3.1 Kong 网关定制日志

当使用 Kong 网关自带的定制日志功能时，仅可以更改 access.log 日志文件的输出内容，但这不会对 Kong 日志插件产生任何影响。如果采用增量读取文件的方式，那么 Kong 网关自带的日志文件和日志平台中的日志内容都会被修改；如果开发者使用日志插件收集日志，那么日志平台中的日志文件将不会被刷新，这可能无法满足需求，需要重新处理。

现在我们先来看一下如何使用 Kong 网关自带的定制日志功能。这里介绍一个典型的场景——删除日志文件中任何有关电子邮件地址的实例。电子邮件地址可能会以多种形式展现，例如 /apiname/v2/verify/alice@example.com 或者 /v3/verify?alice@example.com。我们希望尽可能少改动，但可以使所有 API 同时生效。这里通过修改 Nginx 模板文件来实现。首先复制一份 Nginx 模板文件，模板文件地址为 https://docs.konghq.com/latest/configuration/#custom-nginx-templates-embedding-kong，文件内容如下所示。

```
# ---------------------
# custom_nginx.template
# ---------------------

worker_processes $;
daemon $;

pid pids/nginx.pid;
error_log logs/error.log $;

events {
  use epoll;
  multi_accept on;
}

http {
  include 'nginx-kong.conf';

  server {
    listen 8888;
    server_name custom_server;

    location / {
      ...
    }
  }
}
```

为了控制日志文件中的内容，我们将在模板文件中使用 Nginx 的 map 模块。开发者需要创建一个新的变量。变量的内容取决于依赖的参数以及匹配规则。map 模块的格式大致如下。

```
map $paramater_to_look_at $variable_name {
  pattern_to_look_for 0;
  second_pattern_to_look_for 0;

  default 1;
}
```

想要了解 map 模块详情的读者可以参考 http://nginx.org/en/docs/http/ngx_http_map_module.html 文档。在本示例中，我们需要创建一个名为 keeplog 的新变量待用，该变量依赖 $request_uri。将 map 指令置于 http 块开头的位置，示例如下。

```
map $request_uri $keeplog {
  ~x@y.z
  ~/servicename/v2/verify 0;
  ~/v3/verify 0;

  default 1;
}
```

读者可能会注意到 map 模块的匹配规则中的每一行都是以“~”符号开头，这是 Nginx 中正则表达式的语法特征。上述三行匹配规则对应的内容如下。

第一行：查找所有格式为 x@y.z 的地址。

第二行：查找 uri 中包含 /servicename/v2/verify 的地址。

第三行：查找 uri 中包含 /v3/verify 的地址。

只要请求中包含这些匹配规则中的任一元素，这条日志就不会添加到日志文件中。现在我们需要自定义日志格式。这里使用 log_format 模块，并将新定义的日志格式命名为 show_everything。日志内容可以根据用户需要进行定制。这里，我们将日志格式改回 Kong 网关日志的标准格式：

```
log_format show_everything '$remote_addr - $remote_user [$time_local] '
  '$request_uri $status $body_bytes_sent '
  '"$http_referer" "$http_user_agent"';
```

现在整个 Nginx 模板已经修改完毕。修改后的模板文件如下：

```
# ---------------------
# ---------------------

worker_processes $;
daemon $;

pid pids/nginx.pid;
error_log stderr $;
```

```
events {
  use epoll;
  multi_accept on;
}

http {
  map $request_uri $keeplog {
    ~.+\@.+\..+ 0;
    ~/v1/invitation/ 0;
    ~/reset/v1/customer/password/token 0;
    ~/v2/verify 0;

    default 1;
  }
  log_format show_everything '$remote_addr - $remote_user [$time_local] '
    '$request_uri $status $body_bytes_sent '
    '"$http_referer" "$http_user_agent"';

  include 'nginx-kong.conf';
}
```

最后开发者还需要做一件事情，就是告诉Kong网关使用新创建的日志格式。为此，我们需要修改配置项中的proxy_access_log属性，或者直接修改环境变量KONG_PROXY_ACCESS_LOG。配置文件如下：

```
proxy_access_log=logs/access.log show_everything if=$keeplog
```

在做完这一切后，我们可以使用kong start命令重启Kong网关，使配置生效。现在，日志文件中不会记录任何与电子邮件地址相关的请求。同理，我们也可以使用上述方法，从日志文件中删除任何我们不想要的用户敏感信息。

10.3.2 ELK定制日志

ELK定制日志功能主要由Logstash插件完成。我们将在10.2节搭建的日志平台的基础上实现去除电子邮件地址的功能。读者可以比较一下两者的差异。

我们可以在Logstash插件中添加grok过滤器。通过匹配源日志信息，将带有邮件地址的整条日志信息删除。判断条件为@符号是否在request_uri中。首先将代码清单10-8中的内容添加至logstash.conf配置文件。

代码清单10-8 grok过滤器

```
13 ...
14 filter {
15   grok {
16     match => { "message" => "%{IP:client_id_address} - - \[%{HTTPDAT
       E:timestamp}\] \"%{WORD:request_method} %{DATA:request} HTTP
       /%{NUMBER:httpversion}\" %{NUMBER:bytes} %{NUMBER:http_respo
```

```
      nse_time} %{QS:referrer} %{QS:useagent}" }
17    }
18    if ( '@' in [request] ) {
19      drop {}
20    }
21 }
22 ...
```

然后，重新启动 Logstash 服务容器：

```
$ docker restart logstash
```

接下来，验证配置是否生效。对接口 /demo/api/users/v1 发送两条请求，一条请求不携带邮件地址信息，发送时间为 19:39；另一条请求携带邮件地址信息，发送时间为 19:40。查看日志平台是否含有带邮件地址参数的日志信息，如图 10-14 和图 10-15 所示。

```
# 发送不携带邮件地址的请求
$ curl http://127.0.0.1:8000/demo/api/users/v1
{"language":"node","type":"application","version":"v1","user":"demo_v1"}
# 发送携带邮件地址请求
$ curl http://127.0.0.1:8000/demo/api/users/v1
{"language":"node","type":"application","version":"v1","user":"demo_v1"}
```

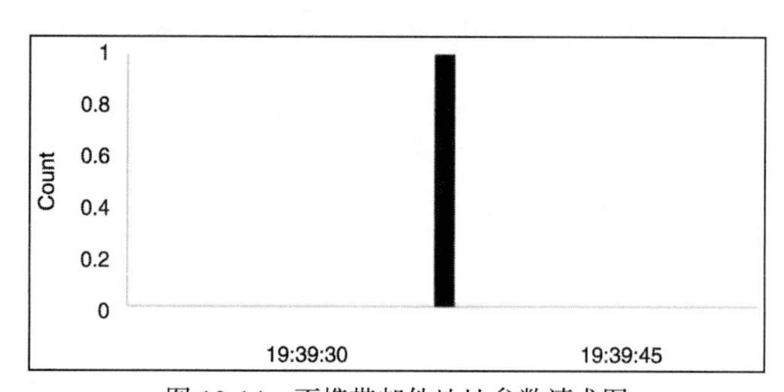

图 10-14　不携带邮件地址参数请求图

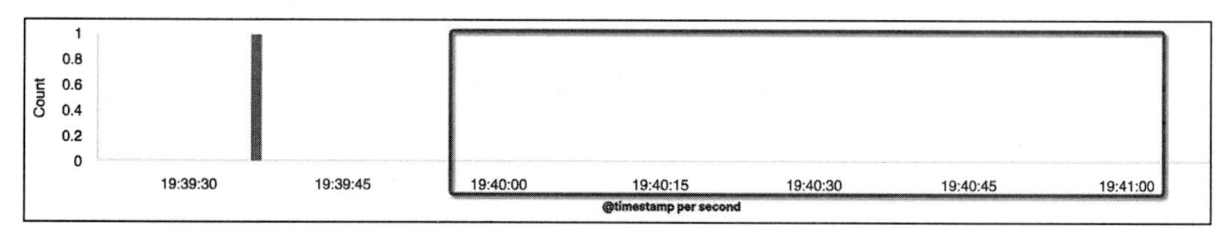

图 10-15　携带邮件地址参数请求图

10.3.3　小结

这里介绍了两种常用的自定义日志方式。除此之外，开发者还可以修改 Kong 网关插件（或者自定义日志插件）以及 Filebeat 配置文件。表 10-2 从难易度、作用域、执行效率、定制化程度和适用范围四个方面比较了这几种方式的优劣。

表 10-2 自定义日志方式对比

	修改 Nginx 模板文件	修改 Logstash 配置文件	修改 Kong 网关插件	修改 Filebeat 配置文件
难易度	中等	简单	复杂	简单
作用域	仅文件系统	仅日志平台	文件系统 + 日志平台	仅日志平台
执行效率	快	中等	快	中等
定制化程度	中等	中等	高	中等
适用范围	大型系统	中小型系统	大型系统	中小型系统

读者可以根据实际情况选用适合自己系统的方案，也可以结合多项技术完成日志的定制化处理。

10.4 本章小结

在本章中，我们讲解了 Kong 网关与日志系统之间的联动。在真实使用场景中，Kong 网关和日志系统不会单独存在，也不会仅仅在它们之间产生单一连接。我们需要在整个系统架构中预设好位置，与其他应用一起做好规划。

下一章将进入 Kong 网关的运维、监控环节，其中会涉及更多的优秀开源软件与 Kong 网关结合。

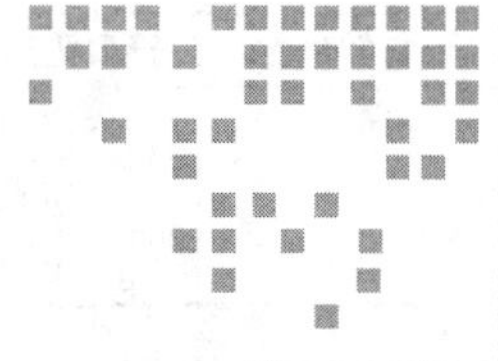

第 11 章 Chapter 11

Kong 网关运维

系统运维是软件开发过程中非常传统的工作，同时也是必不可少的一环。我们很难想象现有系统因为缺少运维人员的支持，在生产环境中出现一些未知的问题而最终失去控制，甚至崩溃。新业务场景和现代化系统架构的升级给运维工作带来了更大的挑战。运维人员担负起了比以往更重的责任。其视野不应再仅局限于软件安装部署和日常例行检查这些特定的环节，而是应该参与到软件开发流程的方方面面。

在本章中，我们会着重讲解 Kong 网关的日常运维和监控方案，按照运维事项的时间轴展开，从前期的资源选型到中期的系统监控、告警，再到一些日常运维工作和遇到紧急情况时的处理方法。相信读者在学完这一章后，可以轻松应对 Kong 网关的相关运维问题。

11.1 资源选型

在本节中，我们会分析 Kong 网关的性能特征，并根据不同的 Kong 网关配置和使用模式给出资源分配方面的建议。读者可以将该建议作为资源选型基准，对特定使用场景进行微调。

11.1.1 服务器资源

理论上，Kong 网关可以部署在任何环境。通常情况下，它没有系统最低配置要求，但资源需求根据用户配置不同有很大区别。表 11-1 根据配置实体数、接口延迟时间、接口吞吐量等指标对系统资源进行了划分，并给出了使用场景。

表 11-1 系统资源参考

系统大小	配置实体数	接口延迟时间	接口吞吐量	使用场景
小	<100	<100ms	<500RPS	开发或测试环境，对延时不敏感的网关层
中	<1000	<20ms	<2500RPS	生产集群，高速网关
大	<10000	<10ms	<10000RPS	关键任务集群，高速网关，企业级中央网关

接下来，我们会对每个系统提供合适的服务器资源。这里以云服务实例为主，详情见表 11-2。

表 11-2 资源选型

系统大小	CPU	RAM	云服务器实例选型
小	1 ～ 2 核	2 ～ 4GB	Aliyun：ecs.n4.small、AWS: t3.medium、GCP: n1-standard-1、Azure: Standard A1 v2
中	2 ～ 4 核	4 ～ 8GB	Aliyun：ecs.n4.large、AWS: m5.large、GCP: n1-standard-4、Azure: Standard A1 v4
大	8 ～ 16 核	16 ～ 32GB	Aliyun：ecs.n4.2xlarge、AWS: c5.xlarge、GCP: n1-highcpu-16、Azure: F8s v2

首先，不建议在大型生产集群中使用节流云实例类型（阿里云称其为突发性能实例服务，例如 AWS t2 或 t3 系列服务器、Aliyun t5 或 t6 系列服务器），因为 CPU 性能受限可能会严重影响 Kong 网关的整体性能。其次，需要提前测试云服务实例的带宽。Kong 网关对带宽的要求取决于集群的大小和流量流经 Kong 网关的形态。最后，建议用户将 mem_cache_size 配置项调得尽可能大。当然，前提是为操作系统和操作系统上运行的其他程序预留足够的资源。该配置使 Kong 网关可以最大限度地利用缓存，减少 Kong 网关与数据库的交互次数。此外，每个 worker 进程都会维护自己的内存。默认情况下，一个 CPU 核对应一个 worker 进程，每个工作进程会分配 500MB 的内存。因此，对于一个 4C8G 的服务器实例，建议将 mem_cache_size 配置项设为 4 ～ 6GB，然后根据操作系统上运行的其他程序对该值进行微调。

11.1.2 数据库资源

为了应对高流量的访问场景，Kong 网关应尽可能少地依赖数据库。Kong 网关集群中的元配置也不应被频繁读取。因此，Kong 网关的数据库资源配置通常略低于服务器资源配置。

Kong 网关对后台数据库的访问模式非常直接。当节点首次启动或给定的配置项发生更改时，Kong 网关都会从数据库中读取相应配置。数据库的查询模式遵循数据库的默认索引规则。根据用户配置实体的数量、变更速率，以及 Kong 网关内存中的缓存大小不同，数据库的资源配置差别会比较明显。用户在配置时需要多加留意，建议反复尝试，以获取最佳效果。

11.1.3 弹性伸缩

Kong 网关追求卓越的性能，力求以最小的延时处理尽可能多的流量。了解 Kong 网关集群的各种配置方案是提高 Kong 网关性能的关键。关于 Kong 网关集群配置的更多细节，我们会在第 12 章详细讲解。

我们通常取两个关键指标考量 Kong 网关的性能：延时和吞吐量。这也是服务器的通用性能测量指标。对于 Kong 网关来说，延时是指下游客户端发送一个请求，经过一系列处理到收到该请求的响应所经历的时间。Kong 网关通常以毫秒或微秒为单位来计量请求的延时。随着 Kong 网关集群中路由和插件数量的增加，请求的延时也在逐步增加。吞吐量是指 Kong 网关单位时间内可以同时处理的请求数量，通常以秒或者分钟为单位来计量。

通常情况下，当其他因素保持不变时，这两个指标呈反比关系。减少每个请求的延时会增大 Kong 网关的吞吐量。处理单个请求使用的 CPU 资源越少，就有更多的富余 CPU 资源处理其他流量。Kong 网关设计之初就通过简单的横向扩展来提升整体算力，从而在保证请求延时达标的基础上扩大吞吐量。

对于 Kong 网关来说，最大吞吐量取决于 CPU，而最小延时取决于内存。所以，对延时比较敏感的集群负载添加计算资源，效果并不明显。同理，对吞吐量要求比较高的集群负载增加内存帮助也不大。用户需要有针对性地调整 Kong 网关硬件配置来满足具体需求。无论是横向扩展还是纵向扩展 Kong 网关集群的计算能力，都可以显著提高系统的吞吐量。

总体而言，性能基准测试和优化是一项非常复杂的工作，我们必须考虑诸多因素，包括 Kong 网关的硬件配置、代理的上游服务。

11.1.4 性能参数

Kong 网关内部可能也会影响性能，其中最主要的有路由和服务实体数量、消费者和凭证数量、插件数量、插件基数和请求体 / 响应体大小。下面我们逐个进行分析。

1. 路由和服务实体数量

在 Kong 网关集群中添加路由和服务实体需要更多 CPU 资源。在生产环境中，我们可以配置大量路由实体，但这对集群的整体延时影响非常小。

2. 消费者和凭证数量

消费者和凭证数据都存储在 Kong 网关的数据库中（PostgreSQL、Cassandra，或者是使用无数据库模式启动的 kong.yml 文件）。Kong 网关同时会将这些数据缓存在内存中，以减轻请求处理期间的数据库负载和降低延时。增加消费者和凭证数量需要提供给 Kong 网关更多内存空间来缓存这些数据。如果没有足够的缓存，Kong 网关会更加频繁地查询数据库，从而增大系统整体延时。

3. 插件数量

在 Kong 网关集群中添加插件需要更多 CPU 资源来处理。插件的性质不同，执行插件所需的资源也不同。例如 key-auth 这样的轻量级身份验证插件与复杂的 request/response transformer 插件相比，资源消耗较低。

4. 插件基数

插件基数指的是同一个集群上，启用的不同类型的插件的数量。例如 A 集群上有 ip-restriction、key-auth、bot-detection、rate-limiting 和 http-log 各 1 个插件，则插件基数为 5；B 集群上有 1000 个 rate-limiting 插件，但插件基数仅为 1。在集群中每多添加一个插件类型，Kong 网关就会花费更多的时间来评估是否要对当前请求执行该插件逻辑，所以会消耗更多的 CPU 资源。

5. 请求体 / 响应体大小

当 Kong 网关处理请求体 / 响应体比较大的请求 / 响应时，通常需要花更多的时间。这是因为 Kong 网关需要在代理之前将请求缓存到磁盘。该机制保证了 Kong 网关可以同时处理大量请求，而不会把内存耗尽，但是缓存请求可能会导致延时增加。

11.2 Kong 网关监控

监控系统最大的作用在于能够提前发现故障、及时告警，以辅助开发人员进行性能调优。Kong 作为网关层在整个系统架构中起着至关重要的作用，因此必须要配以完善的监控方案。下面我们将从监控平台的选型、搭建、配置、指标详解、测试和预警等多个方面进行讨论。

11.2.1 监控平台选型

在监控平台正式选型之前，运维人员需要明确日常的监控需求，例如监控的具体对象、机器数量、监控指标以及是否需要引入预警功能等。对于 Kong 网关，我们主要关注请求率、延时、带宽、缓存等指标，以及预警功能。这里推荐三款监控软件：Zabbix、Open-Falcon 和 Prometheus。表 11-3 从多个维度对它们进行了详细比较。

表 11-3 监控软件对比

	Zabbix	Open-Falcon	Prometheus
监控对象	主要监控集群	主要监控集群	主要监控集群
可扩展性	分层设计、可扩展	分层设计、可扩展	分层设计、可扩展
告警	支持告警	支持告警	支持告警（监控、告警项目分离）
监控数据存储	MySQL/PG	MySQL+Redis+OpentSDB	OpentSDB
监控节点规模	1000+	1000+	1000+
编程语言	C++	Go+Python	Go
优点	❑ 成熟稳定，应用广泛 ❑ 部署简单，运维方便 ❑ 图形化配置	❑ 架构无单点 ❑ 微服务设计思路 ❑ 时序存储 ❑ 支持 Grafana 等多种展示方式	❑ 客户端丰富 ❑ 社区热度大 ❑ 容器监控方案 ❑ 支持 Grafana 等多种展示方式

（续）

	Zabbix	Open-Falcon	Prometheus
缺点	❑关系型存储，集群大，容易卡 ❑没有告警收敛	❑项目时间短，社区稳定性差 ❑架构复杂，运维成本大	❑文档相对少 ❑监控数据保留时间短（90 天）
场景	中型规模，私有云	中大型规模，私有云	中大型规模，私有云，支持容器

这里我们最终选用 Grafana+Prometheus 作为监控平台的技术选型方案。原因是二者技术架构成熟，社区活跃，并且受众除了面向专业的运维人员，还包括开发人员。本章之后的示例都将会围绕这两个软件展开。

注意　Grafana 是一个开源的跨平台度量分析和可视化工具，可以对采集的数据可视化展示并及时通知。它主要有以下 6 大特点：丰富多样的图表插件及展现方式、兼容多类型数据源、可以对接多个平台发送通知提醒、混合展示不同数据源的数据、完善的图表注释功能和动态过滤器方便筛选查询。

11.2.2　搭建监控平台

在本节中，我们会使用 Grafana+Prometheus 为读者搭建一个简单的监控平台，安装时均使用 Docker 完成。

1）首先创建一个名为 monitor-network 的网络：

```
$ docker network create monitor-network
```

2）启动 Grafana 服务，使用镜像 grafana/grafana，版本为最新版本。Grafana 默认开启 3000 端口，我们做一个简单的端口映射：

```
$ docker run -d \
  --network monitor-network \
  -p 3000:3000 \
  --name grafana \
  grafana/grafana:latest
```

3）启动 Prometheus 服务，使用镜像 prom/prometheus，版本为最新版本。Prometheus 默认开启 9090 端口，我们同样做一个端口映射：

```
$ docker run -d \
  --network monitor-network \
  -p 9090:9090 \
  --name prometheus \
  prom/prometheus:latest
```

4）所有准备工作完成后，在浏览器访问 http://127.0.0.1:3000 地址登录 Grafana 主页面，访问 http://127.0.0.1:9090 地址登录 Prometheus 控制台，访问 http://127.0.0.1:9090/metric 地址查询 Prometheus 指标数据，具体如图 11-1 至图 11-3 所示。

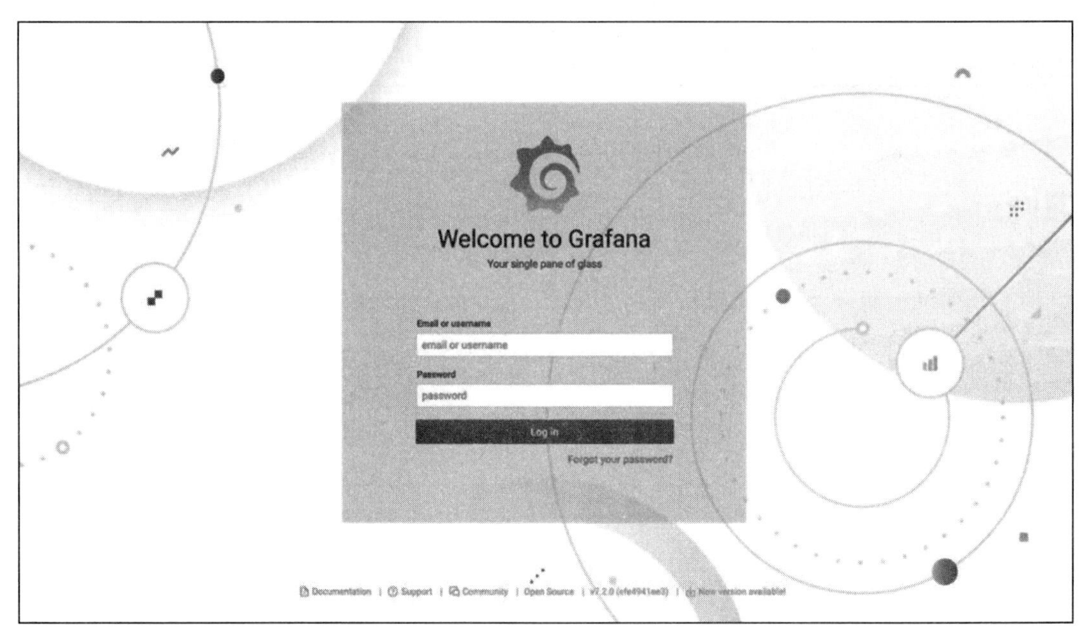

图 11-1　Grafana 登录页面

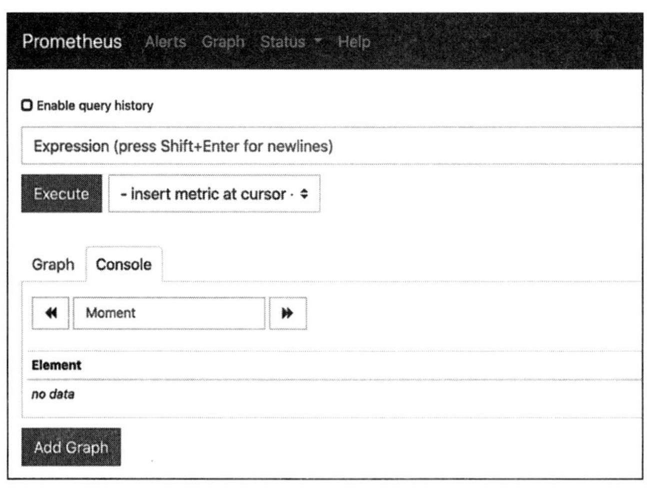

图 11-2　Prometheus 控制台页面

11.2.3　Kong 网关监控平台配置

在上一节中，我们已经成功搭建监控平台。在这一节中，我们会在监控平台中添加 Kong 网关的相关配置和监控面板。由于 Kong 网关本身已经提供 Prometheus 插件，用户仅需使用 Admin API 简单配置即可使插件生效。Grafana 也提供了 Kong 网关的官方视图模板。下面展示一下 Kong 网关的具体配置。

```
# HELP go_gc_duration_seconds A summary of the pause duration of garbage collection cycles.
# TYPE go_gc_duration_seconds summary
go_gc_duration_seconds{quantile="0"} 0.0004156
go_gc_duration_seconds{quantile="0.25"} 0.0005764
go_gc_duration_seconds{quantile="0.5"} 0.0007417
go_gc_duration_seconds{quantile="0.75"} 0.0012355
go_gc_duration_seconds{quantile="1"} 0.0014629
go_gc_duration_seconds_sum 0.0063325
go_gc_duration_seconds_count 8
# HELP go_goroutines Number of goroutines that currently exist.
# TYPE go_goroutines gauge
go_goroutines 45
# HELP go_info Information about the Go environment.
# TYPE go_info gauge
go_info{version="go1.15.2"} 1
# HELP go_memstats_alloc_bytes Number of bytes allocated and still in use.
# TYPE go_memstats_alloc_bytes gauge
go_memstats_alloc_bytes 2.076972e+07
# HELP go_memstats_alloc_bytes_total Total number of bytes allocated, even if freed.
# TYPE go_memstats_alloc_bytes_total counter
go_memstats_alloc_bytes_total 3.8016712e+07
```

图 11-3　指标数据信息

1. Prometheus 系统配置

1）延续上一节的示例，我们重新启动一个 Kong 服务：

```
# 启动数据库
$ docker run -d --name kong-database \
  --network=monitor-network \
  -p 5432:5432 \
  -e "POSTGRES_USER=kong" \
  -e "POSTGRES_DB=kong" \
  -e "POSTGRES_PASSWORD=kong" \
  postgres:9.6
# 初始化表
$ docker run --rm \
  --network=monitor-network \
  -e "KONG_DATABASE=postgres" \
  -e "KONG_PG_HOST=kong-database" \
  -e "KONG_PG_USER=kong" \
  -e "KONG_PG_PASSWORD=kong" \
  -e "KONG_CASSANDRA_CONTACT_POINTS=kong-database" \
  kong:2.0.5 kong migrations bootstrap
# 启动 Kong 服务
$ docker run -d --name kong \
  --network=monitor-network \
  -e "KONG_DATABASE=postgres" \
  -e "KONG_PG_HOST=kong-database" \
  -e "KONG_PG_USER=kong" \
  -e "KONG_PG_PASSWORD=kong" \
  -e "KONG_CASSANDRA_CONTACT_POINTS=kong-database" \
  -e "KONG_PROXY_ACCESS_LOG=/dev/stdout" \
```

```
  -e "KONG_ADMIN_ACCESS_LOG=/dev/stdout" \
  -e "KONG_PROXY_ERROR_LOG=/dev/stderr" \
  -e "KONG_ADMIN_ERROR_LOG=/dev/stderr" \
  -e "KONG_ADMIN_LISTEN=0.0.0.0:8001, 0.0.0.0:8444 ssl" \
  -p 8000:8000 \
  -p 8443:8443 \
  -p 8001:8001 \
  -p 8444:8444 \
  kong:2.0.5
```

2）启用 Prometheus 插件，插件作用于全局，并使用 curl 指令访问 http://127.0.0.1:8100/metrics，查看是否有监控数据：

```
# 启用 Prometheus 插件
$ curl -X POST http://127.0.0.1:8001/plugins/ \
  --data "name=prometheus"
# 验证监控数据
$ curl http://127.0.0.1:8001/metrics
# HELP kong_datastore_reachable Datastore reachable from Kong, 0 is unreachable
# TYPE kong_datastore_reachable gauge
kong_datastore_reachable 1
# HELP kong_memory_lua_shared_dict_bytes Allocated slabs in bytes in a shared_dict
# TYPE kong_memory_lua_shared_dict_bytes gauge
kong_memory_lua_shared_dict_bytes{shared_dict="kong"} 40960
kong_memory_lua_shared_dict_bytes{shared_dict="kong_cluster_events"} 40960
kong_memory_lua_shared_dict_bytes{shared_dict="kong_core_db_cache"} 798720
...
```

3）配置 Prometheus 服务，使 Prometheus 能够拉取到 Kong 网关的监控数据：

```
 1 # my global config
 2 global:
 3   scrape_interval:     15s
 4   evaluation_interval: 15s
 5
 6 # Alertmanager configuration
 7 alerting:
 8   alertmanagers:
 9   - static_configs:
10     - targets:
11       # - alertmanager:9093
12
13 rule_files:
14   # - "first_rules.yml"
15   # - "second_rules.yml"
16
17 scrape_configs:
18   - job_name: 'prometheus'
19     static_configs:
20     - targets: ['localhost:9090']
21
```

```
22    - job_name: 'kong-node'
23      static_configs:
24      - targets: ['172.23.0.5:8001']
```

在默认配置文件中，我们新添加了三行代码（第 22 ～ 24 行），具体介绍如下。

- job_name：对应抓取来源指标的名称。
- static_configs：该指标的静态配置列表。
- targets：目标指标的 IP 地址与端口。

这里还需要注意一些默认配置项。我们将默认配置项分为三种类型：全局配置项、警报配置项、规则配置项，如表 11-4 所示。

表 11-4　Prometheus 默认配置项

配置项名称	配置项类型	配置项描述
global	全局配置项	全局配置
scrape_interval	全局配置项	获取目标数据的频率，默认单位为秒
evaluation_interval	全局配置项	评估规则的频率，默认单位为秒
alerting	警报配置项	指定 Alertmanager 警报相关设置
targets	警报配置项	IP 地址与端口
rule_files	规则配置项	规则文件，从下列文件列表中读取规则和警报

4）将配置文件放入容器，并重新启动 Prometheus 服务：

```
$ docker exec prometheus rm -f /etc/prometheus/prometheus.yml
$ docker cp /Users/xxx/Desktop/prometheus.yml prometheus:/etc/prometheus/
$ docker restart prometheus
```

5）在浏览器中访问 http://127.0.0.1:9090/target，查看 kong-node，如图 11-4 所示。

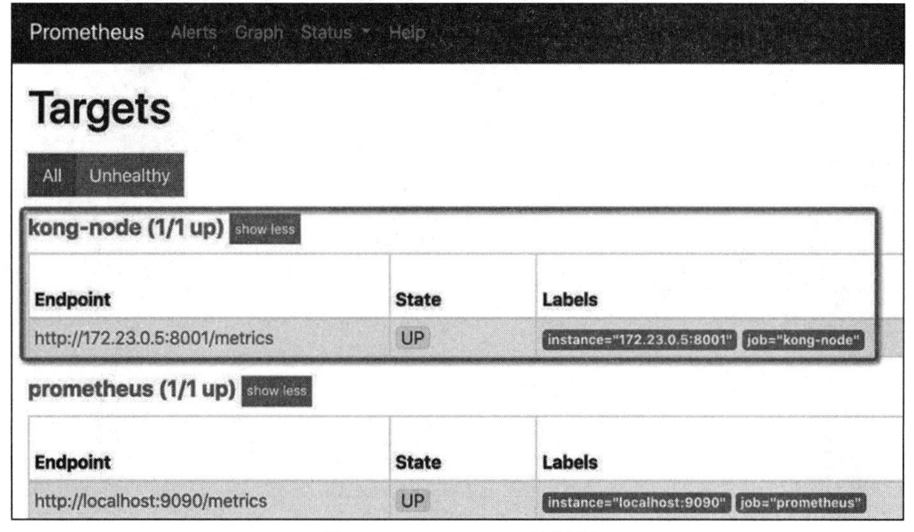

图 11-4　kong-node 效果图

2. Grafana 面板配置

Grafana 面板配置主要分为两个步骤：数据源配置和图形面板配置。对于数据源配置，我们需要指定数据源类型，并配置一些其他必要配置项。对于图形面板配置，我们可以在 Grafana 官网中搜索指定的模板，导入模板后再根据实际需要微调参数配置。Grafana 面板配置的具体流程如下。

1）登录 Grafana，点击“设置”，选择 Data Sources（数据源），添加 Prometheus 数据源以及 Prometheus 对应的 URL 地址，如图 11-5 所示。

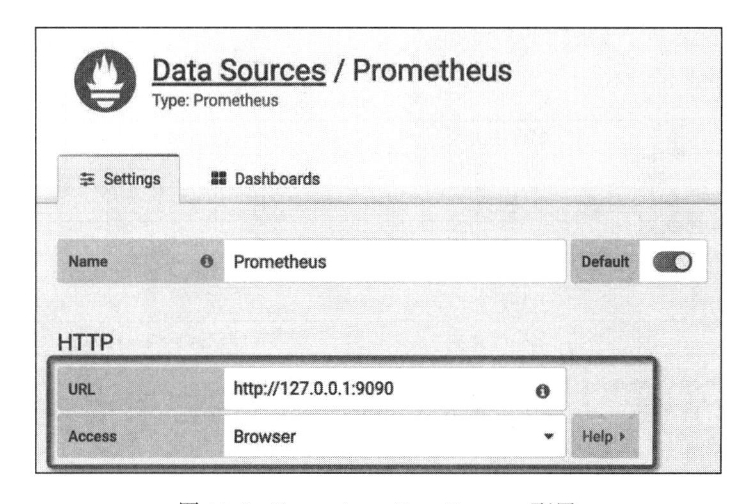

图 11-5 Prometheus Data Sources 配置

2）配置图形面板，点击“+”选择 Import（导入），选用 Kong 网关的官方模板，配置 ID 为 7424，如图 11-6 所示。接着在 Prometheus 配置栏中选择我们自己添加的数据源，名称为 Prometheus（如图 11-7 所示），导入即可看到完整的 Grafana 面板配置数据（如图 11-8 所示）。

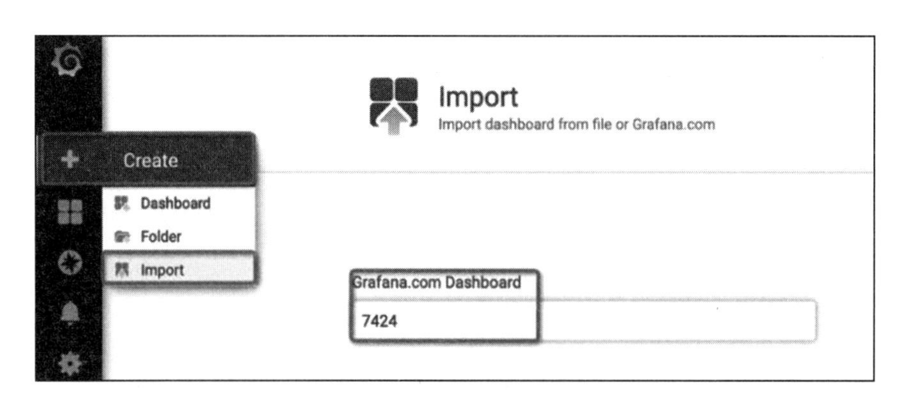

图 11-6 Import 配置

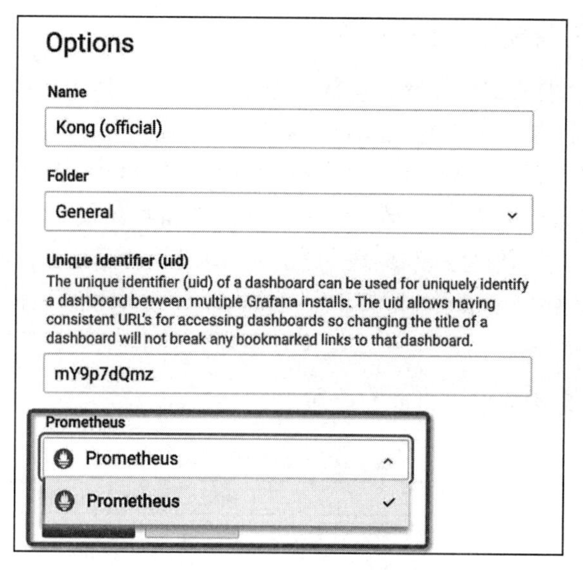

图 11-7　选择数据源

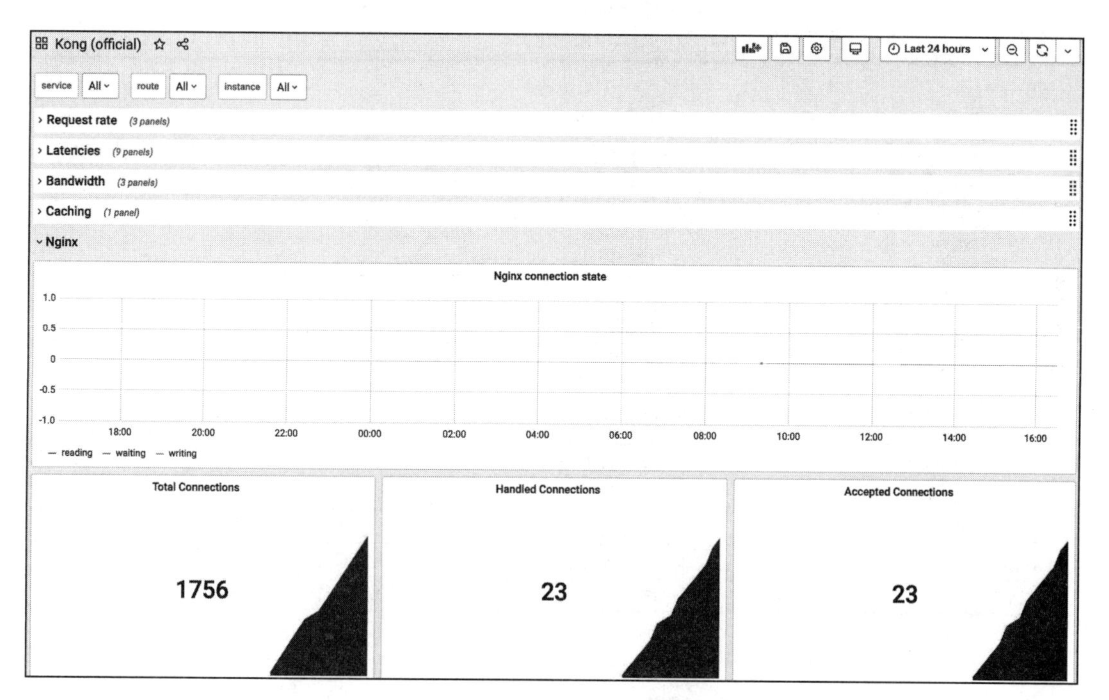

图 11-8　Grafana 面板配置数据

注意　配置面板不仅可以使用 Grafana 官网提供的模板文件，也可以使用其他方式导入。这在迁移自定义配置文件时非常实用。

11.2.4 Kong 网关监控平台指标详解

Grafana 官网提供的监控面板形式丰富、功能多样。我们可以根据下载次数、用户评论以及是否带有官方标识等维度来选择适合的监控面板。我们也可以在 Kong 仪表板（Offcial）中看到面板的大致效果图。此处，我们选择模板 ID 为 7424 的 Kong 官方模板。由于 Kong 官方模板中监控的指标有些冗余，我们这里仅选择最为重要的指标进行讲解。

Kong 官方模板将指标信息归为 5 类，分别为请求率（Request Rate）、延时（Latencies）、带宽（Bandwith）、缓存（Caching）和 Nginx 相关指标。下面我们将详细介绍这些指标。

1. 请求率

请求率可用 3 个图表展现，如表 11-5 所示。

表 11-5　请求率详情

图名	描述	数据源
Total requests per second（RPS）	每秒请求数	kong_http_status
RPS per route/service	每个路由和服务在一分钟内总的请求数，通过自身的服务和路由来获取值	kong_http_status
RPS per route/service by status code	每个路由和服务在一分钟内总的请求数，通过状态码来获取值	kong_http_status

2. 延时

延时可用 9 个图表展现，可以划分为 3 个维度，分别为请求时间、Kong 网关代理时间和上游服务处理时间，且每个图表都配有 p99、p95、p90 数据，如表 11-6 所示。

表 11-6　延时详情

图名	描述	数据源
Kong Proxy Latency Across All services	所有服务在一分钟内总的请求时间	kong_latency_bucket
Kong Proxy Latency Per Service	每个服务在一分钟内总的请求时间	kong_latency_bucket
Kong Proxy Latency Per Route	每个路由在一分钟内总的请求时间	kong_latency_bucket
Request Time Across All Services	所有服务在一分钟内 Kong 网关代理时间	kong_latency_bucket
Request Time Per Service	每个服务在一分钟内 Kong 网关代理时间	kong_latency_bucket
Request Time Per Route	每个路由在一分钟内 Kong 网关代理时间	kong_latency_bucket
Upstream Time Across All Services	所有服务在一分钟内上游服务处理时间	kong_latency_bucket
Upstream Time Across Per Service	每个服务在一分钟内上游服务处理时间	kong_latency_bucket
Upstream Time Across Per Route	每个路由在一分钟内上游服务处理时间	kong_latency_bucket

注意　p99 延时表示过去的 10 秒内最慢的 1% 请求的平均延时，例如 p99 1.403 表示过去的 10 秒内最慢的 1% 请求的平均延时为 1.403 秒；p95、p90 也是如此。

3. 带宽

带宽可用 3 个图表展现，如表 11-7 所示。

表 11-7 带宽详情

图名	描述	数据源
Total Bandwidth	一分钟内带宽总的平均速度	kong_bandwidth
Egress per service/route	service 和 route 的出口流量速度	kong_bandwidth
Ingress per service/route	service 和 route 的入口流量速度	kong_bandwidth

4. 缓存

缓存数据仅有 1 张图表，如表 11-8 所示。

表 11-8 缓存详情

图名	描述	数据源
Kong memory usage by Node	Kong 节点共享内存的使用情况	kong_memory_lua_shared_dict_bytes、kong_memory_lua_shared_dict_total_bytes

5. Nginx 相关

Nginx 通过 4 个图表展现 6 种连接状态，包括 accepted、active、heandled、reding、waiting 和 writing，如表 11-9 所示。

表 11-9 Nginx 相关

图名	描述	数据源
Nginx connetion state	表示 1 分钟内 active、reading、waiting 和 writing 这四种状态的总和	kong_nginx_http_current_connections
Total Connections	当前所有连接状态的总和	kong_nginx_http_current_connections
Handled Connections	当前 heandled 状态下的所有连接数	kong_nginx_http_current_connections
Accepted Connections	当前 accepted 状态下的所有连接数	kong_nginx_http_current_connections

11.2.5 Kong 监控平台指标测试

由于测试使用的 Kong 网关没有真实流量流入，因此监控平台很难观测到指标的变化。这里我们使用 wrk 工具对 Kong 网关进行压测，然后观察 Grafana 界面中指标变化趋势，时间设置为 5 分钟。操作过程如下所示。

1）使用 Admin API 配置一个可用的路由与服务：

```
# 添加一个名为 service_baidu 的服务，并代理到百度
$ curl -X POST http://127.0.0.1:8001/services \
  --data "name=service_baidu" \
  --data "host=www.baidu.com"
# 为 service_baidu 服务添加一个名为 route_baidu 的路由，并设置 URI 为 /baidu
$ curl -X POST http://127.0.0.1:8001/services/service_baidu/routes \
  --data "paths[]=/baidu"  \
  --data "name=route_baidu"
```

2）开启 wrk 工具进行压测，参数选择 -t10、-c100，持续时间为 300 秒：

```
$ wrk -t10 -c100 -d300s http://127.0.0.1:8000/baidu
```

3）查看指标变化趋势，如图 11-9 至图 11-12 所示。

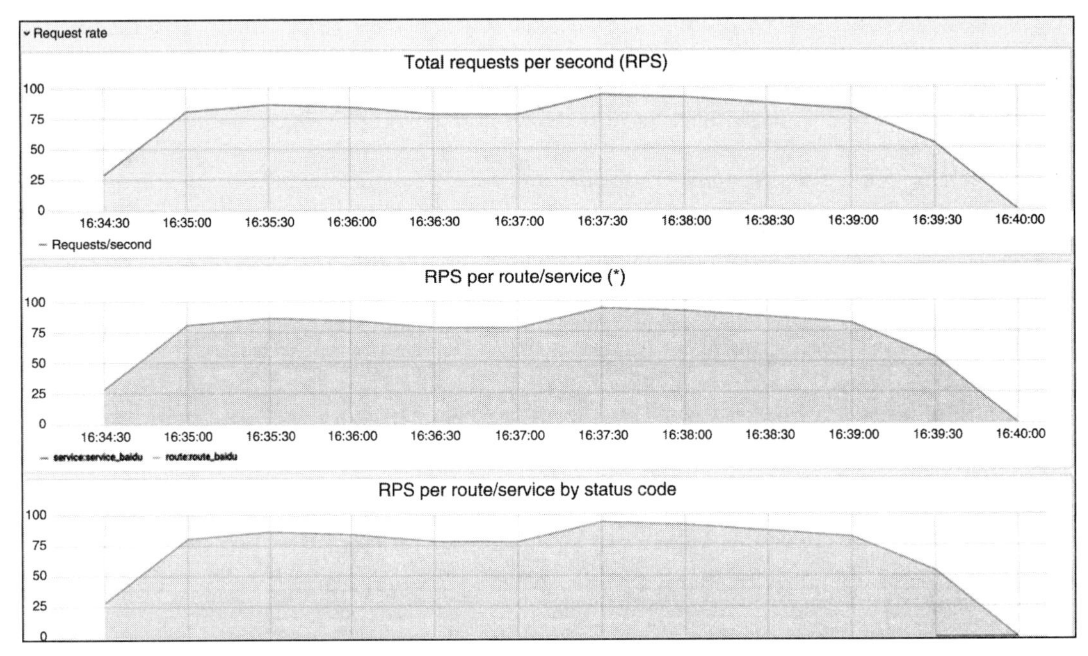

图 11-9　请求率变化趋势

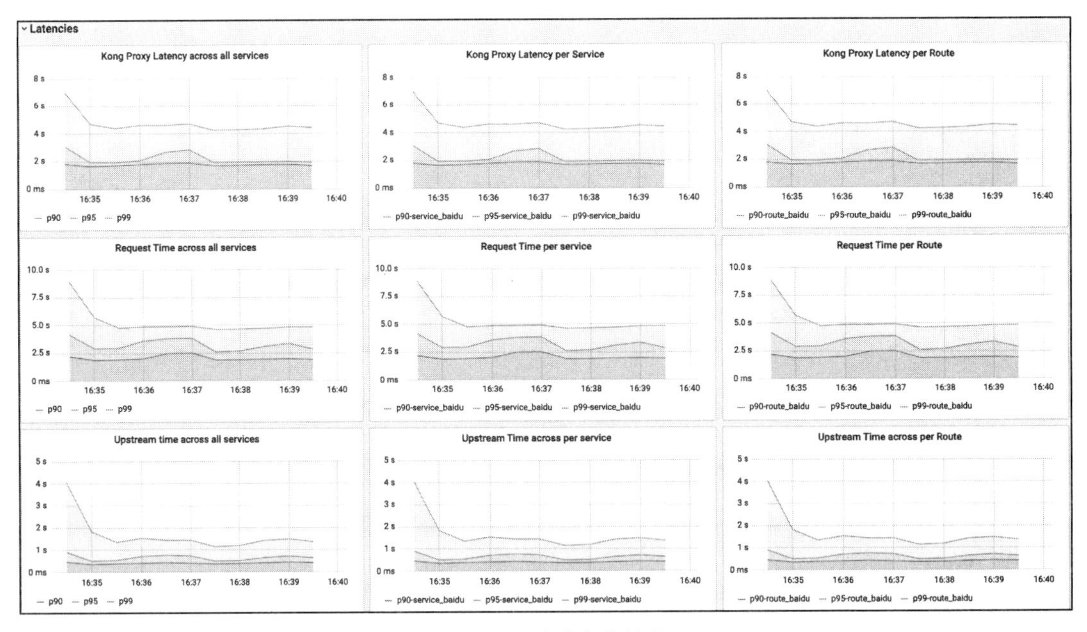

图 11-10　延时变化趋势

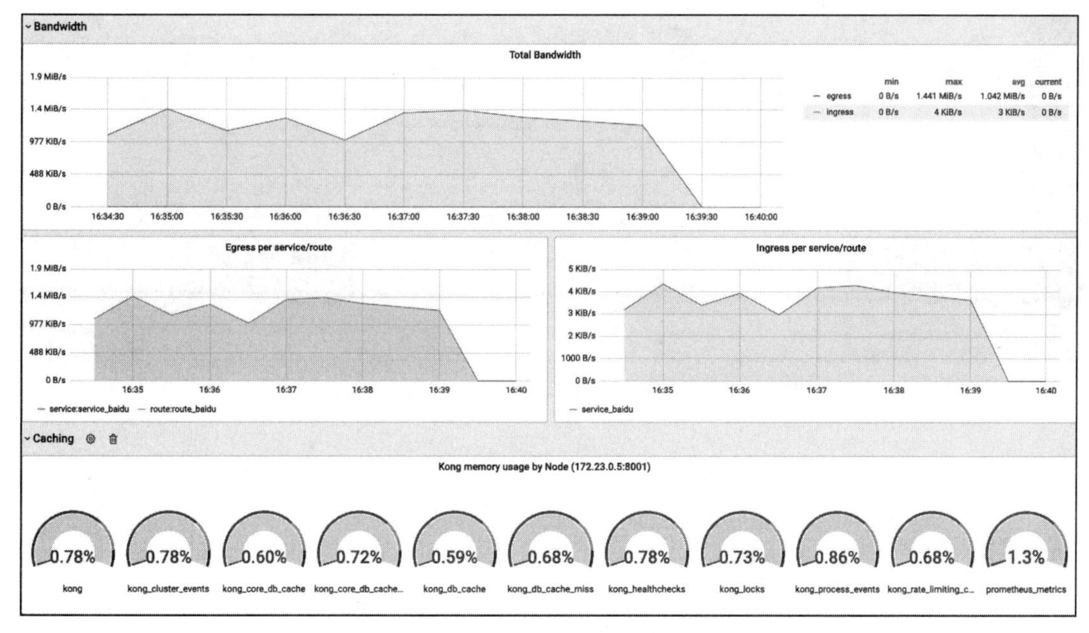

图 11-11　带宽变化趋势

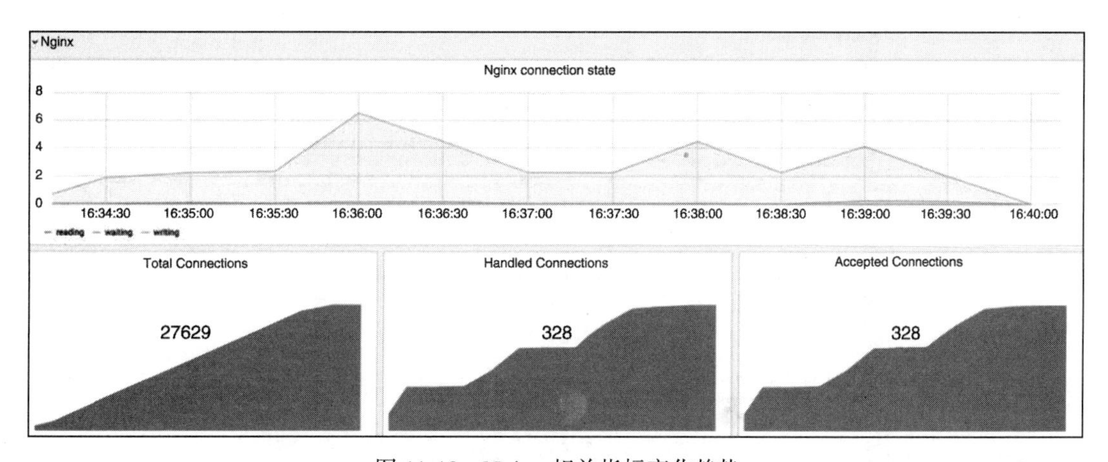

图 11-12　Nginx 相关指标变化趋势

11.2.6　Kong 监控平台的预警功能

监控预警是指系统根据观测数据得到可能会出现问题，提前发出警告，避免事故发生。Grafana 集成了预警功能，我们只需在对应的监控指标中添加配置。这里我们以每分钟服务请求总数为例，添加监控预警配置，并连接钉钉平台，具体操作如下。

1）在 Grafana 主页页面中添加 Alerting（出警）的 Notification channels（通知渠道），如图 11-13 所示。

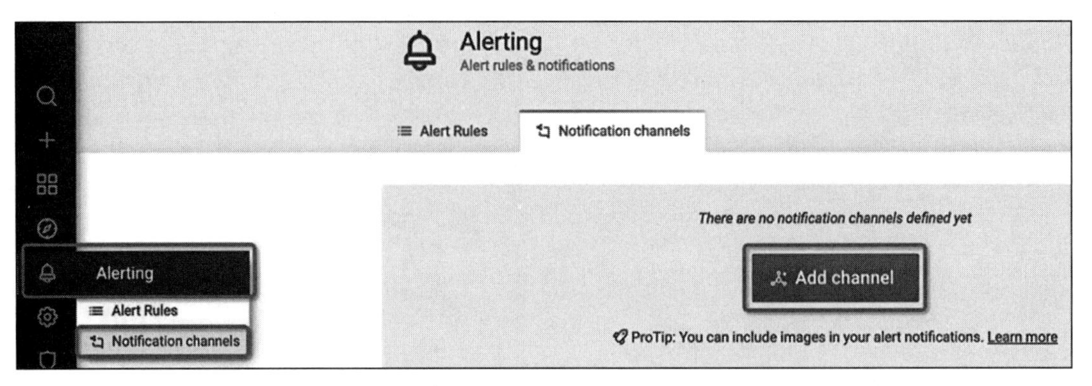

图 11-13　添加 Alerting 的 Notification channels

2）告警类型选择 DingDing，将钉钉机器人的 API 添加至 Url 一栏，告警名称自定义，消息类型（Message Type）选择 ActionCard，如图 11-14 所示。读者可以参考钉钉官网（https://www.dingtalk.com/qidian/help-detail-20781541.html）的描述添加钉钉机器人。

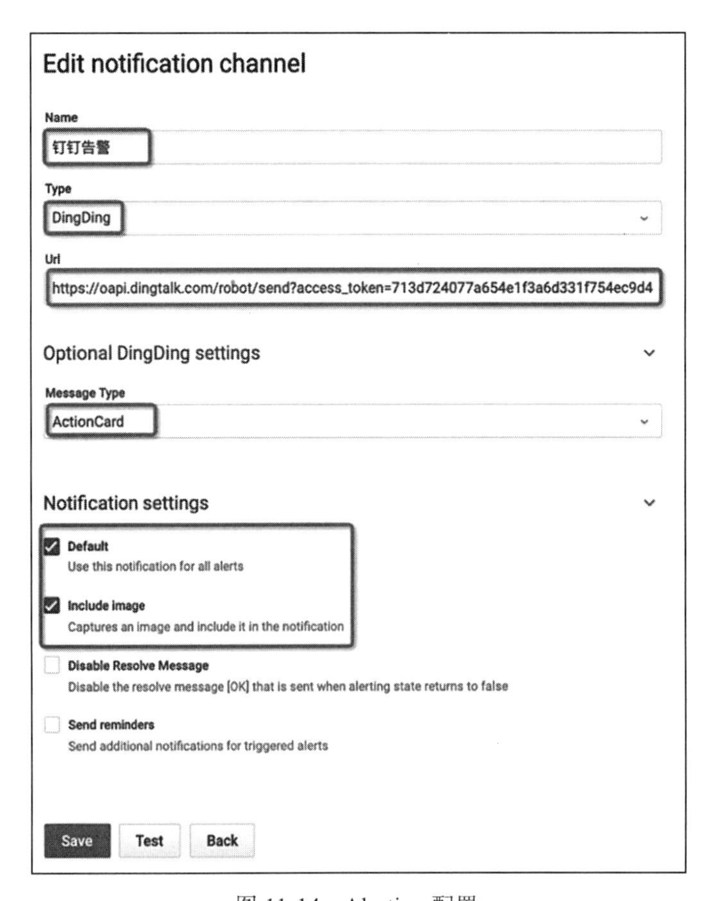

图 11-14　Alerting 配置

3）点击 Test 按钮，此时钉钉机器人会往对应的群中发送告警信息，如图 11-15 所示。消息发送成功后，点击 Save 按钮，保存告警配置。

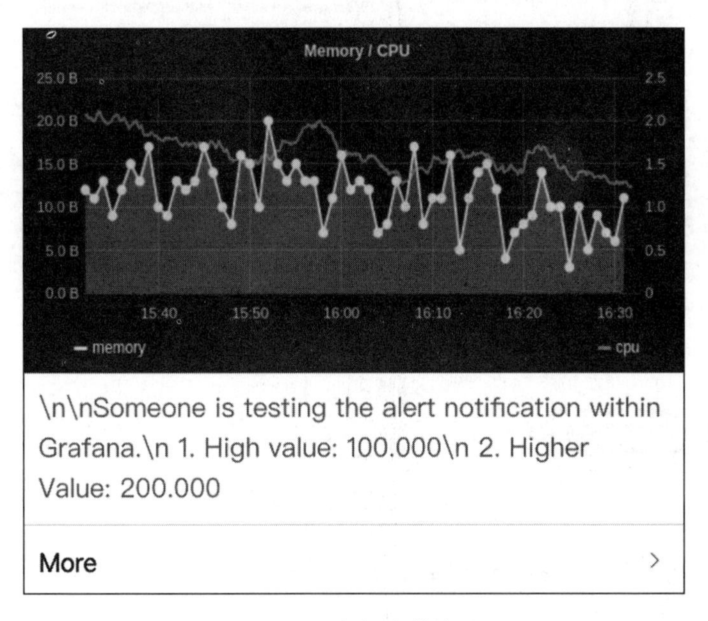

图 11-15　钉钉告警效果

4）点击每个服务的 Request Time Per Service 面板，并点击 Alert 标签页中的 Create Alert 按钮，并配置告警规则（如图 11-16 和图 11-17 所示），然后点击 Save 按钮保存即可。

注意　需要注意的是，在 Grafana 中配置钉钉告警时，查询语句中是不允许使用变量的。

图 11-16　配置告警

这里的 Rule 是配置的规则；Name 为该规则的名称，可自定义，默认名称为图名；Evaluate every 表示执行的频率，这里我们选择 30s For 1m，表示每 30s 取一次样。Conditions 中的 avg() 表示平均值，A 表示 metric 的值；1m，now 表示从触发报警条件开始到现在持续 1 分钟；2000 表示告警的临界值。

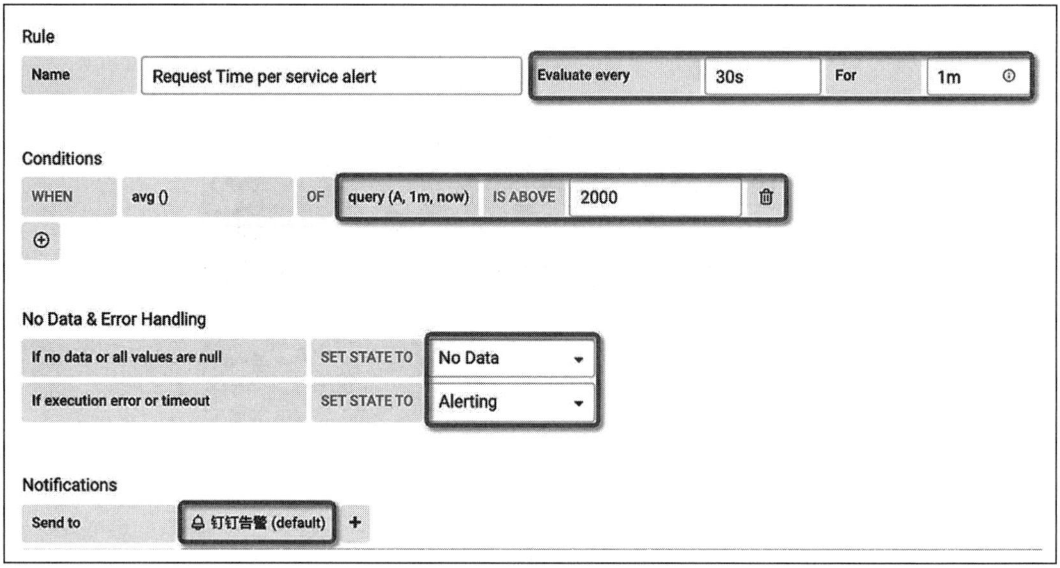

图 11-17 配置告警规则

当告警时，Grafana 会发送 Alerting 信息给钉钉机器人，在没有获取数据的情况下发送 No Data 给钉钉机器人，表示系统异常。

Grafana 监控预警除了可以对接钉钉平台，还可以对接邮件、企业微信等通信软件，可以大大提高预警效率，保障网关稳定。

11.3 Kong 网关运维

Kong 网关运维主要涉及数据备份、软硬件维护与突发事件处理，其中数据备份和软硬件维护是日常工作事项，运维人员可提前准备好标准的流程规范，按部就班执行；突发事件涉及的场景和处理方式比较特殊，笔者会挑选一些常见的突发场景与处理方式与读者分享。

11.3.1 数据备份

数据存储在软件开发和运维中扮演着非常重要的角色。数据备份是其中非常重要的一部分。Kong 网关的数据备份可以细分为数据库备份和日志备份。下面我们会对其进行深入探讨。

1. 数据库备份

在之前的章节中，我们已经知晓 Kong 网关支持两种数据库类型：PostgreSQL 和 Cassandra。它们的数据备份思路大致相同，仅在操作细节上有一些细微差异。

（1）PostgreSQL 数据库

PostgreSQL 数据库使用 PostgreSQL 自带命令行工具 pg_dump 就可以将数据库信息备

份到 sql 文件中，操作如下所示：

```
$ pg_dump -h 127.0.0.1 -p 5432 -U kong -f db_back.sql kong
```

-h 参数表示数据库地址，-p 参数表示数据库端口，-U 参数表示数据库使用的用户名，-f 参数表示备份输出的文件名，db_back.sql 为备份的文件名，kong 为数据库名。

这里使用 Linux 定时任务功能对数据进行备份，示例中为每天凌晨 1 点进行数据备份。

```
$ crontab -l
# 备份 Kong 数据库实体信息
0 1 * * * pg_dump -h 127.0.0.1 -p 5432 -U kong -f /root/db_back_`date
  +%F`.sql kong
```

（2）Cassandra 数据库

Cassandra 数据库的备份是对现有数据做一个快照，不仅是对全库做快照，也是对表、keyspace 做快照。Cassandra 数据库的备份还包括增量备份。以下程序所做的备份是对全库做快照。

```
$ nodetool snapshot
Requested creating snapshot(s) for [all keyspaces] with snapshot name
  [1604907520114] and options {skipFlush=false}
Snapshot directory: 1604907520114
```

nodetool 是 Cassandra 自带的命令行工具，snapshot 参数表示创建快照。备份完成后，系统会在每个表所在的目录下生成一个文件夹，里面存放了每个表的备份数据。我们可以使用 listsnapshots 参数查看。

最后添加一个类似 PostgresSQL 的定时备份任务：

```
$ crontab -l
# 备份 Kong 数据库实体信息
0 1 * * * nodetool snapshot
```

2. 日志备份

在上一章中，我们为 Kong 网关搭建了日志系统，所有日志信息都存储在 Elasticsearch 中。对于日志备份场景，我们仅需备份源日志文件即可，无须备份索引数据。这里可以使用 Logstash 的 output 插件将日志源文件压缩并存储在日志服务器中。我们可以在 logstash.conf 配置文件增加以下内容，如代码清单 11-1 所示。

代码清单 11-1 logstash.conf 配置文件

```
14 ...
15 output {
16   elasticsearch {
17     hosts => ["172.19.0.3:9200"]
18     index => "%{type}_%{+YYYY.MM.dd}"
19   }
```

```
20    file {
21      path => "/tmp/%{type}.gzip"
22      codec => line { format => "custom format: %{message}"}
23      gzip => true
24    }
25 }
```

对比第 10 章中的代码清单 10-1，我们添加了第 20 ～ 24 行代码，具体解释如下。

- file 表示将输出事件写入磁盘文件。
- path 表示输出文件的位置与文件名。
- codec 表示输出数据的编 / 解码器。
- gzip 表示使用 gzip 格式对日志文件进行压缩。

更新完配置后，重启服务，可以发现对应目录下已经有日志备份文件。

```
# tree /tmp/ -L 1
/tmp/
├── ...
└── test-2020-11-19.gzip
```

11.3.2 软 / 硬件维护

软 / 硬件维护主要涉及服务器升降配置和软件版本升级等事项。软件升级是常见的软件维护操作。我们可以通过软件升级使用最新的软件功能，以满足业务需求。服务器升降配置也是常规的维护操作，具体的升降配原则需要根据系统和服务的监控指标来决定。

1. 服务器升降配置

这里我们先介绍 Kong 网关的升降配置操作。Kong 网关服务器是否需要升级取决于 Kong 服务是否出现了性能瓶颈。表 11-1 给出了大致的系统资源参考，一个中等规模的 Kong 网关吞吐量一般不超过 2500RPS，延时不超过 20ms。利用 11.2 节搭建的监控系统，我们可以实时观察 Kong 网关的服务指标数据。如果发现服务的各项性能指标已经逼近预定的阈值，我们可以考虑进行配置升级。不过，在进行降级操作时应更格外小心，防止线上业务因配置过低而受到影响。

2. Kong 网关升级

Kong 网关遵循语义化版本（Semantic Versioning），即在主要、次要和补丁版本之间区分。比如从 2.0.x 或 2.1.x 升级到 2.2.x 是次要升级；从 1.x 升级到 2.x 是主要升级。在升级过程中，我们需要注意以下三点：依存关系、模版更改和升级顺序。

- 依存关系：Kong 对应的 OpenResty 版本以及该版本中正确的 OpenResty 补丁。如果使用二进制包安装，则无须考虑依存关系。
- 模板更改：新旧 Kong 版本之间 Nginx 配置模板文件的变化。
- 升级顺序：0.x 版本→ 1.x 版本→ 2.x 版本。

笔者之前使用的一直都是 2.0.5 版本，现在演示将其升级为 2.2.0 版本。使用的数据库不同，升级过程略有不同。

（1）当数据库使用 PostgreSQL 时

1）下载 Kong2.2.0 版本，并将配置指向旧集群使用的数据库，然后运行指令 kong migrations up：

```
# 下载 2.2.0 版本的二进制包
$ wget https://bintray.com/kong/kong-rpm/download_file?file_path=centos/7/
  kong-2.2.0.el7.amd64.rpm
# 安装 kong2.2.0
$ rpm -ivh download_file\?file_path\=centos%2F7%2Fkong-2.2.0.el7.amd64.rpm
$ kong migrations up
```

2）指令运行完成后，即可启动新集群中的 Kong 节点，此时新旧集群中的 Kong 节点同时运行。如果需要使用 Admin API，必须在旧集群的 Kong 节点中使用，防止新群集生成旧群集无法理解的数据。

3）逐步将流量从旧集群节点迁移至新集群节点，并关闭旧集群节点。

4）在新集群节点中运行指令 kong migrations finish，并在新集群节点中运行 Admin API 接口：

```
$ kong migrations finish
$ curl 127.0.0.1:8001
{..."version":"2.2.0",...}
```

（2）当数据库使用 Cassandra 时

1）同理，下载 Kong2.2.0 版本，将配置指向新的 keyspace 键空间，然后运行指令 kong migrations bootstrap：

```
$ wget https://bintray.com/kong/kong-rpm/download_file?file_path=centos/7/
  kong-2.2.0.el7.amd64.rpm
$ rpm -ivh download_file\?file_path\=centos%2F7%2Fkong-2.2.0.el7.amd64.rpm
# 修改 kong.conf 配置指向新的 keyspace，名称为 kong_migration
$ vim /etc/kong/kong.conf
...
760 cassandra_keyspace = kongq_migration
...
$ kong migrations bootstrap
```

2）由于新集群中没有任何数据，所有需要在旧集群中使用 kong config db_export 指令创建一个带有数据库存储的文件 kong.yml，并使用 kong config db_import kong.yml 指令将数据加载到新集群中：

```
# 从旧集群中导出文件
$ kong config db_export /opt/kong.yml
# 使用 scp 指令将该文件放入新集群
$ scp /opt/kong.yml root@192.168.1.1:/opt
```

```
# 向新集群导入该文件
$ kong config db_import kong.yml
```

3）逐步将流量从旧集群节点迁移至新集群节点，并关闭旧集群节点。

> 注意 需要注意的是，Kong 2.2.0 版本中的 Cassandra 数据库表结构与 2.0.x 版本的表结构不兼容，所以在使用 kong migrations up 与 kong migrations finish 指令时需要停机处理。

11.3.3 突发事件处理

运维人员除了需要处理上述提到的这些日常维护事项外，还需要有处理突发事件的能力，其中包括服务器宕机、误删表数据、误删 Kong 实体等情况。对于运维人员来说，其首要的是在第一时间解决问题、恢复系统，其次找到根因，杜绝这种现象再次发生。

1. 服务器宕机

当服务器发生宕机时，运维人员首先应该迅速抢通业务，而不是处理故障的服务器。如果能够通过重启 Kong 服务器解决问题，那是最好的；如果不能通过简单的重启服务器来解决，则应当使用备用环境，或者快速重新搭建一套环境并投入使用，确保生产问题解除之后再继续排查问题。

对于可能出现的服务器宕机情况，我们还可以提前做好预防措施，例如使用 Kong 网关集群。对于 Kong 网关集群需要注意的事项，我们会在第 12 章详细介绍。

2. 误删表数据

Kong 网关使用的数据库分为两类：PostgreSQL 与 Cassandra。它们与常用的 MySQL 数据库略有差别，但基本的操作类似。以 PostgreSQL 为例，当误删数据时，我们可以使用 pg_xlogdump 指令找到误删数据对应的事务号（xid），然后重置 xlog，恢复数据。当然，保护数据最好的方法就是每天进行备份，防患于未然。

3. 误删 Kong 实体

在 10.2.3 节中，我们已经描述了大量有关误删 Kong 实体的场景，也介绍了相应的处理方式。此处不再详细展开。

11.4 本章小结

在本章中，我们讨论了 Kong 网关的日常运维内容、实施方案以及优秀的开源监控平台 Grafana 和 Prometheus。它们与 Kong 网关结合，使监控手段变得更丰富，也更人性化，将监控效果提升到了一个新的高度。除此之外，软件的运维技巧在大多方面是通用的。读者在学习技术之余，更应该注重运维的理念，这样才能事半功倍。

下一章介绍 Kong 网关的安全策略及集群高可用方案。

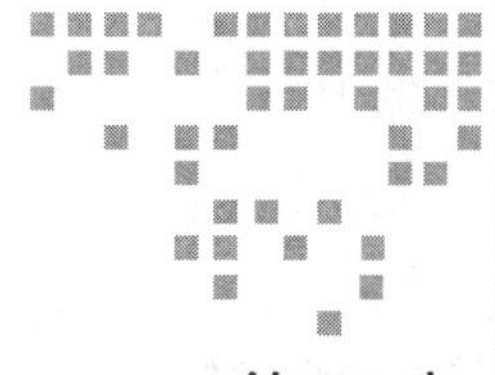

第 12 章 Chapter 12

Kong 网关安全与集群高可用

在第 11 章中，我们主要学习了 Kong 网关的运维事项和监控方案。本章会继续深入探索 Kong 网关安全配置、集群搭建以及高可用方案的诸多细节。这些也是我们在生产环境中合理、高效地搭建网关层时必须谨慎考虑的问题。

12.1 Kong 网关安全配置

网关层具有重要且独特的保护作用，目的是防止外部网络环境中的不安全因素蔓延到内部应用或企业网。对于 Kong 网关来说，其涉及安全的考量项主要有两个：一个是对后端应用的保护，另一个是对其本身 Admin API 的保护。

对于后端应用的保护策略，读者可以根据实际场景自主集成 Kong 网关提供的插件，也可以自定义插件。

这里我们着重讨论 Kong 网关的 Admin API 的保护策略。Admin API 对外提供了 RESTful 接口，以便管理和配置服务、路由、插件、使用者以及凭据信息。其具有对 Kong 服务的完全控制权，因此可确保 RESTful 接口安全可靠，避免不必要的访问。下面我们提供 4 种方式对 Admin API 设置访问控制，包括对网络层、Kong API 回路（Loopback）、自定义 Nginx 配置的访问控制。

12.1.1 网络层访问限制

对于网络层访问限制，我们提供了两种方式：最小的监听地址范围（Minimal Listening Footprint）和基于 OSI 七层网络模型中的 3/4 层网络控制（Layer 3/4 Network Control）。

1. 最小的监听地址范围

Kong 自 0.12.0 版本开始，默认只接收本地接口的请求，对应配置项为 admin_listen。

```
admin_listen = 127.0.0.1:8001
```

用户修改此值时，应始终确保监听范围在最低限度，以免将 Admin API 暴露给第三方，损害整个集群的安全性。例如，避免使用诸如 0.0.0.0:8001 之类的值，因为这样会将 Kong 网关绑定到所有接口。

2. 3/4 层网络控制

如果必须将 Admin API 暴露在 localhost 接口之外，最佳做法是尽可能限制网络层访问。假设 Kong 网关监听一个内部 IP 地址，仅允许一小段范围的 IP 地址访问，此时可以使用基于主机的防火墙策略（如 iptables）来限制输入流量。

例如，配置 Kong 网关监听 192.168.10.3:8001 端口，定义一个 /24 CIDR 块，在此范围内只有少数几个主机有访问权限。

```
$ iptables -A INPUT -s 192.168.10.3 -m tcp -p tcp --dport 8001 -j ACCEPT
```

显式指定有访问权限的主机 IP 地址：

```
$ iptables -A INPUT -s 192.168.10.4 -m tcp -p tcp --dport 8001 -j ACCEPT
$ iptables -A INPUT -s 192.168.10.5 -m tcp -p tcp --dport 8001 -j ACCEPT
```

拒绝不在上述 IP 地址范围的 TCP 数据包：

```
$ iptables -A INPUT -m tcp -p tcp --dport 8001 -j DROP
```

注意　七层模型，亦称 OSI（Open System Interconnection），是一个七层、抽象的模型体，不仅包括一系列抽象的术语或概念，还包括具体的协议。七层模型由下至上依次为物理层、数据链路层、网络层、传输层、会话层、表示层和应用层。本节提到的 3/4 层网络控制指的就是网络层和传输层。

12.1.2　Kong API 回路

Kong API 回路是基于 Kong 网关的路由实现的。Kong 网关允许使用路由代理自己的 Admin API，通过这种方式，可以对 Admin API 提供与后端应用一样细粒度的访问控制。在使用这种方式时，我们需要创建一个新的服务，将 admin_listen 配置监听的 IP 地址定义为该服务的 URL，具体操作如下。

```
# 假设 admin_listen 监听的 IP 地址为 127.0.0.1:8001，配置服务代理 admin_listen
$ curl -XPOST http://127.0.0.1:8001/services \
  --data "name=adminapi_services" \
  --data "url=http://127.0.0.1:8001"
```

```
# 配置路由
$ curl -XPOST http://127.0.0.1:8001/services/adminapi_services/routes
  --data "paths[]=/admin-api" \
  --data "name=adminapi-routes"
# 通过路由服务地址访问Admin API
$ curl http://127.0.0.1:8000/admin-api/services
{
  "data": [{
    "id": "a5fb8d9b-a99d-40e9-9d35-72d42a62d83a",
    "created_at": 1422386534,
    "updated_at": 1422386534,
    "name": " adminapi_services",
    "retries": 5,
    "protocol": "http",
    "host": "127.0.0.1",
    "port": 8001,
    "path": null,
    "connect_timeout": 60000,
    "write_timeout": 60000,
    "read_timeout": 60000,
    "tags": ["user-level", "low-priority"],
    "client_certificate":{"id":"51e77dc2-8f3e-4afa-9d0e-0e3bbbcfd515"},
    "tls_verify": true,
    "tls_verify_depth": null,
    "ca_certificates": ["4e3ad2e4-0bc4-4638-8e34-c84a417ba39b", "51e77d
      c2-8f3e-4afa-9d0e-0e3bbbcfd515"]
  }],
  "next": "http://127.0.0.1:8001/services?offset=6378122c-a0a1-438d-a5c6-
    efabae9fb969"
}
```

12.1.3 自定义Nginx配置

Kong网关与Nginx紧密结合，Nginx作为其守护进程运行，因此我们可以通过自定义将Nginx配置文件置入Kong网关环境。这样，我们可以任意使用Nginx或者openresty的server和location块来代理Admin API，从而实现高级、复杂的访问控制，具体代码如下。

```
...
http {
# http块
...
  upstream kongadmin {
# 名为kongadmin的upstream池
    least_conn;
# 保持最少连接
    server 192.168.10.1:8001 weight=1 max_fails=1 fail_timeout=3s;
# 代理的服务器IP地址为192.168.10.1，端口为8001，weight为1,max_fails=1表示与服务器通
  信失败的次数为1，fail_timeout为与服务器通信失败后的超时时间，这里设为3s，达到此值则标记
  该服务器为不可用，并进行下一次尝试
    server 192.168.10.2:8001 weight=1 max_fails=1 fail_timeout=3s;
```

```
# 同上
    ....
}
# upstream 块结尾
  server {
# server 块
    ...
    location / {
# location 块，匹配路径 "/"
        proxy_set_header Host $http_host;
# 将 http_host 的值传递给 Host 以及代理服务器
        proxy_redirect off;
# 反向代理中重定向 URL
        proxy_set_header X-Real-IP $remote_addr;
# 将 remote_addr 的值传递给 X-Real-IP 以及代理服务器
        proxy_set_header X-Scheme $scheme;
# 将 scheme 的值传递给 X-Scheme 以及代理服务器
        proxy_pass http://kongadmin;
# 代理转发 IP 地址为 http://kongadmin，kongadmin 为 upstream 的名字
        expires -1;
    }
# location 块结尾
  }
# server 块结尾
}
# http 块结尾
```

除此之外，我们还可以使用 Nginx 自带的授权和身份验证机制，例如 ACL 模块等，通过嵌入 Nginx 配置或修改模板文件来达到上述效果。Nginx 相关内容可以参考 5.3.1 节。

12.2 Kong 集群

本节之前的所有内容和示例都是基于 Kong 网关单节点模式进行的。这个模式虽然能够满足测试环境和技术预研中的绝大部分需求，但是，如果用户希望 Kong 网关在生产环境中保持稳定、高可用性，则需要搭建 Kong 集群，即使用 Kong 网关多节点模式。

12.2.1 Kong 集群简介

Kong 网关支持集群模式，允许用户横向扩展系统，以此来处理更多请求。所有 Kong 集群中的节点共享配置，因为它们的底层共享同一份数据源（指向同一个数据库）。Kong 集群分为单节点模式和多节点模式。下面我们会分别介绍，同时分享一些 Kong 集群的使用注意事项（主要针对多节点模式）。

1. 单节点模式

单个 Kong 服务节点加上数据库实例（Cassandra 或 PostgreSQL）就构成了一个简单的

Kong 集群单节点模式，如图 12-1 所示。

用户通过 Admin API 附加在该节点上的任何更改都会立即生效。比如，我们在单节点 A 上删除一个之前注册的服务：

```
$ curl -X DELETE http://127.0.0.1:8001/services/test-service
```

该节点对任何后续请求都会立即返回 404 Not Found，表示该节点已将信息从本地缓存中清除：

```
$ curl -i http://127.0.0.1:8000/test-service
404 Not Found
```

2. 多节点模式

连接到同一个数据库实例的多个 Kong 节点构成了 Kong 集群的多节点模式，如图 12-2 所示。

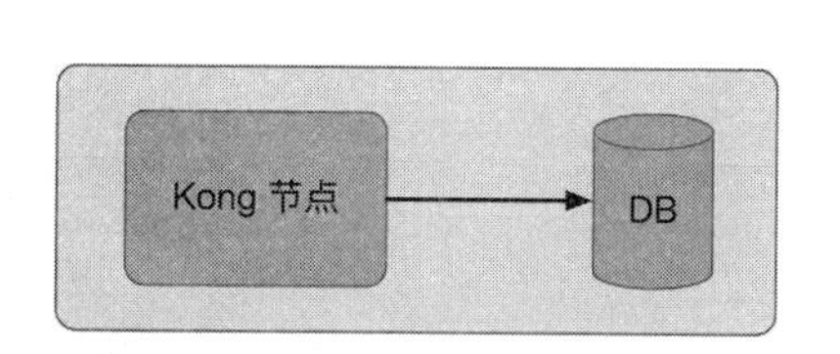

图 12-1 Kong 集群单节点模式

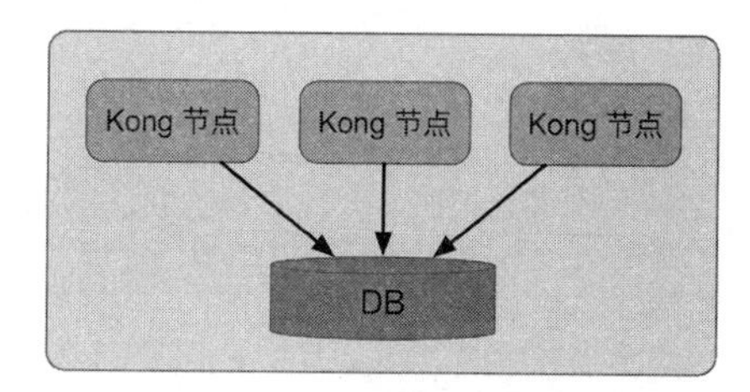

图 12-2 Kong 集群多节点模式

在多节点模式中，有一点需要注意，即使某一节点删除了某个服务，但是在数据刷新前，其他节点还可以访问到该服务。例如一个集群有两个节点：A 和 B，用户在 A 节点删除了一个服务，此时该服务已不存在于数据库中，但是在 B 节点还可以访问到该服务，因为它依旧存在于 B 节点的内存中。集群中的所有节点都会定期执行后台任务并同步其他节点触发的更改，继而刷新内存中的数据。用户可以修改配置项 db_update_frequency 来更改节点同步数据的频率，默认值为 5 秒。

所以，当节点 A 删除服务，且节点 B 再次从数据库同步数据后，Kong 集群整体就删除了该服务，保证了整体一致性。

用户搭建完 Kong 集群并不意味着客户端的流量会自动负载均衡到 Kong 集群的各个节点。用户需要在 Kong 集群配置负载均衡器来分配流量。初步搭建好的 Kong 集群仅代表集群内的节点共享相同的配置。

出于性能考虑，Kong 网关在代理请求时应避免与数据库交互。系统层面的方案是将数据库中的数据缓存在内存中。缓存的实体包括服务、路由、消费者、凭证和插件等。

12.2.2 Kong 集群缓存

Kong 集群中的所有核心实体都会缓存在内存中，并通过轮询机制进行更新。在本节中，我们会讨论缓存内容、缓存配置以及缓存操作。

1. 缓存内容

Kong 集群中的缓存不仅存储数据库中包含的数据，还存储数据库中没有的抽象信息。比如某个服务没有配置任何插件，但 Kong 节点会缓存此信息。下面示例在节点 A 上添加了一个服务实体和一条路由。

```
# A 节点
$ curl -X POST http://127.0.0.1:8001/services \
  --data "name=example-service" \
  --data "url=http://example.com"
$ curl -X POST http://127.0.0.1:8001/services/example-service/routes \
  --data "paths[]=/example"
```

一段时间后，代理该请求的节点 A 和 B 都会缓存该服务，请求也都响应正常。

```
# A 节点
curl http://127.0.0.1:8000/example
HTTP 200 OK
...
# B 节点
curl http://127.0.0.2:8000/example
HTTP 200 OK
...
```

接下来，在节点 A 上使用 Admin API 为服务新增一个插件。

```
# A 节点
$ curl -X POST http://127.0.0.1:8001/services/example-service/plugins \
  --data "name=example-plugin"
```

由于我们在节点 A 上调用了 Admin API，此时节点 A 本地的缓存已经失效。在后续的请求中，系统将检测到此 API 已经配置了插件。但是，节点 B 还尚未运行数据库轮询指令，仍然会缓存此 API 没有绑定任何插件的信息，直到节点 B 运行了数据库轮询指令，两个节点信息才会一致。

对于缓存信息，我们可以遵循一条结论：所有的 CRUD 操作都会触发缓存失效，其中创建类的操作（对应 POST、PUT 请求）会使未命中的缓存失效；更新、删除类的操作（对应 PATCH、DELETE 请求）会使命中的缓存失效。

2. 缓存配置

Kong 网关配置文件中的三个配置项（db_update_frequency、db_update_propagation、db_cache_ttl）可以用来控制数据库缓存，其中最重要的是 db_update_frequency。调整该值可以使 Kong 节点在性能和一致性方面达到平衡。Kong 网关对这些配置项都提供了默认值。在生产环境中，用户可以对这些值进行微调，以确保性能可靠。

（1）db_update_frequency

该配置项确定了 Kong 节点轮询数据库的频率，默认为 5 秒。该值越小，表示轮询作业执行得越频繁，缓存刷新得越频繁，同时会增加系统的压力。一般情况下，我们可以选取系统默认值。

这里我们做一个简单示例，验证更改 db_update_frequency 配置项后的效果（60 秒）。

1）首先搭建 Kong 集群基础环境：

```
# 创建数据库，初始化数据库
$ docker run -d --name kong-database \
  --network=kong-net \
  -p 5432:5432 \
  -e "POSTGRES_USER=kong" \
  -e "POSTGRES_DB=kong" \
  -e "POSTGRES_PASSWORD=kong" \
  postgres:9.6
$ docker run --rm \
    --network=kong-net \
    -e "KONG_DATABASE=postgres" \
    -e "KONG_PG_HOST=kong-database" \
    -e "KONG_PG_USER=kong" \
    -e "KONG_PG_PASSWORD=kong" \
    -e "KONG_CASSANDRA_CONTACT_POINTS=kong-database" \
    kong:2.0.5 kong migrations bootstrap
# 启动 Kong 节点 1，设置 db_update_frequency 值为 60 秒
$ docker run -d --name kong-node1 \
    --network=kong-net \
    -e "KONG_DATABASE=postgres" \
    -e "KONG_PG_HOST=kong-database" \
    -e "KONG_PG_USER=kong" \
    -e "KONG_PG_PASSWORD=kong" \
    -e "KONG_CASSANDRA_CONTACT_POINTS=kong-database" \
    -e "KONG_DB_UPDATE_FREQUENCY"=60 \
    -e "KONG_PROXY_ACCESS_LOG=/dev/stdout" \
    -e "KONG_ADMIN_ACCESS_LOG=/dev/stdout" \
    -e "KONG_PROXY_ERROR_LOG=/dev/stderr" \
    -e "KONG_ADMIN_ERROR_LOG=/dev/stderr" \
    -e "KONG_ADMIN_LISTEN=0.0.0.0:8001, 0.0.0.0:8444 ssl" \
    -p 8000:8000 \
    -p 8443:8443 \
    -p 8001:8001 \
    -p 8444:8444 \
    kong:2.0.5
# 启动 Kong 节点 2，设置 db_update_frequency 值为 60 秒
$ docker run -d --name kong-node2 \
    --network=kong-net \
    -e "KONG_DATABASE=postgres" \
    -e "KONG_PG_HOST=kong-database" \
    -e "KONG_PG_USER=kong" \
    -e "KONG_PG_PASSWORD=kong" \
    -e "KONG_CASSANDRA_CONTACT_POINTS=kong-database" \
    -e "KONG_DB_UPDATE_FREQUENCY"=60 \
```

```
    -e "KONG_PROXY_ACCESS_LOG=/dev/stdout" \
    -e "KONG_ADMIN_ACCESS_LOG=/dev/stdout" \
    -e "KONG_PROXY_ERROR_LOG=/dev/stderr" \
    -e "KONG_ADMIN_ERROR_LOG=/dev/stderr" \
    -e "KONG_ADMIN_LISTEN=0.0.0.0:8001, 0.0.0.0:8444 ssl" \
    -p 9000:8000 \
    -p 9443:8443 \
    -p 9001:8001 \
    -p 9444:8444 \
    kong:2.0.5
```

2）添加一个服务：

```
# 代理至node后端应用，URL为172.18.0.9:8080
$ curl -X POST http://127.0.0.1:8001/services \
  --data "name=service_demo" \
  --data "url=http://172.18.0.9:8080"
```

3）在Kong节点1中添加路由，同时访问Kong节点2，验证Kong节点2中是否可以正常访问：

```
# 第一次验证
$ curl -X POST http://127.0.0.1:8001/services/service_demo/routes --data "
  name=route_demo" --data "paths[]=/" && while true;do curl 127.0.0.1:
  9000/ && sleep 1s;done
{"id":"00aad6a4-0bdd-4fec-bf20-528e9e2b4ba9",...}
{"message":"no Route matched with those values"}
{"message":"no Route matched with those values"}
{"message":"no Route matched with those values"}
...
{"message":"no Route matched with those values"}
{"message":"no Route matched with those values"}
{"message":"no Route matched with those values"}
{"language":"node","type":"application","version":"v1","user":"demo_v1"}
```

第一次验证结果总共包含43行{"message":"no Route matched with those values"}信息，表示集群总共花费43秒使所有节点缓存生效。

4）删除路由信息，进行第二次验证：

```
# 删除路由信息
$ curl -X DELETE http://127.0.0.1:8001/routes/route_demo
# 第二次验证
$ curl -X POST http://127.0.0.1:8001/services/service_demo/routes --data "
  name=route_demo" --data "paths[]=/" && while true;do curl 127.0.0.1:
  9000/ && sleep 1s;done
{"id":"00aad6a4-0bdd-4fec-bf20-528e9e2b4ba9",...}
{"message":"no Route matched with those values"}
{"message":"no Route matched with those values"}
{"message":"no Route matched with those values"}
...
```

```
{"message":"no Route matched with those values"}
{"message":"no Route matched with those values"}
{"message":"no Route matched with those values"}
{"language":"node","type":"application","version":"v1","user":"demo_v1"}
```

第二次验证结果包含 35 行 {"message":"no Route matched with those values"} 信息，表示 Kong 集群总共花费 35 秒使所有节点缓存生效。

通过这两个示例可以发现，当 db_update_frequency 设置为 60 秒时，缓存的同步时间略小于 60 秒，并不严格与 db_update_frequency 值保持一致。

（2）db_update_propagation

如果数据库本身最终状态需要保持一致（如 Cassandra），则必须配置 db_update_propagation，默认值为 0 秒。这是为了确保留有足够的变更时间，让数据跨数据库节点传播。当用户设置此配置项时，Kong 节点在收到缓存失效事件后，会延迟一定时间再将缓存中的内容清除。

如果 Kong 节点连接了最终状态一致的数据库，又没有推迟处理缓存失效事件，那么系统会正常清除缓存，只是之后缓存的值就不是最新的数据，因为变更还未来得及在数据库范围内传播。用户需要预先估计传播数据所花费的时间，再设置此值。当设置该值后，数据变更在集群范围内总共花费的时间为 db_update_frequency + db_update_propagation 秒。

（3）db_cache_ttl

该配置项表示 Kong 缓存数据库实体内容的时间，包括命中和非命中数据，默认值为 0 秒。该配置项类似于一种安全措施，避免系统使用过时的数据运行过长时间。当运行时间达到用户设置的 TTL 时间后，系统就会从缓存中清除该数据，然后缓存下一个查询结果。

默认情况下，我们不会基于 TTL 值更新系统缓存，而是依赖 Kong 节点缓存失效事件。如果用户担心 Kong 节点错过缓存失效事件，就可以设置 db_cache_ttl 配置项，以保证在指定时间内更新缓存。

3. 缓存操作

在某些场景下，用户希望获取缓存值或者手动使缓存值失效，这可以使用 Admin API 访问 /cache 端点来完成。

（1）获取缓存值

Kong 网关中 Admin API 端点为：

```
GET /cache/{cache_key}
```

如果缓存中具有该键对应的值，系统返回：

```
HTTP 200 OK
...
{
  ...
}
```

否则，系统返回：

```
HTTP 404
```

（2）手动清除单个缓存

Kong 网关中 Admin API 端点为：

```
DELETE /cache/{cache_key}
```

无论之前缓存中是否包含该键对应的值，系统都会返回：

```
HTTP 204 No Content
...
```

（3）手动清除所有缓存

Kong 网关中 Admin API 端点为：

```
DELETE /cache
```

系统响应值为：

```
HTTP 204 No Content
```

需要注意的是，在运行状态良好的节点上必须慎用此命令。如果该节点正在接收大量请求，此时清除节点上的所有缓存会给数据库造成巨大压力，甚至发生缓存雪崩。

12.3 Kong 网关高可用

系统高可用指的是通过尽量缩短日常维护操作（计划中）或突发的系统崩溃（计划外）所导致的停机时间，提高系统和应用的可用性。实现高可用的常规手段有数据冗余备份与服务的失效转移。对于 Kong 网关而言，高可用方案需要实现集群部署、负载均衡、健康检查和失效节点自动重启。下面我们会结合这几点设计 Kong 网关高可用方案。

12.3.1 架构设计

图 12-3 描述了最基本的高可用方案，具体层级结构依次为客户端、Nginx 前置节点、Kong 网关集群、数据库集群和后端应用集群。我们来看一下它是如何实现 Kong 网关高可用的。

（1）集群部署

Kong 网关支持集群模式，只需在各节点配置文件中使用相同的数据源即可。如果 Kong 网关不使用集群模式部署，那么整个网关只有一个节点。当该节点服务不可用时，整个网关服务不可用。

除了 Kong 网关需要支持集群模式，底层的数据源也要保证高可用。Cassandra 天然支持集群模式，部署和使用起来非常方便。

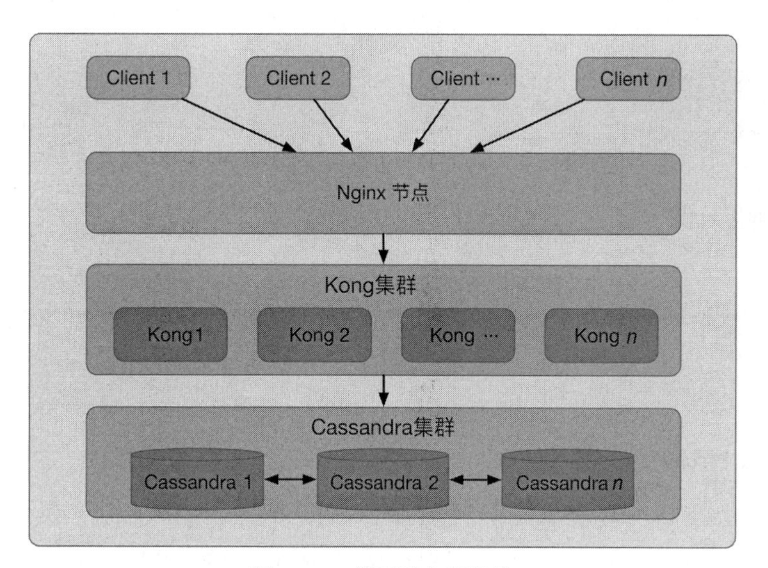

图 12-3　高可用方案架构

（2）负载均衡

这里，负载均衡特性主要体现在两方面，一方面是 Nginx 前置节点分摊流量到 Kong 网关集群，另一方面是 Kong 代理请求到后端服务集群。可以发现，该架构方案中的 Nginx 前置节点是一个隐患点。如果 Nginx 服务器发生宕机，后续的流量都将被切断。

（3）健康检查

健康检查特性也体现在两方面，一方面是 Nginx 前置节点对 Kong 节点做健康检查，另一方面是网关层对后端服务做健康检查。前者可以通过修改 Nginx 配置项完成，后者可以参考第 8 章中的内容。Ngnix 前置节点对 Kong 节点做健康检查的代码如下。

```
36   ......
37   upstream kong {
38     least_conn;
39
40     server 192.168.0.10:8000 weight=1 max_fails=1 fail_timeout=3s;
41     server 192.168.0.11:8000 weight=1 max_fails=1 fail_timeout=3s;
42     # max_fails 设定 Nginx 与服务器通信的失败次数，fail_timeout 设定服务
         器被认为不可用的时间段以及统计失败次数的时间段。
43   }
44   ......
```

（4）失效节点自动重启

失效节点自动重启比较容易理解。其最简单的实现方式是添加系统定时任务，以检查服务进程是否存活。如果进程死亡，重启拉起服务即可。服务进程自启动脚本如下：

```
# Kong 服务进程自启动脚本
  1 #!/bin/bash
```

```
2 state=`kong health|grep nginx.......running`
3 rc=`echo $?`
4 if [ $rc -ne 0 ];then
5   /usr/local/bin/kong start
6 fi
```

```
# Nginx 服务自启动脚本
1 #!/bin/bash
2 state=`ps -ef|grep [n]ginx|grep master`
3 rc=`echo $?`
4 if [ $rc -ne 0 ];then
5   nginx
6 fi
```

12.3.2 引入 HAProxy 层

上述方案已经可以基本满足日常的高可用需求。在此基础上，我们还可以引入 HAProxy 层继续优化架构。Nginx 本身可以承受相当高的负载，并稳定运行，但之前的架构方案中只有一台 Nginx 作为 Kong 集群的负载均衡器。当面对流量高并发的场景时，可能会出现性能瓶颈。同时，Nginx 擅长 7 层应用层代理，而 HAProxy 工作在 4 层传输层。对于更前置的网关层，HAProxy 比 Nginx 更具优势。因此，我们可以对请求进行初筛，有效减轻 Nginx 后置集群的压力。优化之后的架构方案如图 12-4 所示。

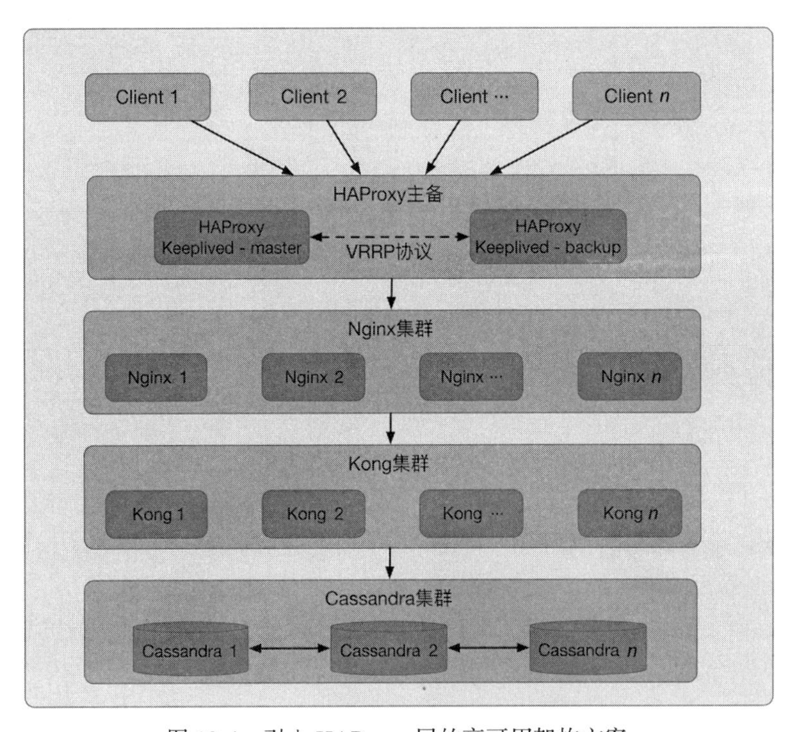

图 12-4 引入 HAProxy 层的高可用架构方案

我们同样需要对 HAProxy 添加 Prometheus+Grafana 监控配置。监控模板使用 Grafana 中编号为 2428 的模板，效果如图 12-5 所示。

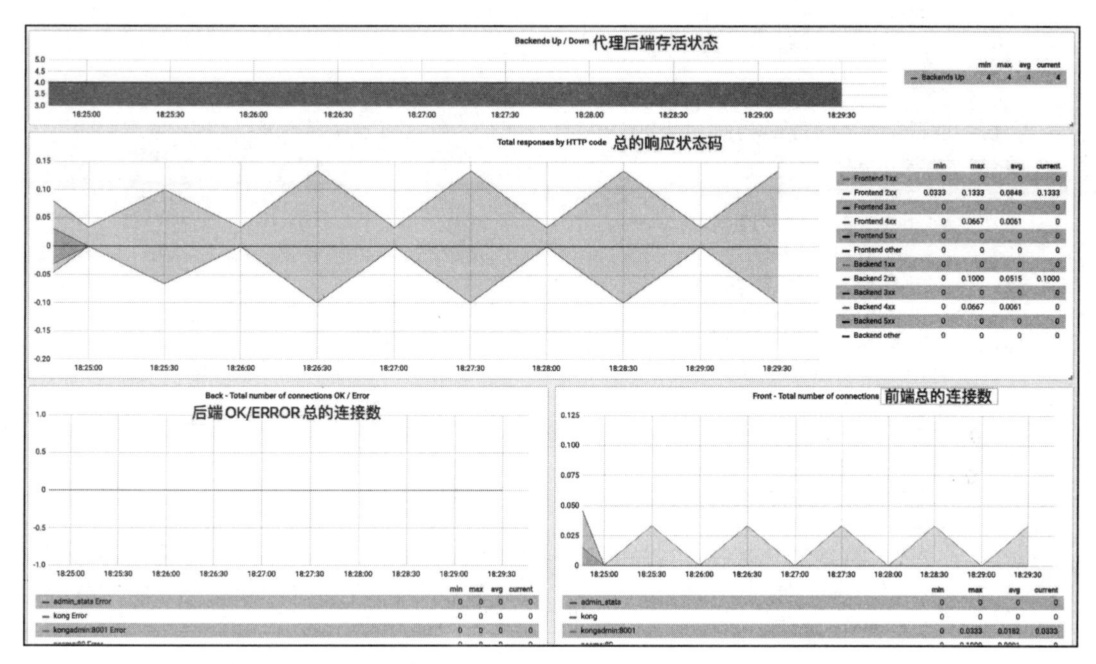

图 12-5　HAProxy 监控面板

12.3.3　高可用方案测试

在本节中，我们会基于前两节预设的架构方案做高可用测试。在实施具体测试方案之前，我们先列出各个组件对应的主要配置项和自动检测服务脚本供大家参考，以便快速搭建测试环境。配置详情如代码清单 12-1 至代码清单 12-5 所示。

代码清单 12-1　HAProxy in.cfg 文件

```
 1 # 全局配置信息
 2 global
 3   log 127.0.0.1 len 65535 local2 debug
 4   uid 200
 5   gid 200
 6   pidfile /var/run/haproxy.pid
 7   daemon
 8 # 默认配置信息
 9 defaults
10   log global
11   mode http
12   maxconn 3000
13   option http-server-close
```

```
14    option forwardfor
15    option dontlognull
16    timeout connect 5000
17    timeout client 50000
18    timeout server 50000
19  # Haproxy 监控配置信息
20  listen admin_stats
21    bind 10.0.0.1:2408
22    mode http
23    option httplog
24    maxconn 10
25    stats enable
26    stats refresh 30s
27    stats uri /status
28    stats hide-version
29    stats admin if TRUE
30
31  # Kong 代理配置信息
32  listen kong
33    bind 0.0.0.0:1001
34    mode http
35    server kong_nginx-1 10.0.0.2:80 check inter 2000 rise 3 fall 3 weight 1
36    server kong_nginx-2 10.1.0.3:80 check inter 2000 rise 3 fall 3 weight 1
37    server kong_nginx-n x.x.x.x:80  check inter 2000 rise 3 fall 3 weight 1
```

代码清单 12-2　Nginx kongadmin.conf 文件

```
 1  # Kong 资源组信息
 2  upstream kongadmin {
 3    # 负载均衡算法
 4    least_conn;
 5    server 10.0.0.10:8001 weight=1 max_fails=1 fail_timeout=3s;
 6    server 10.0.0.11:8001 weight=1 max_fails=1 fail_timeout=3s;
 7    server x.x.x.x:8001   weight=1 max_fails=1 fail_timeout=3s;
 8  }
 9  # Nginx 代理配置信息
10  server {
11    listen      81;
12    server_name _;
13    location / {
14      proxy_set_header Host $http_host;
15      proxy_redirect off;
16      proxy_set_header X-Real-IP $remote_addr;
17      proxy_set_header X-Scheme $scheme;
18      proxy_pass http://kongadmin;
19      # 缓存配置信息
20      expires -1;
21    }
22  }
```

代码清单 12-3 keeplived master 文件

```
 1 # 全局配置信息
 2 global_defs {
 3   notification_email {
 4     sysadmin@qq.com
 5   }
 6   notification_email_from Alexandre.Cassen@firewall.loc
 7   router_id proxy1
 8 }
 9 # 服务脚本配置信息
10 vrrp_script chk_nginx {
11   script "/etc/keepalived/check.sh"
12   interval 2
13   weight 20
14   fall 3
15   rise 2
16 }
17 # Master 配置信息
18 vrrp_instance VI_1 {
19   state MASTER
20   interface ens33
21   virtual_router_id 51
22   priority 100
23   advert_int 1
24   authentication {
25     auth_type PASS
26     auth_pass 1111
27   }
28   virtual_ipaddress {
29     172.19.1.200
30   }
31   track_script {
32     checkproxy
33   }
34 }
```

代码清单 12-4 keeplived backup 文件

```
 1 # 全局配置信息
 2 global_defs {
 3   notification_email {
 4     sysadmin@qq.com
 5   }
 6   notification_email_from Alexandre.Cassen@firewall.loc
 7   router_id proxy2
 8 }
 9 # 服务脚本配置信息
10 vrrp_script chk_nginx {
11   script "/etc/keepalived/check.sh"
12   interval 2
```

```
13   weight 20
14   fall 3
15   rise 2
16 }
17 # Backup 配置信息
18 vrrp_instance VI_1 {
19     state BACKUP
20     interface ens33
21     virtual_router_id 51
22     priority 90
23     advert_int 1
24     authentication {
25       auth_type PASS
26       auth_pass 1111
27     }
28     virtual_ipaddress {
29       172.19.1.200
30     }
31     track_script {
32       checkhaproxy
33   }
34 }
```

代码清单 12-5　check.sh 文件（自动检测服务脚本）

```
1 #!/bin/bash
2 # 统计 haproxy 进程个数
3 count = `ps -ef | grep [h]aproxy | wc -l`
4 if [ $count > 0 ]; then
5   exit 0
6 else
7   exit 1
8 fi
```

在准备好所有配置文件和脚本之后，启动测试程序。

```
# HAProxy 启动指令
$ /usr/local/haproxy/sbin/haproxy -f /usr/local/haproxy/conf/in.cfg
# keepalived 启动指令
$ systemctl start keepalived
# nginx 启动指令
# systemctl start nginx
```

这里，我们使用 wrk 工具进行持续压测，具体指令如下。

```
# 压测指令
$ wrk -t1 -c2 -d3600s http://172.19.22.18:1001/web/web_demo/demo/home
```

1）压测一段时间后手动将 HAProxy 层的 master 节点宕机，观察 master 节点、slave 节点流量变化，以及 Nginx 节点、Kong 节点流量变化。效果如图 12-6 至图 12-9 所示。

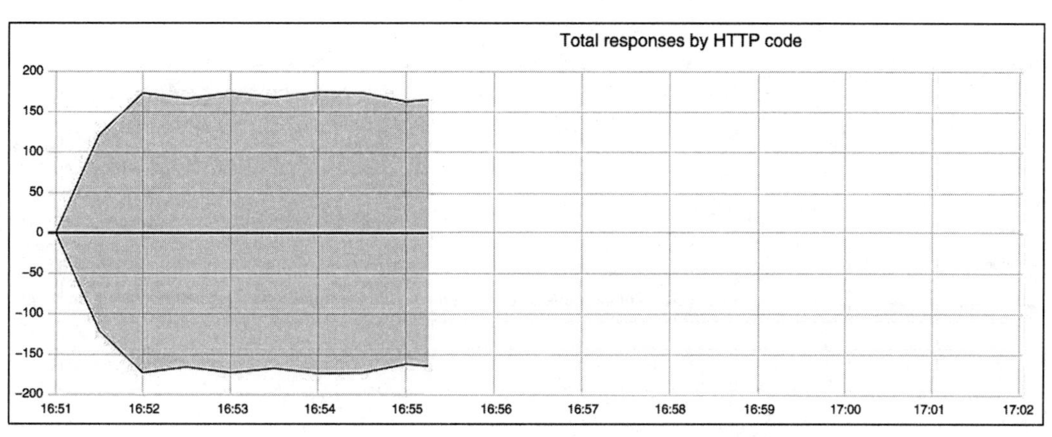

图 12-6　Master 节点流量变化

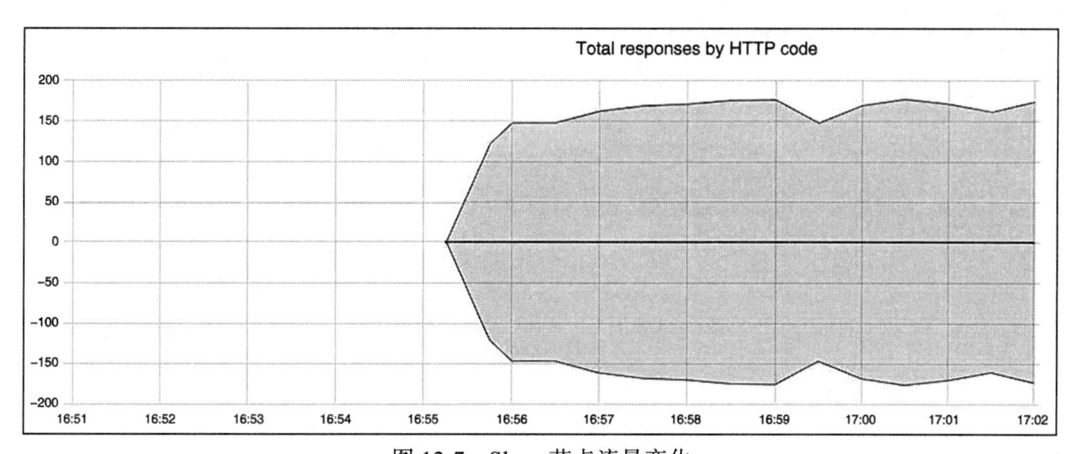

图 12-7　Slave 节点流量变化

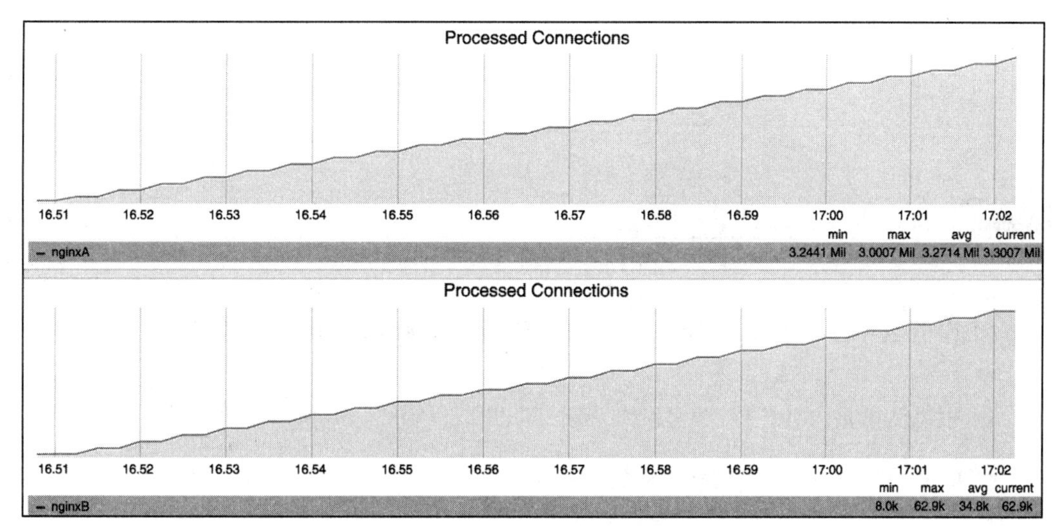

图 12-8　Nginx 节点流量变化

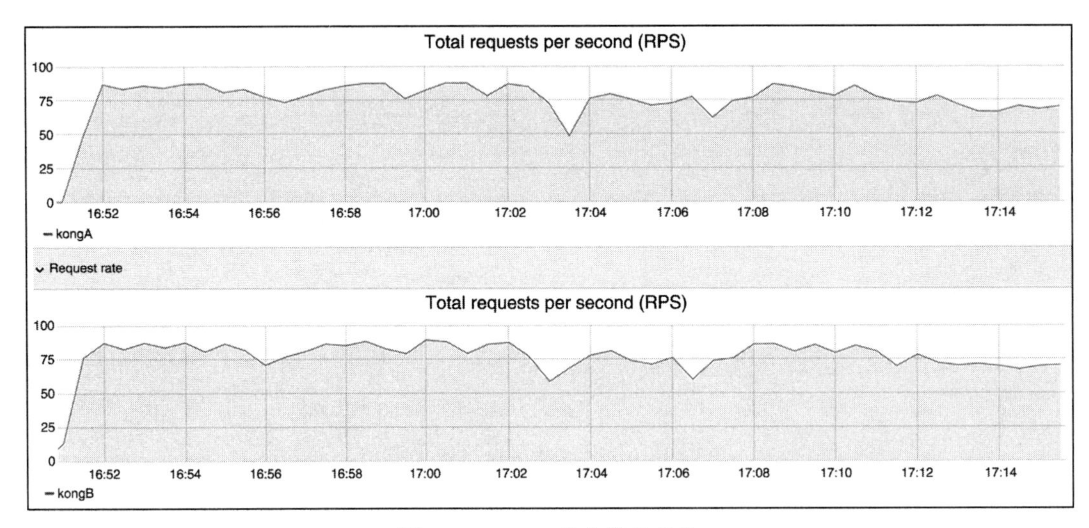

图 12-9　Kong 节点流量变化

2）断开其中一个 Nginx 节点，然后将其恢复，观察 Nginx 节点、Kong 节点流量变化，如图 12-10 至 12-11 所示。

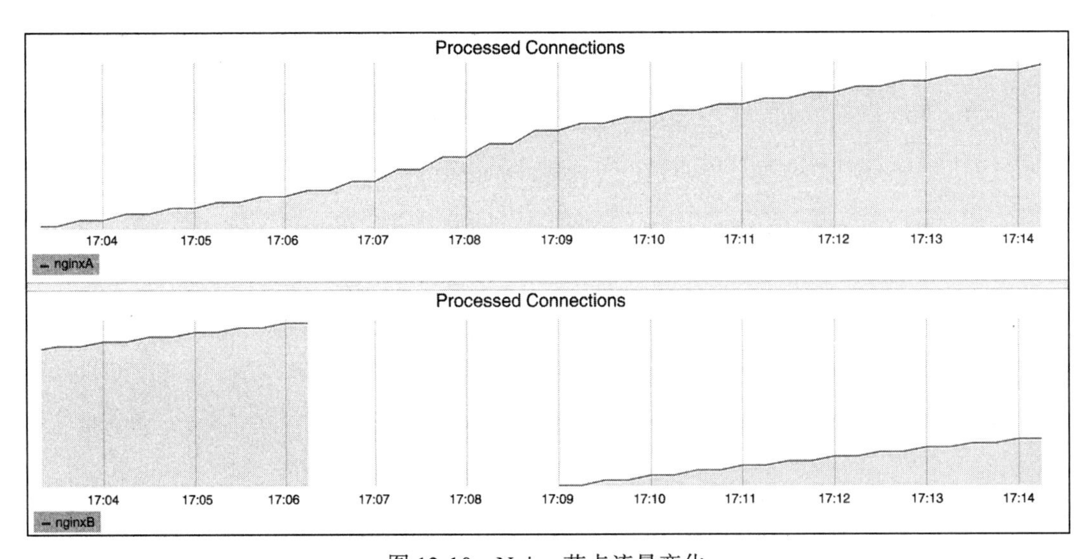

图 12-10　Nginx 节点流量变化

3）断开其中一个 Kong 节点，然后将其恢复，观察 Kong 节点流量变化，如图 12-12 所示。

4）根据测试报告计算接口可用率，测试报告如下所示。

```
Running 60m test @ http://172.19.22.18:1001/web/web_demo/demo/home
  1 threads and 2 connections
  Thread Stats   Avg        Stdev     Max      +/- Stdev
```

```
    Latency       23.55ms    67.34ms  1.89s   96.33%
    Req/Sec       152.44     46.51    212.00  77.41%
  330472 requests in 37.58m, 89.38MB  read
  Socket errors: connect 0, read 5, write 0, timeout 10
  Non-2xx or 3xx responses: 8808
Requests/sec:    146.57
Transfer/sec:    40.60KB
```

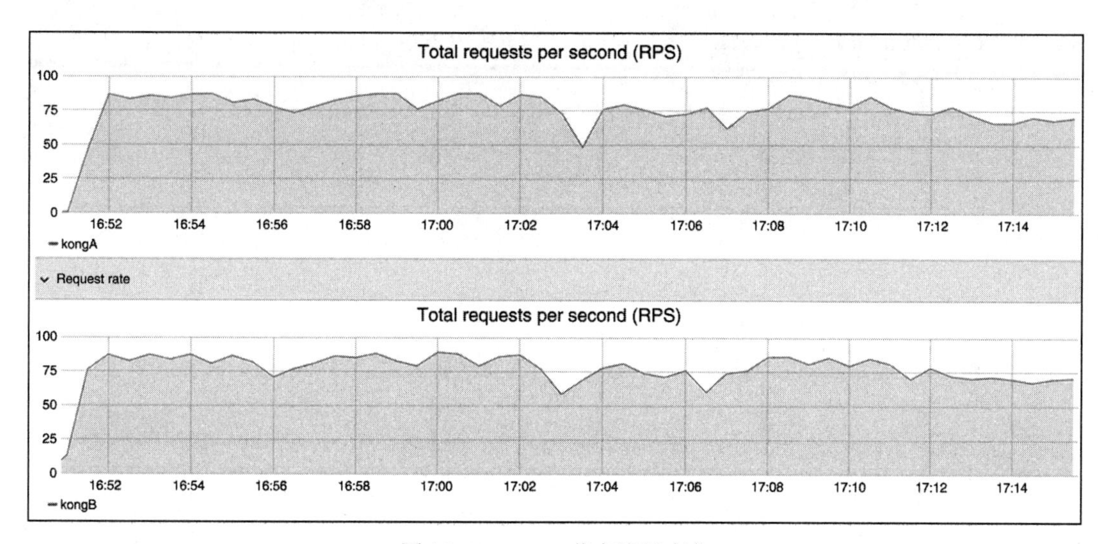

图 12-11　Kong 节点流量变化

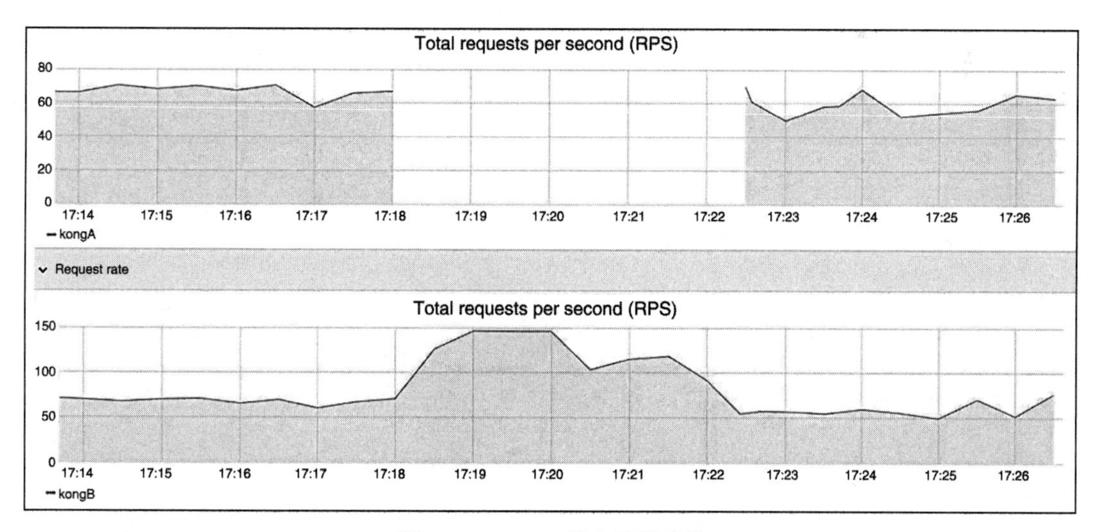

图 12-12　Kong 节点流量变化

从测试报告中可以看出，总共发出 330472 个请求，非 2xx 或者 3xx 的响应状态码为 8808 个。通过计算可以得出，接口的可用率大约为 97.334%。

12.4 本章小结

本章详细描述了 Kong 网关安全配置、集群搭建和高可用方案的相关知识。这三者彼此关联，相互依存。

在学习完第三篇之后，相信读者已经可以独立自主地交付一套完善的基于 Kong 网关层的解决方案。在第四篇中，我们会将视野延伸到微服务架构和云原生环境，了解 Kong 网关在技术快速变革下如何适应发展，推陈出新，持续为用户提供优质的网关层服务。

应 用 篇

Chapter 13 第 13 章

Kong 网关结合微服务架构

在前三篇中，我们将目光聚焦在 Kong 网关配置、使用指南以及与外围相关系统（如日志系统、监控系统等）的联动上。在第四篇中，我们会从更高维度俯瞰整个系统架构，论述场景也会从简单的工具使用延伸到多系统融合，对网关层的描述也不再拘泥于 Kong 网关，而是引入其他更多的组件。

在本章中，我们从近年来流行的微服务架构开始谈起，首先着重讲解微服务的概念和思想，包括微服务与传统单体应用的差别、传统单体服务如何平稳地迁移至微服务等；然后以实战为主，以实用度较高的 Spring Cloud 框架（Java 技术栈）为基础，结合 Kong 网关应用，从使用场景、设计思路、源码分析等方面介绍如何实现简单易用的 DevOps 平台，以加深对微服务架构的理解。

13.1 微服务简介

微服务是当下软件技术的发展趋势。在 Netflix、Google 和 Twitter 等先行者的推动下，微服务架构无论在原理还是在工程应用上都有显著发展。

在真正采用微服务架构之前，我们需要充分理解什么是微服务，以及微服务架构是否适合自身。对于一家初创企业来说，其没有外部应用程序负担，可以在开发之初做好规划，然后试行微服务架构。对于已经拥有大量不同应用程序（不同编程语言、不同架构体系）的大型企业来说，从单体应用过渡到微服务可能会非常困难，需要谨慎对待。下面我们先对微服务做一个全面的认识。

13.1.1　微服务的优点

微服务最早于 2012 年提出，在 Martin Fowler 等人的大力推广下，在 2014 年后得到大力发展。从那以后，微服务成为超增长（Hyper-growth）企业构建尖端应用程序的首选。

下面介绍一下微服务的优点。

- 敏捷性：组件化和分布式功能使应用程序开发人员独立于其他业务部门，单独进行迭代和持续部署。
- 选型自由：开发人员可以自主选择框架，从而更快地构建和部署应用。
- 弹性：微服务是为了解决故障而设计的，同时其考虑了系统冗余和隔离性，使应用程序更加健壮。
- 成本：大型应用采用微服务架构可以有效节省人力成本和资源成本。

下一节我们将通过对比传统单体应用和微服务的方式展开介绍，以帮助大家更好地了解微服务的开发和部署。

13.1.2　单体应用和微服务

基于单体应用与基于微服务架构构建应用程序是截然不同的两种构建方式。每种方式都有其优缺点和适用性。

1. 单体应用

首先我们来看一下传统的单体应用。其最大的好处就是拥有较少的活动组件，代码库可以统一管理，管理策略也比较简单。每次开发人员接到新需求后，可直接对代码库进行修改，测试通过后再部署整个应用程序。当生产环境的服务器性能达到瓶颈后，可以在前端添加负载均衡器，并在负载均衡器后添加更多节点，实现水平扩展应用程序。

团队在前期可以使用这种方式有效、快速地对应用进行迭代和部署。随着应用代码量不断增加，团队可以选择在研发周期内进行一次或多次部署后再将应用交付给终端用户。部署方式可以是蓝绿发布或者金丝雀发布模式。

同时，较少的活动组件使单体应用可以轻松地实现集成测试。因为团队之间不存在依赖，唯一的依赖是数据层，所以很容易组织测试。市场上大多数 IDE 是基于单体应用架构构建的，比如 VsCode、IDEA。它们都能实现一键运行、调试整个应用程序。

但是，随着应用程序越来越复杂，这些优势很快就会消失。即使我们践行良好的工程实践，对代码库进行严格的管理，构建、部署大型单体应用也会越来越慢。

由于开发人员无法简单有效地隔离各个组件，因此整个团队很难尝试新的技术（例如新的数据库或者新的语言栈），导致应用程序体量越来越大，越来越陈旧。即使我们对代码库进行很小的改动，也需要重新部署整个应用程序。即使用户使用构建二方库的方式来分离代码库，也不能彻底改变现状。每次更新库文件时仍需要重新部署整个应用程序。

2. 微服务

使用微服务架构构建应用时，架构师首先需要确定不同业务逻辑对应的领域或边界。比如一个简单的电商系统大致可以拆分成用户管理、订单管理、库存管理、支付管理等模块。在面向微服务的应用程序中，架构师需要先将整体应用解耦成单独的服务，例如更新用户信息仅需要修改并部署用户管理模块。

将应用拆分成多个服务后，我们可以将这些服务交给不同的职能部门维护。每个团队可以自己决定何时部署或者扩展自己的服务。服务之间将通过RPC调用的方式通信。调用者可以忽略被调用者的实现细节，双方仅需遵守接口约定。这样，每个团队就可以使用自己熟悉的技术栈和语言栈，也可以有计划地尝试新技术。

微服务相较于应用整体，功能更单一，代码量也较少。并且微服务架构具有高隔离性和可伸缩性。如果某一个服务发生故障，其他服务仍能正常运行，不会导致整个应用程序崩溃。如果单个服务处理的请求突然增加或减少，我们也可以在不影响其他服务的情况下对其进行水平扩容或缩容。在面向微服务的应用程序中，每个团队彼此独立地进行服务的构建、交付和扩展。

微服务系统就如同交响乐队，需要协同工作才能达到预期效果。架构师需要在开发前期就做好详尽的规划，同时在业务扩展过程中对架构进行调整，保持适当的弹性。微服务对网络的依赖性比单体服务强。微服务间的通信量呈几何倍数增长，架构师在开发时需要解决网络问题导致服务停用的问题。除此之外，服务监控和数据一致性问题也需要解决。微服务是天然的分布式架构。数据在服务间的流转不可控，导致服务监控和管理的难度大大增加。最后的难度还反映在测试上。虽然单个特定服务的测试变得相对容易，但是集成测试变得非常困难，需要有完备的环境，正常启动所有服务，才能进行集成测试。

3. 总结

这里，我们通过图13-1和图13-2总结一下单体应用与微服务的优缺点。

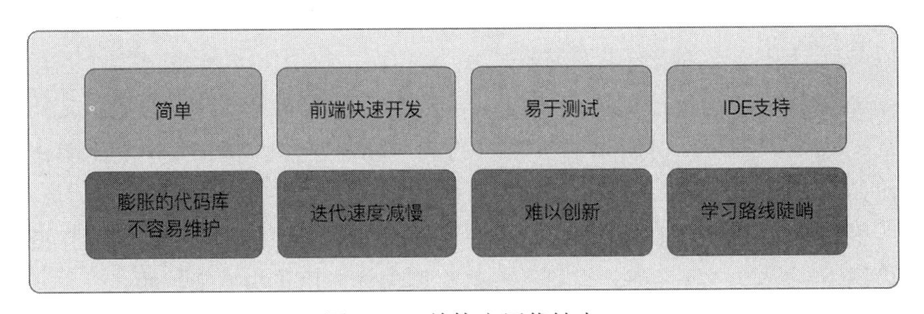

图13-1　单体应用优缺点

最后，笔者给出的建议是，如果公司处于初创阶段，业务交付压力极大，或者初期系统性能瓶颈完全不存在，可以考虑先采取单体应用模式，再根据实际情况考虑是否构建微服务架构。如果公司本身就计划从单体应用向微服务转型，或者架构师留有足够时间规划整体方案，那么可以从一开始就引入微服务架构，只是对服务的拆解粒度可以稍微粗一些，一方面节省硬件资源，另一方面不会使架构层过于复杂，导致业务开发延滞。

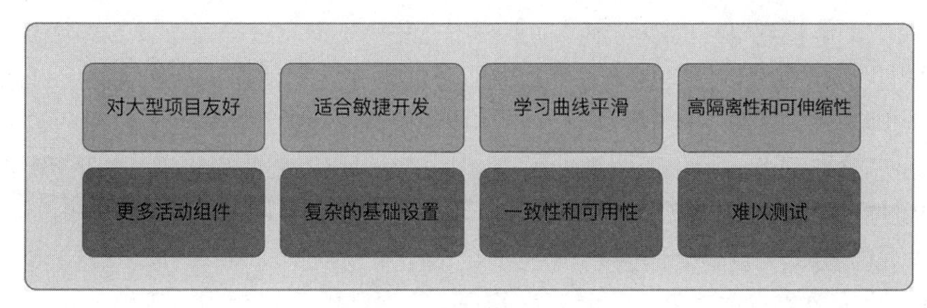

图 13-2　微服务优缺点

13.1.3　微服务 12 要素

微服务 12 要素是由 PaaS 先驱 Heroku 公司 CTO——Admin Wiggins 提出的。他为微服务开发者提供了一组明确的指引。开发者遵循这些原则，就可以很容易地运行、扩展和部署微服务应用。微服务 12 要素具体包括如下内容。

- 基准代码：一份基准代码，多份部署。
- 依赖：显式声明依赖关系。
- 配置：在环境中存储配置。
- 后端服务：将后端服务当作附加资源。
- 构建、发布、运行：严格分离构建、发布、运行步骤。
- 进程：以一个或多个无状态进程运行应用。
- 端口绑定：通过端口绑定提供服务。
- 并发：通过进程模型进行扩展。
- 可弃性：快速启动和优雅终止可最大化健壮性。
- 开发环境与线上环境等价：尽可能保持开发、测试、预发布、线上等多套环境一致。
- 日志：将日志看作事件流来管理，所有参与的服务均使用该方式处理日志。
- 管理进程：将后台管理任务当作一次性进程运行。

这些细则已渗透到微服务应用开发的方方面面，为构建现代化应用提供了明确的方法论。有兴趣的读者可以前往官网（https://12factor.net/）了解更多细节。

13.2　单体应用向微服务迁移

正如 13.1 节所介绍的，虽然微服务相较于传统单体应用有诸多优势，但是对陈旧单体应用的改造难度巨大，制约的因素也非常多。在本节中，我们会讨论单体应用向微服务迁移的细节，供读者在实践中参考。

13.2.1 采用微服务的注意事项

在开始迁移计划之前，我们首先需要确定单体应用最大的痛点，即服务边界不清晰。我们需要将它们解耦到单独的服务中。前期拆解过程中不需要过多关注服务的大小，这仅与它们背后的代码量有关，而是应该确保这些服务能够在它们的职责内处理好自己的业务逻辑。对架构师来说，过多、过早地关注从单体应用解耦出来的服务的代码量是很常见的。但现实情况是，这些服务的大小取决于处理特定业务逻辑所需要的代码量。如果解耦得太细，可能会产生过多的组件，增加系统的复杂性。用户只有真正了解微服务系统架构的特点和构建规范，才可拆分出粒度适合的服务。

还有一个需要重点关注的问题是团队管理。在具体开发过程中，我们可能会将开发工作拆分成两个较小的团队：一个维护旧的代码库；另一个维护新的代码库。这时，我们需要在团队资源分配上保持警惕。两个团队长久隔离，也会让团队间缺乏交流。笔者建议，在较大的团队中，团队成员可以在两个项目组之间轮换，这样有助于解决刚才提到的问题。而且，所有团队成员都能在新的开发任务中学习到新技能，同时也能关注到单体应用的变化。

最后需要考虑的问题就是时间。事实上，微服务迁移永远不可能在一夜之间完成。无论前期方案规划得如何细致，在实施过程中总会碰到这样那样的问题。我们在下定决心开始迁移后，一定要保持足够的耐心，有长期奋战的准备。

13.2.2 迁移细节

至此，我们已经了解了单体应用和微服务各自的特点。接下来，我们可以考虑具体的迁移方案了。在迁移过程中，我们可以采取不同的策略，但所有这些策略都需要前期细致的准备。这些准备工作对架构迁移是否成功至关重要。具体准备工作如下。

1. 服务边界

我们在开始迁移之前要想清楚需要从单体应用中分解出的服务，在完整的微服务体系中单体服务自身的结构，以及各单体服务间是如何交互的。这个工作的出发点是识别出那些受单体应用负面影响最大的服务，比如时常需要部署、修改、扩容、缩容的服务。

2. 测试方案

从单体应用过渡到微服务，从根本上来说也是一种重构，因此在常规重构之前应遵循的所有规范也适用于此，尤其是测试方案。随着迁移的进行，系统的工作方式也发生改变。这里需要明确的是，在完成架构迁移之后，系统中曾经存在的所有功能在重新设计的架构中仍然起作用。这需要我们在做任何修改之前，对系统整体构建可靠的集成和回归测试套件，以保证迁移完成之后功能可以经过测试，并继续在生产环境中提供服务。

3. 过渡策略

在实践中，有不少过渡策略可供选择。每个策略也都有各自的优缺点，具体如下。

（1）冰激凌策略

冰激凌策略是通过将单体应用的不同组件分解到单独的服务中，从而从单体应用逐步过渡到微服务。这个过程是渐进的，有时会同时存在单体应用和微服务。该策略的优点是可以在不影响服务正常运行和终端用户体验的情况下，以较低的风险逐步迁移到微服务。其缺点是这是一个循序渐进的过程，需要比较长的执行周期。

（2）乐高策略

乐高策略适用于那些因为老的单体应用过大或者过复杂而无法重构的组织。具体做法是老的应用保持原样，将新的功能扩建为微服务。实际上，这并不能解决现有单体应用的任何问题，但是可以解决产品未来的扩展问题。使用该策略时，架构师需要建立混合架构体系，以便同时兼容单体应用和微服务。该策略的优点是无须对原来的单体应用做过多改造，而且构建新的微服务应用很快。其缺点是原来的应用还存在问题，需要创建新的 API 来支持面向微服务的功能。乐高策略有助于在大型项目重构中换取一些时间，但同时伴有很大的风险。

（3）核按钮策略

最后一种策略比较少用，它是指将整个单体应用全部重写为微服务。新功能会在老的单体应用上执行，也会在微服务架构中同步加入。该策略的优点是，开发团队可以抛开过去，整体考量架构方案，从头开始有效地重写应用程序。其缺点是一切都要从头开始，并且需要极高的人力成本去同时维护两个应用。

4. 数据库

微服务架构还有一个目标——微服务中的每个服务不再依赖于同一个数据库，取而代之的是，开发者可以根据业务场景选择最合适的数据库。例如，处理用户相关逻辑时适用关系型数据库，而处理订单服务时适用 Cassandra 这类既能保证最终一致性，又能满足高性能写入的数据库。

有时，某些服务确实会使用相同底层技术的数据库。对于低流量的服务来说，其共用同一个数据库实例也非常方便。但即使如此，这里还是建议为每个服务设置专用的数据库，这样可以加强服务的隔离性。当某个服务因数据库受到影响时，也不会影响其他服务。

5. 路由和版本

微服务一般通过接口对外暴露服务，或者服务间通过接口互相调用。这使得调用方无须了解底层实现原理，只要接口保持不变，无论底层如何修复 Bug、提升性能或者做其他改动，均可如往常一样调用该服务。

每次更改应用程序时，开发者都不希望将所有流量都路由到新版本，因为这是一个极其冒险的举动。如果存在任何错误，将会影响整个应用程序的使用。此时，我们可以使用在第 8 章介绍的金丝雀发布模式，以降低由于错误发布而使系统停机的概率。

无论是解耦单体应用，还是微服务升级，都极度依赖路由功能。

6. 库文件和安全

在微服务迁移过程中，我们可以将单体应用中的功能解耦到二方库，进而在单体应用和微服务中都可以使用它们。一般而言，如果库文件仅被一个服务使用，库中的更改不会造成任何问题，仅需升级一项服务即可。但是，更新多个服务共同依赖的库就会出现问题，因为更新必须触发多次启动。由于实际场景过于复杂，我们很难给出一个完美的准则。但从长远来看，任何妨碍服务独立部署或相互隔离的障碍都应该解除，例如身份验证和鉴权模块可以在单体应用内部实现，也可以在二方库中实现，还可以在架构中独立出的网关层实现。但考虑到未来需要接入更多的服务，系统必须有良好的伸缩性，身份验证和鉴权模块有必要重新设计。

异常检查、延时、错误率等指标已经成为检验微服务是否健康的关键。一个好的经验准则是为每个服务配置单独的运行状态检查，如果错误超过阈值，则启动断路器，防止系统发生级联故障。

13.3 使用 CI/CD 流程促进微服务开发

我们先来看一下 CI/CD 流程的具体定义。它包括以下几个环节。

- 持续集成：开发人员可以频繁地将代码合并到主分支，而且构建和测试工作每天都会自动执行，以确保主分支代码是发布就绪状态。
- 持续交付：所有通过 CI/CD 流程的代码会自动发布到预生产环境。通常情况下，发布到真实的生产环境前需要流程审批，以确保代码始终是发布就绪状态。
- 持续部署：所有通过集成和交付的最新代码可以自动部署到生产环境（前提是流程审批通过）。

单体应用和微服务在 CI/CD 流程的构建中有很大差别。但是，它们都基于大致相同的基础组件。下一节将具体介绍这些组件。

13.3.1 CI/CD 流程基础组件

这里介绍的基础组件都是 CI/CD 生态中非常成熟的开源软件。它们各自都有非常强大的功能，组合在一起相得益彰。

1. Jenkins

Jenkins 本身只是一个平台，真正运行的是其中的插件（和 Kong 网关的概念有些类似）。插件具有的高扩展性造就了 Jenkins。

关于 Jenkins 软件的下载、安装和配置，在此不做赘述。这里仅分享一些 Jenkins 工具的使用心得，读者如有需要可以借鉴。

首先，从 Jenkins 软件的功能性考虑，它本身可以贯穿整个 CI/CD 流程。这是它的一个优势，但同时也是它的一个弊端。我们之前已对 CI/CD 流程有一个清晰的定义。它包含诸多环节，每个环节环环相扣，但又彼此独立。当我们前期为了方便，将 CI/CD 流程全部放在 Jenkins 一条流水线中时，各个环节之间的耦合增加，从而影响流水线整体的扩展性。如果我们重新审视 Jenkins 的功能，其实它更适合持续集成这个环节，这也是它最初的定位。

其次，Jenkins 是一个平台，我们一定要充分挖掘其插件的优势。其可以与 Sonar、GitLab、Jira 等一些传统开发工具结合，也可以与钉钉、飞书等新兴工作平台打通。工具间的互通对于生产力的提高非常重要。同时，我们也可以自行编写插件，在特定领域发挥其优势。

最后，当项目数量达到上限，单台服务器存在性能瓶颈时，我们可以考虑搭建 Jenkins 集群。即使其没有达到性能瓶颈，也建议提前引入 Jenkins 集群。

2. Sonar

Sonar（SonarQube）是一个开源平台，用于管理源代码的质量。Sonar 不只是数据质量报告工具，更是代码质量管理工具。它支持多种语言，例如 Java、JavaScript、C/C++、C#、Python、PHP 等，几乎包含所有主流的开发语言。同时，Sonar 可以轻松嵌入 Jenkins。Sonar 主要可以帮助开发者解决如下问题。

- 标准化代码规范
- 发现潜在代码缺陷
- 消除高复杂度分布
- 减少重复代码
- 统计单元测试覆盖率
- 理清依赖关系

Sonar 可帮助提升代码质量。不过，其也有劣势，如对于新兴语言或者小众语言的支持比较匮乏，比如 Go、Kotlin、Clojure 等语言。用户可以根据实际需求确定是否要嵌入 Sonar 工具。但对于传统语言栈来说，这是一个非常不错的选项。

3. Git & GitLab

Git 可能是这些工具中开发者最为熟悉的一个，使用频率极高。这里，我们不讨论 Git 的使用规范与命令行指令，而是着重讲解 GitLab。

GitLab 是一个用于代码仓库管理的开源项目，是使用 Git 作为代码管理工具并在此基础上搭建起来的 Web 服务。GitLab 与 GitHub 功能极为相似。GitLab 相对于 GitHub 的优势在于，它可以做私有化部署，这对于企业内部源码的安全性更有保证。我们之所以选择 GitLab 工具，主要是考虑到很多企业确实需要自己私有的代码库。

GitLab 工具在 CI/CD 流程的每个环节都有使用。一般情况下，我们可以针对不同环境添加不同的分支。这里我们以比较主流的三套环境为例进行介绍，包括生产环境、UAT 环境、测试环境，在项目中对应 master、release、develop 三条分支。对于这三条分支，我们需要配置不同的策略。例如在测试环境，我们强调的是快速和高效，对此可以弱化 develop

分支的提交权限配置，并且添加 Push Events 事件，在提交代码后，直接触发 Jenkins 流程，自动完成持续集成工作。对于 UAT 环境和生产环境，我们更在意稳定和安全，可以适当控制提交权限，或者仅接收合并代码请求，同时移除 Push Events 事件，将构建和部署操作转为手动触发。

4. Docker & Harbor

Docker 容器本身与 CI/CD 流程并没有太直接的关系。传统的 CI/CD 流程基于物理机或者虚拟机也完全可以正常运行，但是 Docker 容器作为微服务架构底层的重要支撑，已经越来越难被割舍，或者说基于 Docker 容器去实践微服务架构已然成为一种规范。

这里先对 Docker 容器做一个简要的介绍。Docker 是一个开源的应用容器引擎，可以让开发者打包他们的应用以及依赖包到一个可执行的镜像中，然后发布到 Linux 或 Windows 系统上。

Harbor 是构建企业级私有 Docker 镜像仓库的开源解决方案。Harbor 之于 Docker，就如 Nexus 之于 Maven。在引入了 Docker 和 Harbor 之后，开发团队的最小交付单元由原先的 Jar 包或者 Npm 包等可执行文件变成了完整的 Docker 镜像，CI/CD 流程也以 Docker 镜像为基本单元来做管理。

13.3.2 构建 CI/CD 流程

在本节中，我们会和读者一起探讨如何构建 CI/CD 流程。根据系统的不同类型，CI/CD 流程可以分为单体应用和微服务模式两类。由于本章着重讨论微服务架构，故将目光聚焦在微服务架构下的 CI/CD 流程上。

在微服务架构中引入 CI/CD 流程会面临以下重重挑战。

- 安全、快速并持续发布新功能：对频繁发布的功能需要保持警惕，尤其是当这些功能涉及多个服务的更改时。
- 管理复杂技术栈之间的部署：当微服务应用对应不同的技术栈时，管理起来非常困难。
- 维护复杂分布式系统的完整性：微服务系统复杂性明显增大，可能会出现分布式系统面临的问题。

笔者总结了一些微服务架构中构建 CI/CD 流程的方案，具体如下。

1. 制定测试策略

微服务系统的测试比单体应用的测试要复杂得多。有效的测试策略必须考虑对单个服务的隔离测试，并且需要验证整个系统的性能。

常规测试方法依然适用于微服务的上游测试，尤其是隔离测试。测试金字塔对开发团队在各类测试方案之间保持平衡相当有用，但是这种方法在同时测试多个服务时有局限。造成这种情况的主要原因是，用户无法模拟多个错误场景，比如分布式系统带来的数据不一致问题，或者硬件、网络故障而导致的系统问题。

鉴于这些问题，我们有必要引入轻量级 UAT 环境、综合用户测试和故障注入技术来补充常规测试场景。测试方案全景图如 13-3 所示。

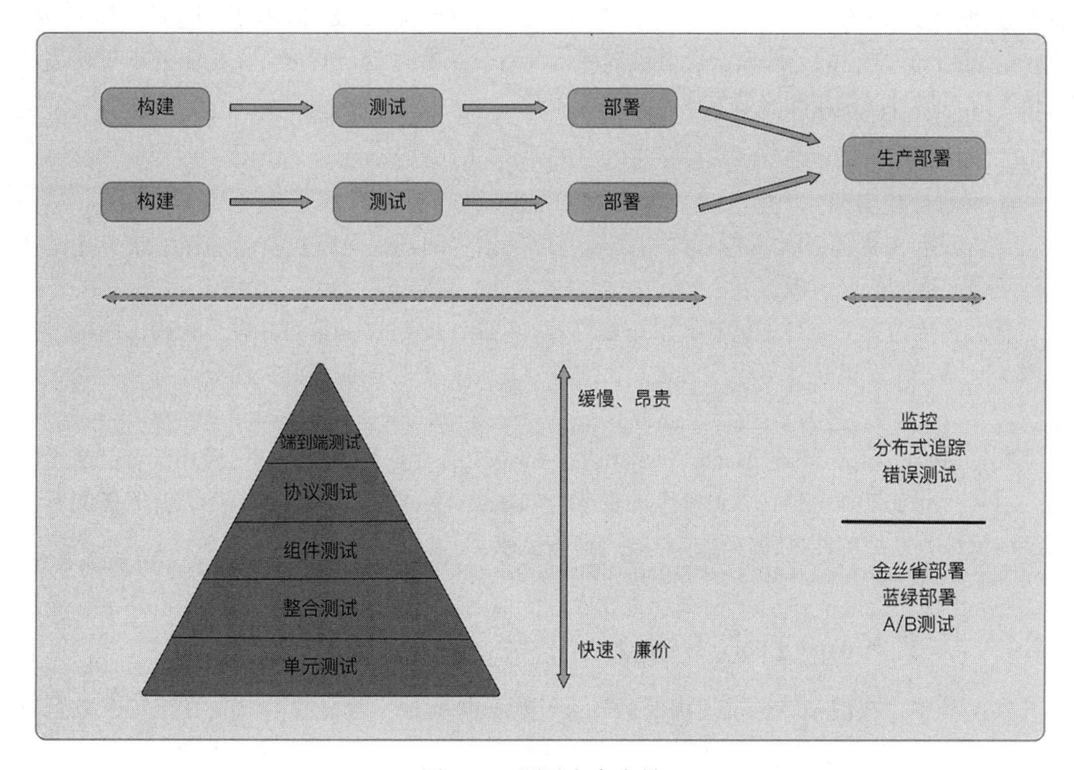

图 13-3　测试方案全景

测试不通过的代码无法进入 CI/CD 流程中的下一个环节。流程中的每个环节都应匹配不同粒度的测试方案。

2. 分支管理

由于 CI/CD 流程必须同时支持多套环境，且任何流程的源头都是从源代码开始的，因此分支管理显得尤为重要。基于主干开发和特性功能开关模式是两种非常好的实践方案。它们对建立可靠的 CI/CD 流程非常有效。

通过基于主干开发的模式，开发人员可以一起在主干分支中修改代码，避免了合并代码带来的挫败感。

通过特性功能开关模式，开发人员可以及时提交正在进行和已完成的工作代码，未完成功能的代码仅需配置开关禁用即可。特性功能开关一般可以通过配置文件控制。CI/CD 流程中也可以加入相应机制来针对不同环境启用或禁用某些开关。

除了发布和禁用开关外，特性功能开关还包括实验性开关（用于对系统进行 AB 测试）、权限开关（对特定用户赋予特定的行为）。

3. 配置管理

集成部署环节不仅需要应用程序打包的可执行文件，还需要与环境相关的配置信息。有效管理这些配置对 CI/CD 流程至关重要。其中，一种方法是使用集中管理仓库（如 Vault、Consul）进行管理；另一种方法是通过标准化配置分发服务进行管理。无论服务本身使用什么技术栈，都可以调用配置分发服务获取配置。

最后，开发团队需要建立一个流程来保护证书等机密信息。

4. 完善补救措施

虽然我们在构建 CI/CD 流程之初已经考虑了诸多问题，但是在实际过程中难免还是会遇到问题，该如何应对呢？

在大多数情况下，最好的补救措施是前滚（Roll Forward），这意味着尽快确定故障发生的根本原因，然后迅速修复程序。这里需要注意的是，开发团队最好提前设计好发布补丁的流程。

相较之下，回滚（Roll Back）操作在生产环境中通常是有问题的。回滚操作看起来很容易，但是在部署过程中包含大量复杂的更改，如数据库、外部接口的更改，以及服务间错综复杂的依赖，单纯的回滚操作很难兼顾到这些更改。

13.4 基于 Kong 打造 DevOps 平台

在本节中，我们会结合上述提及的各类开源软件构建一套完整的 CI/CD 流程，并且以 DevOps 平台的方式展现，同时重点引入 Kong 网关。

13.4.1 场景描述

在传统的 CI/CD 流程中，我们会配合使用 Jenkins 和 Git。在 Jenkins 中配置钩子，可以监听 GitLab 特定事件，触发构建 CI/CD 流程，这样做虽然可以简化源代码打包、上传、部署到服务器的过程，但存在一些隐患。

- 首先，整个 CI/CD 流程相当于一个黑盒，发布流程是否执行成功通常还需要额外的验证（一般，流程构建结果会在 Jenkins 的控制台输出，而发布操作在流程构建完成后触发，难以追溯发布结果）。
- 其次，构建流程和发布流程是紧耦合的。开发者提交源码或定时任务触发发布流程启动后，构建流程和发布流程不可分离，只能同时执行，而实际需求是因具体情况而定（比如在生产环境中，希望预先构建完所有可执行文件，等待确认无误后再统一发布）。
- 第三，应用本身可能属于不同的技术栈。每个应用也有一些自定义的 prebuild 和 postbuild 流程，难以统一。
- 最后，由于构建流程可能跨多个系统、多条业务线，需要统一、可靠的权限管控策略保障流程安全。

除了上述所列的隐患之外，DevOps 平台还需要统一管理网关层的相关配置。以 Nginx 为例，传统的运维方式是修改 Nginx 配置文件，并手动重启服务，这对于简单的系统架构可能有效，但在系统复杂度增加之后就会引入误操作风险。

13.4.2　设计思路

基于 13.4.1 节的场景需求描述，本节会对 DevOps 平台进行整体设计。这里主要分为两个环节：流程设计和表结构设计。

1. 流程设计

从图 13-4 可知，DevOps 平台包含组件 Jenkins、GitLab、Nexus、Docker、Harbor 和 Kong 网关。具体构建和部署 DevOps 的流程如下。

1）构建流程开始，DevOps 系统触发 Jenkins 流水线，从 GitLab 拉取指定分支版本源码，构建出可执行文件或静态文件，构建结果上传至 Nexus 私服。

2）打包完成后触发构建镜像环节，构建成功的镜像上传至 Harbor 私有镜像仓库。

3）系统在整个构建过程中持续与 Jenkins 交互，检查构建流程是否成功。

4）部署流程开始，DevOps 系统触发脚本，从私有镜像仓库中拉取用户选择的镜像执行启动流程。

5）启动过程中，DevOps 系统调用事先预定义的健康检查接口，判断部署操作是否成功。

6）在部署成功后，DevOps 系统调用 Kong 网关 Admin API，对应用添加默认网关层配置，至此构建和部署流程全部结束。

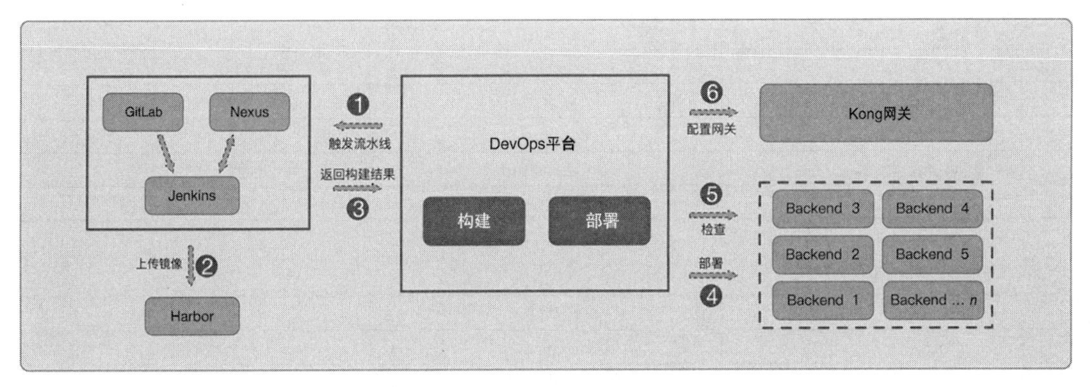

图 13-4　DevOps 平台全局交互

2. 表结构设计

DevOps 平台有两个应用涉及数据库存储，分别为 DevOpsCenter 和 RoutePlus。

（1）DevOpsCenter

DevOpsCenter 应用一共包含 5 张表，具体内容如表 13-1 至表 13-5 所示。

表 13-1 应用信息

字段名	类型	描述
id	Bigint	主键
name	varchar	应用名称
num	Int	机器数量
gitlab_id	Int	应用对应 GitLab ID
type	Char	发布类型（client,server_inner,server_outer）
kind	char	项目类型（Java/node）
language	varchar	语言
route_type	varchar	路由类型（pc/web/openapi）
groups	varchar	组
del	int	0 上线，1 下线
remark	varchar	描述
create_time	timestamp	创建时间
update_time	timestamp	更新时间

表 13-2 应用构建编译信息

字段名	类型	描述
id	bigint	主键
application_id	bigint	应用 ID
gitlab_id	int	应用对应 GitLab ID
gitlab_version	varchar	GitLab 版本号
gitlab_head	varchar	GitLab 头部
gitlab_desc	varchar	GitLab 描述
push_author	varchar	GitLab 作者
jenkins_id	int	Jekins 的 job-id
build_status	varchar	编译状态
gitlab_time	timestamp	GitLab 发布时间
harbor_key	varchar	Harbor 镜像标签
fail_reason	varchar	失败原因
create_time	timestamp	创建时间
update_time	timestamp	更新时间

表 13-3 服务器信息

字段名	类型	描述
id	bigint	主键
name	varchar	服务器名称
ip	varchar	服务器 IP
port	varchar	服务器端口
team	varchar	组
remark	varchar	描述
create_time	timestamp	创建时间
update_time	timestamp	更新时间

表 13-4　应用发布信息

字段名	类型	描述
id	bigint	主键
application_id	bigint	应用 ID
application_name	varchar	应用名称
build_id	int	编译 ID
before_gitlab_version	varchar	上次版本编号
gitlab_version	varchar	新版本编号
before_vagrancy	int	上次版本流量占比
vagrancy	int	新版本流量占比
publish_type	varchar	发布类型
publish_status	varchar	发布状态
looping	int	发布状态轮询次数
fail_reason	varchar	失败原因
create_time	timestamp	创建时间
update_time	timestamp	更新时间

表 13-5　应用发布信息与服务器关联（deploy_server）

字段名	类型	描述
id	bigint	主键
deploy_id	bigint	发布信息 ID
gitlab_version	varchar	版本编号
name	varchar	应用别名
server_ip	varchar	服务器 IP
server_port	varchar	服务器端口
vagrancy	int	流量占比
publish_status	varchar	发布状态
create_time	timestamp	创建时间
update_time	timestamp	更新时间

（2）RoutePlus

RoutePlus 应用一共包含 4 张表，具体内容如表 13-6 至表 13-9 所示。

表 13-6　应用服务关联（application_service）

字段名	类型	描述
id	bigint	主键
application_id	bigint	应用 ID
application_name	varchar	应用名称
path	varchar	内部路径
enabled	tinyint	是否开启

（续）

字段名	类型	描述
remark	varchar	描述
kong_services_id	varchar	Kong 网关应用 ID
kong_services_name	varchar	Kong 网关应用名称
create_time	timestamp	创建时间
update_time	timestamp	更新时间

表 13-7 应用路由关联（application_route）

字段名	类型	描述
id	bigint	主键
application_service_id	bigint	应用服务 ID
route_type	char	路由类型（pc/web/openapi）
inner_path	varchar	内部路径
out_path	varchar	外部路径
enabled	tinyint	是否开启
kong_routes_id	varchar	Kong 路由 ID
kong_routes_name	varchar	Kong 路由名称
hosts	varchar	作用域
remark	varchar	描述
create_time	timestamp	创建时间
update_time	timestamp	更新时间

表 13-8 插件（plugin）

字段名	类型	描述
id	bigint	主键
plugin_name	char	插件名称
remark	varchar	备注
create_time	timestamp	创建时间
update_time	timestamp	更新时间

表 13-9 应用路由与安装插件（service_route_plugin）关系

字段名	类型	描述
id	bigint	主键
service_id	bigint	应用路由 ID
route_id	bigint	网关路由 ID
plugin_id	bigint	插件 ID
plugin_name	varchar	插件名称
plugin_config	varchar	插件配置信息
enabled	tinyint	是否开启
create_time	timestamp	创建时间
update_time	timestamp	更新时间

13.4.3 DevOps 平台使用指南

DevOps 平台从功能上可以划分为服务器资源相关、初始化应用、构建和部署应用、路由配置相关和其他操作 5 个板块。

1. 服务器资源相关

用户登录 DevOps 平台之后，首先进入服务器列表菜单，点击“添加服务器”按钮，添加部署服务所需的硬件资源，如图 13-5 所示。

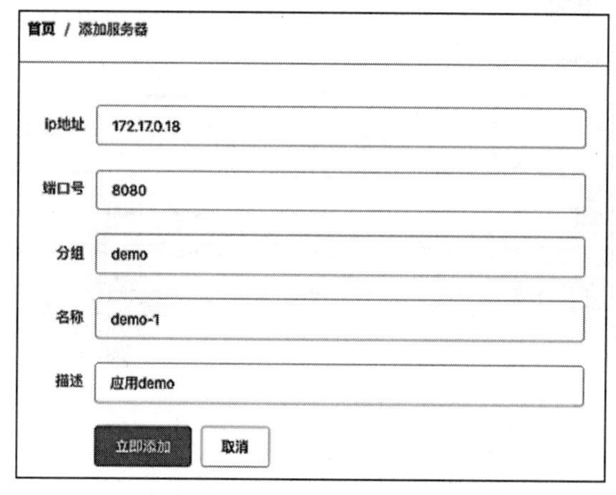

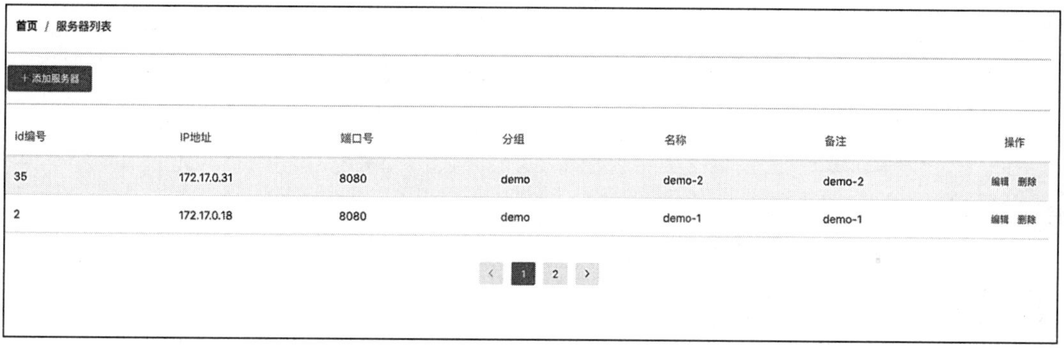

添加完服务器之后，服务器列表如图 13-6 所示。

首页 / 添加服务器
ip地址
172.17.0.18
端口号
8080
分组
demo
名称
demo-1
描述
应用demo
立即添加
取消

图 13-5 添加服务器弹窗

首页 / 服务器列表
+ 添加服务器
id编号
IP地址
端口号
分组
名称
备注
操作
35
172.17.0.31
8080
demo
demo-2
demo-2
编辑 删除
2
172.17.0.18
8080
demo
demo-1
demo-1
编辑 删除
1
2

图 13-6 服务器列表

2. 初始化应用

在初始化应用环节，用户首先进入项目列表菜单，点击“添加项目”按钮，在项目类型处选择“后端外部”，表示可以通过 Kong 网关接收外部流量访问，效果如图 13-7 所示。这里还需要注意初始化应用的项目名需要与 GitLab 建项的项目名保持一致，否则会导致初始化应用失败。

添加项目之后，项目列表页如图 13-8 所示。

首页 / 添加项目
项目名称
demo
项目类型
后端外部
网关类型
web
pc
openapi
立即添加
取消

图 13-7 添加项目弹窗

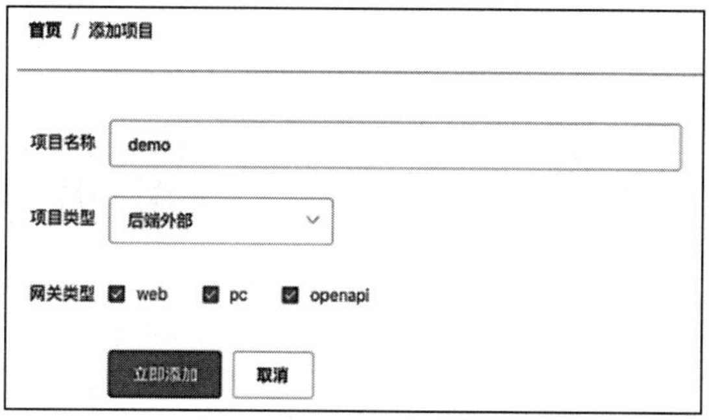

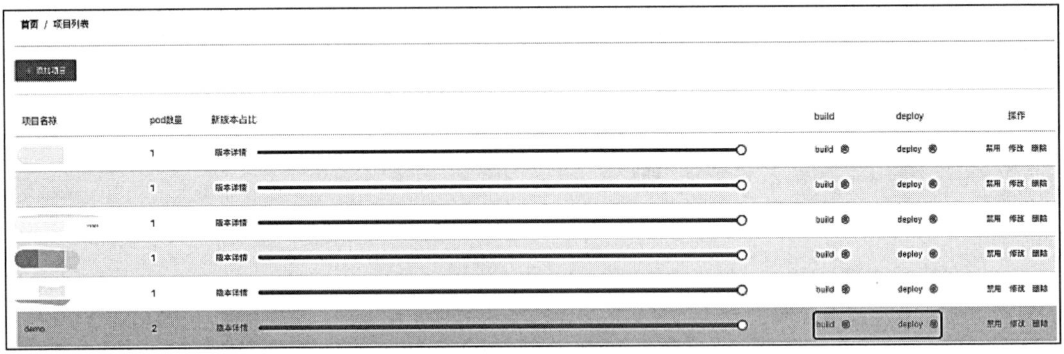

图 13-8 项目列表

3. 构建和部署应用

在初始化项目之后，用户可以在 GitLab 上正常提交代码。当需要构建项目时，点击项目列表中的 build 按钮，弹出“ demo 构建”弹窗。如图 13-9 所示，在版本描述中选择需要构建的版本，点击“确认”按钮开始构建。

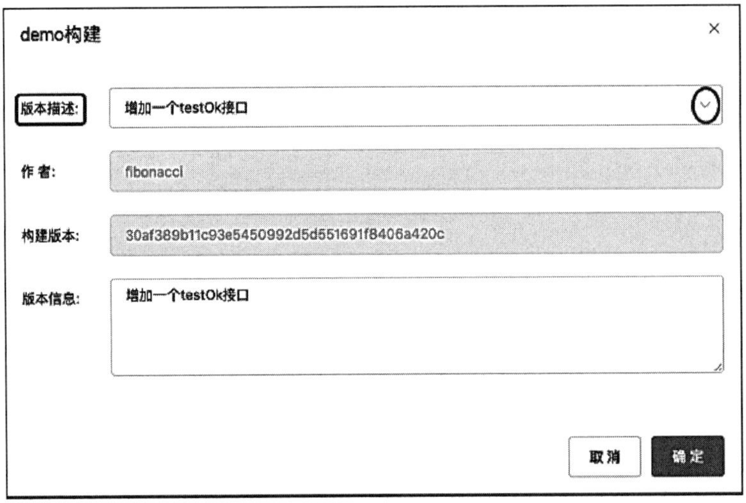

图 13-9 demo 构建弹窗

构建成功后，build 按钮上的指示灯会显示为绿色；反之显示为红色。此时，用户可以点击 deploy 按钮，发布应用。发布应用时，勾选需要发布的版本以及需要发布的服务器列表，具体细节如图 13-10 所示。

4. 路由配置相关

发布项目成功之后，点击项目名，如 demo 应用，可以看到“路由中心”页（如图 13-11 所示），此时可以点击“添加”按钮进行路由配置。

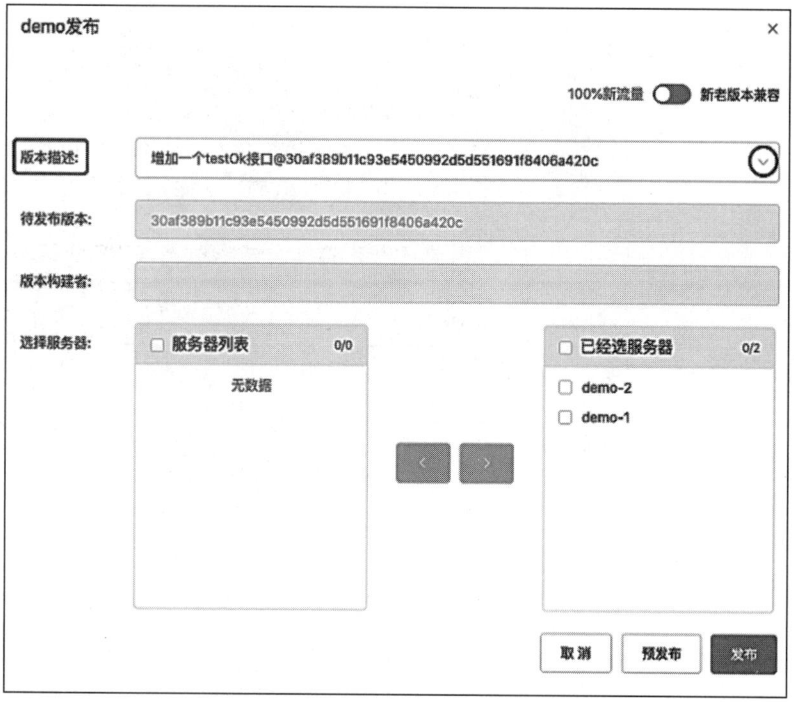

图 13-10　demo 发布弹窗

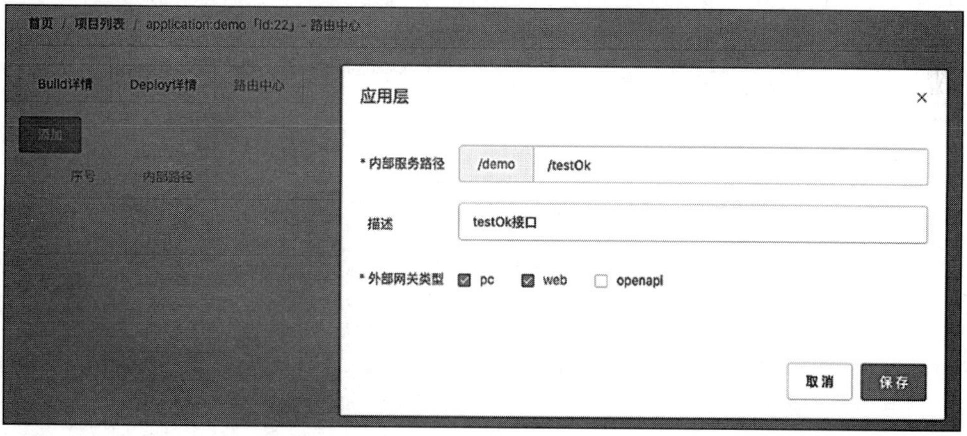

图 13-11　配置路由弹窗

图 13-12 中的内部路径一栏对应 Kong 网关的 Service 对象，外部路径列表页多栏对应 Kong 网关的多个 Route 对象。用户可以点击“添加插件”按钮，在 Service 对象和 Route 对象上添加各类插件。图 13-13 为一个限流插件配置弹窗，图 13-14 为包含插件的路由列表页，其中两个限流插件是有效的。

首页 / 项目列表 / application:demo「id:22」- 路由中心

Build详情 Deploy详情 路由中心

添加

	序号	内部路径	外部网关类型	附属插件	网关应用名称	修改人	修改时间	操作
⌄	1	/demo/testOk	pc web	+ 添加插件	demo_testOk	system	2021-03-24 12:01:47	禁用 修改 删除

序号	外部路径	附属插件	路由名称	修改人	修改时间	操作

图 13-12　添加插件页

图 13-13　限流插件配置弹窗

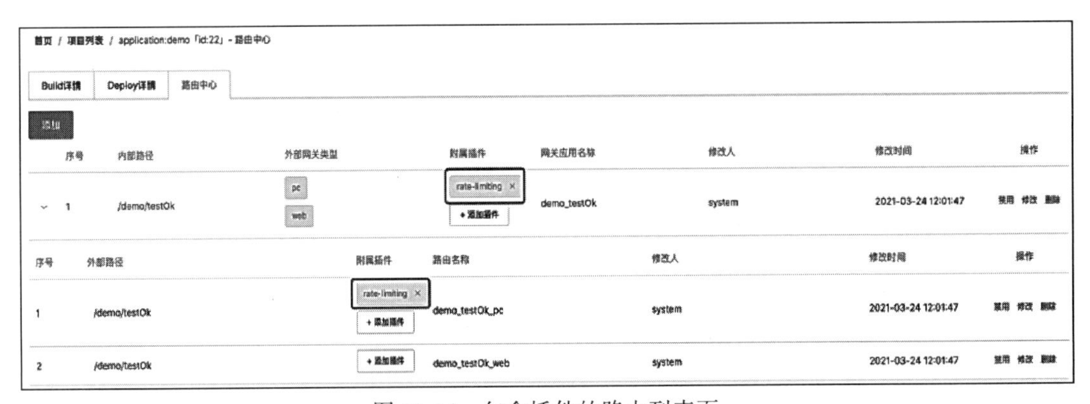

图 13-14　包含插件的路由列表页

5. 其他操作（禁用、删除应用）

我们在图 13-8 的应用列表页中还可以执行禁用和删除应用操作。禁用应用操作会将应用相关的配置信息全部清除，删除应用操作会清空应用的所有信息，如图 13-15 和图 13-16 所示。删除应用前需要先禁用该应用。

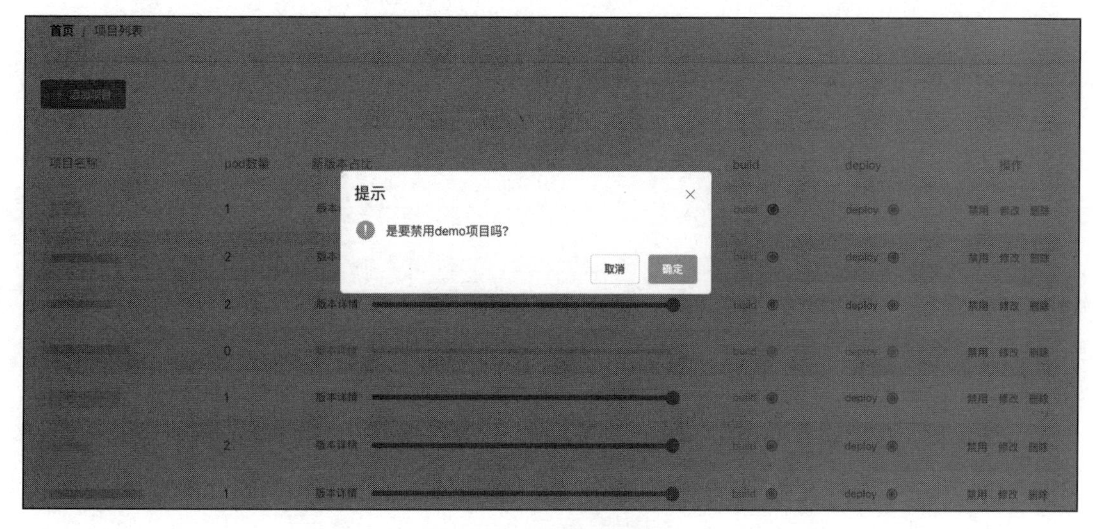

图 13-15　禁用应用弹窗

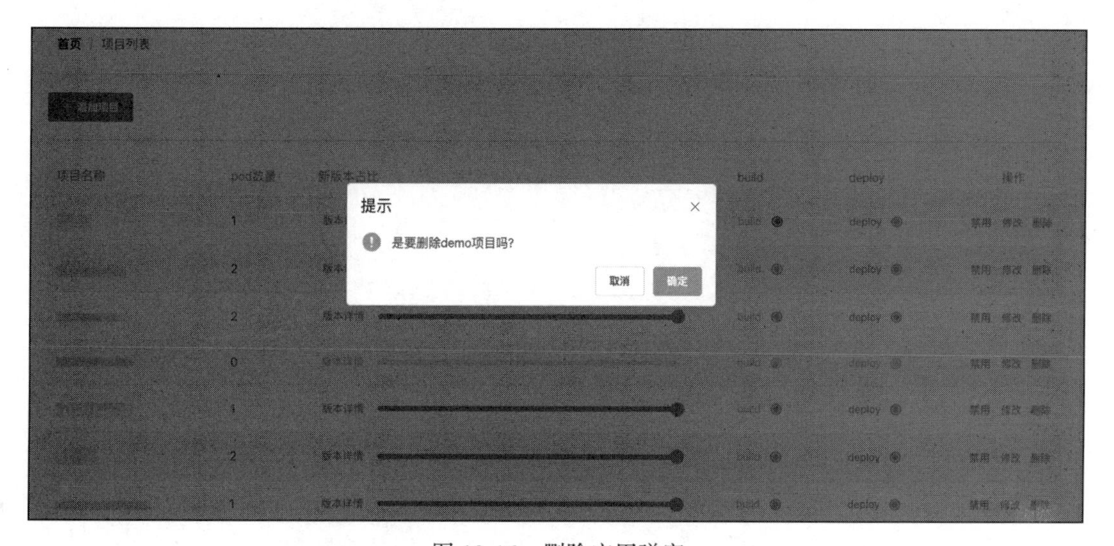

图 13-16　删除应用弹窗

13.4.4　DevOps 平台源码解析

DevOps 平台整体架构前后端分离。前端项目采用 Vue 框架，后端项目采用 Spring Cloud 框架。源码存放在 GitHub 中，有需要的读者可以自行下载。在源码解析部分，我们主要关注构建、部署和路由配置。

1. 构建详情

通常，我们可以点击 Jenkins 页面的“构建”按钮触发构建项目操作，如图 13-17 所示。

图 13-17 构建项目

DevOps 平台通过调用 Jenkins 的 API 来完成此操作，主要配置的参数为版本信息、Jenkins 项目名称和环境变量。核心源码如代码清单 13-1 所示。

代码清单 13-1 BuildService 类文件

```
  1 package org.fibonacci.devopscenter.service;
  2 
  3 import org.fibonacci.framework.httpclient.HttpClientTemplate;
  4 import org.springframework.beans.factory.annotation.Value;
  5 import org.springframework.stereotype.Service;
  6 import javax.annotation.Resource;
  7 import java.util.Base64;
  8 import java.util.HashMap;
  9 import java.util.Map;
 10 
 11 @Service
 12 public class BuildService {
 13   @Resource
 14   private HttpClientTemplate httpClientTemplate;
 15   @Value("${jenkins.url}")
 16   private String jenkinsUrl;
 17   //初始化请求头鉴权
 18   private static final Map<String, String> httpHeaders=new HashMap()
      {{
 19     put("Authorization", "Basic " + Base64.getUrlEncoder().encodeToS
        tring(("jenkins:11e39e188034713db9f00f2b44c59d65af").getBytes())
        );
 20   }};
 21 
 22 
 23   public void build(String gitlabVersion, String applicationName,
        String env) {
        ...
229     StringBuilder param = new StringBuilder();
230     param.append("TAG").append("=").append(gitlabVersion)
231       .append("&NAME").append("=").append(applicationName)
```

```
232         .append("&ENV").append("=").append(env);
233       httpClientTemplate.doPost(jenkinsUrl+"/job/"+applicationName+"/
          buildWithParameters?" + param,null, httpHeaders);
          ...
265
266    }
267 }
```

2. 部署详情

我们在云主机上添加 /etc/docker/daemon.json 配置文件，如代码清单 13-2 所示，使 Docker 对外暴露 TCP 端口（本例中使用 4789 端口，读者可以自己定义），以便 API 调用。

代码清单 13-2　daemon.json 配置文件

```
......
5 "hosts": [
6     "tcp://0.0.0.0:4789",
7     "unix:///var/run/docker.sock"
8   ]
9 }
```

部署的具体细节如代码清单 13-3 所示。整个部署过程分为拉取镜像、创建容器和启动容器三个环节。用户也可根据自己的需求进行自定义。

代码清单 13-3　HarborService 类文件

```
 1 package org.fibonacci.devopscenter.service;
 2
 3 import com.alibaba.fastjson.JSON;
 4 import org.fibonacci.framework.global.AppInfo;
 5 import org.fibonacci.framework.httpclient.HttpClientTemplate;
 6 import org.springframework.beans.factory.annotation.Value;
 7 import org.springframework.stereotype.Service;
 8
 9 import javax.annotation.Resource;
10
11 @Service
12 public class HarborService {
13
14   @Resource
15   private HttpClientTemplate httpClientTemplate;
16   @Resource
17   private AppInfo appInfo;
18   @Value("${harbor.address}")
19   private String harborAddress;
20   @Value("${container.port:4789}")
21   private String containerPort;
22
23   public void pullImages(String containerIp, String applicationName,
```

```
        String gitVersion) {
      ...                 ...
      ...                 ...
 81         String imageName = harborAddress + "/" + applicationName + "/" +
              applicationName + appInfo.getEnv();
 82         String imageTag = gitVersion;
 83         StringBuilder pullRequest = new StringBuilder();
 84         pullRequest.append("http://").append(containerIp).append(":").a
              ppend(containerPort)
 85             .append("/images/create?fromImage=").append(imageName)
 86             .append("&tage=").append(imageTag)
 87             .append("&fromSrc=").append(harborAddress);
 88         //拉取镜像
 89         httpClientTemplate.doPost(pullRequest.toString(), null);
            ...               ...
            ...               ...
139     }
140
141     public void runContainer(String containerIp, String applicationName,
          String gitVersion) {
      ...                 ...
      ...                 ...
193       String imageName = harborAddress + "/" + applicationName + "/" +
            applicationName + appInfo.getEnv();
194       String imageTag = gitVersion;
195
196       //创建容器
197       String createContainerUrl = "http://" + containerIp + ":" + containerPort +
            "/containers/create?name=" + applicationName;
198
199       Map<String,Object> createParams = new HashMap() {{
200         put("WorkingDir", "/data");
201         put("User", "root");
202         put("Volumes", new HashMap(){{
203           put("/data/logs", new HashMap<>());
204         }});
205         put("Hostname", applicationName + "_" + appInfo.getEnv());
206         put("HostConfig", new HashMap(){{
207           put("Binds", new ArrayList<String>(){{
208             add("/data/logs/:/data/logs/");
209             add("/etc/localtime:/etc/localtime:ro");}});
210           put("Privileged", true);
211           put("RestartPolicy", new HashMap(){{
212             put("MaximumRetryCount", 5);
213             put("Name", "on-failure");
214           }});
215           put("NetworkMode", "host");
216         }});
217         put("Env", new ArrayList(){{
218           add("SERVER_HOST=" + containerIp);
219           add("SERVER_ENV=" + appInfo.getEnv());
```

```
220              add("SERVER_PORT=8080");
221            }});
222            put("Image", imageName + ":" + imageTag);
223            put("ExposedPorts", new HashMap(){{
224              put("8080/tcp", new HashMap<>());
225            }});
226          }};
227
228          String resp = httpClientTemplate.doPost(createContainerUrl, createParams);
229          String containerId = JSON.parseObject(resp).getString("Id");
230
231          //启动容器
232          String restartContainerUrl = "http://" + containerIp + ":" + containerPort +
               "/containers/" + containerId + "/restart";
233          httpClientTemplate.doPost(restartContainerUrl, null);
             ...                      ...
             ...                      ...
292          }
293      }
```

3. 路由配置详情

最后，我们通过调用 Kong 网关 Admin API 在 DevOps 平台对网关进行配置，如代码清单 13-4 所示。

代码清单 13-4　KongService 类文件

```
 1 package org.fibonacci.routeplus.service;
 2
 3 import com.alibaba.fastjson.JSON;
 4 import com.alibaba.fastjson.JSONObject;
 5 import lombok.Builder;
 6 import lombok.Data;
 7 import org.fibonacci.framework.httpclient.HttpClientTemplate;
 8 import org.fibonacci.routeplus.common.bo.TargetBo;
 9 import org.fibonacci.routeplus.common.bo.UpstreamBo;
10 import org.fibonacci.routeplus.constants.KongConstants;
11 import org.fibonacci.routeplus.model.bo.KongRouteBo;
12 import org.fibonacci.routeplus.model.bo.KongServiceBo;
13 import org.springframework.beans.factory.annotation.Value;
14 import org.springframework.stereotype.Service;
15
16 import javax.annotation.Resource;
17 import java.util.Arrays;
18 import java.util.HashMap;
19 import java.util.List;
20 import java.util.Map;
21
22 @Data
23 class CreateKongServiceRequest {
```

```
24   private String applicationName;
25   @Builder.Default
26   private List<String> gateways = Arrays.asList("pc", "web", "openapi");
27   private List<Server> servers;
28 }
29
30 @Data
31 class Server {
32   private String ip;
33   private String port;
34   private Long vagrancy;
35 }
36
37 @Service
38 public class KongService {
39   @Resource
40   protected HttpClientTemplate httpClientTemplate;
41   @Resource
42   private KongConstants kongConstants;
43   @Value("${kongapi.url}")
44   public String kongapiUrl;
45
46   public void createKongService(CreateKongServiceRequest request) {
47     String applicationName = request.getApplicationName();
48
49     Map<String,Object> upstreamParam = new HashMap<String,Object>(){{
50       put("name", applicationName);
51       put("healthchecks", new HashMap(){{
52         put("active", new HashMap(){{
53           put("http_path", "/" + applicationName + "/home");
54           put("timeout", 1);
55           put("concurrency", 10);
56           put("healthy", new HashMap(){{
57             put("interval", 3);
58             put("successes", 1);
59           }});
60           put("unhealthy", new HashMap(){{
61             put("interval", 3);
62             put("timeouts", 30);
63           }});
64         }});
65       }});
66
67     }};
68     //创建 upstream
69     String createUpstreamUrl = kongapiUrl + "/upstreams";
70     httpClientTemplate.doPost(createUpstreamUrl, upstreamParam);
71     //为 upstream 创建 target
72     String createTargetUrl = kongapiUrl + "/upstreams/" +applicationName +
       "/targets";
73     for (Server server : request.getServers()) {
```

```
74          TargetBo targetBo = TargetBo.builder()
75            .upstreamName(applicationName)
76            .target(server.getIp() + ":" + server.getPort())
77            .weight(server.getVagrancy()).build();
78          httpClientTemplate.doPost(createTargetUrl, targetBo);
79        }
80
81        //创建 Kong Service 对象
82        KongServiceBo kongServiceBo = KongServiceBo.builder()
83          .name(applicationName)
84          .host(applicationName)
85          .port(8080)
86          .build();
87
88        String createKongServiceUrl = kongapiUrl + "/services";
89        String respKongServiceInfo = httpClientTemplate.doPost(createKongServiceUrl,
          kongServiceBo);
90
91        JSONObject kongServiceInfo = JSON.parseObject(respKongServiceInfo);
92        String kongServiceId = kongServiceInfo.getString("id");
93
94        //创建 Kong Route 对象
95        KongRouteBo routeBo = KongRouteBo.builder()
96          .service(
97            KongRouteBo.ServiceBean.builder()
98              .id(kongServiceId).build())
99            .name(applicationName)
100           .headers(
101             KongRouteBo.GatewayHeader.builder()
102               .gateway(
103                 request.getGateways()
104               )
105               .build()
106           )
107           .paths(new String[]{"/" + applicationName})
108           .build();
109
110         String createKongRouteUrl = kongapiUrl + "/routes";
111         httpClientTemplate.doPost(createKongRouteUrl, routeBo);
112     }
113
114 }
```

13.4.5 DevOps 平台扩展

为了让示例项目尽可能轻量并容易理解，笔者删减了一些非强制依赖的模块，并适当简化了代码。读者如需在生产环境中使用本节介绍的 DevOps 平台，还可以进行如下扩展。

- 部署 Nexus 私服，优化内部仓库管理。

- 添加分布式任务调度平台，新增任务实时反馈构建和部署操作。
- 优化部署和路由配置环节的流量算法，扩充节点数，以满足实际业务需求。

13.5 本章小结

在本章中，我们主要讲述了如何结合微服务与Kong网关应用，并基于此搭建了DevOps平台。这里需要强调的是，该DevOps平台仅供演示使用，如想投入生产环境还需根据实际场景进一步优化和打磨。

在下一章中，我们会在本章的基础上引入容器管理平台Kubernetes，借此为DevOps平台注入新的活力。

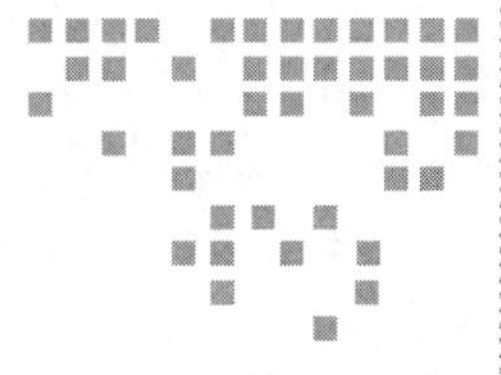

第 14 章 Chapter 14

Kong 网关结合 Kubernetes 架构方案

随着容器技术的爆炸式增长，容器编排技术也在蓬勃发展。类似于早先 VMware 公司通过一整套工具来启动、创建、销毁和监控虚拟机服务，容器本身也需要通过监控和协调来确保服务是正常工作的。容器编排技术使开发人员可以更好地跟踪、编排和运行大规模容器。

在上一章中，我们使用原生的 Kong 网关和其他开源组件打造了一个初级 DevOps 平台，实现了容器服务的简单启停和运行。在本章中，我们会结合更强大的容器编排引擎——Kubernetes，优化之前的 DevOps 平台，做到容器服务的全流程管理。

14.1 Kubernetes 详解

在本节中，我们先抛开 Kong 网关，详细了解一下 Kubernetes。Kubernetes 是 CNCF 基金会的顶级项目。目前，已经有超过 2000 家公司、35 000 名开发者在整个项目中贡献了自己的智慧和力量。下面我们会简要介绍 Kubernetes 的由来和发展现状，同时会介绍 Kubernetes 的基本概念，并演示一个 Hello World 示例，以便读者直观地了解 Kubernetes。

14.1.1 Kubernetes 简介

Google 公司在 2014 年创立了 Kubernetes 项目，致力于构建健壮的容器编排系统，从而实现在生产环境中协调运行数千个容器实例。通过流程自动化，Kubernetes 可以消除许多繁杂、重复的人工劳动，并且可以屏蔽基础架构之间的差异。而在 Kubernetes 诞生之前，这些工作是由 DevOps 团队单独完成的。

Kubernetes 不仅使我们可以轻松地运行容器，而且可以在容器中加载不同类型的工作负载。它彻底改变了开发者对系统部署的价值观。用户部署的基础单元从之前的一个容器延展到了整个系统。

尽管Kubernetes已经成为事实上的容器编排系统标准，但人们对它仍存在一些误解。比如，很多人对Docker和Kubernetes之间的区别比较模糊。其实很简单，Docker用于创建容器，Kubernetes提供了对这些容器的管理。除Docker之外，Kubernetes还支持其他容器技术，如Rocket等。另外，Kubernetes本身并不是一个PaaS平台。当然，开发者可以基于Kubernetes开发一个属于自己的PaaS平台。

从整体上看，Kubernetes和其他大多数分布式系统一样，由一个主节点（即Master节点）和多个工作节点（即Node节点）组成。主节点负责协调安排工作节点的工作，工作节点承担负载。在Kubernetes中，最小的工作单元称为Pod。一个Pod可以容纳一个或多个容器。图14-1展现了Kubernetes的整体架构。

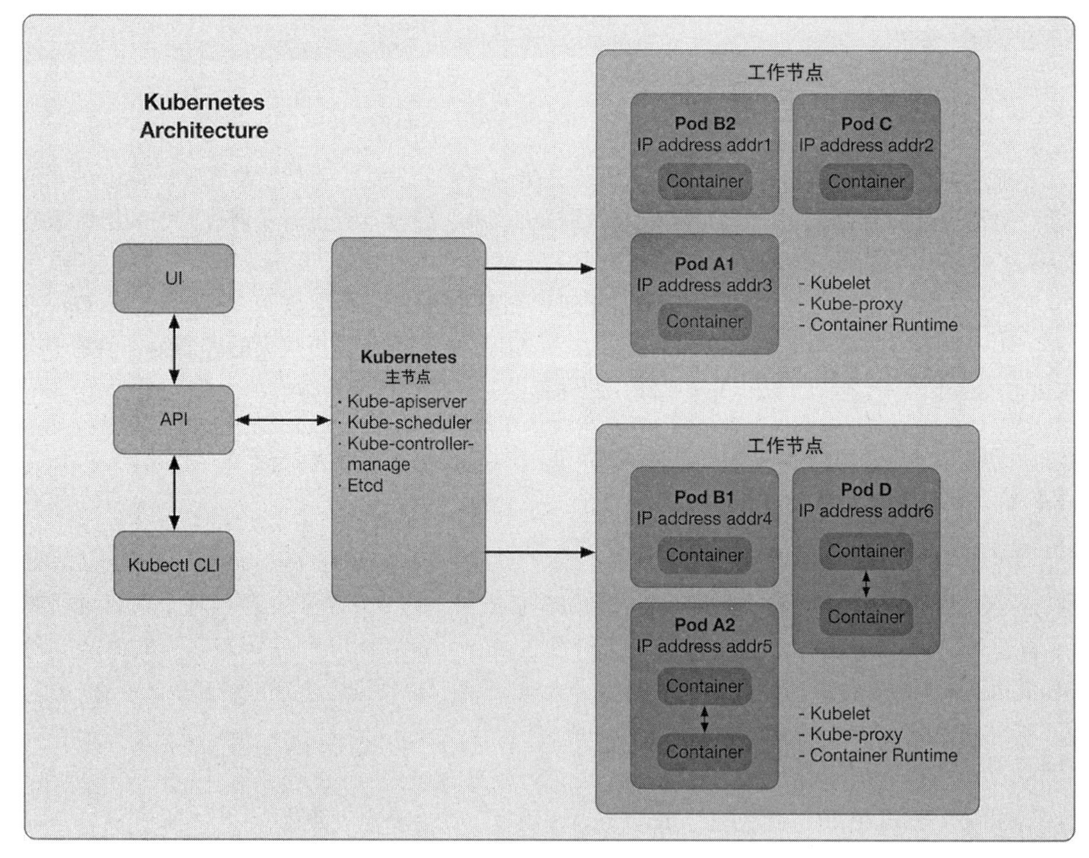

图14-1 Kubernetes整体架构

14.1.2 Kubernetes发展史

Kubernetes的发展必然离不开容器技术的兴起。说到容器技术，我们需要将目光拉回到传统的物理机部署时代。在软件发展过程中，软件部署方式也在不断更新迭代。下面我们一起来回顾软件部署所经历的三段时期。

- 传统物理机部署时代：早期，所有应用程序直接在物理机上运行，多个应用程序在同一机器上运行，我们无法为它们定义清晰的资源边界。当一个应用程序占用大部分资源后，其他应用程序性能会下降。并且多个应用程序部署在同一台机器既增加了管理难度，也降低了安全性。当然，我们可以选择使用单台服务器部署单个应用程序来解决上述问题，但这样会导致服务器资源浪费，成本升高。
- 虚拟化部署时代：2000 年初，VMware 公司打破常规，制作了外观和行为都类似于硬件的软件层抽象，即虚拟机。在引入虚拟化功能后，用户可以在单个物理服务器的 CPU 上运行多个虚拟机。虚拟化功能允许应用程序在虚拟机之间保持隔离，以保证系统安全性。而且，虚拟化可以轻松地添加或更新应用程序，更好地利用物理服务器中的资源，实现了更好的可伸缩性，从而降低了硬件成本。每个虚拟机都可以理解为一台完整的计算机。在虚拟化硬件之前，用户需要运行所有组件，包括其自身的操作系统。
- 容器化部署时代：容器类似于虚拟机，但是它们具有更轻量级的隔离属性，并且它的创建、扩展和管理也更简单。启动一个容器仅需要几秒，而启动虚拟机通常需要几分钟。容器也有自己的文件系统、CPU、内存和进程空间等。由于它们与基础架构分离，因此可以更快速地跨云和进行 OS 移植。

图 14-2 描述了这三类部署方式的系统模型。

图 14-2　三类部署方式的系统模型

在熟悉了软件部署方式的演变历程之后，相信读者更容易理解 Kubernetes 项目诞生的适时性和必要性了。然而，Kubernetes 在诞生之初并非完全一帆风顺。Docker 作为容器时代的霸主，在容器界具有绝对的权威性和话语权。为了巩固地位，它之后陆续更新出 Docker Compose、Swarm 和 Machine 三件套，巩固了其在云化容器编排和集群技术解决方案的地位。而 Kubernetes 在这样的背景下逆势而上，从 API 到容器运行时的每一层，为开发者暴露可以扩展的插件，以便用户通过代码的方式介入项目研发的每一个阶段。就这样，在这种鼓励二次创新的氛围中，Kubernetes 得到了空前的发展和壮大。

14.1.3 Kubernetes 基本概念和术语

在本节中，我们会对 Kubernetes 的基本概念逐一进行介绍。它们分别为 Master 节点、Node 节点、Pod、Label、Annotation、ReplicaSet 和 Deployment，结合在一起构成了 Kubernetes 的基本框架。

1. Master 节点

Kubernetes 中的 Master 节点是集群的控制节点。每个 Kubernetes 集群都需要一个 Master 节点来控制和管理。Kubernetes 中的大多控制指令会发送给 Master 节点，由它来负责具体的 Node 节点的调度。

Master 节点上会运行多个组件，具体如下。

1）Kube-apiserver：提供了资源操作的唯一入口，并提供了认证、授权、访问控制、API 注册发现等机制。

2）Kube-controller-manager：负责维护集群整体状态，包括故障检测、扩 / 缩容、滚动 / 更新等。

3）Kube-scheduler：负责资源调度，按预定调度策略将 Pod 调度到相应机器上。

另外，Master 节点上还需要启动一个 Ectd 组件，用来存储所有资源对象的数据。

注意　Etcd 组件是分布式键 – 值存储，是 Master 节点和 Node 节点之间通信的基础。该组件存储和复制 Kubernetes 环境中的关键信息状态。Kubernetes 的高性能及可伸缩性都依赖于它。

---

2. Node 节点

除了 Master 节点，Kubernetes 集群中的其他机器都统称为 Node 节点。它可以是一台物理机，也可以是一台虚拟机。它们是集群中的负载节点，即承担真正的工作负载。Master 节点会根据默认策略或用户自定义算法将 Pod 调度到指定 Node 节点上工作。当某些 Node 节点宕机时，运行在其上的工作负载会被 Master 节点自动转移到其他节点，保证整体服务健康、可用。

Node 节点上运行的组件如下。

1）Kubelet：负责维护容器的生命周期，同时负责 Volume（CVI）和网络（CNI）的管理。

2）Kube-proxy：负责为 Kubernetes 服务提供集群内部的服务发现和负载均衡。

3）Docker Engine：Docker 引擎，负责本机的容器创建与管理。

3. Pod

Pod 是 Kubernetes 集群中运行和部署应用或服务的最小单元。它的设计理念是支持多个容器在一个 Pod 中共享网络地址和文件系统，可以通过进程间通信和文件共享这种简单高效的方式组合服务。

Pod 是 Kubernetes 集群中所有服务的基础。不同类型的业务需要不同类型的 Pod 去执行。目前，Kubernetes 集群中的服务主要可以分为长期伺服型（Long-running）、批处理型（Batch）、节点后台支撑型（Node-daemon）和有状态应用型（Stateful Application）。它们对应的控制器依次为 Deployment、Job、DaemonSet 和 PetSet。

4. ReplicaSet

RC（Replication Controller）是 Kubernetes 集群中最早保证 Pod 高可用的 API 对象。它通过监控运行中的 Pod 来保证运行指定数目的 Pod 副本。指定的 Pod 副本可以是多个，也可以是一个。少于指定数目，RC 就会启动新的 Pod 副本；多于指定数目，RC 就会杀死多余的 Pod 副本。即使在指定运行一个 Pod 副本情况下，通过 RC 运行 Pod 也比直接运行 Pod 更明智。因为 RC 可以发挥它高可用的能力，保证永远有且仅有一个 Pod 在运行。RC 是 Kubernetes 集群中较早期的技术概念，只适用于长期伺服型服务，比如提供高可用的 Web 服务。

RS 是新一代 RC，提供同样的高可用能力，区别主要在于 RS 支持更多的匹配模式。RS 一般不单独使用，而是作为 Deployment 的理想状态参数使用。

5. Deployment

Deployment 表示用户对 Kubernetes 集群的一次更新操作。Deployment 是一个比 RS 应用模式更广的 API 对象，可以创建新的服务、更新新的服务，也可以滚动升级服务。滚动升级服务，实际是创建新的 RS 对象，然后逐渐将新 RS 对象中的副本数增加到理想状态，将旧 RS 对象中的副本数减少到 0 的复合操作。

6. Job

Job 是 Kubernetes 集群中用来控制批处理型服务的 API 对象。批处理型服务与长期伺服型服务的主要区别在于批处理型服务运行有头有尾，而长期伺服型服务一般情况下会运行下去。Job 管理的 Pod 根据用户的设置成功完成任务后会自动退出。

7. DaemonSet

长期伺服型和批处理型服务的核心在于应用，而后台支撑型服务的核心在于 Kubernetes 集群中的节点。典型的节点后台支撑型服务有存储服务、日志服务和监控服务等。

8. PetSet

云原生应用体系中有两组近义词。一组是 Stateless、Cattle、Nameless 和 Disposable，另一组是 Stateful、Pet、Having-Name 和 Non-Disposable。RC 和 RS 主要控制无状态型服务，其控制的 Pod 的名称是随机设置的。Pod 出故障后可以直接丢弃，并重启新的 Pod。Pod 的名称和在哪里运行并不重要。重要的是，Pod 总数要满足要求。而 PetSet 是用来控制有状态型服务的，PetSet中每个Pod的名称都是事先确定的，不能更改。适用于PetSet的服务包括数据库服务，如MySQL实例或PostgreSQL实例，或者集群化管理服务，如Zookeeper、Etcd等有状态型服务。

9. Service

RC、RS和Deployment只是保证了支撑服务的Pod数量，但是没有解决如何访问这些业务。对于客户端来说，它访问的是Kubernetes集群中的Service对象。每个Service对象会对应一个集群内部有效的虚拟IP，集群内部通过虚拟IP访问服务。Kubernetes集群中的负载均衡是由Kube-proxy实现的。它是一个分布式代理服务器，分布在Kubernetes集群的每个节点上。当需要访问的Node节点越多，提供负载均衡能力的Kube-proxy就越多。

10. Label & Annotation

Label其实就是一组键－值对，可以关联到对象上。我们可以使用Label标注Node、Pod，帮助用户识别对象。Label仅对用户有意义，对内核系统没有直接意义。一个对象可以拥有多个Label，但是key值必须是唯一的。

Annotation与Label的差别是，Label具有严肃的语义，定义的是Kubernetes对象的元数据（Metadata）；Annotation定义的是用户可以随意添加在对象中的附加信息。

14.1.4 Kubernetes的HelloWorld示例

在本节中，我们一起完成Kubernetes的HelloWorld示例。示例总共分为三部分：Kubernetes集群和Dashboard安装、使用Kubernetes部署应用和Kubernetes水平动态扩/缩容，涉及的资源配置清单如表14-1所示。

表14-1 HelloWorld示例资源配置清单

节点名	主机名	IP地址	配置
Master	kubernetes-master-01	私网：172.19.159.46 公网：106.14.248.21	2C4G
Node	Kubernetes-node-01	私网：172.19.159.45 公网：47.103.107.95	2C4G

对于表格中的主机名和IP地址，用户需要根据自己的环境更改。部署应用环节会沿用第8章使用的Node项目。该项目镜像存放于Docker Hub中，镜像名为kong-in-action/node，标签为latest。下面我们正式进入示例环节。

1. Kubernetes集群和Dashboard安装

首先在Master节点和Node节点安装Kubernetes集群。

1）在Master节点与Node节点添加主机映射：

```
# 添加Master节点
$ cat <<EOF >> /etc/hosts
  172.19.159.46   kubernetes-master-01
  172.19.159.45   kubernetes-node-01
```

```
EOF
# 添加 Node 节点
$ cat <<EOF >> /etc/hosts
  172.19.159.46   kubernetes-master-01
  172.19.159.45   kubernetes-node-01
EOF
```

2）在 Master 节点与 Node 节点分别安装 Docker 服务与 Kubelet、Kubeadm、Kubectl 组件，其中 Docker 版本为 20.10.1，Kubelet、Kubeadm、Kubectl 版本为 1.20.1：

```
# 安装 Docker 服务
$ yum install -y yum-utils device-mapper-persistent-data lvm2
$ yum-config-manager --add-repo \
  https://mirrors.aliyun.com/docker-ce/linux/centos/docker-ce.repo
$ yum -y install docker-ce
$ systemctl start docker && systemctl enable docker
# 安装 Kubelet、Kubeadm、Kubectl 组件
$ cat <<EOF > /etc/yum.repos.d/kubernetes.repo
[kubernetes]
name=Kubernetes
baseurl=https://mirrors.aliyun.com/kubernetes/yum/repos/kubernetes-el7-x86
  _64/
enabled=1
gpgcheck=1
repo_gpgcheck=1
gpgkey=https://mirrors.aliyun.com/kubernetes/yum/doc/yum-key.gpg https://m
  irrors.aliyun.com/kubernetes/yum/doc/rpm-package-key.gpg
EOF
$ yum install -y kubelet kubeadm kubectl
$ systemctl enable kubelet
```

3）初始化 Master 节点的系统环境：

```
# 由于官网镜像下载较慢，这里选择手动安装镜像文件
$ images=(
  kube-apiserver:v1.20.1
  kube-controller-manager:v1.20.1
  kube-scheduler:v1.20.1
  kube-proxy:v1.20.1
  pause:3.2
  etcd:3.4.13-0
  coredns:1.7.0
)
$ for imageName in ${images[@]} ; do
  docker pull registry.cn-hangzhou.aliyuncs.com/google_containers/$imageName
  docker tag registry.cn-hangzhou.aliyuncs.com/google_containers/$imageName
    Kubernetes.gcr.io/$imageName
  docker rmi registry.cn-hangzhou.aliyuncs.com/google_containers/$imageName
done
# 初始化 Kubernetes 系统环境
$ kubeadm init --pod-network-cidr=10.244.0.0/16 --service-cidr=10.96.0.0/12
```

```
$ mkdir -p $HOME/.kube
$ sudo cp -i /etc/kubernetes/admin.conf $HOME/.kube/config
$ sudo chown $(id -u):$(id -g) $HOME/.kube/config
$ kubeadm join 172.19.159.46:6443 --token zuw0pm.eizttmpkyfjh3qp9 \
    --discovery-token-ca-cert-hash sha256:95a9215e95e99095e3f21641bd151b
    9229bc99a5c18b18e42457021f2a99fb19
```

4）修改 Master 节点的配置文件中的端口信息，默认为 0：

```
# 将 /etc/kubernetes/manifests/kube-controller-manager.yaml 文件内容 26 行注释
26 #     - --port=0
# 将 /etc/kubernetes/manifests/kube-scheduler.yaml 文件内容 19 行注释
19 #     - --port=0
```

5）在 Master 节点安装 flannel 网络，给每一个主机在预配置地址中分配子网租约：

```
$ kubectl apply -f https://raw.githubusercontent.com/coreos/flannel/master
  /Documentation/kube-flannel.yml
```

6）使用 kubectl get nodes 指令查看 Master 节点是否已经准备就绪：

```
$ kubectl get nodes
NAME                   STATUS   ROLES                  AGE   VERSION
kubernetes-master-01   Ready    control-plane,master   3m    v1.20.1
```

7）初始化 Node 节点环境：

```
# 创建目录
$ mkdir /root/.kube/
# 在 Master 节点中将 /root/.kube/config 目录下的文件复制至 Node 节点
$ scp /root/.kube/config root@kubernetes-node-01:/root/.kube/
```

8）在 Node 节点执行 kubeadm join 指令，使其加入 Kubernetes 集群：

```
$ kubeadm join 172.19.159.46:6443 --token zuw0pm.eizttmpkyfjh3qp9 \
  --discovery-token-ca-cert-hash sha256:95a9215e95e99095e3f21641bd151b
  9229bc99a5c18b18e42457021f2a99fb19
```

9）在 Node 节点使用 kubectl get nodes 指令，查看该 Node 节点是否已加入 Kubernetes 集群：

```
$ kubectl get nodes
NAME                   STATUS   ROLES                  AGE   VERSION
kubernetes-master-01   Ready    control-plane,master   10m   v1.20.1
kubernetes-node-01     Ready    <none>                 10m   v1.20.1
```

下面继续安装 Dashboard 服务。

1）在 Master 节点使用 kubectl 指令安装 Dashboard 服务：

```
$ kubectl apply -f https://raw.githubusercontent.com/kubernetes/dashboard/
  v2.1.0/aio/deploy/recommended.yaml
```

2）将 Dashboard 的 svc 资源进行端口映射：

```
$ kubectl patch svc kubernetes-dashboard -p '{"spec":{"type":"NodePort"}}'
  -n kubernetes-dashboard
```

Kubernetes Dashboard 登录页面如图 14-3 所示。

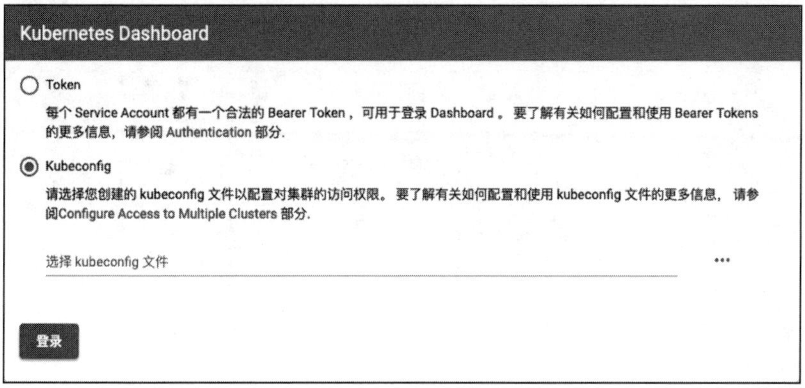

图 14-3 Kubernetes Dashboard 登录页面

3）在 Master 节点中获取 Token，并选择以 Token 方式登录：

```
# 创建 serviceaccount 对象
$ kubectl create serviceaccount dashboard-admin -n kube-system
# 创建 clusterrolebinding 对象并与刚创建的 serviceaccount 对象进行关联
$ kubectl create clusterrolebinding dashboard-cluster-admin --clusterrole=
  cluster-admin --serviceaccount=kube-system:dashboard-admin
# 查看 Token
$ kubectl describe secret dashboard-admin-token-x9gfb -n kube-system
...
token:      eyJhbGciOiJSUzI1NiIsImtpZCI6IndMWGFJWHdIb2dpa1RRc2sybTdpQ1ZwYmx
yeGxTc2VCeDhyeVF6cGpSbVkifQ.eyJpc3MiOiJrdWJlcm5ldGVzL3NlcnZpY2VhY2NvdW50Ii
wia3ViZXJuZXRlcy5pby9zZXJ2aWNlYWNjb3VudC9uYW1lc3BhY2UiOiJrdWJlLXN5c3RlbSIs
Imt1YmVybmV0ZXMuaW8vc2VydmljZWFjY291bnQvc2VjcmV0Lm5hbWUiOiJkYXNoYm9hcmQtYW
RtaW4tdG9rZW4teDlnZmIiLCJrdWJlcm5ldGVzLmlvL3NlcnZpY2VhY2NvdW50L3NlcnZpY2Ut
YWNjb3VudC5uYW1lIjoiZGFzaGJvYXJkLWFkbWluIiwia3ViZXJuZXRlcy5pby9zZXJ2aWNlYW
Njb3VudC9zZXJ2aWNlLWFjY291bnQudWlkIjoiYWVhZWQwOGEtZDQ5Ny00NDI2LThkNmItOWUy
MTMwMjc3NTZmIiwic3ViIjoic3lzdGVtOnNlcnZpY2VhY2NvdW50Omt1YmUtc3lzdGVtOmRhc2
hib2FyZC1hZG1pbiJ9.Vll95cJIMuu-inechRuPz_2aHFtdVAi2lK5XFpjt8VytMPhRYuoTXP0
FEBRg6W0bPz6JCqiWuVdntGNsYy8CNjHuvt9O9bxSUXTReQTIhLMuMO07DceAh1r9RxomPjWjB
6Wp7vS8JqoEv20BCVjMSdrV7XDMVfAq_kr05p0jDZW-kkBbF76MGoL5xgtdGFtK-7ME3xIpvE6
allpx-qNXwQ0fYKudneEFl1rKt89clundMRxP5h11zayuVFsus1KPoGMeji1HUDpqysuhPwTQu
7jpVp7P0R0tOxZBOXcsD1nCQ1a_kBhHoxJTB0j_fAzZpzVp0wO1YX48xuwOaqy9Lw
```

Kubernetes Dashboard 首页如图 14-4 所示。

2. 使用 Kubernetes 部署应用

1）点击 Dashboard 页面右上角“+”按钮，添加部署应用配置文件，文件格式为 yaml。配置文件如代码清单 14-1 所示。

图 14-4 Kubernetes Dashboard 首页

代码清单 14-1 node-service.yaml 文件

```
 1 # 使用的版本
 2 apiVersion: v1
 3 # Service 对象资源清单
 4 kind: Service
 5 # 元数据信息
 6 metadata:
 7 # 指定 Service 资源名称
 8   name: node-svc
 9 spec:
10 # 标签选择器与 Deployment 资源关联
11   selector:
12     language: node
13     sort: backend
14 # 端口映射，容器外端口号为 80，容器内端口号为 8080
15   type: NodePort
16   ports:
17   - port: 80
18     targetPort: 8080
19
20 ---
21 # 使用的 API 版本
22 apiVersion: apps/v1
23 # Deployment 资源清单
24 kind: Deployment
25 metadata:
26 # 元数据信息，指定 Deployment 资源名称与命名空间
```

```
27   name: node-deploy
28   namespace: default
29 spec:
30 # Pod 副本数量
31   replicas: 1
32 # 标签选择器与 Pod 资源关联
33   selector:
34     matchLabels:
35       language: node
36       sort: backend
37   template:
38 # Pod 模板元信息
39     metadata:
40       labels:
41         language: node
42         sort: backend
43     spec:
44 # 启动容器时加载的镜像和启动端口
45       containers:
46       - name: node
47         image: kong-in-action:latest
48         ports:
49         - containerPort: 8080
50 # 容器 CPU 限制
51         resources:
52           limits:
53             cpu: 100m
54           requests:
55             cpu: 100m
```

Pod 创建后的效果如图 14-5 所示。

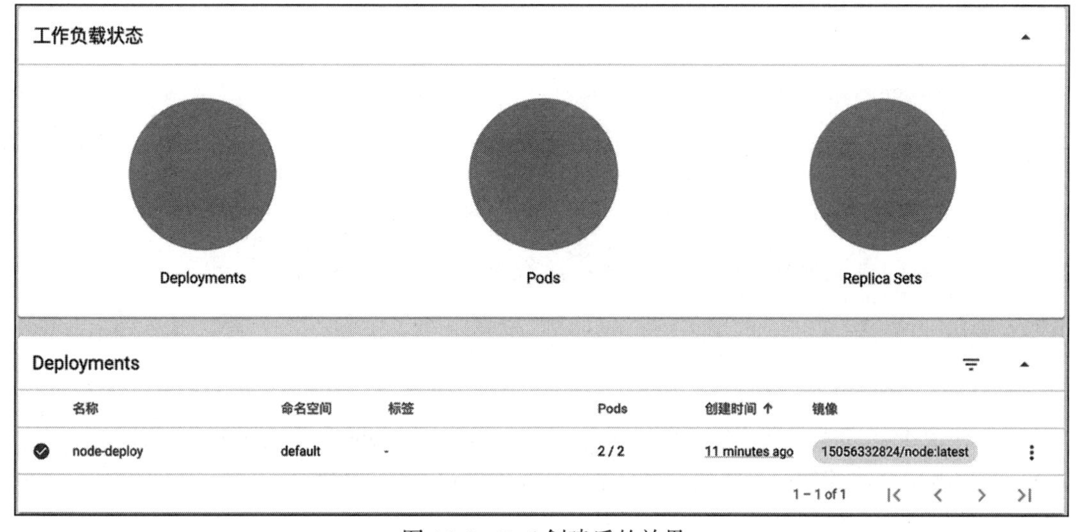

图 14-5　Pod 创建后的效果

2）在 Dashboard 页面点击 Services，查看外部客户端访问 Kubernetes 内部资源时使用的端口，如图 14-6 所示。

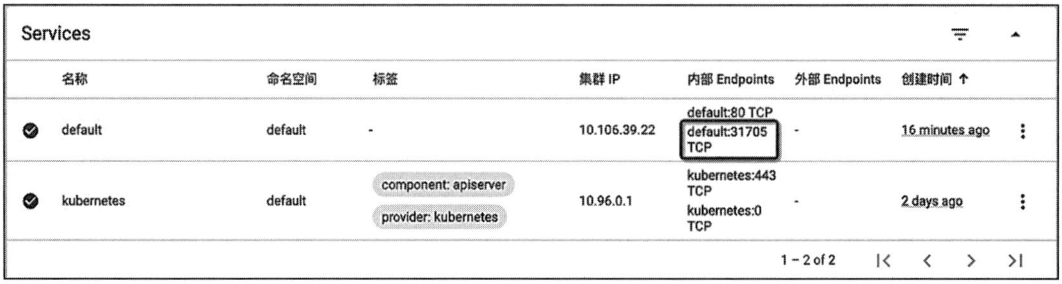

Services

	名称	命名空间	标签	集群 IP	内部 Endpoints	外部 Endpoints	创建时间 ↑	
✔	default	default	-	10.106.39.22	default:80 TCP default:31705 TCP	-	16 minutes ago	⋮
✔	kubernetes	default	component: apiserver provider: kubernetes	10.96.0.1	kubernetes:443 TCP kubernetes:0 TCP	-	2 days ago	⋮

1 – 2 of 2

图 14-6 Services 资源

3）查看本地请求接口 /demo/api/users/v1 是否能够正常访问：

```
$ curl 127.0.0.1:31705/demo/api/users/v1
{"language":"node","type":"application","version":"v1","user":"demo_v1"}
```

3. Kubernetes 水平动态扩 / 缩容

水平动态扩缩容（Horizontal Pod AutoScaler，HPA）是基于度量标准 API 的工具，对检索出 Pod 资源的度量标准进行扩缩。API 由 metrics-server 提供，支持的资源类型包括 Replication Controller、Deployment、ReplicaSet 和 Stateful Set。

下面我们根据 CPU 利用率动态平衡 Deployment 资源中 Pod 数量，阈值设为 50%。

1）首先在 Master 节点中部署 metrics-server：

```
# 下载对应的 yaml 文件
$ wget https://github.com/kubernetes-sigs/metrics-server/releases/latest/d
  ownload/components.yaml
# 在第 133 行添加参数 --kubelet-insecure-tls，跳过安全验证
129   ...
130     containers:
131     - args:
132       - --cert-dir=/tmp
133       - --kubelet-insecure-tls
134       - --secure-port=4443
135 ...
# 应用 components.yaml 文件
$ kubectl apply -f components.yaml
# 查看 Pod 资源是否启动成功
$ kubectl get pod -n kube-system |grep metrics
metrics-server-9b565c6df-z72xt               1/1     Running    1          14m
```

2）对 node-deploy 资源添加 HPA 策略，其中 --cpu-percent 参数表示 CPU 阈值为 50%，--min 参数表示 Pod 缩容的最小值，--max 参数表示 Pod 扩容的最大值：

```
$ kubectl autoscale deployment node-deploy --cpu-percent=50 --min=1 --max=5
```

```
# 验证 HPA 策略是否添加成功
$ kubectl get hpa
NAME        REFERENCE                  TARGETS  MINPODS  MAXPODS  REPLICAS  AGE
node-deploy Deployment/node-deploy  0%/50%   1        5        1         1m
```

3）使用 wrk 工具进行压测，使用参数 -t1 -c1 观察 Pod 数量变化：

```
# 使用 wrk 工具进行压测
$ wrk -t1 -c1 -d36000s http://127.0.0.1:31705/demo/api/users/v1
# 监测 HPA 中 REPLICAS 的变化
$ kubectl get hpa -w
NAME          REFERENCE                  TARGETS   MINPODS   MAXPODS   REPLICAS
node-deploy   Deployment/node-deploy   0%/50%    1         5         1
node-deploy   Deployment/node-deploy   3%/50%    1         5         1
node-deploy   Deployment/node-deploy   50%/50%   1         5         1
node-deploy   Deployment/node-deploy   56%/50%   1         5         1
node-deploy   Deployment/node-deploy   56%/50%   1         5         2
node-deploy   Deployment/node-deploy   26%/50%   1         5         2
...
```

4）重新启动一个终端，并重新启动一个 wrk 工具进行压测，使用参数 -t2 -c2 接着观察 Pod 数量变化：

```
# 使用 wrk 工具进行压测
$ wrk -t1 -c1 -d36000s http://127.0.0.1:31705/demo/api/users/v1
# 监测 HPA 中 REPLICAS 的变化
$ kubectl get hpa -w
NAME          REFERENCE                  TARGETS   MINPODS   MAXPODS   REPLICAS
...
node-deploy   Deployment/node-deploy   74%/50%   1         5         2
node-deploy   Deployment/node-deploy   74%/50%   1         5         3
node-deploy   Deployment/node-deploy   47%/50%   1         5         3
node-deploy   Deployment/node-deploy   45%/50%   1         5         3
node-deploy   Deployment/node-deploy   47%/50%   1         5         3
...
```

5）停止所有压测，Pod 数量最终回落至 1：

```
# 监测 HPA 中 REPLICAS 的变化
$ kubectl get hpa -w
NAME          REFERENCE                  TARGETS   MINPODS   MAXPODS   REPLICAS
...
node-deploy   Deployment/node-deploy   19%/50%   1         5         3
node-deploy   Deployment/node-deploy   0%/50%    1         5         3
node-deploy   Deployment/node-deploy   0%/50%    1         5         3
node-deploy   Deployment/node-deploy   0%/50%    1         5         2
node-deploy   Deployment/node-deploy   0%/50%    1         5         2
node-deploy   Deployment/node-deploy   0%/50%    1         5         1
```

经过上述实验，我们可以发现 node-deploy pod 会随着压测力度升级而逐步扩容到合适数量，表明 HPA 策略生效。

14.2 Kubernetes 与 Kong 网关结合

如上节所描述的，Kubernetes 本身定义了一套标准化的发布—运行—运维框架。其中的细节可由开发者自由扩展。Kong 网关与 Kubernetes 结合各自发挥了自己的长处。Kong 网关专注于流量代理分配；Kubernetes 保证后端服务稳定、高可用。下面我们了解一下 Kong 网关与 Kubernetes 的结合，并学习如何在 Kubernetes 中使用 Kong 网关。

14.2.1 概念描述

Kubernetes 和 Kong 网关的结合称为 Kong For Kubernetes（k4k8s）。它包含以下多个功能。

- Kong 网关是动态配置的，可以响应用户对基础架构的更改。
- Kong 网关中的所有配置都使用的是 Kubernetes 资源，配置信息存储在 Kubernetes 数据层中。
- Kubectl 工具与 Kong 网关结合可以实现声明式配置、RBAC 权限管控、状态协调和系统可伸缩等。
- 用户可使用 Ingress 资源和 Custom Resource Definitions（CRDs）共同配置 Kong 网关。
- 默认情况下，Kong 网关使用无数据库模式。

下面我们从 k4k8s 系统架构、Kong 自定义资源、部署方案、高可用性和安全性 5 个方面详细介绍 k4k8s 的核心概念。

1. 系统架构

k4k8s 的核心组件是 Kong Ingress Controller。本节会介绍它的设计理念，并描述它是如何使用 Kubernetes 集群中的 Ingress 资源部署 Kong 网关的。

总体来看，Kong Ingress Controller 由两个组件组成：Kong Gateway 和 Kong Controller，如图 14-7 所示。

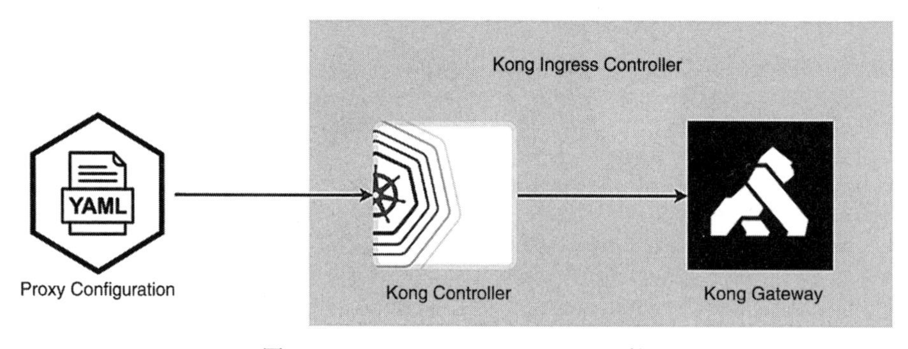

图 14-7 Kong Ingress Controller 组件

- Kong Gateway：处理所有流量的核心组件。

- ❑ Kong Controller：将配置信息从 Kubernetes 同步到 Kong Gateway 的一个进程。

Kong Ingress Controller 的功能不局限于可以代理进入 Kubernetes 集群的流量，还能配置 Kong 网关本身提供的任何功能，包括配置插件、负载均衡、健康检查、断路器等。

Kong Ingress Controller 会监听 Kubernetes 集群内部发生的变化，并根据这些变化更新 Kong 网关配置，保证能够实时代理流量。无论 Kubernetes 集群内部扩 / 缩容、配置更改还是节点发生故障，Kong Ingress Controller 都会及时响应。

图 14-8 描述了 Kubernetes 中的资源与 Kong 网关配置的对应关系。

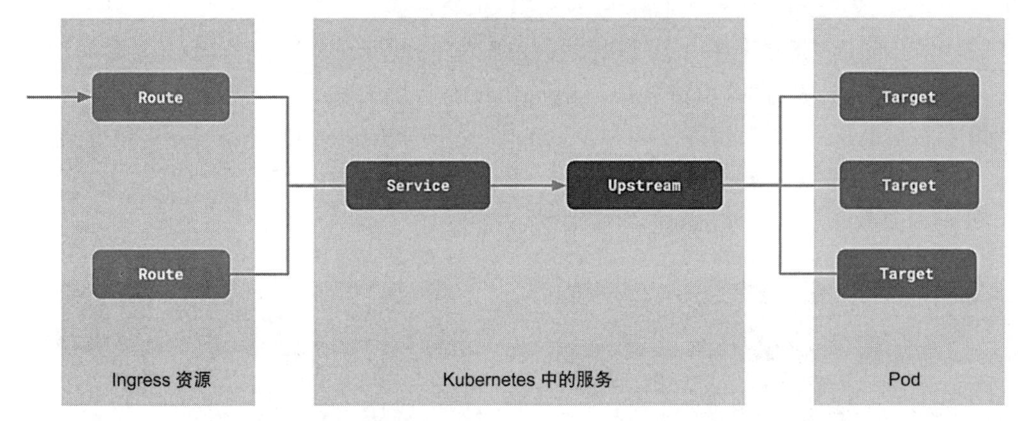

图 14-8　Kubernetes 中的资源与 Kong 网关配置的对应关系

- ❑ Kubernetes 中的 Ingress 资源定义了一组流量代理规则。这些规则与 Kong 网关中的路由概念相对应。
- ❑ Kubernetes 中定义的服务是运行在同一组 Pod 上的应用程序的抽象。对应到 Kong 网关，其需要拆分为两个概念：Service 和 Upstream。Service 对象保存了与 Upstream 对象的通信协议以及其他配置；Upstream 对象定义了负载均衡策略和健康检查行为。
- ❑ Kubernetes 中的服务关联的单个 Pod 对应 Kong 网关中的 Target。由于 Kong 网关已经接管服务中 Pod 的负载，所有流经 Kong 网关的请求都不会再通过 Kube-proxy 重定向，而是直接由 Kong 网关代理。

这里提到的 Kong 网关中的 Route、Service、Upstream 和 Target 概念在第 7 章、第 8 章中有详细描述。

2. 自定义资源

Kubernetes 中的自定义资源允许用户针对特定应用创建专属的控制器（Controller），以此来扩展声明式 API 配置。Kong Ingress Controller 绑定了一部分自定义资源（专门用于 Kong 网关配置），以实现对代理行为更细粒度的控制。

Kong Ingress Controller 使用 configuration.konghq.com API 组来存储 Kong 网关配置。所有配置可以分为几大类别，包括 KongIngress、KongPlugin、KongClusterPlugin、KongConsumer

和 TCPIngress。

（1）KongIngress

在 Kubernetes 中，Ingress 资源对应的 API 含义不是很清晰，没有为代理接口提供详细的描述信息。因此，Kong 网关引入了自定义资源 KongIngress，将其作为现有的 Ingress API 的扩展。KongIngress 和现有的 Ingress 资源协同工作。我们可以使用 KongIngress 修改 Ingress 资源中所有与 Kong 网关相关的资源属性，包括 Route、Service 和 Upstream。

创建完 KongIngress 资源后，我们可以使用 configuration.konghq.com 注解将 KongIngress 资源与 Ingress 或 Service 资源关联在一起。

- 当在 Ingress 资源中添加注解时，路由配置信息更新。这意味着所有与带注解的 Ingress 资源关联的路由将更新为 KongIngress 资源中 route 块定义的值。
- 当在 Service 资源上添加注解时，Kong 网关中的 Service 和 Upstream 对象也会更新。它们会变成 KongIngress 资源中 proxy 和 upstream 块定义的值。

图 14-9 展现了资源文件之间的对应关系。

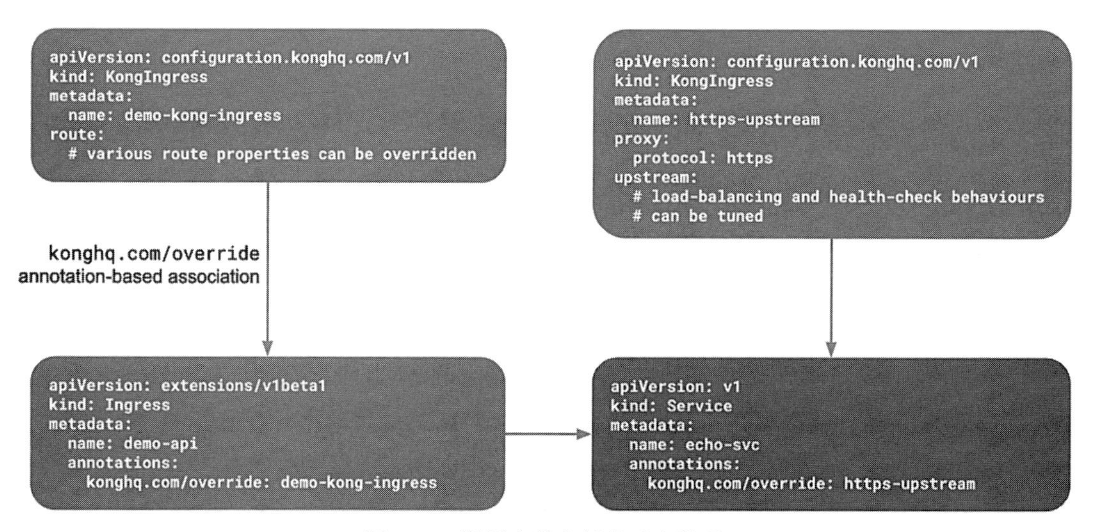

图 14-9　资源文件之间的对应关系

（2）KongPlugin

Kong 网关是围绕可扩展的插件架构设计的，本身内置大量插件。这些插件可用于修改请求响应或者对流量施加限制。当用户创建完此资源后，需要将其与 Kubernetes 中的 Ingress、Service 和 KongConsumer 资源关联。图 14-10 和图 14-11 描述了 KongPlugin 与它们之间的关联关系。

（3）KongClusterPlugin

KongClusterPlugin 与 KongPlugin 资源几乎完全相同，区别在于 KongClusterPlugin 是 Kubernetes 集群范畴内的资源，而非命名空间内的资源。当需要对插件配置进行集中管理，或者添加、更新插件配置的权限时，KongClusterPlugin 资源比较有用。

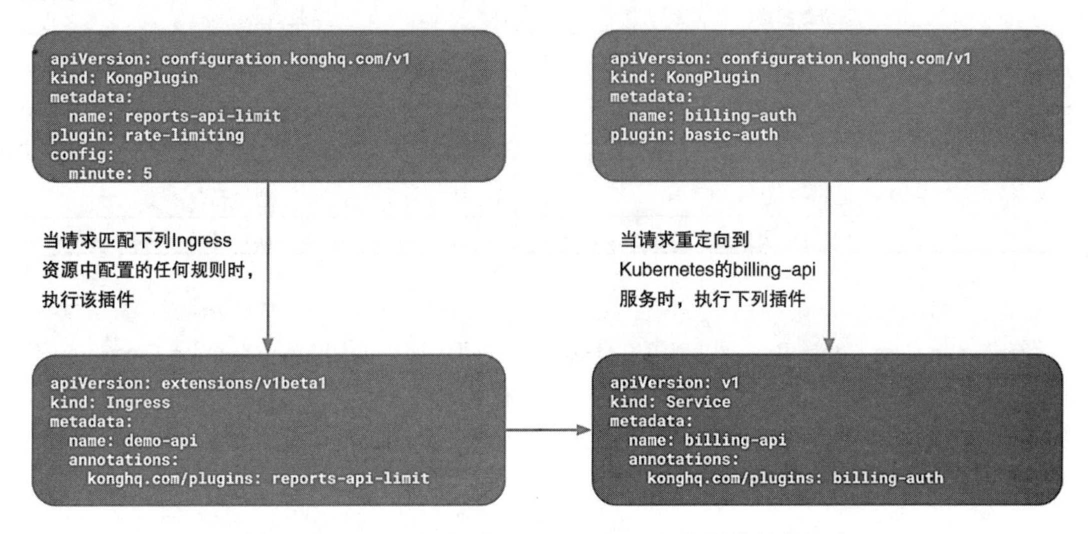

图 14-10　KongPlugin 与 Ingress、Service 资源的关联关系

同样，其也需要与 Ingress、Service 和 KongConsumer 资源关联。关联方式与 KongPlugin 的关联方式完全相同。需要注意的是，在关联过程中，同名称的 KongPlugin 资源优先级高于 KongClusterPlugin。

（4）KongConsumer

KongConsumer 资源对应 Kong 网关中的 Consumer 对象。

（5）TCPIngress

TCPIngress 的作用是通过 Kong 网关，将 Kubernetes 内部运行的非 HTTP、非 gRPC 服务暴露给外部。当用户想使用单个云负载均衡器处理进入 Kubernetes 集群的流量时，该资源非常有用。

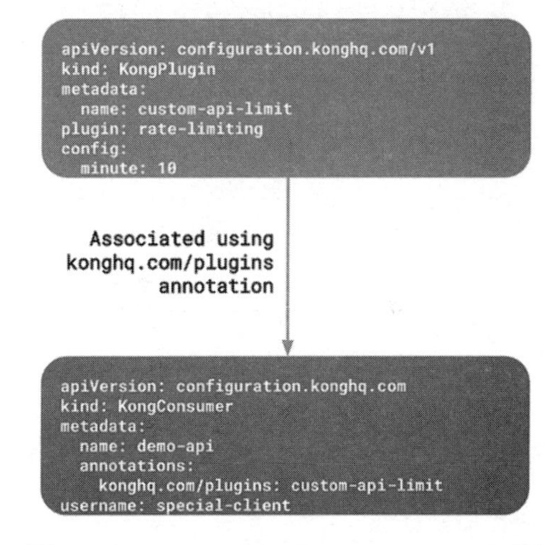

图 14-11　KongPlugin 与 KongConsumer 资源的关联关系

3. 部署方案

根据用户使用方式不同，Kong Ingress Controller 部署的方式也不尽相同。用户需要结合多方因素统一考量，再做出选择。在本节中，我们会围绕 Kubernetes 资源和部署选项展开。

（1）Kubernetes 资源

系统在运行 Kong Ingress Controller 时可能会用到以下 Kubernetes 资源，如表 14-2 所示。

表 14-2 Kubernetes 资源

资源名称	是否必要
命名空间（Namespace）	否
自定义资源（Custom Resource）	是
RBAC 权限（RBAC Permission）	是
入口控制器（Ingress Controller Deployment）	是
Kong 代理服务（Kong Proxy Service）	是
数据库部署和迁移（Database Deployment & Migration）	否

1）命名空间

Kong Ingress Controller 可以部署在任何命名空间。如果使用 Kong Ingress Controller 代理 Kubernetes 集群中所有命名空间的流量，建议将其安装在专用的 Kong 命令空间。但这是可选的，并不强制要求。

2）自定义资源

自定义资源对于 Kong Ingress Controller 来说是必要的，其中的细节我们在 14.2.1 节已经悉数讲解，此处不再赘述。

3）RBAC 权限

Kong Ingress Controller 负责与 Kubernetes API Server 通信，并且动态配置 Kong 网关，在系统扩 / 缩容时对 Pod 进行负载均衡，因此我们需要 RBAC 权限来访问那些存储在 Kubernetes 数据层中的资源。

注意 在 RBAC 中，权限与角色相关联，用户通过角色关联获得这些角色的权限。除此之外，另一种常用的权限控制机制为 ACLf（Access Control List）。

它具有下列 Kubernetes 资源的读权限（包括 get、list 和 watch 操作）。

- Endpoint
- Node
- Pod
- Secret
- Ingress
- KongPlugin
- KongConsumer
- KongCredential
- KongIngres

默认情况下，Ingress Controller 会监听上述资源在所有命名空间中的事件。除此之外，它还具有以下权限。

- 创建和读写 ConfigMap 的权限，以便领导者选举。
- 写 Ingress 资源的权限，以便更新 Ingress 资源状态。

如果 Ingress Controller 仅需监听单个命名空间中的事件，可以使用 Role 和 RoleBinding 资源更新这些权限，将权限限制为特定的命名空间。

最后，用户还需要创建一个具有上述权限的 ServiceAccount，然后将 Ingress Controller Pod 与其关联，这样就为 Ingress Controller 提供了必要的鉴权信息，进而与 Kubernetes API Server 正常通信。

4）入口控制器

Kong Ingress Deployment 包含 Ingress Controller，可以与 Kong 网关一起部署。根据是否使用数据库，部署的配置文件会有差别。Kong Ingress Deployment 其实是 Kong Ingress Controller 运行的核心组件。

5）Kong 代理服务

在部署完 Kong Ingress Controller 后，用户需要添加一项服务将 Kong 网关从 Kubernetes 集群中暴露出来，以便接收所有发送给该集群的流量，并正常进行路由。Kong-proxy 正是这样一个服务。它指向 Kong 网关所在的 Pod，实现代理请求。该服务的类型通常为 LoadBalancer，但也并非必须如此。该服务的 IP 地址可用来配置 Kong 网关代理的所有域名的 DNS 记录，从而将流量路由到 Kong 网关。

6）数据库部署和迁移

Kong Ingress Controller 支持无数据库模式和有数据库模式。如果使用有数据库模式，还需配置以下资源。

- StatefulSet：运行带有持久化卷（Persistence Volume，PV）支持的 PostgreSQL 数据库中的 Pod，存储 Kong 网关的配置。
- 内部服务：确保 Kong 网关在 Kubernetes 集群中可以通过 DNS 纪录找到 PostgreSQL 实例。
- 批处理任务：运行数据库迁移，处理版本升级时引发的数据库改动。

（2）部署选项

在部署环节，用户可以根据实际情况选择一些部署选项，具体如下。

- Kubernetes 服务类型：LoadBalancer、NodePort。
- 数据层模型：有数据库模式、无数据库模式。
- Ingress Controller：在同一个 Kubernetes 集群中运行多个 Kong Ingress Controller。

1）Kubernetes 服务类型

如果 Kubernetes 集群部署在云环境，那么建议服务类型选用 LoadBalancer，并将 Kong 网关暴露给外部。为了使 Ingress Controller 能够正常运行，此处需要使用 4 层（TCP 协议）负载均衡，而非 7 层（HTTP 协议）负载均衡。

如果 Kubernetes 集群不支持 LoadBalancer 类型的服务，则可以选用 NodePort 类型。

2）数据层模型

Kong 1.0 版本之前必须要有数据库，Kong 网关才能运行。Kong 1.1 版本引入了无数据库模式。该模式可以使用配置文件来配置 Kong，而无须使用数据库。同理，在部署和运行 Kong Ingress Controller 时，用户也可以选用无数据库模式和有数据库模式。

3）无数据库模式

当使用无数据库模式时，Kong Ingress Controller 与 Kong 一起运行。系统架构如图 14-12 所示。

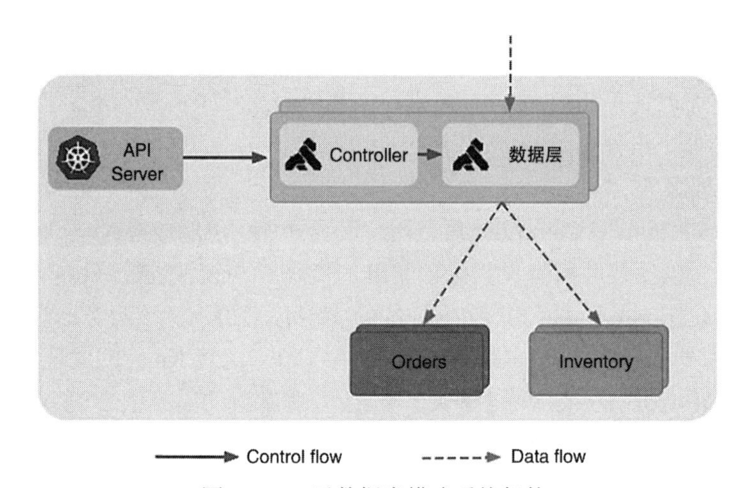

图 14-12　无数据库模式系统架构

这种模式仅需一个 Deployment 资源，并部署一个 Pod，其中包含两个容器。由于 Pod 中已经包含 Kong Ingress Controller 和 Kong 网关，因此系统扩建时仅需横向扩展即可。

4）有数据库模式

当使用有数据库模式时，系统架构如图 14-13 所示。

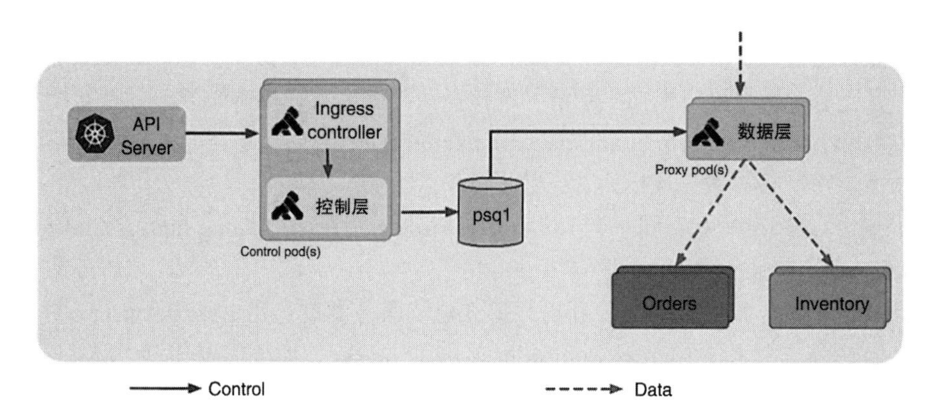

图 14-13　有数据库模式系统架构

当采用这种模式时，用户需要创建两个 Deployment 资源，以便将控制层与数据层分开。

- 控制层：不代理任何流量，仅配置 Kong 数据库。
- 数据层：由运行单个容器的 Pod 组成。该容器可以根据从数据库加载的配置来代理流量。当流量变更时，用户可调整配置，并添加冗余节点，以防其他节点发生故障。
- 数据库：用于存储 Kong 网关的配置信息。集群中所有的容器都应该能连接到数据库。

5）Ingress Controller

用户可以在同一个 Kubernetes 集群中运行 Kong Ingress Controller 的多个实例。我们有多种方法可以完成此操作。

- 使用 kubernetes.io/ingress.class 注解：在集群层面部署多个 Ingress Controller 实例是非常常见的。这意味着 Ingress Controller 将满足在集群的所有命名空间中创建的 Ingress 规则。我们可以使用 Ingress 或者自定义资源上的注解细分 Ingress 资源。
- 基于命名空间隔离：Kong Ingress Controller 支持在特定的命名空间中部署 Ingress 资源。使用此方法时，我们可以在多个命名空间部署一个 Controller，并将它们的行为隔离。
- 如果使用企业版 Kong，则可以运行多个 Ingress Controller。它们指向同一个数据库，并配置在不同的工作区。

4. 高可用性

Kong Ingress Controller 从设计之初就考虑到服务高可用性。这意味着，当某些可以预期的故障发生时，Ingress Controller 可以付出尽可能小的代价保证服务正常运行。

之前我们分析了 Ingress Controller 由两部分内容组成，包括 Kong 服务和 Controller。Kong 服务可以部署多份实例来保证高可用性。并且 Kong 节点是无状态的，这说明部署 Kong 服务的 Pod 可以在任意时间重启或者关闭。

Controller 可以是有状态的，也可以是无状态的，这取决于 Kong 是否启用数据库。如果未启用数据库，可以对 Controller 和 Kong 启动两个容器，并放置在同一个 Pod 中。Controller 专门用于配置与它在同一个 Pod 中的 Kong 网关。如果启用数据库，需要将 Controller 部署在多个区域提供冗余，还需要启用领导者选举程序推选一个实例作为领导者来配置 Kong 网关。

5. 安全性

Kong Ingress Controller 与 Kubernetes API Server、Kong Admin API 保持通信，并且均提供身份验证和鉴权功能。安全策略主要依赖 RBAC 权限和 Kong Admin API 来实现。

（1）Kubernetes RBAC

在部署方案这一节中，我们了解到需要依赖 RBAC 权限才能部署 Kong Ingress Controller。

关于 RBAC 权限的详细内容此处不再赘述。

（2）Kong Admin API 保护

Kong Admin API 用于控制 Kong 网关的配置及其代理行为。如果攻击者获得了 Kong Admin API 的访问权限，那么他就能以授权用户的身份执行所有操作，例如修改或删除 Kong 的配置。因此，用户部署过程中必须确保此类事情不发生。

需要注意的是，不要在集群内部暴露 Kong Admin API。因为集群内的任何恶意程序都可以更改 Kong 网关配置。当要在集群外部公开 Admin API 时，先要确保添加了必要的身份验证和鉴权插件。

当 Kong Admin API 添加了身份验证和鉴权插件时，Controller 对其身份校验增加了一层保护。Controller 向 Kong Admin API 发出请求时，也可以在请求头中添加内容用作身份校验。未来，Kong Admin API 可能会支持 TLS 双向认证。

14.2.2 使用 Kubernetes 安装 Kong

本节主要描述如何使用 Kubernetes 安装 Kong。

1. 准备工作

在正式开始安装之前，我们需要完成准备工作，具体如下。

1）搭建 Kubernetes 集群：用户可以安装 Minikube 或者 GKE 集群，因为 Kong 网关本身可以适配大部分形式的 Kubernetes 集群。

2）安装 Kubectl 工具：用户需要提前安装 Kubectl 工具来与 Kubernetes 集群保持通信。

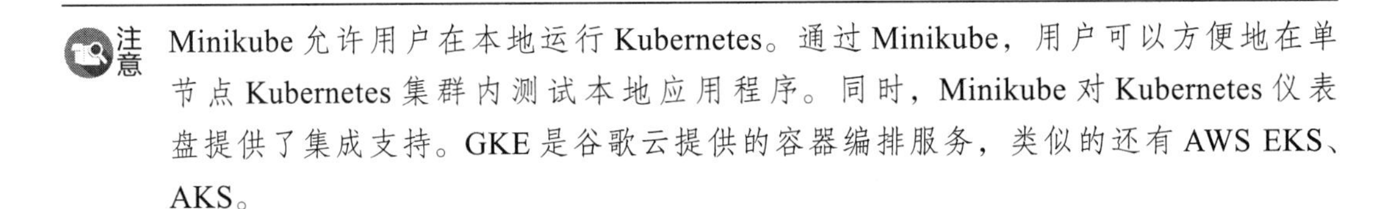

注意 Minikube 允许用户在本地运行 Kubernetes。通过 Minikube，用户可以方便地在单节点 Kubernetes 集群内测试本地应用程序。同时，Minikube 对 Kubernetes 仪表盘提供了集成支持。GKE 是谷歌云提供的容器编排服务，类似的还有 AWS EKS、AKS。

2. 安装 Kong

使用 Kubernetes 安装 Kong 有三种方式：Kubectl、Helm Chart 和 Kustomize 工具。下面我们逐个分析各个工具的使用方式。

1）使用 Kubectl 工具来安装 Kong：

```
$ kubectl apply -f https://bit.ly/kong-ingress-dbless
```

2）使用 Helm Chart 安装 Kong：

```
$ helm repo add kong https://charts.konghq.com
$ helm repo update
# Helm 2
```

```
$ helm install kong/kong
# Helm 3
$ helm install kong/kong --generate-name \
  --set ingressController.installCRDs=false
```

3）使用 Kustomize 声明性地修改 Kubernetes 清单来安装 Kong：

```
$ kustomize build github.com/kong/kubernetes-ingress-controller/deploy/man
  ifests/base
```

14.3 Kubernetes 实战

Kubernetes 实战分为三个部分，第一部分为安装 Kong 网关；第二部分为使用 Kong 网关；第三部分为配置 Kong 网关插件。

14.3.1 安装 Kong 网关

使用 Kubernetes 安装 Kong 网关并不复杂，仅需在 Master 节点部署 Kong Ingress Controller 即可。官方已经给出详细的配置清单文件，读者可以直接下载并使用。配置文件地址为 https://bit.ly/kong-ingress-dbless。下面使用 kubectl apply 指令启动 Kong Ingress Controller，此处使用的是无数据库模式。

```
$ kubectl apply -f https://bit.ly/kong-ingress-dbless
# 使用 kubectl 指令查看启动资源
$ kubectl get all -n kong
```

Kong 启动资源如图 14-14 所示。

```
NAME                                  READY   STATUS    RESTARTS   AGE
pod/ingress-kong-54ddfb964b-lc7wb     2/2     Running   0          5m13s

NAME                                TYPE           CLUSTER-IP       EXTERNAL-IP   PORT(S)                      AGE
service/kong-proxy                  LoadBalancer   10.104.235.110   <pending>     80:31741/TCP,443:32308/TCP   5m14s
service/kong-validation-webhook     ClusterIP      10.103.22.66     <none>        443/TCP                      5m13s

NAME                           READY   UP-TO-DATE   AVAILABLE   AGE
deployment.apps/ingress-kong   1/1     1            1           5m13s

NAME                                      DESIRED   CURRENT   READY   AGE
replicaset.apps/ingress-kong-54ddfb964b   1         1         1       5m13s
```

图 14-14 Kong 启动资源

当 Kong 使用无数据库模式时，所有的配置都存储在 Kubernetes 资源中。在该模式下，Kong Admin API 不可用。这里，由于我们没有配置任何路由信息，因此访问 Kong 网关 31741 端口的 URI 都会返回状态码 404（message 信息为 {"message":"no Route matched with those values"}）。

```
$ curl 127.0.0.1:31741
{"message":"no Route matched with those values"}
```

14.3.2 使用Kong网关

当我们将Kubernetes集群中Service资源的NodePort类型修改为ClusterIP类型时，Kubernetes集群外的客户端就不能访问集群内的服务，这时需要借助Kong网关来做流量转发。下面我们进行操作演示。

1）在Master节点将代码清单14-1中的第14行代码修改为type:ClusterIP：

```
13 ...
14     type: ClusterIP
15 ...
```

使用apply命令重新启用项目：

```
# 重新应用该项目
$ kubectl apply -f node-service.yaml
# 验证是否改变
$ kubectl get svc
NAME          TYPE         CLUSTER-IP       EXTERNAL-IP   PORT(S)    AGE
node-svc     ClusterIP    10.111.85.133    <none>         80/TCP    20m
```

2）在Master节点创建Route Ingress资源，如代码清单14-2所示。

代码清单14-2 Ingress.yaml文件

```
 1 # 使用的API版本
 2 apiVersion: extensions/v1beta1
 3 # Ingress类型清单
 4 kind: Ingress
 5 # 元数据信息
 6 metadata:
 7 # 指定Ingress资源名称
 8   name: node
 9 # 注解信息
10   annotations:
11     kubernetes.io/ingress.class: kong
12 spec:
13 # Ingress资源规则
14   rules:
15   - http:
16       paths:
17       - path: /demo/api
18 # 关联的后端
19         backend:
20 # Service的名称
21           serviceName: node-svc
22 # Service的端口
23           servicePort: 80
```

执行如下命令：

```
# 应用该资源
$ kubectl apply -f Ingress.yaml
# 验证资源是否创建成功
$ kubectl get Ingress
NAME      CLASS     HOSTS     ADDRESS     PORTS     AGE
node      <none>    *                     80        12m
```

3）使用 curl 指令访问 Node 项目中的 /demo/api/users/v1 接口：

```
$ curl -i http://127.0.0.1:31741/demo/api/users/v1
HTTP/1.1 200 OK
Content-Type: application/json; charset=utf-8
Content-Length: 72
Connection: keep-alive
X-Powered-By: Express
Access-Control-Allow-Origin: *
ETag: W/"48-dJFdERWCCWZVyx4LxwmXVCoYsH8"
Date: Sat, 23 Jan 2021 11:51:13 GMT
X-Kong-Upstream-Latency: 2
X-Kong-Proxy-Latency: 0
Via: kong/2.0.5

{"language":"node","type":"application","version":"v1","user":"demo_v1"}
```

14.3.3 配置 Kong 网关插件

这里我们选择配置比较熟悉的限流插件（Rate Limiting）。策略为 1 分钟限流 3 次，根据 IP 地址匹配。首先通过 Kong Plugin 对象创建该插件，然后将该插件的注解添加至 Node 项目的 Service 对象。

1）通过 Kong Plugin 对象创建限流插件：

```
$ kubectl apply -f kongplugin-ratelimiting.yml
kongplugin.configuration.konghq.com/rl-by-ip created
```

其中，kongplugin-ratelimiting.yml 文件如代码清单 14-3 所示。

代码清单 14-3　kongplugin-ratelimiting.yml 文件

```
 1 # 使用的 API 版本
 2 apiVersion: configuration.konghq.com/v1
 3 # KongPlugin 资源清单
 4 kind: KongPlugin
 5 # 元数据信息
 6 metadata:
 7 # KongPlugin 资源的名称
 8   name: rl-by-ip
 9 # 插件的配置信息
10 config:
```

```
11   minute: 5
12   limit_by: ip
13   policy: local
14 # 插件的名称
15 plugin: rate-limiting
```

2）添加注解至 Node 项目的 Service 对象：

```
$ kubectl patch svc node-svc \
  -p '{"metadata":{"annotations":{"konghq.com/plugins": "rl-by-ip\n"}}}'
```

3）验证插件是否生效。

```
# 第 1 次验证
$ curl -i http://127.0.0.1:31741/demo/api/users/v1
HTTP/1.1 200 OK
Content-Type: application/json; charset=utf-8
Content-Length: 72
Connection: keep-alive
X-Powered-By: Express
Access-Control-Allow-Origin: *
ETag: W/"48-dJFdERWCCWZVyx4LxwmXVCoYsH8"
Date: Tue, 05 Jan 2021 14:21:14 GMT
X-RateLimit-Remaining-Minute: 4
X-RateLimit-Limit-Minute: 5
RateLimit-Remaining: 2
RateLimit-Limit: 5
RateLimit-Reset: 46
X-Kong-Upstream-Latency: 1
X-Kong-Proxy-Latency: 1
Via: kong/2.0.5

{"language":"node","type":"application","version":"v1","user":"demo_v1"
# 第 2 次验证
$ curl -i http://127.0.0.1:31741/demo/api/users/v1
...
RateLimit-Remaining: 1
...
# 第 3 次验证
$ curl -i http://127.0.0.1:31741/demo/api/users/v1
...
RateLimit-Remaining: 0
...
# 第 4 次验证
$ curl -i http://127.0.0.1:31741/demo/api/users/v1
HTTP/1.1 429 Too Many Requests
Date: Tue, 05 Jan 2021 14:21:22 GMT
Content-Type: application/json; charset=utf-8
Connection: keep-alive
Retry-After: 38
```

```
Content-Length: 37
X-RateLimit-Remaining-Minute: 0
X-RateLimit-Limit-Minute: 5
RateLimit-Remaining: 0
RateLimit-Limit: 5
RateLimit-Reset: 38
X-Kong-Response-Latency: 0
Server: kong/2.0.5f

{"message":"API rate limit exceeded"}
```

14.4　本章小结

在本章中，我们了解了 Kong 网关在 Kubernetes 集群的应用。Kong 网关很好地利用了 Kubernetes 带来的红利与便利，并结合其自身特点提供了一套完整、可用的云原生网关模型。

在下一章中，我们会接触到社区内另一个非常火爆的概念——Service Mesh（服务网格）。它被称为下一代微服务架构的基础。Kong 社区也顺应时势，推出了最新产品 Kuma。该产品也一并在下一章中介绍。

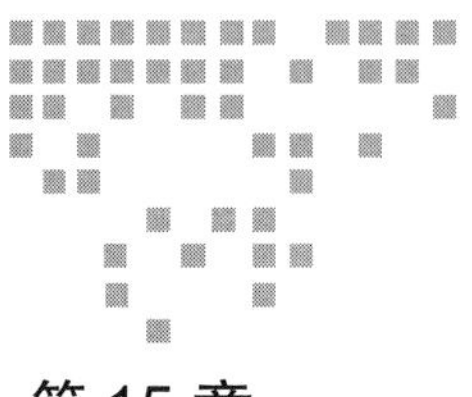

Chapter 15 第15章

Service Mesh 实践之 Kuma

近年来，Service Mesh 受到各大公司和开发者的追捧。Kong 社区在 Service Mesh 实践中也交出了自己的答卷，即 Kuma。在本章中，我们会一起了解 Service Mesh 的基础概念和 Kuma 的实现逻辑。Kuma 与 Kong 网关之间有着丰富的映射关系。这些会在 Kuma 策略中集中体现。在最后一节中，我们依旧以实战演示，帮助读者更直观、清晰地理解本章内容。

15.1 Service Mesh 简介

Service Mesh 是现代微服务架构中重要的基础设施。简单来说，它是一个实现请求可靠传递、服务通信，且对应用程序透明的轻量级网络代理。其最早由 Buoyant 公司在内部提出，到 2016 年 9 月第一次被公开使用，于 2017 年开始慢慢进入公众视野。

我们先来看一下 Service Mesh 对于单个应用的部署模型。对于一个简单的请求，客户端应用会将请求发送到本地的 Service Mesh 实例。客户端应用和 Service Mesh 实例是两个独立的进程。它们之间是远程调用。Service Mesh 会完成服务间调用，同时负责负载均衡、服务限流、熔断等，并将请求发送给目标服务。我们将 Service Mesh 中统一实现这些功能的组件称为 Sidecar，如图 15-1 所示。

注意 Sidecar（边车或者车轮）概念出现良久，是指在原有的客户端和服务端之间多加一层代理。由于 Sidecar 的中文翻译很难描述它在实际架构中的作用，因此后文在提及此概念时还是保持其英文。

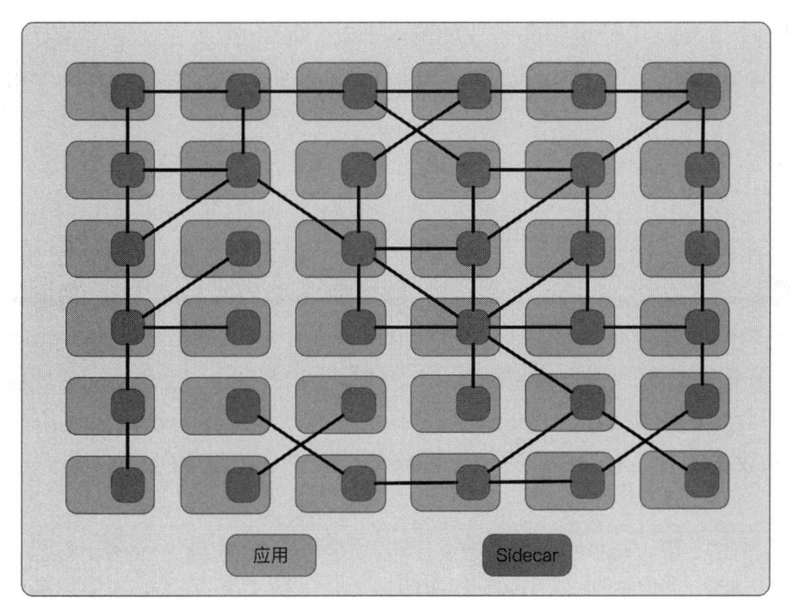

图 15-1 Sidecar 示意图

当大量服务同时使用 Sidecar 组件时，系统就会呈现网格形态。在图 15-1 中，左边的浅色方格代表应用，右边的深色方格代表 Sidecar。Sidecar 之间的线条表示服务之间的调用关系。各个 Sidecar 连接会形成网格，这也就是 Service Mesh 的由来。

至此，读者应该理解了 Service Mesh 的整体概念和大致逻辑，但可能还对 Service Mesh 出现的必然和重要性心存疑惑。这里，我们结合之前的 DevOps 平台的实战内容来讨论 Service Mesh 如何解决微服务痛点。

在第 13 章中，我们使用 Kong 网关配合 Docker 容器、Jenkins、GitLab、Consul 等开源组件，实现了初版的 DevOps 平台，同时也遗留几个问题。

- 当接入新的语言栈时，需要开发或者寻找第三方库支持框架层整体适配。
- 外部资源（如数据库、消息中间件）无法统一纳入 DevOps 平台管辖，系统对它们的管理是失控的。
- DevOps 平台的研发、维护成本相对较高。
- 系统无法自动完成扩 / 缩容。

从理论上来说，我们在第 14 章采用 Kubernetes 集群和 Kong Ingress Controller 的方案对架构进行了升级，解决了上述罗列的问题，但是还是留有一些遗憾，即用户只能通过配置文件或者命令行配置系统，这在操作上打了折扣；同时运维工作也比较繁杂。

最后，我们来到本章的主角 Kuma。它是 Kong 公司基于 Service Mesh 设计的产品，在解决我们之前提到的痛点之余，还清晰地划分了控制层和数据层，对系统提供了更好的抽象，同时还提供了直观的图形页面，帮助用户理解。

当然，Istio、Linkerd 等也是非常成熟的 Service Mesh 实践。这里篇幅有限，就不一一介绍了。感兴趣的读者可以自行查阅资料。接下来，我们正式开启 Kuma 的学习之旅。

15.2 Kuma 简介

Kuma 是基于 Service Mesh 和微服务的产品，是完全开源的，可被任何公司和个人使用。Kuma 项目整体建立在 Envoy 之上，可以检测到网络内 4/7 层中的任何流量，并在任何服务或数据库之间对流量进行发现、路由和安全保护。由于它是基于 Kubernetes 的原生应用，因此用户不需要修改代码就可以通过 CRDs 或者 RESTful API 在不同的环境中使用。

尽管对于大多数用例而言，Kuma 提供了一系列高级策略，供用户使用更细粒度的配置操作 Envoy 数据平面。Kuma 既适用于 Service Mesh 实践的新手，又兼顾经验丰富的老用户。

在 Kuma 诞生之初，Kong 公司采纳了 150 多家正在使用 Service Mesh 架构的公司的反馈意见，并进行抽象，以此对 Kuma 进行改造。Kuma 对 Service Mesh 理念的实践更贴近现实，也更实用。它主要包括以下特点。

- 在整个系统中运行开销低。
- 支持所有平台，方便部署。
- 依靠 Envoy 提供可靠的网络，更易于使用。

15.2.1 为什么使用 Kuma

我们使用 Kuma 的最主要目标是减少架构层面所必须编写和维护的代码。这些代码之前的功能是保证体系结构的可靠和稳定。Kuma 将 Envoy 作为其 Sidecar 数据平台，采用 Sidecar 代理模型来保证体系结构的可靠和稳定。其将所有的连接、安全和路由工作都委托给 Sidecar 代理，以获得如下好处。

- 更快速地构建应用程序。
- 专注于服务的核心功能，聚焦业务。
- 通过减少碎片组件来构建更安全、更标准化的架构。
- 通过减少非必要代码，在实现应用程序现代化的同时减少开发人员投入的精力。

15.2.2 Kuma 与其他 Service Mesh 方案的比较

Service Mesh 虽然提出的时间不长，但是一经推出就受到了技术圈的追捧。在这些年间，有很多大小型公司陆续发布了一些控制平面，以支持这种新架构模式的实现。这些控制平面在初期吸引了大家足够多的注意力，但是经过时间的洗礼都逐渐冷却下来。它们都存在一个问题，即缺乏实用性，无法让 Service Mesh 走得更远。第一代 Service Mesh 的解决方案主要有以下问题。

- 与旧平台不兼容：所有的应用仅能以最新的架构方案部署，之前部署在虚拟机或者裸机上的应用无法与新的架构关联。
- 使用复杂：Service Mesh 的理念虽然新颖，但实现复杂。早期的 Service Mesh 实践方案非常难用，并且缺乏使用和开发文档。版本间的升级难度也很大。
- 部署困难：由于实践方案中有许多活动组件，因此需要较高的运营成本，并且系统架构比较难扩展。
- 面向开发者，而不是企业：这些实践通常仅针对普通开发者，没有真正考虑企业级应用可能会面临的问题。

Kuma 在开发之初就综合考虑了这一系列因素，旨在为每个企业和团队提供简单、实用的 Service Mesh 实现。相对地，它展现了以下优势。

- 通用性、Kubernetes 原生：与平台无关，其可以在任何系统中运行。
- 易于使用：学习曲线平缓。
- 易于部署：通过简单的步骤跨 Kubernetes 和其他平台部署。
- 面向企业级应用：为企业级应用提供实用、可靠的方案。

15.2.3　Kuma 系统组件

Kuma 可以运行在 Kubernetes 环境，也可以运行在传统的虚拟机环境。当然，无论用户使用哪一个平台，Kuma 运行时中的基本行为保持一致。在 Kubernetes 上安装 Kuma 是完全自动化的，而在 Linux 上安装 Kuma 需要用户运行可执行文件。这两种方式在之后章节都会介绍。

Kuma 由三个非常重要的部分构成。

- Control-Plane：Kuma 首先是一个控制平面，它将接收用户的输入，以便创建和配置服务网格策略、添加服务、定义其行为。
- Data-Plane：Kuma 还绑定了一个基于 Envoy 的数据平面。数据平面与服务中的实例一起运行，并且会处理请求。
- Multi-Mesh：Kuma 从第一个版本就支持 Multi-Mesh，这意味着用户可以通过控制平面创建和配置多个隔离的服务网格。这样可以降低运维成本。

由于 Kuma 除控制平面之外还绑定了数据平面，因此我们需通过 kuma-cp 和 kuma-dp 这两个可执行文件来区分它们。Kuma 附带的所有可执行文件如下。

- kuma-cp：Kuma 控制平面的可执行文件。
- kuma-dp：Kuma 数据平面的可执行文件。
- envoy：Envoy 可执行文件，内置在 Kuma 中。
- kumactl：Kuma 的命令行工具。
- kuma-tcp-echo：简单的示例程序。

除了这些可执行文件外，在 Kubernetes 上运行 Kuma 还需要执行另外一个可执行文件。

- kuma-injector：仅针对 Kubernetes，其可以用于监听 Kubernetes 传播的事件，并自动将 kuma-dp Sidecar 容器注入服务。

15.2.4 Kuma 部署示例

Kuma 的部署模式可以分为两类：通用部署模式和 Kubernetes 模式。

1. 通用部署模式

通用部署模式支持安装在任何与 Linux 兼容的平台上（包括 macOS、虚拟机或裸机），以及在 Docker 环境中。

（1）在 Mac 环境中安装 Kuma

1）官网提供了默认安装脚本，操作如下：

```
$ curl -L https://kuma.io/installer.sh | sh -
```

2）等待片刻，脚本执行完之后，进入 bin 目录，运行 kuma-cp run 指令：

```
$ cd kuma-1.0.4/bin
$ ./kuma-cp run
```

执行完成后，在浏览器中访问 http://127.0.0.1:5681/gui，验证 Kuma 是否部署成功，效果如图 15-2 所示。

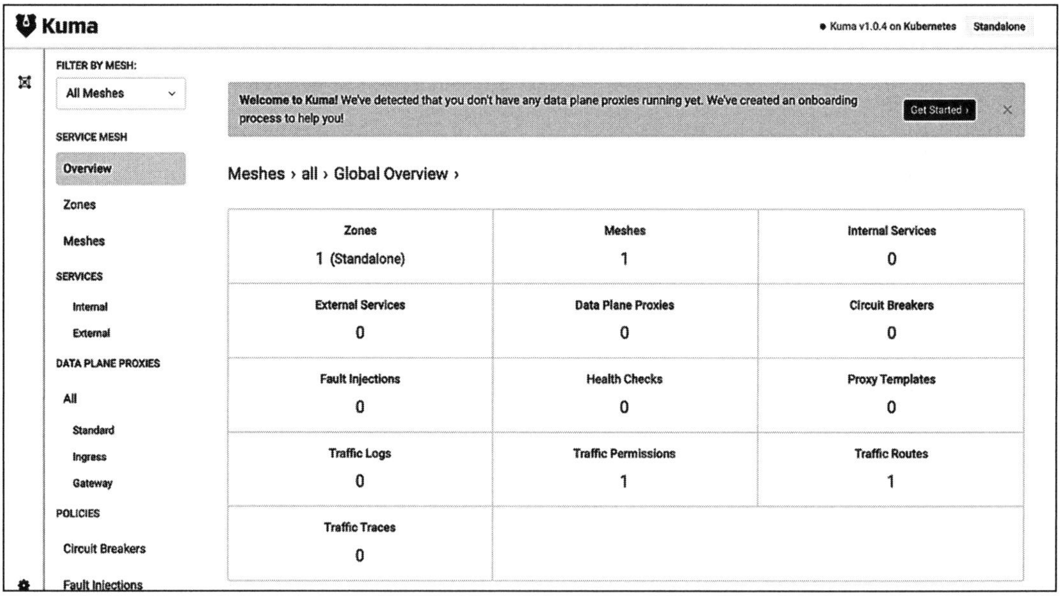

图 15-2 Kuma 欢迎页面

（2）在 Docker 环境中安装 Kuma

在 Docker 环境中安装只需下载对应的镜像即可，操作如下：

```
$ docker pull kong-docker-kuma-docker.bintray.io/kuma-cp:1.0.4
$ docker run \
  -p 5681:5681 \
  kong-docker-kuma-docker.bintray.io/kuma-cp:1.0.5 run
```

执行完成后，同样使用浏览器访问 http://127.0.0.1:5681/gui，验证 Kuma 是否部署成功，效果如图 15-2 所示。

2. Kubernetes 模式

这里我们沿用第 14 章搭建的 Kubernetes 集群环境。在 Kubernetes 中安装 Kuma 仅需在 Master 节点上操作。

1）在 Master 节点中下载 Kuma：

```
# 要在 Kubernetes 中运行 Kuma，需要为执行命令的机器下载兼容版本的 Kuma
$ curl -L https://kuma.io/installer.sh | sh -
```

2）在 Master 节点中安装 Kuma：

```
$ cd kuma-1.0.4/bin
# 在 Kubernetes 中安装 Kuma
$ ./kumactl install control-plane | kubectl apply -f -
```

3）使用 Kuma：

```
# Kuma 安装在 kuma-system 命名空间，通过以下命令可查看 Kuma 的控制面板
$ kubectl port-forward --address 0.0.0.0 svc/kuma-control-plane -n kuma-sy
  stem 5681:5681
```

4）使用浏览器访问 http://106.14.248.21:5681，验证 Kuma 是否部署成功，效果如图 15-2 所示。

15.3 Kuma 策略概述

在本节中，我们对 Kuma 中的核心策略进行讲解。它类似于 Kong 网关中的插件机制。这里，我们主要聚焦在 Kuma 策略的使用方法和匹配规则。

15.3.1 策略配置项描述

Kuma 中包含多项内置策略，可以帮助用户构建可靠的现代化 Service Mesh 架构。Kuma 中的策略配置非常相似，如代码清单 15-1 所示。

代码清单 15-1　Kuma 中的策略配置

```
sources:
- match:
  kuma.io/service: ... # 唯一名称或者 '*'
  ... # （可选的）其他标签
```

```
destinations:
- match:
  kuma.io/service: ... # 唯一名称或者'*'
  ... # (可选的) 其他标签
conf:
  ... # policy-specific configuration
```

其主要包含 sources、destinations 和 conf 三个配置。

- sources：一系列规则，匹配流量源头。
- destinations：一系列规则，匹配流量目的地。
- conf：流量源头到流量目的地之间的流量配置。

为了使配置模型保持一致，Kuma 假定每个数据平面代表一个服务。对于 sources 和 destinations 配置，服务标签属性是必须的。

如果用户想要将策略应用于数据平面中的每个连接，可以使用“*”通配符代替，而无须填入特定值。用户也可以在 sources 和 destinations 配置中添加多个其他标签来限制策略匹配范围，如代码清单 15-2 所示。

代码清单 15-2 sources 与 destinations 详细配置

```
sources:
- match:
  kuma.io/service: web
  cloud:   aws
  region:  us
destinations:
- match:
  kuma.io/service: backend
  version: v2
conf:
  ...
```

需要注意的是，sources 配置支持任意标签属性，destinations 配置项仅支持服务标签。

15.3.2 使用策略

用户在安装完 Kuma 之后，就可以直接使用策略配置。如果用户使用通用部署模式，可以使用 kumactl 命令行工具；如果用户使用 Kubernetes 模式，可以使用 kubectl 应用策略。无论使用哪种环境，用户都可以使用 kumactl 获取 Kuma 的最新状态。

当使用 Kubernetes 模式时，用户应遵循最佳实践，使用 CRDs 更新 Kubernetes 状态。因此在 Kubernetes 环境中，Kuma 禁用了 kumactl apply [] 指令。

策略配置示例如代码清单 15-3 和代码清单 15-4 所示。

代码清单 15-3 策略配置示例一

```
echo "
```

```
  type: ..
  spec: ..
" | kumactl apply -f -
```

代码清单 15-4 策略配置示例二

```
echo "
  apiVersion: kuma.io/v1alpha1
  kind: ..
  spec: ..
" | kubectl apply -f -
```

15.3.3 策略匹配规则

配置策略时可能会发生多个相同类型的策略同时都能匹配的情况，如代码清单 15-5 和代码清单 15-6 所示。

代码清单 15-5 匹配规则配置示例一

```
type: TrafficLog
mesh: default
name: catch-all-policy
sources:
  - match:
    kuma.io/service: '*'
destinations:
  - match:
    kuma.io/service: '*'
conf:
  backend: logstash
```

代码清单 15-6 匹配规则配置示例二

```
type: TrafficLog
mesh: default
name: web-to-backend-policy
sources:
  - match:
    kuma.io/service: web
    cloud:   aws
    region:  us
destinations:
  - match:
    kuma.io/service: backend
conf:
  backend: splunk
```

此时，该如何设计匹配策略呢？答案取决于策略类型。

- 对于 TrafficPermission 策略，它会指定客户端访问权限，因此 Kuma 可聚合数据平面中所有同类型策略进行处理。

- 对于其他策略，如 TrafficRoute、TrafficLog 和 HealthCheck 等，它们的聚合概念过于复杂，以致于用户根本无法使用。在这种情况下，Kuma 选择规则描述更具体的策略进行匹配。

我们回看代码清单 15-5 和代码清单 15-6 中的 TrafficLog 示例。

- 对于从 Web 源头到 backend 目标之间建立的连接，Kuma 选择 web-to-backend-policy 策略进行匹配。
- 对于其他所有数据平面之间的连接，Kuma 选择 catch-all-policy 策略进行匹配。

具体的匹配规则定义如下。

1）能匹配更多标签的策略优先。

2）特定值比通配符优先匹配。

3）当两个策略匹配的标签数相同，含通配符更少的策略优先。

4）当两个策略匹配的标签数和非通配符数都相同时，根据策略名的字母排序确定优先级。

15.4 Kuma 内置策略详解

Kuma 系统中内置了很多实用、可靠的策略模型来供用户使用。按功能划分，内置的策略可以分为安全类策略、流量控制类测流、观测类策略和其他类型。由于部署模式不同，策略对应的配置文件也略有差异。此处，我们均以 Kubernetes 模式为准。用户可以在官网检索通用模式下策略的具体使用方式。

15.4.1 安全类策略

Kuma 中的安全类策略包含 Mesh/Multi-Mesh、Mutual TLS（mTLS）和 TrafficPermission。下面我们详细讲解。

1. Mesh/Multi-Mesh

Mesh 是 Kuma 中非常重要的概念，是指在同一个 Kuma 集群中可以创建多个相互隔离的服务网格。这使得 Kuma 使用起来非常简单，特别是在拥有多个服务网格的环境中进行安全验证、分类和治理操作。

Mesh 是 Kuma 中其他所有资源的父资源，包括数据平面代理和策略。用户在使用 Kuma 时必须创建一个 Mesh 实体。Mesh 数量没有上限。当数据平面代理连接到控制平面时，需要指定所属的 Mesh 资源。一个数据平面代理同一时间只能隶属于一个 Mesh。

在内置模式下启用 Mutual TLS（mTLS）策略后，除非我们明确多个服务网格共享证书和密钥，否则每个服务网格都将提供自己的 CA 证书和密钥。当两个网格的 CA 证书不相同时，网格间的数据平面代理将无法连通，此时必须使用中间 API 网关才能启用跨网格间通信。Kuma 将其定义为网关模式。

创建网格的最简单方式是直接指定其名称。网格的名称必须唯一。

```
apiVersion: kuma.io/v1alpha1
kind: Mesh
metadata:
  name: default
```

接下来，我们在网格中创建其他资源。

1）创建 Deployment 资源：

```
apiVersion: apps/v1
kind: Deployment
metadata:
  name: example-app
  namespace: kuma-example
spec:
  ...
  template:
    metadata:
      ...
      annotations:
        # 通知 Kuma 该数据平面所属网格
        kuma.io/mesh: default
    spec:
      containers:
        ...
```

2）创建 TrafficRoute 资源：

```
apiVersion: kuma.io/v1alpha1
kind: TrafficRoute
mesh: default
metadata:
  namespace: default
  name: route-1
spec:
  ...
```

2. Mutual TLS（mTLS）

Mutual TLS（以下简称 mTLS）策略可以为网格中的所有服务启动自动加密功能，并且为每个数据平面代理分配一个身份。Kuma 支持不同类型的后端以及 CA 证书自动轮换。另外，Kuma 支持内置用户指定的 CA 证书。

一旦指定了后端，Kuma 将为网格中的每个数据平面代理自动生成 CA 证书。Kuma 生成的数据平面证书与 SPIFFE 兼容，以便实现 AuthN/Z 功能，识别系统中的所有工作负载。

SPIFFE（Secure Product Identity Framework For Everyone，通用安全身份框架）提供了统一的工作负载身份解决方案。SPIFFE 主要包括三部分内容：SPIFFE ID 规范、

SVID 身份标识文档标准、API 规范及约束。SPIFFE 出发点是构建一套标准、开放、统一的零信任数据中心网络的身份标识体系。

AuthN/Z 是 AuthN 和 AuthZ 的统称。AuthN 系统主要用于认证（Authentication），决定谁可以访问系统。AuthZ 系统主要用于授权（Authorization），决定访问者具有什么样的权限。

默认情况下，mTLS 是未启用的。当启用 mTLS 时，除非配置了 TrafficPermission 策略，否则所有流量都会被拒绝。在服务网格中启用 mTLS 之前，请务必创建 TrafficPermission 资源，以免数据平面因缺少授权而意外中断。

我们可以在 Mesh 资源中通过配置 mtls 属性来启用 mTLS。一个 mtls 属性下可以配置多个 backend，但是同一时间只能启用一个 enabledBackend 属性。如果 enabledBackend 没有配置或者值为空，那么整个服务网格的 mTLS 功能将会失效。

mTSL 策略提供了两种 CA 证书的使用方式，包括内置与指定。除此之外，Kuma 还提供了证书轮换机制，避免用户频繁手动更新证书。

（1）内置方式

内置方式是指在 Kuma 中启用 mTLS 策略，将 backends type 属性配置为 builtin。这样，Kuma 会动态生成 CA 证书和密钥，并将其自动配置在每个服务的副本中。我们可以配置多个后端，前提是名称各不相同。Kuma 会为每个后端提供唯一的“证书 + 密钥”对。当需要在整个服务网格中启用 mTLS 时，我们可以使用如下配置。

```
apiVersion: kuma.io/v1alpha1
kind: Mesh
metadata:
  name: default
spec:
  mtls:
    enabledBackend: ca-1
    backends:
      - name: ca-1
        type: builtin
        dpCert:
          rotation:
            expiration: 1d
        conf:
          caCert:
            RSAbits: 2048
            expiration: 10y
```

在使用内置方式时，用户需要注意以下两点。

1）dpCert 属性描述了 Kuma 轮换数据平面代理证书的频率。

2）caCert 属性描述了 Kuma 自动生成 CA 证书所需的配置信息。

使用内置后端生成的 CA 证书和密钥存储在 Kuma 的 Secret 资源中，证书名称为 {mesh name}.ca-builtin-cert- {backend name}，密钥名称为 {mesh name}.ca-builtin-key- {backend name}。Secret 资源存储在 Kubernetes 的 kuma-system 命名空间中。我们可以使用 kubectl 指令查看 Secret 资源：

```
$ kumactl get secrets [-m MESH]
MESH      NAME                             AGE
default   default.ca-builtin-cert-ca-1     1m
default   default.ca-builtin-key-ca-1      1m
```

（2）指定方式

用户也可以使用自己指定的 CA 证书和密钥，但需要将 backend type 属性配置为 provided。用户负责提供 CA 证书和密钥，并管理它们的生命周期。Kuma 负责设置、加载并使用它们。配置示例如下。

```
apiVersion: kuma.io/v1alpha1
kind: Mesh
metadata:
  name: default
spec:
  mtls:
    enabledBackend: ca-1
    backends:
      - name: ca-1
        type: provided
        dpCert:
          rotation:
            expiration: 1d
        conf:
          cert:
            secret: name-of-secret
          key:
            secret: name-of-secret
```

在使用指定方式时，我们还需要注意以下两点。

1）dpCert 属性描述了 Kuma 轮换数据平面代理证书的频率。

2）在后端引用 Secret 资源之前，一定要保证它们已经存在。

（3）证书轮换

与 CA 证书不同，数据平面代理证书不会永久存储，仅是短暂驻留在内存中。数据平面代理证书的设计初衷是让 Kuma 能够短期保存并轮换使用。默认情况下，数据平面代理证书的有效时间为 30 天。当达到有效时间的 4/5 时（对于 30 天的有效期，即为 24 天），Kuma 会自动轮换数据平面代理证书。

我们可以通过修改 dpCert 属性更改数据平面代理证书的有效时间。当发生以下事件时，Kuma 会自动重新生成数据平面代理证书。

- ❑ 数据平面代理重新启动。
- ❑ 控制平面重新启动。
- ❑ 数据平面连接到新的控制平面。

3. TrafficPermission

TrafficPermission 策略可对服务上的流量添加访问控制规则。仅当在服务网格上启用 mTLS 后，TrafficPermission 策略才生效。当禁用 mTLS 时，Kuma 不会强制执行任何 TrafficPermission 策略。默认情况下，所有服务上的流量都会正常工作。即使禁用了 mTLS，用户还是可以创建 TrafficPermission，只是不会生效罢了。

注意 TrafficPermission 策略仅在网格中启用 mTLS 后才生效的原因是，当禁用 mTLS 时，Kuma 无法从请求中提取服务身份信息，也无法使用数据平面代理证书，因此无从验证。

用户可以通过配置 TrafficPermission 指定源服务调用哪些目标服务。在服务配置中，sources 和 destinations 属性都是必要项。配置示例如下。

```
apiVersion: kuma.io/v1alpha1
kind: TrafficPermission
mesh: default
metadata:
  namespace: default
  name: allow-all-traffic
spec:
  sources:
    - match:
        kuma.io/service: '*'
  destinations:
    - match:
        kuma.io/service: '*'
```

用户可以在 destinations 属性中配置多个标签，这样有利于创建更加安全的环境。

15.4.2 流量控制类策略

Kuma 中的流量控制类策略包含 TrafficRoute、HealthCheck、CircuitBreaker 和 FaultInjection。下面我们详细讲解。

1. TrafficRoute

TrafficRoute 策略可以为网格中的 4 层流量配置路由规则。该策略支持加权路由。开发者可以基于此丰富部署策略（如蓝绿部署、金丝雀部署），实现良好的版本控制。

默认情况下，当一个服务向另一个服务发送请求时，Kuma 会轮询属于目标服务的每个数据平面代理。我们可以修改策略来自定义路由行为，配置示例如代码清单 15-7 所示。

代码清单 15-7　Trafficroute.yaml 文件

```
apiVersion: kuma.io/v1alpha1
kind: TrafficRoute
mesh: default
metadata:
  namespace: default
  name: route-example
spec:
  sources:
    - match:
        kuma.io/service: backend_default_svc_80
  destinations:
    - match:
        kuma.io/service: redis_default_svc_6379
  conf:
    - weight: 90
      destination:
        kuma.io/service: redis_default_svc_6379
        version: '1.0'
    - weight: 10
      destination:
        kuma.io/service: redis_default_svc_6379
        version: '2.0'
```

在示例中，TrafficRoute 策略将 90% 权重分配给 1.0 版本的 Redis 服务，将另外 10% 分配给 2.0 版本的 Redis 服务。这里需要注意的是，TrafficRoute 资源中的 weight 属性是绝对值，而不是百分比，因此 Kuma 不会检查多项服务的权重总和是否为 100。如果我们希望停止向某目标服务发送流量，将该服务权重修改为 0 即可。

2. HealthCheck

HealthCheck 策略可以跟踪每个数据平面代理的运行状态，目的是在数据平面代理出现问题的情况下，最大限度地减少失败请求的数量。当开发者正确配置完健康检查策略后，Kuma 不会再把请求发送给不健康的数据平面代理。只有不健康的数据平面代理重新恢复健康，Kuma 才会继续向其发送请求。

该策略支持两种健康检查类型。

- 主动健康检查：系统将向其他数据平面代理主动发送请求，以确定目标数据平面正常。该模式会产生额外的流量。
- 被动健康检查：系统将通过分析服务交换的实际流量来判定目标数据平面代理的运行状况。该模式不需要发起辅助请求。

目前，HealthCheck 策略仅支持 4 层流量检查，并验证 TCP 连接的健康状态。配置示例如下。

```
apiVersion: kuma.io/v1alpha1
kind: HealthCheck
mesh: default
metadata:
  namespace: default
  name: web-to-backend-check
spec:
  sources:
  - match:
      kuma.io/service: web
  destinations:
  - match:
      kuma.io/service: backend
  conf:
    interval: 10s
    timeout: 2s
    unhealthyThreshold: 3
    healthyThreshold: 1
    activeChecks:
      interval: 10s
      timeout: 2s
      unhealthyThreshold: 3
      healthyThreshold: 1
    passiveChecks:
      unhealthyThreshold: 3
      penaltyInterval: 5s
```

在第 8 章中，我们描述了 Kong 网关支持的健康检查策略。通过对比发现，Kong 网关还可以通过 HTTP 状态码判断服务是否健康。

3. CircuitBreaker

CircuitBreaker 策略可以查找数据平面代理间交换的实时流量中的错误。如果错误满足某些预设的条件，则将该服务标记为不健康。与主动健康检查不同，断路器不会发送任何辅助流量到数据平面。因此，我们可以使用断路器来防止服务发生级联故障。

确定断路器何时闭合或断开的条件由检测器（Detectors）配置。CircuitBreaker 策略提供了 5 种不同类型的检测器。它们会因上游服务行为的偏差而触发。一旦检测器被触发，对应的数据平面代理会从负载均衡器集合中弹出，持续时长为单份基准时间（baseEjectionTime），每多弹出一次，时间都会累加，例如当第 4 次弹出时，持续时间为 4 倍基准时间（4 * baseEjectionTime）。

配置示例如下。

```
apiVersion: kuma.io/v1alpha1
kind: CircuitBreaker
mesh: default
metadata:
  namespace: default
```

```yaml
  name: circuit-breaker-example
spec:
  sources:
  - match:
      kuma.io/service: web
  destinations:
  - match:
      kuma.io/service: backend
  conf:
    interval: 5s
    baseEjectionTime: 30s
    maxEjectionPercent: 20
    splitExternalAndLocalErrors: false
    detectors:
      totalErrors:
        consecutive: 20
      gatewayErrors:
        consecutive: 10
      localErrors:
        consecutive: 7
      standardDeviation:
        requestVolume: 10
        minimumHosts: 5
        factor: 1.9
      failure:
        requestVolume: 10
        minimumHosts: 5
        threshold: 85
```

上述示例为完整的配置。用户也可以使用 Envoy 的默认值，以更简单的方式实现 CircuitBreaker 策略。

```yaml
apiVersion: kuma.io/v1alpha1
kind: CircuitBreaker
mesh: default
metadata:
  namespace: default
  name: circuit-breaker-example
spec:
  sources:
  - match:
      kuma.io/service: web
  destinations:
  - match:
      kuma.io/service: backend
  conf:
    detectors:
      totalErrors: {}
      standardDeviation: {}
```

我们可以在 CircuitBreaker 策略中配置多个属性，如表 15-1 所示。

表 15-1　CircuitBreaker 策略中的属性

属性	描述
interval	执行扫描分析的间隔时间，默认为 10 秒
baseEjectionTime	数据平面弹出负载均衡器集中的基准时间，默认为 30 秒
maxEjectionPercent	上游 Envoy 集群可以弹出的最大百分比，默认为 10%。但无论怎么设置，至少会弹出一个数据平面代理
splitExternalAndLocalErrors	是否激活拆分模式

注意　断路器中可能会发生两种类型的错误。

- 本地错误：建立 TCP 连接时在本地触发的错误，如连接被拒绝、连接重置等。
- 外部错误：远程调用时发生的错误，如响应 5xx 错误。

当关闭拆分模式时，Kuma 不会根据错误来源区分错误。如果使用了拆分模式，用户可以使用不同的参数来微调检测器。所有检测器会根据设置的参数的状态来统计错误数。

最后，我们来看一下 CircuitBreaker 策略包含的检测器和它们的特有属性。

（1）Total Errors 检测器

Total Errors 检测器检测响应状态码为 5xx 及本地来源的错误。在拆分模式下，系统仅统计响应状态码为 5xx 的错误。其可以配置 consecutive 属性，表示连续多少次错误会触发检测器，默认值为 5。

（2）Gateway Errors 检测器

Gateway Errors 检测器仅监控与网关层相关的错误，特指 502、503 和 504 响应状态码。其可以配置 consecutive 属性，表示连续多少次错误会触发检测器，默认值为 5。

（3）Local Errors 检测器

Local Errors 检测器检测基于本地来源的错误，可以配置 consecutive 属性，表示连续多少次错误会触发检测器，默认值为 5。

（4）Standard Deviation 检测器

Standard Deviation 检测器会汇总 Envoy 集群中每个数据平面代理的基础数据，并根据标准差公式汇总服务成功率。它包含以下属性。

- requestVolume：忽略请求数少于 requestVolume 数量的数据平面代理，默认值为 100。
- minimumHosts：如果 Envoy 集群中的数据平面代理数量小于 minimumHosts，则忽略统计服务成功率；
- factor：服务成功率汇总公式，平均值 –（标准方差 × 因子），默认值为 1.9。

（5）Failures 检测器

Failures 检测器基于明确的服务成功率阈值进行检测，包含以下属性。

- requestVolume：与 Standard Deviation 检测器一致。
- minimumHosts：与 Standard Deviation 检测器一致。

❑ threshold：服务成功率阈值。

4. FaultInjection

FaultInjection 策略可以帮助用户测试微服务的弹性。Kuma 中内置了 3 种不同类型的故障，包括延迟（Delay）、中断（Abort）和带宽限制（ResponseBandwidth）。此处需要注意的是，FaultInjection 策略仅适用于 7 层 HTTP 流量。配置示例如下。

```
apiVersion: kuma.io/v1alpha1
kind: FaultInjection
mesh: default
metadata:
  namespace: default
  name: fi1
spec:
    sources:
      - match:
        kuma.io/service: frontend
        version: "0.1"
        kuma.io/protocol: http
    destinations:
      - match:
        kuma.io/service: backend
        kuma.io/protocol: http
    conf:
      abort:
        httpStatus: 500
        percentage: 50
      delay:
        percentage: 50.5
        value: 5s
      responseBandwidth:
        limit: 50 mbps
        percentage: 50
```

（1）延迟故障

延迟故障可以模拟响应延迟场景，包含两个属性。

❑ value：响应延迟时间，单位为秒；

❑ percentage：延迟响应的百分比，数值必须在 [0.0-100.0] 区间。

（2）中断故障

中断故障可以将目标数据平台的响应替换为用户预设的状态码。系统不会发送请求到目标服务，而是直接中断，包含两个属性。

❑ httpStatus：预设的 HTTP 状态码。

❑ percentage：中断请求的百分比，数值必须在 [0.0，100.0] 区间。

（3）带宽限制

带宽限制约束了请求的响应速度，包含两个属性。

- limit：以 Gbit/s、Mbit/s、kbit/s 或 bit/s 为单位，表示带宽数值。
- percentage：带宽限制生效的百分比，数值必须在 [0.0，100.0] 区间。

15.4.3 观测类策略

Kuma 中的观测类策略包含 TrafficMetric、TrafficTrace 和 TrafficLog。下面我们详细讲解。

1. TrafficMetric

Kuma 促使服务网格中的所有数据平面都使用统一的流量监控指标。用户可以通过编辑 Mesh 资源启用 TrafficMetric 资源。如有需要的话，用户可以为每个数据平面自定义指标。

Kuma 与 Prometheus 天然集成，开箱即用。当启用 TrafficMetric 策略后，每个数据平面都会以 Prometheus 的标准数据格式对外公开观测指标。Kuma 会保证 Prometheus 可以自动找到服务网格中的所有数据平面。

用户可以按如下示例配置网格资源。

```
apiVersion: kuma.io/v1alpha1
kind: Mesh
metadata:
  name: default
spec:
  metrics:
    enabledBackend: prometheus-1
    backends:
    - name: prometheus-1
      type: prometheus
      conf:
        skipMTLS: false
        port: 5670
        path: /metrics
        tags:
          kuma.io/service: dataplane-metrics
```

上述配置项为服务网格全局配置。每个数据平面都会通过 /metrics 路径、5670 端口号暴露数据。如果用户想要使用单个 Pod 覆盖全局配置，需要使用注解。

- prometheus.metrics.kuma.io/port：覆盖默认的全局端口。
- prometheus.metrics.kuma.io/path：覆盖默认的全局路径。

使用注解的配置示例如下。

```
apiVersion: apps/v1
kind: Deployment
metadata:
  namespace: kuma-example
  name: kuma-tcp-echo
spec:
  ...
```

```
  template:
    metadata:
      ...
      annotations:
        prometheus.metrics.kuma.io/port: "1234"
        prometheus.metrics.kuma.io/path: "/non-standard-path"
    spec:
      containers:
      ...
```

在配置完 TrafficMetric 策略后，用户需要让 Prometheus 自动发现数据平面。为此，Kuma 提供了工具 kuma-prometheus-sd。kuma-prometheus-sd 会与 Prometheus 实例一起运行。它清楚 Kuma 控制平面的地址，可以从中获取最新的数据平面列表信息，然后将信息转换为 Prometheus 可以理解的格式，并将其保存在磁盘文件中。Prometheus 会监控该文件的变更，并相应更新其抓取的配置。

现在用户登录 Prometheus 控制台，就可以发现服务网格中的数据平面列表了。

同时，Kuma 支持利用 mTLS 策略，以更安全的方式暴露数据平面指标。要想此功能生效，我们必须将 Prometheus 变成服务网格的一部分。首先需要在服务网格中启用 mTLS，配置如下。

```
apiVersion: kuma.io/v1alpha1
kind: Mesh
metadata:
  name: default
spec:
  mtls:
    enabledBackend: ca-1
    backends:
    - name: ca-1
      type: builtin
  metrics:
    enabledBackend: prometheus-1
    backends:
    - name: prometheus-1
      type: prometheus
      conf:
        skipMTLS: false
        port: 5670
        path: /metrics
        skipMTLS: false
        tags:
          kuma.io/service: dataplane-metrics
```

接下来，需要配置 TrafficPermission 策略，保证 Grafana 到 Prometheus Server、Prometheus Server 的数据平面，并保证 Prometheus 组件之间的流量是通畅的。

```
apiVersion: kuma.io/v1alpha1
```

```
kind: TrafficPermission
mesh: default
metadata:
  namespace: default
  name: metrics-permissions
spec:
  sources:
    - match:
        kuma.io/service: prometheus-server_kuma-metrics_svc_80
  destinations:
    - match:
        kuma.io/service: dataplane-metrics
    - match:
       kuma.io/service: "prometheus-alertmanager_kuma-metrics_svc_80"
    - match:
       kuma.io/service: "prometheus-kube-state-metrics_kuma-metrics_svc_80"
    - match:
       kuma.io/service: "prometheus-kube-state-metrics_kuma-metrics_svc_81"
    - match:
       kuma.io/service: "prometheus-pushgateway_kuma-metrics_svc_9091"
apiVersion: kuma.io/v1alpha1
kind: TrafficPermission
mesh: default
metadata:
  namespace: default
  name: grafana-to-prometheus
spec:
   sources:
   - match:
      kuma.io/service: "grafana_kuma-metrics_svc_80"
   destinations:
   - match:
      kuma.io/service: "prometheus-server_kuma-metrics_svc_80"
```

除了暴露数据平面指标，用户可能还想暴露应用中的指标细节，配置如下。

```
apiVersion: apps/v1
kind: Deployment
metadata:
  namespace: kuma-example
  name: kuma-tcp-echo
spec:
  ...
  template:
    metadata:
      ...
      annotations:
        prometheus.io/scrape: "true"
        prometheus.io/port: "1234"
        prometheus.io/path: "/non-standard-path"
    spec:
```

```
    containers:
    ...
```

Kuma 附带提供了 3 个默认的仪表盘。

- Kuma Dataplane：该仪表盘可以监控服务网格中单个数据平面的状态。
- Kuma Mesh：该仪表盘可以监控单个网格的聚合统计信息。
- Kuma Service to Service：该仪表盘可以监控源数据平面到目标数据平面的聚合统计信息。

2. TrafficTrace

TrafficTrace 策略可以将调用链跟踪委托给第三方服务。服务网格仅支持对 HTTP 流量进行跟踪，仅适用于定义了 kuma.io/protocol: http 标签的服务。用户需要完成以下两个步骤来启用 TrafficTrace 策略。

1）添加调用链跟踪后端服务。

2）添加 TrafficTrace 资源。

我们必须在 Mesh 资源中添加调用链跟踪后端服务，这样该服务才可以应用 TrafficTrace 策略。虽然大多数情况下，我们希望所有的追踪数据发送到同一个后端服务，但不排除在某些情况下启用不同的后端服务跟踪不同路径的流量。当我们追踪的范围为同一片区域或者同一个云服务时，效果更为明显。现在，Kuma 支持的第三方调用链跟踪服务有 Zipkin。用户可以将其与 Jaeger 一起使用，因为它兼容 Zipkin。调用链跟踪后端服务的配置示例如下。

```
apiVersion: kuma.io/v1alpha1
kind: Mesh
metadata:
  namespace: default
  name: default
spec:
  tracing:
    defaultBackend: jaeger-collector
    backends:
    - name: jaeger-collector
      type: zipkin
      sampling: 100.0
      conf:
        url: http://jaeger-collector.kuma-tracing:9411/api/v2/spans
```

接下来，我们创建 TrafficTrace 资源。

```
apiVersion: kuma.io/v1alpha1
kind: TrafficTrace
mesh: default
metadata:
  name: trace-all-traffic
spec:
  selectors:
```

```
    - match:
        kuma.io/service: '*'
    conf:
      backend: jaeger-collector
```

我们可以使用标签将 TrafficTrace 策略应用于特定的数据平面代理，而不是全局覆盖。更重要的是，我们需要保留跨多个服务的调用链关系。另外，我们既可以使用特定语言栈的相关库文件，也可以手动传入以下请求头字段。

- x-request-id
- x-b3-traceid
- x-b3-parentspanid
- x-b3-spanid
- x-b3-sampled
- x-b3-flags

3. TrafficLog

TrafficLog 策略可以轻松接入服务网格中每个数据平面的输出日志。在 Kuma 中配置访问日志可以分为 3 个步骤。

1）添加日志记录后端服务。

2）添加 TrafficLog 资源。

3）添加日志聚合和可视化工具（仅限 Kubernetes）。

日志记录后端服务本质上是输出日志的接收器。在 Kuma 中，我们可以使用文件或 TCP 日志接收器，例如 Logstash，配置文件如下。

```
apiVersion: kuma.io/v1alpha1
kind: Mesh
metadata:
  name: default
spec:
  logging:
    defaultBackend: file
    backends:
      - name: logstash
        # 自定义日志格式
        format: '{"start_time": "%START_TIME%", "source": "%KUMA_SOURCE_SER
                 VICE%", "destination": "%KUMA_DESTINATION_SERVICE%"
                 ,"source_address": "%KUMA_SOURCE_ADDRESS_WITHOUT_PO
                 RT%", "destination_address": "%UPSTREAM_HOST%", "du
                 ration_millis": "%DURATION%", "bytes_received": "%B
                 YTES_RECEIVED%", "bytes_sent": "%BYTES_SENT%"}'
        type: tcp
        conf:
          # 日志接收器地址
          address: 127.0.0.1:5000
```

```
    - name: file
      type: file
      conf:
        path: /tmp/access.log
      # 省略 format 属性，使用默认日志格式
```

之后，添加 TrafficLog 资源，此时可以选择一部分流量，并将其接入之前配置的日志后端服务。

```
apiVersion: kuma.io/v1alpha1
kind: TrafficLog
metadata:
  namespace: kuma-example
  name: all-traffic
mesh: default
spec:
  # 该 TrafficLog 策略会应用于服务网格中的所有流量
  sources:
    - match:
        kuma.io/service: '*'
  destinations:
    - match:
        kuma.io/service: '*'
  # 省略 backend 属性，使用服务网格中默认配置的 defaultBackend 属性
apiVersion: kuma.io/v1alpha1
kind: TrafficLog
metadata:
  namespace: kuma-example
  name: backend-to-database-traffic
spec:
  # 该 TrafficLog 策略仅作用于 backend 服务指向 database 服务的流量
  sources:
    - match:
        kuma.io/service: backend_kuma-example_svc_8080
  destinations:
    - match:
        kuma.io/service: database_kuma-example_svc_5432
  conf:
    backend: logstash
```

日志收录到接收器后，可以进一步传输到 Splunk、ELK 或者 Datadog，实现聚合分析和可视化处理。感兴趣的读者可以自行查阅资料搭建环境。最后，我们看一下日志文件的输出格式。Kuma 支持用户自定义日志格式。用户可以按需拼装所需内容，其中会用到预定义的模板字符如下。

- ❑ Envoy 中包含的所有模板字符，读者可以参考 https://www.envoyproxy.io/docs/envoy/latest/configuration/observability/access_log/usage#command-operators。
- ❑ Kuma 中的模板字符，如表 15-2 所示。

表 15-2 Kuma 中的模板字符

模板字符	描述
%KUMA_MESH%	流量对应的服务网格名称
%KUMA_SOURCE_SERVICE%	流量对应的源服务名称
%KUMA_DESTINATION_SERVICE%	流量对应的目标服务名称
%KUMA_SOURCE_ADDRESS_WITHOUT_PORT%	流量对应的源服务的数据平面地址

15.5 Kuma 实战

Kuma 实战部分继续沿用 Kubernetes 环境。我们首先对已经频繁使用的 Node 项目进行改造，使其适配现有的 Kuma 架构，然后演示如何使用 Kuma 内置的策略。

15.5.1 适配 Kuma 架构

在上一章中，我们结合使用了 Kubernetes 集群和 Kong 网关，其中 KongIngressController 充当整个系统的流量入口。在本章中，Kuma 通过 Sidecar 模式来统一管理流量。

1）首先在 Master 节点中为 Node 项目创建一个专属的网格，如代码清单 15-8 所示。

代码清单 15-8 node-mesh.yaml 配置文件

```
1 # 使用的版本
2 apiVersion: kuma.io/v1alpha1
3 # Mesh 类型清单
4 kind: Mesh
5 # 元数据信息
6 metadata:
7 # 网格的名称
8   name: node
```

部署该网格：

```
$ kubectl apply -f node-mesh.yaml
# 验证网格是否部署成功
$ kubectl get mesh
NAME          AGE
node          42m
```

2）改造 Node 项目，以使其适配 Kuma 架构。配置文件如代码清单 15-9 所示。

代码清单 15-9 node.yaml 配置文件

```
1 # 使用的版本
2 apiVersion: v1
3 # namespace 资源清单
4 kind: Namespace
5 # 元数据信息
6 metadata:
```

```
 7   name: kuma-node
 8   namespace: kuma-node
 9   # 注解信息
10   annotations:
11   # Sidecar 自动注入
12     kuma.io/sidecar-injection: enabled
13 ---
14 apiVersion: v1
15 kind: Service
16 metadata:
17   # 注解信息
18   annotations:
19     kuma.io/service: node
20   # 指定 Service 资源名称
21   name: node-mesh-svc
22   # 指定 Service 资源命名空间
23   namespace: kuma-node
24 spec:
25   selector:
26     language: node
27     sort: backend
28   type: ClusterIP
29   ports:
30   - port: 80
31     targetPort: 8080
32
33 ---
34 apiVersion: apps/v1
35 kind: Deployment
36 metadata:
37   # 注解信息
38   annotations:
39     kuma.io/service: node
40   # 指定 Deployment 资源名称
41   name: node-mesh-deploy
42   # 指定 Deployment 资源命名空间
43   namespace: kuma-node
44 spec:
45   replicas: 1
46   selector:
47     matchLabels:
48       language: node
49       sort: backend
50   template:
51     metadata:
52       labels:
53         language: node
54         sort: backend
55     spec:
56       containers:
57       - name: node
```

```
58          image: 15056332824/node:latest
59          ports:
60          - containerPort: 8080
61          resources:
62            requests:
63              cpu: "100m"
64            limits:
65              cpu: "100m"
```

部署该应用：

```
$ kubectl apply -f node.yaml
# 验证应用是否部署成功
$ kubectl get all -n kuma-node
# 使用 curl 指令验证 Node 网格中的服务是否能正常访问
$ curl -i http://10.101.158.222:80/demo/api/users/v1
{"language":"node","type":"application","version":"v1","user":"demo_v1"}
```

应用成功部署后的效果如图 15-3 所示。

```
NAME                                       READY   STATUS    RESTARTS   AGE
pod/node-mesh-deploy-8574c59c49-jn8qv      2/2     Running   0          48m

NAME                     TYPE        CLUSTER-IP       EXTERNAL-IP   PORT(S)   AGE
service/node-mesh-svc    ClusterIP   10.101.158.222   <none>        80/TCP    48m

NAME                                READY   UP-TO-DATE   AVAILABLE   AGE
deployment.apps/node-mesh-deploy    1/1     1            1           48m

NAME                                           DESIRED   CURRENT   READY   AGE
replicaset.apps/node-mesh-deploy-8574c59c49    1         1         1       48m
```

图 15-3　应用成功部署后的效果

注意　如果读者依旧想使用 Gateway 来充当所有流量入口，可参考官方文档 https://kuma.io/docs/1.0.6/documentation/dps-and-data-model/#gateway。

15.5.2　启动 mTSL 和 TrafficPermission

默认情况下，所有服务之间的通信都是不安全的，且未经过加密处理，而且任何请求都可以访问网格内部的服务。这里，我们通过在 Node 网格启用 mTSL 策略和 TrafficPermission 策略来验证外部请求是否能访问网格内部服务。

1）在 Master 节点中添加 mTLS 策略，还可以在代码清单 15-8 中添加如下代码实现。

```
 8  ...
 9 spec:
10   mtls:
11     enabledBackend: ca-1
12     backends:
13       - name: ca-1
```

```
 14         type: builtin
# 重新启用该文件
$ kubectl apply -f node-mesh.yaml
# 使用 curl 指令验证该文件是否生效。由于启用了 mTSL 策略，且没有创建对应的 TrafficPermission，
  则无法访问，且迟迟没有返回结果
$ curl -i http://10.101.158.222:80/demo/api/users/v1
```

2）在 Master 节点中添加 TrafficPermission 策略，如代码清单 15-10 所示。

代码清单 15-10　node-trafficpermission.yaml 文件

```
 1 # 使用的 API 版本
 2 apiVersion: kuma.io/v1alpha1
 3 # TrafficPermission 资源类型清单
 4 kind: TrafficPermission
 5 # 应用的网格
 6 mesh: node
 7 # 元数据信息
 8 metadata:
 9   namespace: kuma-node
10   name: all-traffic-allowed
11 # 允许请求的来源信息与目标信息
12 spec:
13   sources:
14     - match:
15         kuma.io/service: '*'
16   destinations:
17     - match:
18         kuma.io/service: '*'"
```

验证外部请求是否能访问网格内部服务：

```
$ kubactl apply -f node-trafficpermission.yaml
# 使用 curl 指令验证
$ curl -i 10.101.158.222:80/demo/api/users/v1
{"language":"node","type":"application","version":"v1","user":"demo_v1"}
```

15.6　本章小结

在本章中，我们只论及 Service Mesh 以及 Kuma 的一些入门场景，并提供一定指引思路。更多知识点有待读者挖掘。这里需要明确的是，和所有其他技术概念一样，Service Mesh 不是银弹。对于大规模部署、异构、复杂的微服务架构来说，它是合理、高效的解决方案。但对于小规模的微服务架构来说，更简单、可控的网关层或许才是性价比更高的选择（比如 Kong、OpenResty 等）。由于 Kuma 与 Kong 网关在很多抽象概念上有高度重合之处，如果开发者前期选择了 Kong 网关，也可以使用 Kuma 平滑地切换至 Service Mesh 架构。

在下一章中，我们会在拥抱云原生架构的道路上迈出一大步，抢先体验各大云服务商正在如火如荼推行的 Serverless 架构。

Chapter 16 第 16 章

Serverless 架构

在本章中，我们将抛开之前章节中描述的所有架构模型，以一种更开放的姿态来拥抱云原生环境。这里，我们将介绍 Serverless（无服务器计算）架构。Serverless 是指构建和运行不需要服务器支持的应用。它不仅为后端开发提供了新的选择，也为前端开发定义了新的范式。下面我们一起来看一下 Serverless 架构的优势和实践指南。

16.1 Serverless 简介

从广义上来说，Serverless 是具备服务端免运维特征的云服务。从狭义上来说，Serverless 是 Serverless Computing 架构，等同于 Trigger（事件驱动）+ FaaS（函数即服务）+ BaaS（后端即服务）。从 Serverfull 到 Serverless，应用开发、部署、运维的方式发生了翻天覆地的变化。我们将从架构演化、部署方式演化和 Serverless 内核方面对 Serverless 进行详细描述。

16.1.1 系统架构演化

如我们所知，系统架构是随环境动态变化的。系统架构之间没有绝对的对错之分。下面罗列一些通用的架构模型。

- 经典 MVC 架构
- 经典 MVC 架构服务器
- 经典 MVC 架构 + Kong 网关
- Kubernetes 架构 + Kong 网关
- Kuma 架构

上述 5 个架构模型从简单到复杂，几乎涵盖之前章节提到的所有架构模型。可以发现，随着架构模型的演化，系统的稳定性和弹性也在不断提升，但依旧存在一些问题。

首先是架构升级意味着高昂的学习成本。每一次升级，开发人员都需要接触全新的概念，并做好面对失败的准备。其次，从理论上的架构模型到实际生产落地还存在着巨大的鸿沟，即使有充足的时间和人力也不能保证可以做好。最后，随着系统架构逐渐丰满，系统依赖的外部资源逐渐增多，相应的服务器硬件资源、运营成本也在增加。我们需要在服务稳定性和其他各类成本之间寻求平衡。

Serverless 架构的出现恰好缓解了上述问题。它的核心在于云服务商已经为应用开发者封装好了一切有关应用构建、部署、运行的细节，用户仅需专注于应用本身而不需要过多关注架构层面的变化。公司和组织也不需要再在系统运维工作中投入大量成本，云服务商会全权负责实现运行中的服务的高可用和弹性伸缩。同时，云服务商也提供了一体化的网关服务，以便用户在有需要时随时接入。

当然享受如此便利、高效的开发流程也会付出一定的代价，即公司所有的底层架构会极度依赖云服务厂商提供的服务，甚至强耦合在其之上，从而失去自主权。我们推荐用户可以先将一些实验性的、私密性不强的项目在 Serverless 架构上尝试，等确定熟练掌握后，再结合企业内部的部署策略决定是否扩展。现在，大量云服务商开始开发 Serverless 架构，旨在抹平云服务商之间的环境差异，这将有利于为开发者提供一套更通用、更透明的开发环境。

16.1.2 部署方式演化

Serverless 架构也促进了应用部署方式的改进。下面我们对比传统部署方案与 Serverless 部署方案之间的差别。

应用的传统部署方案如图 16-1 所示。

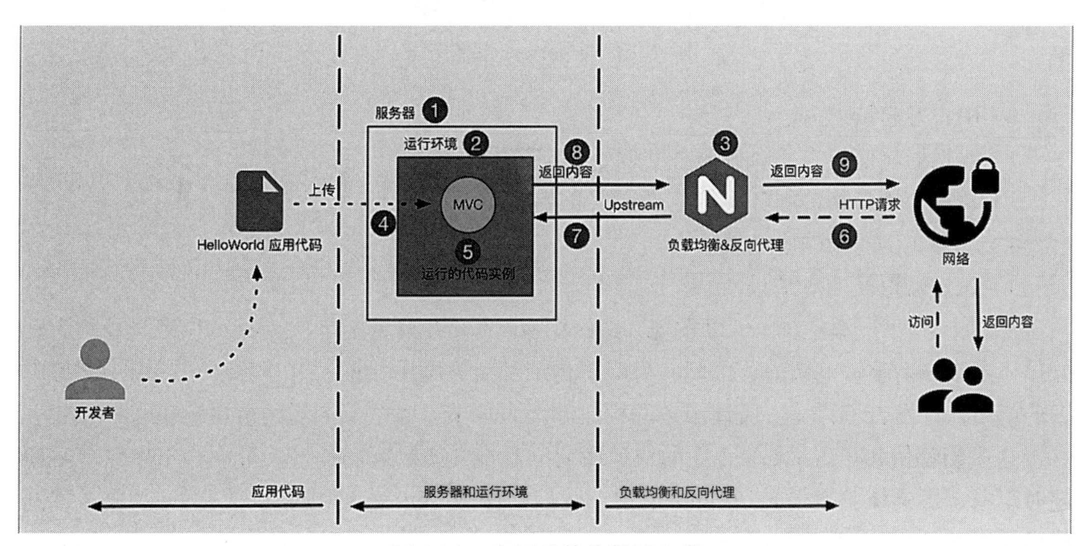

图 16-1 应用的传统部署方案

1）准备服务器资源：物理机、虚拟机、容器等。

2）准备运行环境：Java、Node、Go 等。

3）准备网关环境：Nginx、OpenResty、Kong 等。

4）开发者上传代码。

5）构建、部署代码，启动服务实例。

6）用户发起请求。

7）网关层代理到后台服务器。

8）后台服务器处理请求，返回响应结果。

9）网关层返回响应结果。

Serverless 部署方案如图 16-2 所示。

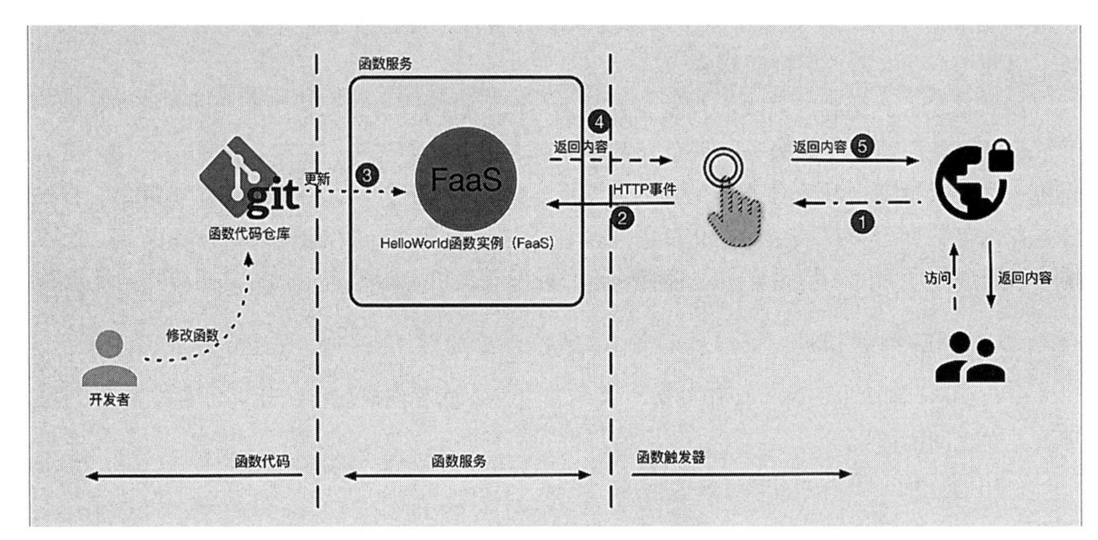

图 16-2　Serverless 部署方案

1）用户发起请求。

2）触发器响应请求，触发服务实例处理请求。

3）系统使用最新的服务实例处理请求（支持冷启动）。

4）服务实例返回响应结果。

5）触发器返回响应结果。

比较上述两个部署方案可以发现，Serverless 部署方案更简单、透明。它将服务的启动操作移至用户请求和响应流程之间，省略了传统部署方案中的前 5 个步骤。正是由于部署方案的革新，开发者不再需要关注服务的构建和部署环节，省去了大量的重复工作。

这一切都依赖于 Serverless 中的快速冷启动功能（如果启动过慢，可能会出现请求响应超时现象，影响体验效果）。在下一节中，我们会深入 Serverless 内核，探究 FaaS 服务快速冷启动的奥秘。

16.1.3 Serverless 内核

FaaS 中的冷启动是指从调用函数开始到函数实例准备完成的整个过程。对于冷启动，用户最为关注的就是启动时间。启动时间越短，系统对资源的利用率就越高。现在，大多数云服务商对主流语言（包括 Node、Python、Go、Java 等）均提供了 Serverless 服务。基于不同语言的特性，服务冷启动平均耗时在 500 毫秒左右。得益于 Google 的 JavaScript 引擎的 Just In Time 特性，Node.js 的冷启动速度是最快的。

图 16-3 为 FaaS 应用冷启动的过程，其中浅色部分由云服务商负责，深色部分由开发者负责，函数代码初始化由二者共同负责。

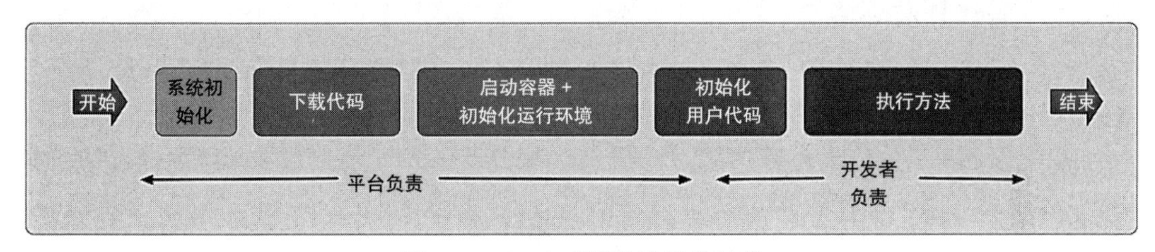

图 16-3 FaaS 应用的冷启动过程

云服务商会对自己负责的部分进行优化，例如在冷启动过程中下载函数代码耗时较长，所以每当用户更新代码时，云服务商就会监听该事件，并提前开始调度资源，下载最新的代码构建函数镜像实例。当用户发送请求时，云服务商就可以利用构建好的缓存镜像，直接从镜像中启动容器。这个操作也叫作预热冷启动。如果用户对响应时间比较敏感，我们可以通过预热冷启动或预留实例策略来加速或绕开冷启动。

Serverless 架构相较于之前提及的传统架构模型，通过分层结构进一步提升了资源的利用率。对于传统的虚拟机或容器方案，我们只能从操作系统层面开始构建应用示例。而对于 Serverless 架构，云服务商已经提前准备好容器资源和运行时，用户仅需在特定环境中输入自定义的代码即可。

这样的分层带来的好处是，容器层适用性更广，云服务商可以提前预热大量容器实例，将物理机的计算资源碎片化。运行时实例的适用性较低，因此可以做少量预热。容器和运行时固化后，下载代码即可执行。通过分层，我们可以做到资源统筹优化，用户的代码能够快速、低成本地执行。

如果用户对服务冷启动延时零容忍，可以使用预留实例策略。FaaS 本身已经考虑到这种情况，所以提供了两种进程模型供用户挑选。FaaS 进程模型如表 16-1 所示。

表 16-1 FaaS 进程模型

进程模型	描述
用完即毁型	函数实例准备好后，执行完函数就直接结束
常驻进程型	函数实例准备好后，执行完函数不结束，而是返回，继续等待下一次函数被调用

常驻进程模型也是为了将传统 MVC 架构的应用无缝迁移到 Serverless 架构而设计的，

它并不是 FaaS 最纯正的用法。在下一节中，我们会介绍 Serverless 实践用例。

16.2 Serverless 实践

在本节中，我们来看一下如何利用云服务商提供的 Serverless 架构来实现我们的日常业务。这里，我们选用的是阿里云的函数计算服务。用户需要前往阿里云服务控制台自行开通该功能，或者可以挑选自己比较熟悉的云平台开通类似功能。我们将从最基本的搭建开发环境到构建简单的 Web 应用服务对 Serverless 应用展开介绍。

16.2.1 搭建开发环境

本节将介绍如何在阿里云平台配置函数计算服务，并在本地搭建相应的开发环境。

（1）创建函数服务

1）登录阿里云，依次选择“函数计算”→“服务及函数”，在“服务及函数”选项中选中“新建函数”，输入服务名称，点击“下一步”（日志可以按需勾选，需额外付费），如图 16-4 所示。

图 16-4　新建函数

2）选择“HTTP 函数，使用 Hello World 示例创建空白 HTTP 函数”，如图 16-5 所示。

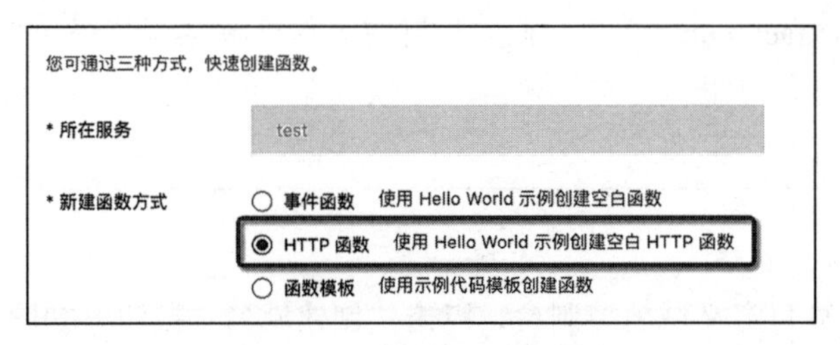

图 16-5　创建 HTTP 函数

3）输入自定义的函数名称，按需调整函数执行内存。此处由于我们新建的是示例项目，因此将“函数执行内存”选择为最小的 128MB，如图 16-6 所示。

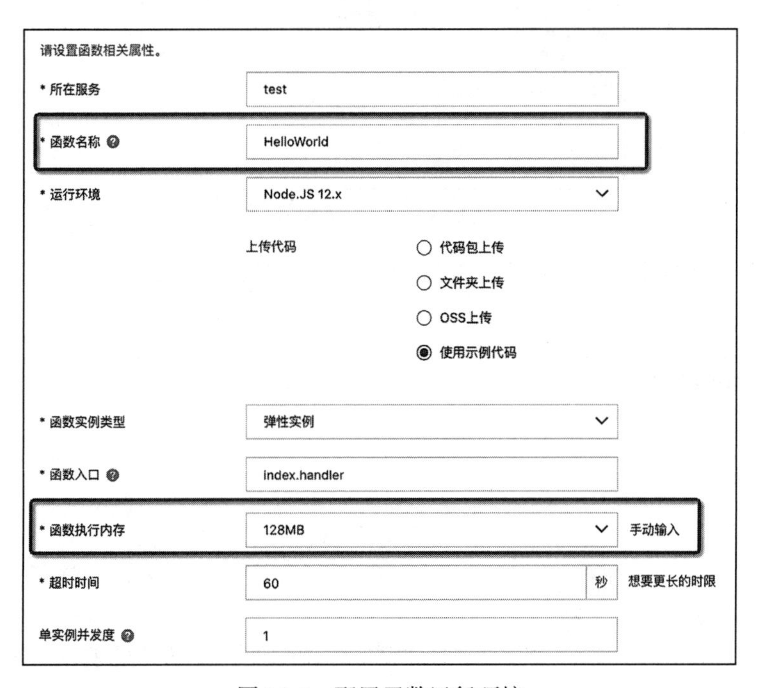

图 16-6　配置函数运行环境

4）函数新建成功后，进入函数，点击代码执行的标签页，在页面下方可以看到“调试 HTTP 触发器”，如图 16-7 所示。

图 16-7　调试 HTTP 触发器

注意 此处阿里云会给出一小段提示——Http Trigger 会自动在响应头中强制添加 'Content-Disposition: attachment' 字段。此字段可使返回结果在浏览器中以附件方式下载。此字段无法覆盖，使用“自定义域名”可以避免该问题。这里，我们建议用户配置自定义域名，以便于调试。

（2）自定义域名

1）进入函数计算自定义域名控制台，点击“创建域名”按钮，如图 16-8 所示。

图 16-8　自定义域名

2）在右侧的面板中输入我们想要配置的域名（建议配置一个二级域名，例如：fc.xxxx.com），如图 16-9 所示。

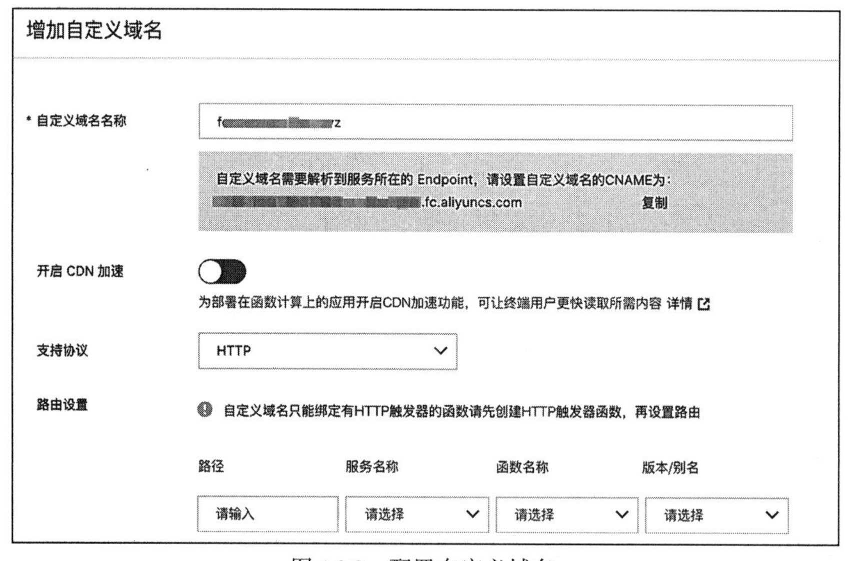

图 16-9　配置自定义域名

3）复制阿里云给出的地址（记录值），并前往域名解析控制台，添加对应的 CNAME 解析记录并保存，如图 16-10 所示。

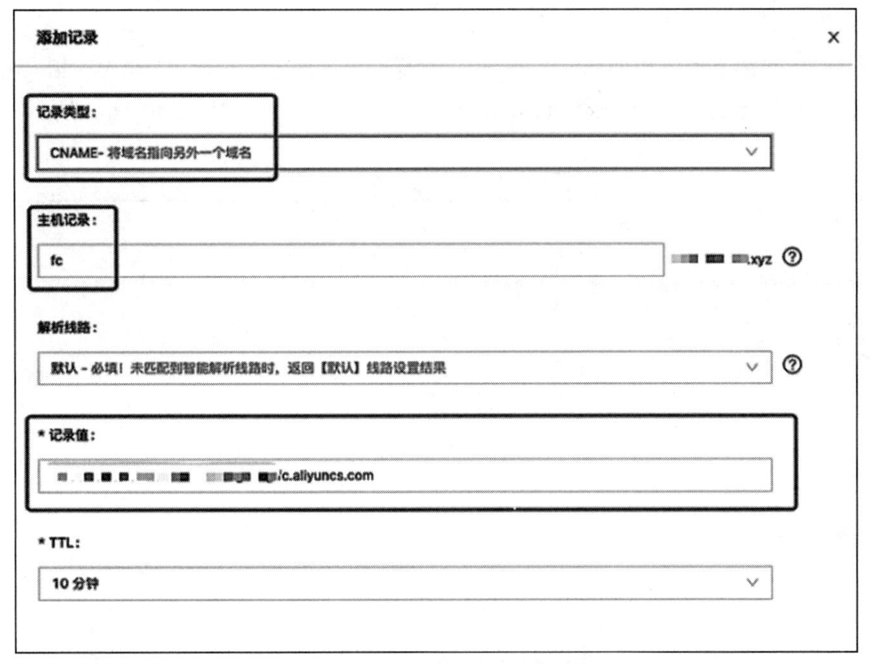

图 16-10　配置 CNAME 解析

4）在等待解析生效的过程中，我们回到自定义域名配置页面为函数配置路由。如图 16-11 所示，路径设置为 /hello，选择刚刚新建的 test 服务中的 HelloWorld 函数，版本设置为 LATEST。这样，我们访问 http://fc.xxxx.com/hello 就可以运行刚刚新建的函数。

图 16-11　配置函数路由

（3）编写代码

1）通过上面的步骤，我们已经可以通过浏览器发出请求去调用 HelloWorld 函数。我们可修改代码，使函数返回一个带有 HelloWorld 文本的页面，如代码清单 16-1 所示。

代码清单 16-1　HelloWorld 函数

```
 1 var getRawBody = require('raw-body');
 2 var getFormBody = require('body/form');
 3 var body = require('body');
 4 exports.handler = (req, resp, context) => {
 5     console.log('hello world');
 6     getRawBody(req, function(err, body) {
 7   //设置响应头中的 Content-Type，告诉客户端 MIME 类型是 html
 8         resp.setHeader("Content-Type","text/html");
 9         resp.send('<h1>helloworld</h1>');
10     });
11 }
```

2）访问 http://fc.xxxx.com/hello，查看效果，如图 16-12 所示。

图 16-12　访问效果

（4）VS Code 环境搭建

1）参考本书附录一搭建 Docker 环境（如果用户设备上已经安装 Docker，可以忽略）。

2）打开 VS Code，在插件一栏中搜索 Aliyun Serverless，或者前往插件市场安装插件，如图 16-13 所示。

图 16-13　安装 Aliyun Serverless 插件

3）在插件中配置阿里云主账号的 AccountID、AccessKeyID 和 AccessKeySecret。其中，

AccountID 可以在阿里云账号管理页面中找到，AccessKeyID 和 AccessKeySecret 可以在用户信息管理页面配置，如图 16-14 和图 16-15 所示。

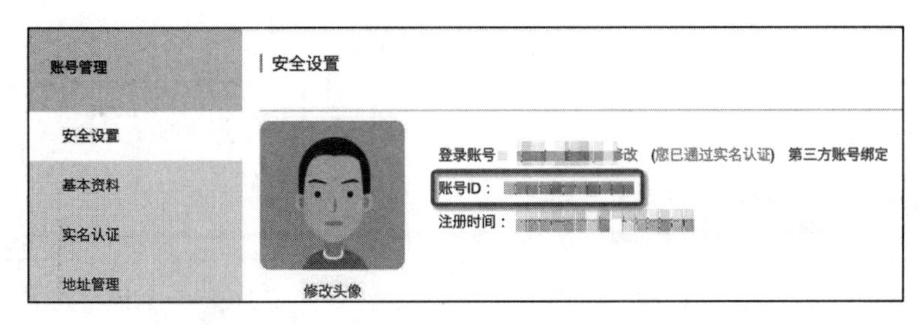

图 16-14 获取 AccountID

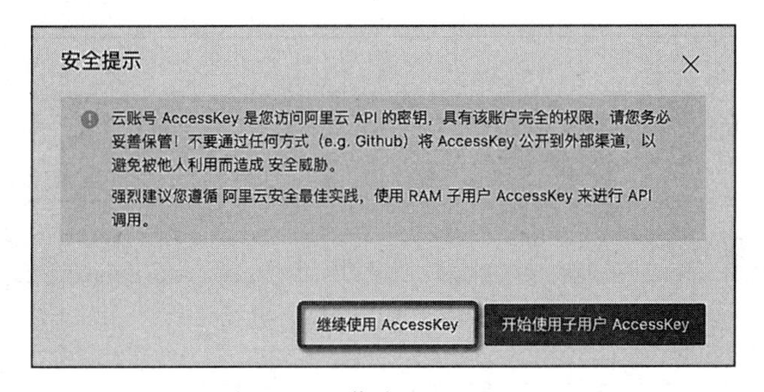

图 16-15 获取 AccountKey

4）点击阿里云插件按钮，在 REMOTE RESOURCES 一栏点击右上角菜单，选择 Bind New Account（如图 16-16 所示），依次输入上一步中的 AccountID、AccessKeyID 和 AccessKeySecret，并输入一个别名。

5）如图 16-17 所示，点击 Switch Region 切换到用户当前所在区域。点击 Remote Resources 一栏的刷新按钮，发现资源列表中出现了阿里云平台已存在的函数服务。

图 16-16 绑定阿里云账号

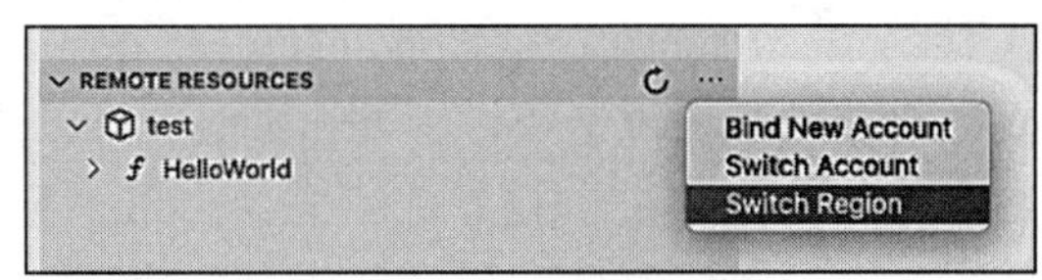

图 16-17 切换区域

6）如图 16-18 所示，点击 LOCAL RESOURCES 一栏的“+”按钮，输入服务名、函数名、路径、环境、触发器类型（选择 http），新建本地资源。

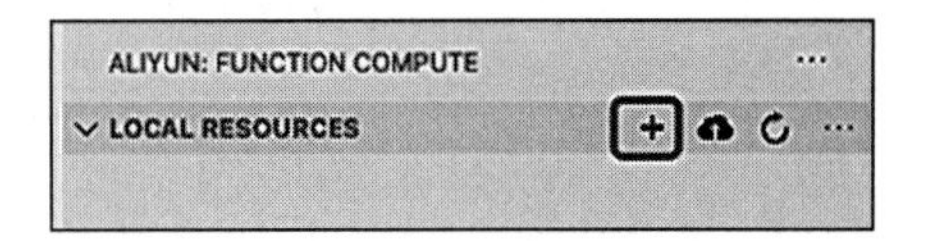

图 16-18 新建本地资源

7）新建完成后，LOCAL RESOURCES 中会出现刚刚新建的函数，如图 16-19 所示。其右侧对应的三个按钮分别是代码编辑、调试运行和本地运行。

8）如图 16-20 所示，点击 LOCAL RESOURCES 一栏的“调试运行”按钮，将函数上传至阿里云。

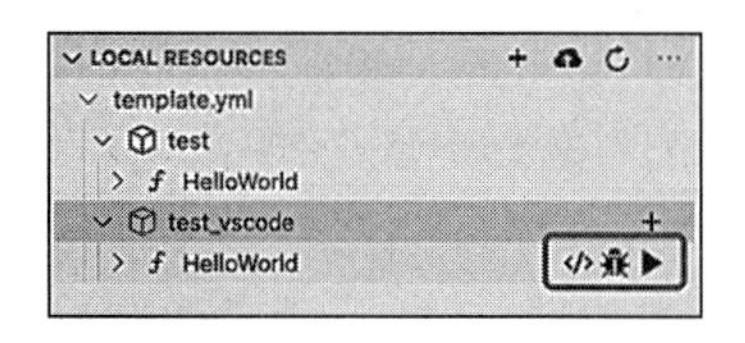

图 16-19　本地资源中新建的函数

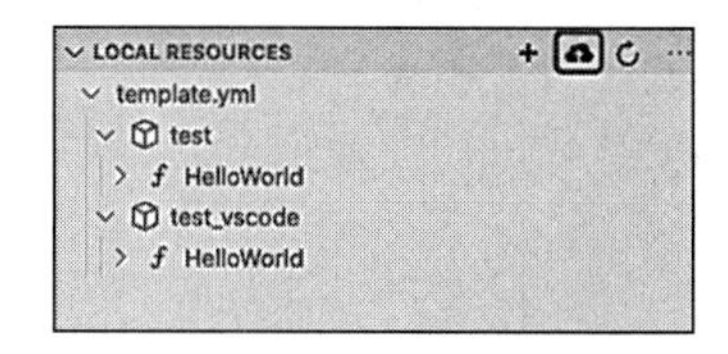

图 16-20　上传函数至云平台

9）当出现图 16-21 所示的提示时，表示上传已成功。

```
Waiting for service test_vscode to be deployed...
        Waiting for function HelloWorld to be deployed...
                Waiting for packaging function HelloWorld code...
                The function HelloWorld has been packaged. A total of 1 file were compressed and the final size was 602 B
                Waiting for HTTP trigger httpTrigger to be deployed...
                triggerName: httpTrigger
                methods: [ 'GET', 'POST' ]
                url: https://                        c.aliyuncs.com                    /test_vscode/HelloWorld/
                Http Trigger will forcefully add a 'Content-Disposition: attachment' field to the response header, which cannot be overwritten
                and will cause the response to be downloaded as an attachment in the browser. This issue can be avoided by using CustomDomain.

                trigger httpTrigger deploy success
        function HelloWorld deploy success
service test_vscode deploy success
```

图 16-21　基础环境效果图

至此，一个基础的阿里云函数计算 VS Code 环境搭建完成。

16.2.2　Web 应用服务

在本节中，我们会使用 Serverless 完整部署一个 Web 应用，具体步骤包含数据库配置、后端应用及前端应用。

1. 数据库配置

1）首先创建并配置数据库实例、VPC、交换机等资源，读者可以参考阿里云的官方文档：https://help.aliyun.com/document_detail/190122.html。需要注意的是，数据库实例、VPC 和交换机资源必须在函数计算服务可以访问的区域，否则函数计算服务无法访问对应的资源。

2）登录数据库，创建集合。

```
1 db.createCollection('list');
```

3）添加测试数据，如代码清单 16-2 所示。

代码清单 16-2　添加测试数据

```
1 db.list.insert({
2   type:'cat',
3   name:'Alice',
```

```
4   age:3
5 });
6 db.list.insert({
7   type:'dog',
8   name:'Ben',
9   age:5
10 );
```

2. 后端应用

1）参考 Express 官方示例，创建一个 Hello World 项目，如代码清单 16-3 所示。

代码清单 16-3 创建 Hello World 项目

```
$ mkdir <your project folder name>
$ cd <your project folder name>
$ npm init
$ npm install express
```

2）修改 index.js 文件，配置数据库连接，同时新增三个后端接口，分别为查询、新增和删除操作，如代码清单 16-4 所示。

代码清单 16-4 index.js 文件

```
1 const {
2   Server
3 } = require('@webserverless/fc-express');
4 const express = require('express');
5 const app = express();
6 const port = 3000;
7 const MongoClient = require('mongodb').MongoClient;
8 const ObjectId = require('mongodb').ObjectId;
9 //for parsing application/json
10 app.use(express.json());
11 //for parsing application/x-www-form-urlencoded
12 app.use(express.urlencoded({ extended: true }));
13
14 function connect(cb) {
15   return MongoClient.connect('your mongodb url')
16 }
17
18 app.all("/getPets", (req, resp) => {
19   connect(function (err, client) {
20     if (err) throw err
21     const db = client.db('pets')
22     const collection = db.collection('list');
23     collection.find().toArray(function (err, result) {
24       if (err) throw err
25       resp.send(JSON.stringify(result));
26     });
27   });
```

```
28 });
29
30 app.all("/addPet", (req, resp) => {
31   connect(function (err, client) {
32     if (err) throw err
33     const db = client.db('pets')
34     const collection = db.collection('list');
35     collection.insertMany([{
36       ...req.body
37     }], function (err, result) {
38       if (err === null && result.result.n === 1) {
39         resp.send(JSON.stringify({ status: 'success' }));
40       } else {
41         resp.send(JSON.stringify({ status: 'error' }));
42       }
43     });
44   });
45 });
46
47 app.all("/delPet", (req, resp) => {
48   connect(function (err, client) {
49     if (err) throw err
50     const db = client.db('pets');
51     const collection = db.collection('list');
52     collection.deleteOne({ _id: ObjectId(req.body._id) }, function
         (err, result) {
53       if (err === null && result.result.n === 1) {
54         resp.send(JSON.stringify({ status: 'success' }));
55       } else {
56         resp.send(JSON.stringify({ status: 'error' }));
57       }
58     });
59   });
60 });
61
62 app.listen(process.env.PORT || port, () => {
63   console.log(`Example app listening at http://localhost:${port}`);
64 });
65
66 const server = new Server(app);
67
68 //http trigger entry
69 module.exports.handler = function (req, res, context) {
70   server.httpProxy(req, res, context);
71 };
```

3）在该目录下运行 fun 指令进行部署。

```
$ fun deploy -y
```

4）部署完成后，控制台会显示临时地址。通过该地址，可以访问刚刚部署的后端应用接口。部署效果如图 16-22 所示。

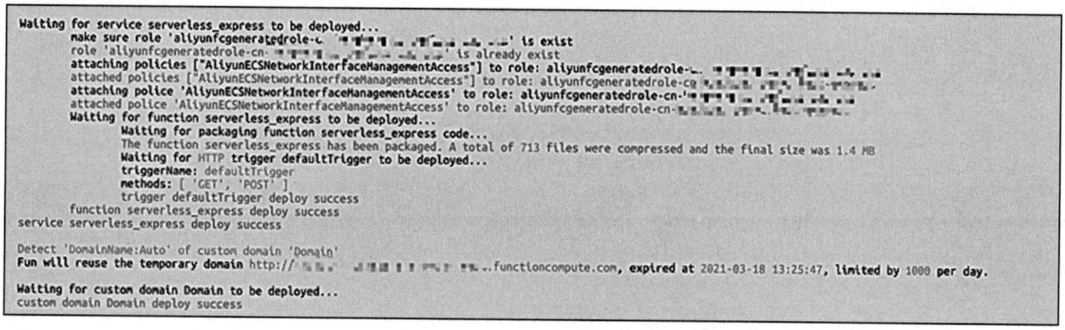

```
Waiting for service serverless_express to be deployed...
        make sure role 'aliyunfcgeneratedrole-c' is exist
        role 'aliyunfcgeneratedrole-cn-' is already exist
        attaching policies ["AliyunECSNetworkInterfaceManagementAccess"] to role: aliyunfcgeneratedrole-
        attached policies ["AliyunECSNetworkInterfaceManagementAccess"] to role: aliyunfcgeneratedrole-c
        attaching police 'AliyunECSNetworkInterfaceManagementAccess' to role: aliyunfcgeneratedrole-cn-
        attached police 'AliyunECSNetworkInterfaceManagementAccess' to role: aliyunfcgeneratedrole-cn-
        Waiting for function serverless_express to be deployed...
                Waiting for packaging function serverless_express code...
                The function serverless_express has been packaged. A total of 713 files were compressed and the final size was 1.4 MB
                Waiting for HTTP trigger defaultTrigger to be deployed...
                triggerName: defaultTrigger
                methods: [ 'GET', 'POST' ]
                trigger defaultTrigger deploy success
        function serverless_express deploy success
service serverless_express deploy success

Detect 'DomainName:Auto' of custom domain 'Domain'
Fun will reuse the temporary domain http://...functioncompute.com, expired at 2021-03-18 13:25:47, limited by 1000 per day.

Waiting for custom domain Domain to be deployed...
custom domain Domain deploy success
```

图 16-22　部署效果

3. 前端应用

1）延续上节内容，新建一个 Express 项目，在项目中新建 src 文件夹，用于存放 html 和 js 文件。js 文件中需要添加之前部署的后端应用的临时地址。html 文件如代码清单 16-5 所示。js 文件如代码清单 16-6 所示。

代码清单 16-5　html 文件

```
 1 <!DOCTYPE html>
 2 <html lang="zh_CN">
 3   <head>
 4     <meta charset="UTF-8">
 5     <meta http-equiv="X-UA-Compatible" content="IE=edge">
 6     <meta name="viewport" content="width=device-width, initial-
         scale=1.0">
 7     <title>Serverless</title>
 8     <script src="./example.js"></script>
 9   </head>
10   <body>
11     type:<input type="text" id="type">
12     nickname:<input type="text" id="name">
13     age:<input type="number" id="age" max="15">
14     <button id="addBtn">Add</button>
15     <div id="list"></div>
16   </body>
17 </html>
```

代码清单 16-6　js 文件

```
1 window.onload = async () => {
2   getList();
3
4   document.getElementById('addBtn').addEventListener('click', async
      () => {
5     const res = await fetch(`${HOST}/addPet`, {
```

```
6        method: 'POST',
7          headers: {
8            'Content-Type': 'application/json'
9          },
10         body: JSON.stringify({
11           "type": document.getElementById('type').value,
12           "name": document.getElementById('name').value,
13           "age": Number(document.getElementById('age').value),
14         })
15       }).then((response) => {
16         return response.json();
17       });
18       if (res.status === 'success') {
19         getList();
20       }
21     });
22
23     async function getList() {
24       const res = await fetch(`${HOST}/getPets`).then((response) => {
25         return response.json();
26       });
27       console.log(res);
28       const list = document.getElementById('list');
29       list.innerHTML = "";
30       res.forEach(e => {
31         const p = document.createElement('p');
32         p.innerText = `type:${e.type};name:${e.name};age:${e.age}`;
33         const button = document.createElement('button');
34         button.innerText = 'delete'
35         button.setAttribute('id', e._id);
36         p.append(button);
37         list.append(p);
38         addDeleteListener(e._id);
39       });
40   }
41
42   function addDeleteListener(_id) {
43     document.getElementById(_id).addEventListener('click', async ()
       => {
44       const res = await fetch(`${HOST}/delPet`, {
45         method: 'POST',
46         headers: {
47           'Content-Type': 'application/json'
48         },
49         body: JSON.stringify({ _id })
50       }).then((response) => {
51         return response.json();
52       });
53       if (res.status === 'success') {
54         getList();
```

```
55        }
56      });
57    }
58 }
```

2）运行 fun 指令部署应用。

```
$ fun deploy -y
```

3）通过生成的临时链接，我们就能够访问该 Web 应用了。Web 应用访问效果如图 16-23 所示。

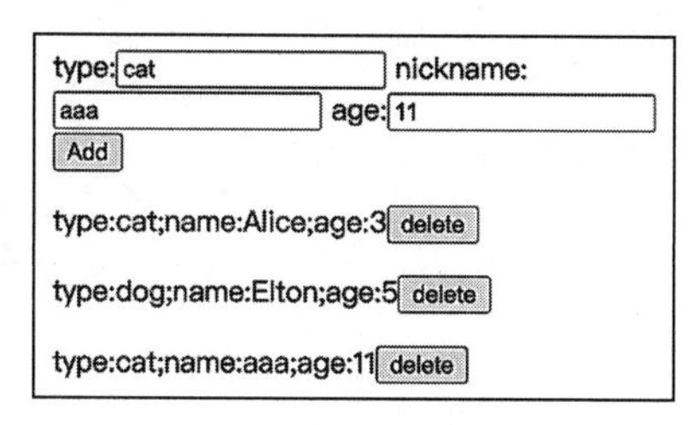

图 16-23　Web 应用访问效果

16.3　本章小结

Serverless 架构的出现使开发人员不用再特别关注程序运行所需的资源，运维人员无须进行烦琐的服务器操作，只需关注自己的核心业务逻辑。可以说，随着 Serverless 架构的兴起，云计算时代才真正到来。

虽然 Serverless 架构还有很多地方不够成熟，比如强依赖第三方云服务、缺乏调试工具、项目难以工程化等。但是，整个社区已经开始逐步完善。依靠 Serverless 架构自身的优越性，今后会有越来越多的开发者加入这个阵营。Serverless 在未来拥有无限可能。

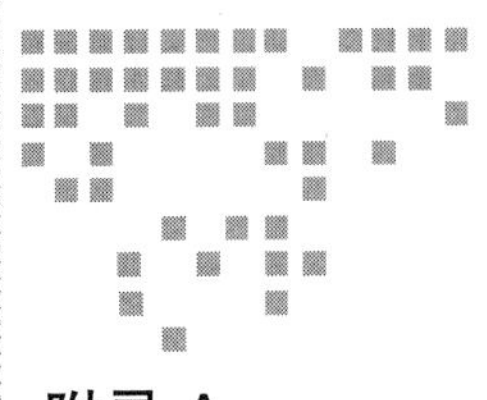

附录 A

Docker 安装指南

为了便于读者方便地运行书中的用例，书中大多示例是基于 Docker 容器运行的。我们在本附录中罗列了在常见操作系统中安装 Docker 软件的方法，具体细节如下。

A.1 在 Mac 系统中安装 Docker

这里，我们推荐两种安装方式，即使用 Homebrew 和软件包安装。

1. 使用 Homebrew 安装

打开操作系统自带的终端软件，在窗口中输入命令行指令 brew cask install docker。

```
$ brew cask install docker
Updating Homebrew...
==> Downloading https://desktop.docker.com/mac/stable/45519/Docker.dmg
Already downloaded: /Users/xxx/Library/Caches/Homebrew/downloads/0aeb298ab
  47b8269bac64e47a0348b07a659cc2a88839f3167abeb2279975a09--Docker.dmg
==> Verifying SHA-256 checksum for Cask 'docker'.
==> Installing Cask docker
==> Moving App 'Docker.app' to '/Applications/Docker.app'.
  docker was successfully installed!
```

安装完成后，在程序坞中发现 Docker 软件图标，点击软件图标运行软件。

```
# 在终端输入 docker info 指令检查 docker 是否可以使用
$ docker info
...
  Server Version: 19.03.8
...
```

在使用过程中，用户可以利用 Homebrew 轻松升级或者卸载 Docker。

```
# 升级 Docker 软件
$ brew cask upgrade docker
# 卸载 Docker 软件
$ brew cask uninstall docker
```

2. 使用软件包安装

打开系统自带的 Safari 浏览器，输入地址 https://download.docker.com/mac/stable/Docker.dmg 直接下载 Docker 软件安装包。

下载完成后双击软件包安装，如图 A-1 所示。

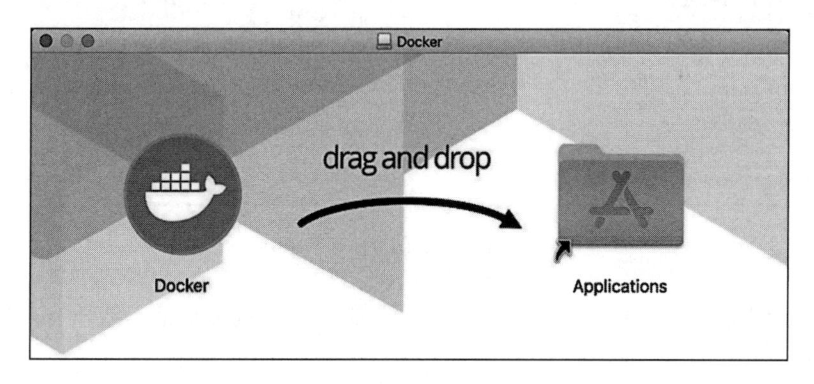

图 A-1　在 Mac 系统中安装 Docker

使用软件包安装的效果与使用 Homebrew 安装的效果一致。

A.2　在 Windows 系统中安装 Docker

我们选择 Win10 或者 Win7 版本。我们可以下载 docker toolbox 进行安装。首先在浏览器中输入地址 http://mirrors.aliyun.com/docker-toolbox/windows/docker-toolbox/，然后挑选合适的 Docker Toolbox 版本。Docker 下载列表如图 A-2 所示。

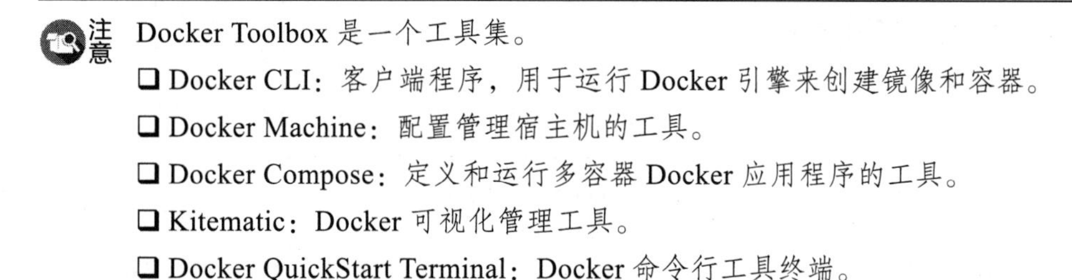

注意　Docker Toolbox 是一个工具集。

- Docker CLI：客户端程序，用于运行 Docker 引擎来创建镜像和容器。
- Docker Machine：配置管理宿主机的工具。
- Docker Compose：定义和运行多容器 Docker 应用程序的工具。
- Kitematic：Docker 可视化管理工具。
- Docker QuickStart Terminal：Docker 命令行工具终端。
- Oracle VM Virtualbox：虚拟机。

Index of /docker-toolbox/windows/docker-toolbox/

```
../
DockerToolbox-1.10.0.exe          06-Jan-2018 13:01    203135528
DockerToolbox-1.10.1.exe          06-Jan-2018 13:02    203078808
DockerToolbox-1.10.2.exe          06-Jan-2018 13:02    203122688
DockerToolbox-1.10.3.exe          06-Jan-2018 13:01    205292712
DockerToolbox-1.11.0.exe          06-Jan-2018 13:03    210744584
DockerToolbox-1.11.1.exe          06-Jan-2018 13:02    211066432
DockerToolbox-1.11.2.exe          06-Jan-2018 13:01    206448376
DockerToolbox-1.12.0.exe          06-Jan-2018 13:01    207889296
DockerToolbox-1.12.1.exe          06-Jan-2018 13:02    213280664
DockerToolbox-1.12.2.exe          06-Jan-2018 13:01    213090944
DockerToolbox-1.12.3.exe          06-Jan-2018 13:03    213166912
DockerToolbox-1.12.4.exe          06-Jan-2018 13:02    213774960
DockerToolbox-1.12.5.exe          06-Jan-2018 13:02    213760072
DockerToolbox-1.12.6.exe          06-Jan-2018 13:02    213893648
DockerToolbox-1.13.0.exe          06-Jan-2018 13:01    214649392
DockerToolbox-1.13.1.exe          06-Jan-2018 13:02    214686128
DockerToolbox-1.8.3.exe           06-Jan-2018 13:03    191841248
DockerToolbox-1.9.0.exe           06-Jan-2018 13:02    211892648
DockerToolbox-1.9.1.exe           06-Jan-2018 13:02    212434344
DockerToolbox-17.03.0-ce.exe      06-Jan-2018 13:03    214698696
DockerToolbox-17.04.0-ce.exe      06-Jan-2018 13:03    213457328
DockerToolbox-17.05.0-ce.exe      06-Jan-2018 13:01    215769088
DockerToolbox-17.06.0-ce.exe      06-Jan-2018 13:01    216833200
DockerToolbox-17.06.2-ce.exe      06-Jan-2018 13:01    217463520
DockerToolbox-17.07.0-ce.exe      06-Jan-2018 13:03    217909960
DockerToolbox-17.10.0-ce.exe      06-Jan-2018 13:03    213524624
DockerToolbox-17.12.0-ce.exe      13-Jun-2018 03:01    215187136
DockerToolbox-18.01.0-ce.exe      13-Jun-2018 03:05    220124536
DockerToolbox-18.02.0-ce.exe      13-Jun-2018 03:09    220280032
DockerToolbox-18.03.0-ce.exe      13-Jun-2018 03:13    221771936
```

图 A-2　Docker Toolbox 下载列表

这里，我们选择下载 Docker Toolbox18.03.0 版本。下载完成后，双击 exe 程序进入安装界面，如图 A-3 所示。

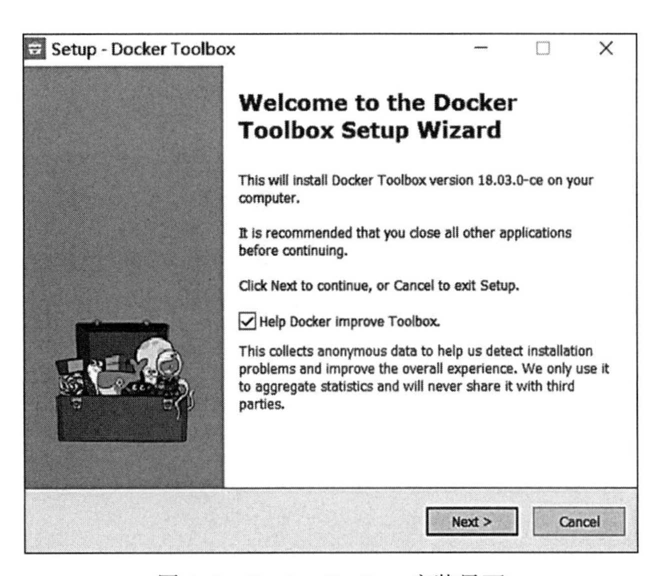

图 A-3　Docker Toolbox 安装界面

一直选择 Next，然后在选择组件窗口中挑选需要安装的组件，默认全部安装，如图 A-4 所示。

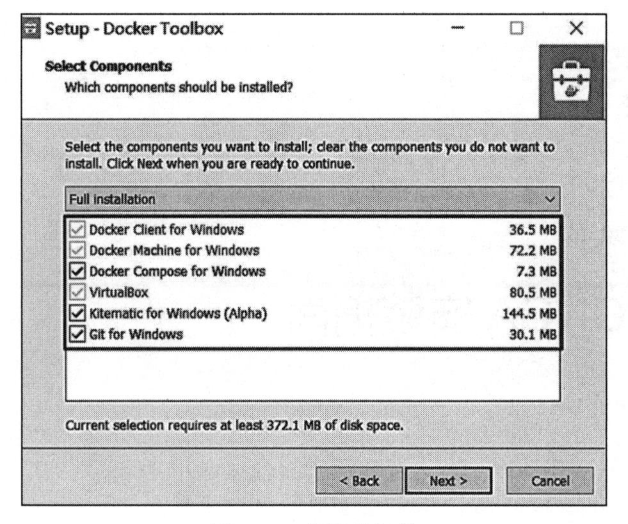

图 A-4　安装的组件

安装完成后，桌面和开始菜单栏中会出现以下三个图标，如图 A-5 所示。

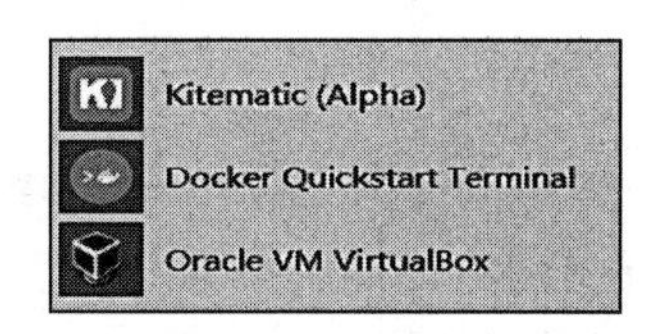

图 A-5　三个图标

点击 Docker Quickstart Terminal 启动程序，在启动过程中会弹出一个终端，等待 Docker 初始化完毕后出现图 A-6 页面。

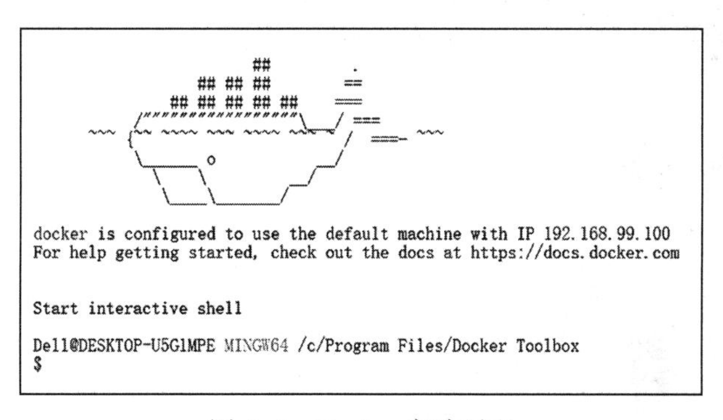

图 A-6　Docker 启动页面

我们可以在该终端中使用指令 docker info 查看 Docker 是否可用。

```
# 检查 Docker 是否可用
$ docker info
...
  Server Version: 19.03.12
...
```

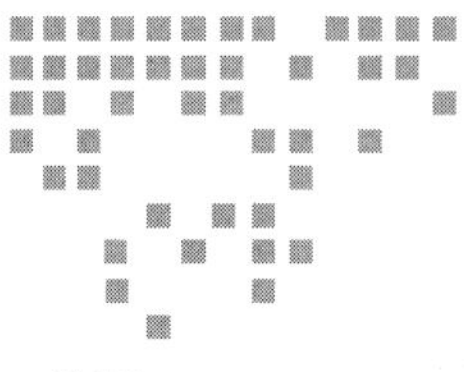

Appendix B 附录 B

KONGA 安装指南

Kong 网关官方提供了配套的可视化管理工具 Kong Manager，以便于用户简单、直观地配置 Kong 网关服务。但是，这个工具仅限于企业级用户。社区版的 Kong 网关服务也提供了类似的工具，其中知名度和实用性比较高的有 Kong Dashboard 和 KONGA。笔者更喜欢 KONGA。它无论在界面样式、操作习惯还是社区成熟度上都更胜一筹。下面主要讲解如何安装 KONGA，并使用该工具对网关层进行一些简单配置。

B.1 KONGA 安装

1）安装 Kong 网关环境。

```
# 创建数据库
$ docker run -d --name kong-database \
  --network=kong-net \
  -p 5432:5432 \
  -e "POSTGRES_USER=kong" \
  -e "POSTGRES_DB=kong" \
  -e "POSTGRES_PASSWORD=kong" \
  postgres:9.6
# 初始化数据库
$ docker run --rm \
    --network=kong-net \
    -e "KONG_DATABASE=postgres" \
    -e "KONG_PG_HOST=kong-database" \
    -e "KONG_PG_USER=kong" \
    -e "KONG_PG_PASSWORD=kong" \
```

```
    -e "KONG_CASSANDRA_CONTACT_POINTS=kong-database" \
    kong:2.0.5 kong migrations bootstrap
# 启动 Kong
$ docker run -d --name kong \
    --network=kong-net \
    -e "KONG_DATABASE=postgres" \
    -e "KONG_PG_HOST=kong-database" \
    -e "KONG_PG_USER=kong" \
    -e "KONG_PG_PASSWORD=kong" \
    -e "KONG_CASSANDRA_CONTACT_POINTS=kong-database" \
    -e "KONG_PROXY_ACCESS_LOG=/dev/stdout" \
    -e "KONG_ADMIN_ACCESS_LOG=/dev/stdout" \
    -e "KONG_PROXY_ERROR_LOG=/dev/stderr" \
    -e "KONG_ADMIN_ERROR_LOG=/dev/stderr" \
    -e "KONG_ADMIN_LISTEN=0.0.0.0:8001, 0.0.0.0:8444 ssl" \
    -p 8000:8000 \
    -p 8443:8443 \
    -p 8001:8001 \
    -p 8444:8444 \
    kong:2.0.5
```

2）安装 KONGA。

```
# 下载 KONGA 镜像
$ docker pull pantsel/KONGA:0.14.9
# 初始化 KONGA 数据库
$ docker run --rm --network=kong-net \
  pantsel/KONGA:0.14.9 \
  -c prepare \
  -a postgres \
  -u postgresql://kong:kong@kong-database:5432/KONGA
# 启动 KONGA
$ docker run -d -p 1337:1337 \
  --network=kong-net \
  -e "DB_ADAPTER=postgres" \
  -e "DB_HOST=kong-database" \
  -e "DB_USER=kong" \
  -e "DB_PASSWORD=kong" \
  -e "DB_DATABASE=KONGA" \
  -e "KONGA_HOOK_TIMEOUT=120000" \
  -e "NODE_ENV=production" \
  --name KONGA \
  pantsel/KONGA:0.14.9
```

3）安装完 KONGA 后，在浏览器中输入 http://127.0.0.1:1337，进入管理员创建页面，如图 B-1 所示。

4）注册完账号后，登录 KONGA 并添加 Kong 后端服务。其名称自定义，URL 为 Kong Admin API 对应的地址，页面如图 B-2 所示。

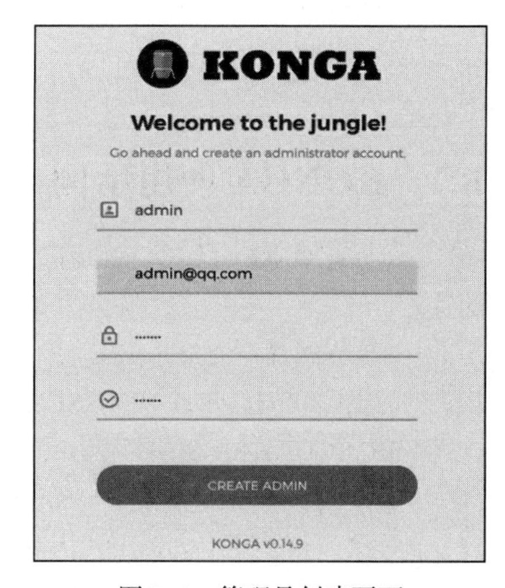

图 B-1　管理员创建页面

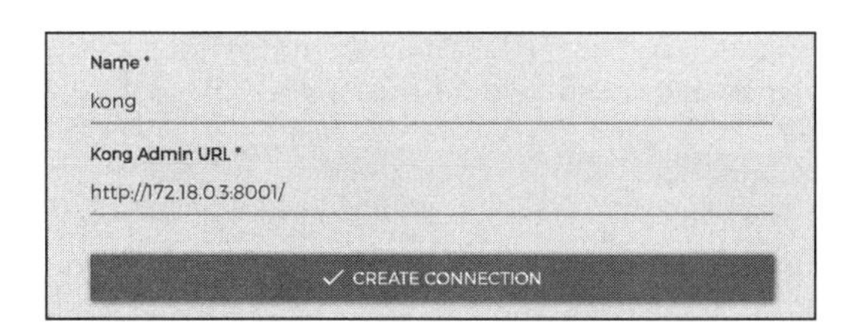

图 B-2 Kong 后端服务配置页面

5）配置完成后，进入 KONGA 首页，如图 B-3 所示。

图 B-3 KONGA 首页

B.2 KONGA 使用示例

至此，KONGA 已安装就绪。下面我们会使用 KONGA 对现有的网关层做一个简单的配置。

1）首先配置一个 SERVICE 实体。进入 SERVICES 菜单，点击 ADD NEW SERVICE 按钮，进入 SERVICE 实体配置页面，如图 B-4 所示。

图 B-4 添加 SERVICE 实体页面

2）如图 B-5 所示，填写 Name、Url 等信息，此处名称填写 demo，Url 为 http://172.18.0.9:8080。Url 内容为后端服务地址，填写完毕后点击“提交”按钮。

CREATE SERVICE

Name (optional)　demo
The service name.

Description (optional)
An optional service description.

Tags (optional)
Optionally add tags to the service

Url (shorthand-attribute)　http://172.18.0.9:8080
Shorthand attribute to set protocol, host, port and path at once.
This attribute is write-only (the Admin API never "returns" the url).

图 B-5　SERVICE 配置页面

提交后的 SERVICE 列表页如图 B-6 所示。

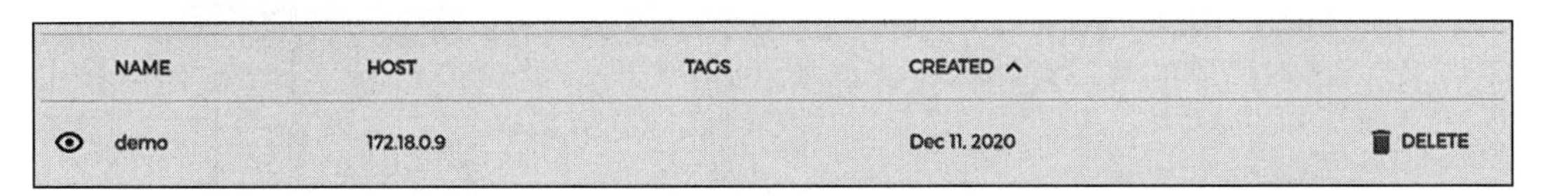

NAME
HOST
TAGS
CREATED
demo
172.18.0.9
Dec 11, 2020
DELETE

图 B-6　SERVICE 列表页

3）接着添加 ROUTES 实体，并关联之前创建的 SERVICE 实体。首先选择之前创建的 SERVICE 实体，点击进入后在 Routes Tab 页点击 ADD ROUTE 按钮，如图 B-7 所示。

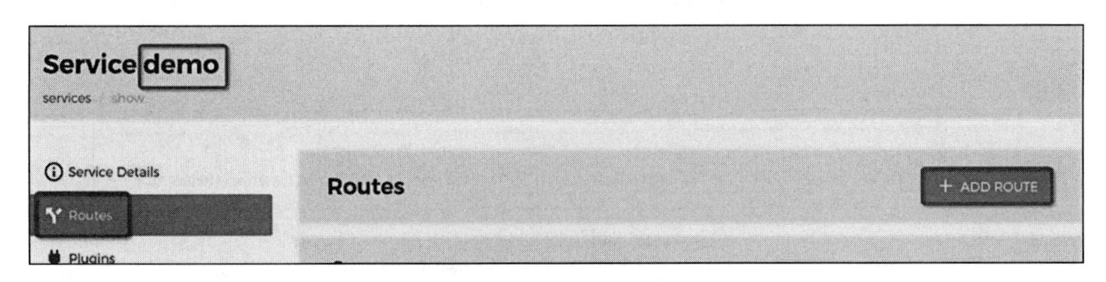

图 B-7　Service 详情页

4）填写 Name、Paths 等信息。此处，Name 填写 routes_demo；Paths 为 "/"，表示全局匹配，如图 B-8 所示。填写完毕后点击“提交”按钮。

提交后的 ROUTES 列表页如图 B-9 所示。

5）配置完成后，在浏览器中访问 http://127.0.0.1:8000/demo/api/users/v1，返回值如 B-10 所示。

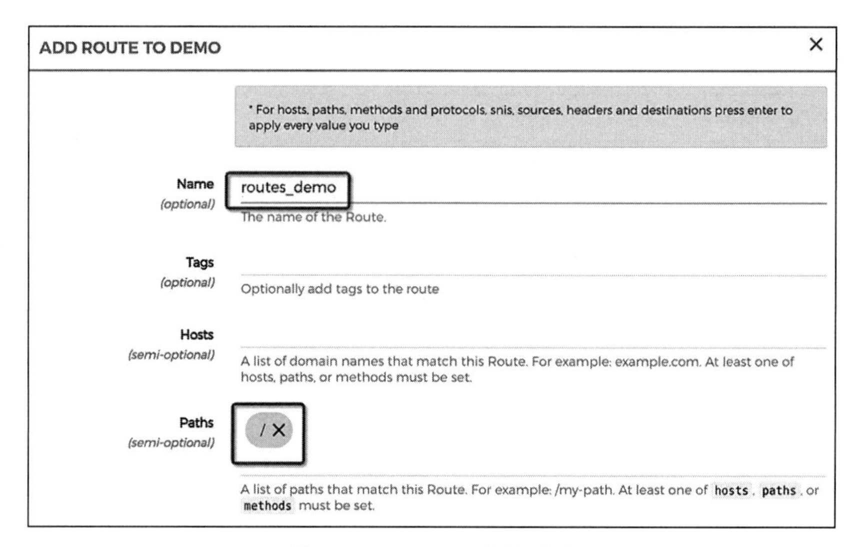

图 B-8　ROUTES 配置页面

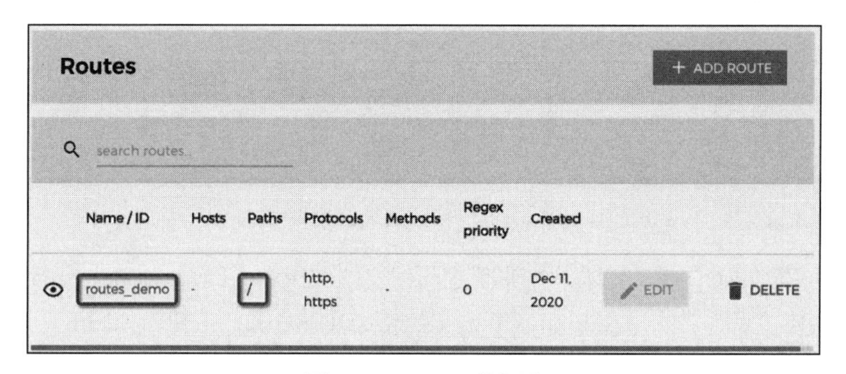


```
← → C  ⓘ 127.0.0.1:8000/demo/api/users/v1
{"language":"node","type":"application","version":"v1","user":"demo_v1"}
```

图 B-10　网关层配置验证页面

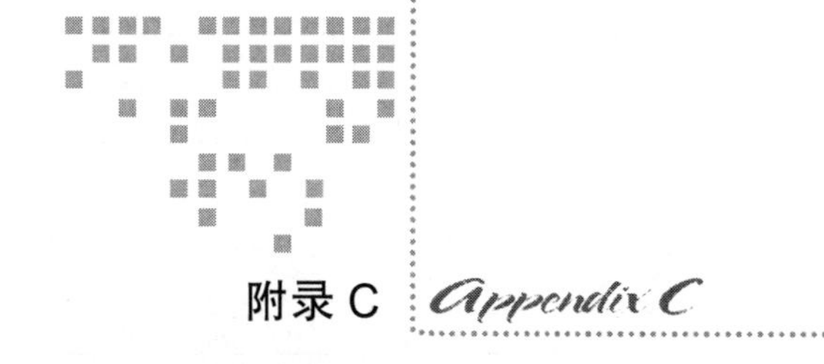

附录 C Appendix C

数据库明细

Kong 网关数据库中的表大致可以分为两类，一类存储 Kong 网关元数据，另一类存储 Kong 网关内置插件。下面我们根据分类挑选实际操作中使用较为频繁的表，对其进行讲解。这里，我们均以 PostgreSQL 为例。Cassandra 数据库中的表数据结构与 PostgreSQL 中的表数据结构类似，不重复讲解。

C.1 Kong 网关元数据

Kong 网关元数据主要包括 Route、Service、Upstream、Target、Certificate、Consumer、Tag 和 Plugin。

Route 元数据详情如表 C-1 所示。

表 C-1 Route 元数据详情

字段名	描述
id	唯一键 ID
service_id	关联服务 ID
name	路由名称
protocols	生效协议
methods	匹配请求方法
hosts	匹配请求头中的 Host 字段
headers	匹配请求头中的其他自定义字段
snis	匹配 SNI，仅适用于加密协议
sources	源地址，仅适用于 TCP 和 TLS 路由

（续）

字段名	描述
destinations	目标地址，仅适用于 TCP 和 TLS 路由
regex_priority	正则表达式优先级
strip_path	是否启用修剪路径
preserve_host	是否保留上游请求头中的 Host 字段
https_redirect_status_code	当所有属性（除协议）匹配时，返回该状态码
path_handling	路径处理算法
tags	关联标签
create_at	创建时间
updated_at	更新时间

Service 元数据详情如表 C-2 所示。

表 C-2 Service 元数据详情

字段名	描述
id	唯一键 ID
name	服务名称
protocol	生效协议
host	关联的上游服务名称
port	端口号
path	代理路径
retries	重试次数
connect_timeout	连接超时时间
write_timeout	写入超时时间
read_timeout	读取超时时间
client_certificate_id	关联 certificate 的 ID
tags	关联标签
create_at	创建时间
updated_at	更新时间

Upstream 元数据详情如表 C-3 所示。

表 C-3 Upstream 元数据详情

字段名	描述
id	唯一键 ID
name	上游服务名称
hash_on	hash 算法的输入项类型
hash_fallback	hash 算法的备用输入项类型
hash_on_header	当 hash 算法输入项类型为 header 时，匹配的 header 值
hash_fallback_headerss	当 hash 算法输入项类型为 header 时，匹配的备用 header 值

（续）

字段名	描述
hash_on_cookie	当 hash 算法输入项类型（或备用）为 cookie 时，匹配的 cookie 值
hash_on_cookie_path	当 hash 算法输入项类型为 cookie 时，响应头中的 cookie 路径默认为 "/"
host_header	主机名，作为代理请求时 Host 请求头的值
slots	负载均衡器插槽数
healthchecks	健康检查配置项
algorithm	负载均衡算法
tags	关联标签
created_at	创建时间

Target 元数据详情如表 C-4 所示。

表 C-4　Target 元数据详情

字段名	描述
id	唯一键 ID
upstream_id	关联的上游服务 ID
target	目标服务地址
weight	目标服务权重
tags	关联标签
create_at	创建时间

Consumer 元数据详情如表 C-5 所示。

表 C-5　Consumer 元数据详情

字段名	描述
id	唯一键 ID
costom_id	自定义标识符
username	用户名
tags	关联标签
create_at	创建时间

Tag 元数据详情如表 C-6 所示。

表 C-6　Tag 元数据详情

字段名	描述
entity_id	唯一键 ID
entity_name	标签名
tags	关联标签

Plugin 元数据详情如表 C-7 所示。

表 C-7 Plugin 元数据详情

字段名	描述
id	唯一键 ID
name	插件名称
route_id	关联路由 ID
service_id	关联服务 ID
consumer_id	关联消费者 ID
config	插件配置
enabled	是否启用插件
cache_key	缓存 key
protocols	生效协议
tags	关联标签
create_at	创建时间

C.2 Kong 网关插件数据层

这里列举了 Kong 网关中常用的 Key 鉴权、JWT 鉴权和限流插件。其他更多插件与之类似，感兴趣的读者可以自行查阅相关内容。

Key 鉴权插件详情如表 C-8 所示。

表 C-8 Key 鉴权插件详情

字段名	描述
id	唯一键 ID
consumer_id	关联消费者 ID
key	鉴权 key 值
ttl	TTL 时间
tags	关联标签
create_at	创建时间

JWT 鉴权插件详情如表 C-9 所示。

表 C-9 JWT 鉴权插件详情

字段名	描述
id	唯一键 ID
consumer_id	关联消费者 ID
key	插件生成凭证时的 key
secret	插件生成凭证时的 secret
algorithm	加密算法
rsa_public_key	公钥
tags	关联标签
create_at	创建时间

限流插件详情如表 C-10 至表 C-11 所示。

表 C-10　ratelimiting_matrics 详情

字段名	描述
service_id	关联服务 ID
route_id	关联路由 ID
identifer	唯一识别码
period	周期时间标识
period_date	请求时间（时间粒度由 period 类型决定）
value	周期时间内的总请求数

表 C-11　reponse_ratelimiting_metrics 详情

字段名	描述
service_id	关联服务 ID
route_id	关联路由 ID
identifer	插件识别码
period	周期时间标识
period_date	请求时间（时间粒度由 period 类型决定）
value	周期时间内的总请求数

Appendix D 附录 D

Admin API

Admin API 是 Kong 网关自带的 RESTful API，用于管理 Kong 网关集群的内部状态。用户可以在集群范围内发送请求来修改配置。Kong 网关会保证集群内所有节点的状态都保持一致。该附录描述的是有数据库模式下对应的 Admin API。在无数据库模式中，接口信息略有不同。对此感兴趣的用户可以参考 https://docs.konghq.com/2.1.x/db-less-admin-api/，此处不再详细展开。

D.1 Admin API 支持的内容类型（Content-Type）

Admin API 支持三种内容类型，分别为 application/json、application/x-www-form-urlencoded 和 multipart/form-data。

D.1.1 application/json 类型

对于较为复杂的请求体，如冗长的插件配置，使用 application/json 类型比较方便，仅需发送 JSON 格式的数据即可：

```
{
  "config": {
    "limit": 10,
    "period": "seconds"
  }
}
```

下面是使用 application/json 类型将路由绑定到 test-service 服务的示例。

```
$ curl -i -X POST http://localhost:8001/services/test-service/routes \
  -H "Content-Type: application/json" \
  -d '{"name": "test-route", "paths": [ "/path/one", "/path/two" ]}'
```

D.1.2 application/x-www-form-urlencoded 类型

对于一些基本的请求体，我们通常会使用 application/x-www-form-urlencoded 类型。它足够简单，易于编写。我们为嵌套对象赋值时，可以使用“.”符号进行连接。

```
config.limit=10&config.period=seconds
```

当请求体中包含数组时，需要在属性后添加方括号，括号内的数字可以填充。但一旦填充，必须从 1 开始计数，之后的索引也要保持连续。下面是使用 application/x-www-form-urlencoded 类型将路由绑定到 test-service 服务的示例。

```
$ curl -i -X POST http://localhost:8001/services/test-service/routes \
  -d "name=test-route" \
  -d "paths[1]=/path/one" \
  -d "paths[2]=/path/two"
```

以下这两个示例与上面示例的功能一致，但表述上略显模糊。

```
# 示例一
$ curl -i -X POST http://localhost:8001/services/test-service/routes \
  -d "name=test-route" \
  -d "paths[]=/path/one" \
  -d "paths[]=/path/two"
# 示例二
$ curl -i -X POST http://localhost:8001/services/test-service/routes \
  -d "name=test-route" \
  -d "paths=/path/one" \
  -d "paths=/path/two"
```

D.1.3 multipart/form-data 类型

该类型也使用“.”符号连接引用嵌套对象。下面是将 Lua 文件发送到 pre-function 插件的示例。

```
$ curl -i -X POST http://localhost:8001/services/plugin-testing/plugins \
  -F "name=pre-function" \
  -F "config.access=@custom-auth.lua"
```

当使用该类型指定数组时，我们必须为数组添加索引。

```
$ curl -i -X POST http://localhost:8001/services/test-service/routes \
  -F "name=test-route" \
  -F "paths[1]=/path/one" \
  -F "paths[2]=/path/two"
```

D.2 Admin API

在本节中，我们详细介绍Admin API。它们主要是对Kong网关的系统信息、Service对象、Route对象、Consumer对象、Plugin对象、Upstream对象和Target对象的操作。

D.2.1 系统信息API

系统信息API包含Kong网关节点、节点状态和可用API端点等接口，具体如下所示。

1. 获取节点信息API

该API描述如表D-1所示。

表D-1 获取节点信息

属性	值
路径	/
请求方法	GET

该API的功能是获取某个节点的信息。

该API响应示例如下所示。

```
HTTP 200 OK
{
  "hostname": "",
  "node_id": "6a72192c-a3a1-4c8d-95c6-efabae9fb969",
  "lua_version": "LuaJIT 2.1.0-beta3",
  "plugins": {
    "available_on_server": [
      ...
    ],
    "enabled_in_cluster": [
      ...
    ]
  },
  "configuration" : {
    ...
  },
  "tagline": "Welcome to Kong",
  "version": "0.14.0"
}
```

响应参数如表D-2所示。

表D-2 响应参数

属性	描述
node_id	Kong网关在启动时会随机生成UUID，因此每次重新启动后node_id会更新
available_on_server	安装在该节点上的插件名称
enabled_in_cluster	已启用或配置的插件名称，该数据在集群的所有节点中共享

2. 罗列可用的端点信息 API

该 API 描述如表 D-3 所示。

表 D-3　罗列可用的端点信息

属性	值
路径	/endpoints
请求方法	GET

该 API 的功能是罗列出 Admin API 提供的所有可用端点。

该 API 响应示例如下所示。

```
HTTP 200 OK
{
  "data": [
    "/",
    "/acls",
    "/acls/{acls}",
    "/acls/{acls}/consumer",
    "/basic-auths",
    "/basic-auths/{basicauth_credentials}",
    "/basic-auths/{basicauth_credentials}/consumer",
    "/ca_certificates",
    "/ca_certificates/{ca_certificates}",
    "/cache",
    "/cache/{key}",
    "..."
  ]
}
```

3. 验证配置有效性 API

该 API 描述如表 D-4 所示。

表 D-4　验证配置有效性

属性	值
路径	/schemas/{entity}/validate
请求方法	POST

该 API 的功能根据实体信息检查配置有效性。用户可以在向 Admin API 的各实体端点提交请求前测试输入是否正确。需要注意的是，该 API 仅能验证配置格式是否正确。所以，当发生如非法的外键关系或唯一性校验失败事件时，即使该 API 返回正常，向实体端点提交的请求仍有可能连接失败。

该 API 响应示例如下所示。

```
HTTP 200 OK
```

```
{
  "message": "schema validation successful"
}
```

4. 获取实体信息 API

该 API 描述如图 D-5 所示。

表 D-5 获取实体信息

属性	值
路径	/schemas/{entity name}
请求方法	GET

该 API 的功能是获取指定实体的信息。这对于了解实体接受哪些字段非常有用。

该 API 响应示例如下所示。

```
HTTP 200 OK
{
  "fields": [
    {
      "id": {
        "auto": true,
        "type": "string",
        "uuid": true
      }
    },
    {
      "created_at": {
        "auto": true,
        "timestamp": true,
        "type": "integer"
      }
    },
    ...
  ]
}
```

5. 获取插件信息 API

该 API 描述如表 D-6 所示。

表 D-6 获取插件 Schema 信息

属性	值
路径	/schemas/plugins/{plugin name}
请求方法	GET

该 API 的功能是获取指定插件配置的信息。这对于了解插件接受哪些字段非常有用。

该 API 响应示例如下所示。

```
HTTP 200 OK
{
  "fields": {
    "hide_credentials": {
      "default": false,
      "type": "boolean"
    },
    "key_names": {
      "default": "function",
      "required": true,
      "type": "array"
    }
  }
}
```

6. 获取节点状态 API

该 API 描述如表 D-7 所示。

表 D-7　获取节点状态

属性	值
路径	/schemas/plugins/{plugin name}
请求方法	GET

该 API 的功能是获取某节点的使用情况，包括 Nginx 进程的基本信息、数据库连接状态和内存使用情况。如果用户想要监控 Kong 进程，可以使用现成的 Nginx 监控或代理工具，因为 Kong 是完全基于 Nginx 的。

该 API 响应示例如下所示。

```
HTTP 200 OK
{
  "database": {
    "reachable": true
  },
  "memory": {
     "workers_lua_vms": [{
       "http_allocated_gc": "0.02 MiB",
       "pid": 18477
     }, {
       "http_allocated_gc": "0.02 MiB",
       "pid": 18478
    }],
    "lua_shared_dicts": {
      "kong": {
        "allocated_slabs": "0.04 MiB",
        "capacity": "5.00 MiB"
      },
      "kong_db_cache": {
```

```
        "allocated_slabs": "0.80 MiB",
        "capacity": "128.00 MiB"
      },
    }
  },
  "server": {
    "total_requests": 3,
    "connections_active": 1,
    "connections_accepted": 1,
    "connections_handled": 1,
    "connections_reading": 0,
    "connections_writing": 1,
    "connections_waiting": 0
  }
}
```

响应参数如表 D-8 所示。

表 D-8 响应参数

属性	描述
memory.workers_lua_vms	Kong 节点中的 worker 进程数组
memory.workers_lua_vms.http_allocated_gc	每个 worker 进程的 http 子模块中 Lua 虚拟机使用的内存信息，由 collectgarbage（"count"）方法计算得出
memory.workers_lua_vms.pid	worker 进程编号
memory.lua_shared_dicts	Kong 节点中所有 worker 进程共享的字典信息，数组格式，其中包含特定共享字典预留的内存量（capacity 属性）以及已使用的内存量（allocated_slabs 属性）。共享字典遵循 LRU 原则，所以内存不会溢出。对于某些字典，如 HIT/MISS，增加它的大小有利于 Kong 节点整体性能的提升
server.total_requests	客户端请求总数
server.connections_active	当前活动的客户端连接数，包括等待连接数
server.connections_accepted	接收的连接数
server.connections_handled	处理的连接数，通常该值与接收的连接数相同，除非达到某些资源限制
server.connections_reading	正在读取请求头的当前连接数
server.connections_writing	正在将响应写会客户端的连接数
server.connections_waiting	空闲的等待连接数
database. reachable	数据库的连接状态，它不代表数据库本身的运行状态

注意 常见的缓存算法有 LRU、FIFO 和 LFU。

- LRU（The Least Recently Used，最近最久未使用算法），思想是如果一个数据在最近一段时间内没有被访问，那么可以认为其将来它被访问的可能性也很小。当空间占满时，其会被优先置换。
- FIFO（First In First Out，先进先出算法），思想是如果一个数据是最先进入的，那么它被访问的可能性会比较小。当空间占满时，其会被优先置换。

- LFU（The Least Frequently Used，最近最少使用算法），思想和LRU有些类似，它会优先置换一段时间内访问频率最低的数据。

D.2.2　Service 对象接口

Service对象接口包含Service对象的增、删、改、查接口。Service对象的具体概念可以参考本书的第7章内容。

1. 添加服务接口

该API描述如表D-9所示。

表D-9　添加服务

属性	值
路径	/services 或 /certificates/{certificate name or id}/services
请求方法	POST

该API的功能是添加服务，并将添加的服务指定的凭证关联。

请求参数如表D-10所示。

表D-10　请求参数

属性	描述	是否必填
name	服务名称	否
retries	代理错误重试次数，默认为5	否
protocol	与上游服务的通信协议，入参可以是GRPC、GRPCS、HTTP、HTTPS、TCP和TLS，默认为HTTP	否
host	上游服务的主机名	是
port	上游服务的端口号	否
path	上游服务中的请求路径	否
connect_timeout	与上游服务建立连接的超时时间，以毫秒为单位，默认为60000毫秒	否
write_timeout	与上游服务的写超时时间，以毫秒为单位，默认为60000毫秒	否
read_timeout	与上游服务的读超时时间，以毫秒为单位，默认为60000毫秒	否
tags	标签信息，用于分组和过滤	否
client_certificate	与上游服务进行TLS握手的客户端证书	否
tls_verify	是否启用对上游服务的TLS证书	否
tls_verify_depth	TLS链深度，如果设置为null，则遵循Nginx默认值，默认为null	否
ca_certificates	CA证书	否
url	聚合属性，可同时设置protocol、host、port和path属性	否

该API响应示例如下所示。

```
HTTP 201 Created
```

```
{
  "id": "9748f662-7711-4a90-8186-dc02f10eb0f5",
  "created_at": 1422386534,
  "updated_at": 1422386534,
  "name": "my-service",
  "retries": 5,
  "protocol": "http",
  "host": "example.com",
  "port": 80,
  "path": "/some_api",
  "connect_timeout": 60000,
  "write_timeout": 60000,
  "read_timeout": 60000,
  "tags": ["user-level", "low-priority"],
  "client_certificate": {"id":"4e3ad2e4-0bc4-4638-8e34-c84a417ba39b"},
  "tls_verify": true,
  "tls_verify_depth": null,
  "ca_certificates": ["4e3ad2e4-0bc4-4638-8e34-c84a417ba39b", "51e77
    dc2-8f3e-4afa-9d0e-0e3bbbcfd515"]
}
```

2. 罗列服务API

该API描述如表D-11所示。

表D-11 罗列服务

属性	值
路径	/services 或 /certificates/{certificate name or id}/services
请求方法	GET

该API的功能是罗列所有服务以及所有与指定凭证相关联的服务。

该API响应示例如下所示。

```
HTTP 200 OK
{
"data": [{
  "id": "a5fb8d9b-a99d-40e9-9d35-72d42a62d83a",
  "created_at": 1422386534,
  "updated_at": 1422386534,
  "name": "my-service",
  "retries": 5,
  "protocol": "http",
  "host": "example.com",
  "port": 80,
  "path": "/some_api",
  "connect_timeout": 60000,
  "write_timeout": 60000,
  "read_timeout": 60000,
  "tags": ["user-level", "low-priority"],
```

```
    "client_certificate": {"id":"51e77dc2-8f3e-4afa-9d0e-0e3bbbcfd515"},
    "tls_verify": true,
    "tls_verify_depth": null,
    "ca_certificates": ["4e3ad2e4-0bc4-4638-8e34-c84a417ba39b", "51e77dc2-
      8f3e-4afa-9d0e-0e3bbbcfd515"]
  }, {
    "id": "fc73f2af-890d-4f9b-8363-af8945001f7f",
    "created_at": 1422386534,
    "updated_at": 1422386534,
    "name": "my-service",
    "retries": 5,
    "protocol": "http",
    "host": "example.com",
    "port": 80,
    "path": "/another_api",
    "connect_timeout": 60000,
    "write_timeout": 60000,
    "read_timeout": 60000,
    "tags": ["admin", "high-priority", "critical"],
    "client_certificate": {"id":"4506673d-c825-444c-a25b-602e3c2ec16e"},
    "tls_verify": true,
    "tls_verify_depth": null,
    "ca_certificates": ["4e3ad2e4-0bc4-4638-8e34-c84a417ba39b", "51e77dc2-
      8f3e-4afa-9d0e-0e3bbbcfd515"]
  }],
    "next": "http://localhost:8001/services?offset=6378122c-a0a1-438d-a5c6-
      efabae9fb969”
  }
```

3. 获取服务信息 API

该 API 描述如表 D-12 至表 D-15 所示。

表 D-12 获取服务信息

属性	值
路径	/services/{service name or id}
请求方法	GET

表 D-13 获取与凭证关联的服务信息

属性	值
路径	/certificates/{certificate id}/services/{service name or id}
请求方法	GET

表 D-14 获取与路由关联的服务信息

属性	值
路径	/routes/{route name or id}/service
请求方法	GET

表 D-15　获取与插件关联的服务信息

属性	值
路径	/plugins/{plugin id}/service
请求方法	GET

该 API 的功能是获取服务信息，以及与凭证、路由或插件关联的服务信息。

该 API 响应示例如下所示。

```
HTTP 200 OK
{
  "id": "9748f662-7711-4a90-8186-dc02f10eb0f5",
  "created_at": 1422386534,
  "updated_at": 1422386534,
  "name": "my-service",
  "retries": 5,
  "protocol": "http",
  "host": "example.com",
  "port": 80,
  "path": "/some_api",
  "connect_timeout": 60000,
  "write_timeout": 60000,
  "read_timeout": 60000,
  "tags": ["user-level", "low-priority"],
  "client_certificate": {"id":"4e3ad2e4-0bc4-4638-8e34-c84a417ba39b"},
  "tls_verify": true,
  "tls_verify_depth": null,
  "ca_certificates": ["4e3ad2e4-0bc4-4638-8e34-c84a417ba39b", "51e77dc2-
    8f3e-4afa-9d0e-0e3bbbcfd515"]
}
```

4. 更新服务 API

该 API 描述如表 D-16 至表 D-19 所示。

表 D-16　更新服务

属性	值
路径	/services/{service name or id}
请求方法	PATCH

表 D-17　更新与凭证关联的服务

属性	值
路径	/certificates/{certificate id}/services/{service name or id}
请求方法	PATCH

表 D-18　更新与路由关联的服务

属性	值
路径	/routes/{route name or id}/service
请求方法	PATCH

表 D-19　更新与插件关联的服务

属性	值
路径	/plugins/{plugin id}/service
请求方法	PATCH

该 API 的功能是更新服务，以及与凭证、路由或插件关联的服务。

其请求参数与添加服务 API 的请求参数一致。

该 API 响应示例如下所示。

```
HTTP 200 OK
{
  "id": "9748f662-7711-4a90-8186-dc02f10eb0f5",
  "created_at": 1422386534,
  "updated_at": 1422386534,
  "name": "my-service",
  "retries": 5,
  "protocol": "http",
  "host": "example.com",
  "port": 80,
  "path": "/some_api",
  "connect_timeout": 60000,
  "write_timeout": 60000,
  "read_timeout": 60000,
  "tags": ["user-level", "low-priority"],
  "client_certificate": {"id":"4e3ad2e4-0bc4-4638-8e34-c84a417ba39b"},
  "tls_verify": true,
  "tls_verify_depth": null,
  "ca_certificates": ["4e3ad2e4-0bc4-4638-8e34-c84a417ba39b", "51e77dc2-
    8f3e-4afa-9d0e-0e3bbbcfd515" ]
}
```

5. 更新或创建服务 API

该 API 描述如表 D-20 至表 D-23 所示。

表 D-20　更新或创建服务

属性	值
路径	/services/{service name or id}
请求方法	PUT

表 D-21　更新或创建与凭证关联的服务

属性	值
路径	/certificates/{certificate id}/services/{service name or id}
请求方法	PUT

表 D-22　更新或创建与路由关联的服务

属性	值
路径	/routes/{route name or id}/service
请求方法	PUT

表 D-23　更新或创建与插件关联的服务

属性	值
路径	/plugins/{plugin id}/service
请求方法	PUT

该 API 的功能是更新或创建服务，以及与凭证、路由或插件关联的服务。

其请求参数与更新服务、添加服务 API 的请求参数一致。当 name 或 id 属性是 UUID 格式时，系统会根据此 id 标识判断是否替换或插入新的服务。其他情况下，系统会根据 name 属性来做判断。当新建的服务时没有指定 id 时，系统会自动生成。

该 API 响应示例也与更新服务 API 示例一致。

6. 删除服务 API

该 API 描述如表 D-24 至表 D-26 所示。

表 D-24　删除服务

属性	值
路径	/services/{service name or id}
请求方法	DELETE

表 D-25　删除与凭证关联的服务

属性	值
路径	/certificates/{certificate id}/services/{service name or id}
请求方法	DELETE

表 D-26　删除与路由关联的服务

属性	值
路径	/routes/{route name or id}/service
请求方法	DELETE

该 API 的功能是删除服务，以及与凭证、路由关联的服务。

该 API 响应示例如下所示。

```
HTTP 204 No Content
```

D.2.3　Route 对象 API

Route 对象的具体概念可以参考本书的第 7 章内容。其涉及的接口如下。

1. 添加路由 API

该 API 描述如表 D-27 所示。

表 D-27　添加路由

属性	值
路径	/routes 或 /services/{service name or id}/routes
请求方法	POST

其请求参数如表 D-28 所示。

表 D-28　请求参数

属性	描述	是否必要
name	路由名称	否
protocols	路由支持的协议列表，默认值为 ["http","https"]	否
methods	路由匹配的 HTTP 方法列表	否
hosts	路由匹配的域名列表	否
paths	路由匹配的路径列表	否
Headers	路由匹配的请求头列表	否
https_redirect_status_code	HTTP 重定向 HTTPS 的状态码。该字段设置为 301、302、307 或 308 时，Location 块由 Kong 网关注入，入参可以是 426、301、302、307 或 308，默认值为 426	否
regex_priority	正则表达式路径的匹配顺序	否
strip_path	匹配请求后，是否修剪匹配路径，默认值为 true	否
path_handling	Kong 服务器向上游服务发送请求时，如何组织服务、路由和请求路径，入参可以是 v0、v1，默认值为 v0	否
preserve_host	是否保留原始的 host 头信息到代理的上游服务中	否
Snis	SNI 列表	否
Sources	源 IP 地址列表	否
Destinations	目标 IP 地址列表	否
Tags	标签信息，用于分组和过滤	否
Service	与此路由关联的服务	否

该 API 响应示例如下所示。

```
HTTP 201 Created
{
  "id": "d35165e2-d03e-461a-bdeb-dad0a112abfe",
```

```
  "created_at": 1422386534,
  "updated_at": 1422386534,
  "name": "my-route",
  "protocols": ["http", "https"],
  "methods": ["GET", "POST"],
  "hosts": ["example.com", "foo.test"],
  "paths": ["/foo", "/bar"],
  "headers": {"x-another-header":["bla"], "x-my-header":["foo", "bar"]},
  "https_redirect_status_code": 426,
  "regex_priority": 0,
  "strip_path": true,
  "path_handling": "v0",
  "preserve_host": false,
  "tags": ["user-level", "low-priority"],
  "service": {"id":"af8330d3-dbdc-48bd-b1be-55b98608834b"}
}
```

2. 罗列路由 API

该 API 描述如表 D-29 所示。

表 D-29 罗列路由

属性	值
路径	/routes 或 /services/{service name or id}/routes
请求方法	GET

该 API 的功能是罗列路由。

该 API 响应示例如下所示。

```
HTTP 200 OK
{
"data": [{
  "id": "a9daa3ba-8186-4a0d-96e8-00d80ce7240b",
  "created_at": 1422386534,
  "updated_at": 1422386534,
  "name": "my-route",
  "protocols": ["http", "https"],
  "methods": ["GET", "POST"],
  "hosts": ["example.com", "foo.test"],
  "paths": ["/foo", "/bar"],
  "headers": {"x-another-header":["bla"], "x-my-header":["foo", "bar"]},
  "https_redirect_status_code": 426,
  "regex_priority": 0,
  "strip_path": true,
  "path_handling": "v0",
  "preserve_host": false,
  "tags": ["user-level", "low-priority"],
  "service": {"id":"127dfc88-ed57-45bf-b77a-a9d3a152ad31"}
}, {
```

```
  "id": "9aa116fd-ef4a-4efa-89bf-a0b17c4be982",
  "created_at": 1422386534,
  "updated_at": 1422386534,
  "name": "my-route",
  "protocols": ["tcp", "tls"],
  "https_redirect_status_code": 426,
  "regex_priority": 0,
  "strip_path": true,
  "path_handling": "v0",
  "preserve_host": false,
  "snis": ["foo.test", "example.com"],
  "sources": [{"ip":"10.1.0.0/16", "port":1234}, {"ip":"10.2.2.2"},
    {"port":9123}],
  "destinations": [{"ip":"10.1.0.0/16", "port":1234}, {"ip":"10.2.2.2"},
    {"port":9123}],
  "tags": ["admin", "high-priority", "critical"],
  "service": {"id":"ba641b07-e74a-430a-ab46-94b61e5ea66b"}
}],
  "next": "http://localhost:8001/routes?offset=6378122c-a0a1-438d-a5c6-
    efabae9fb969"
}
```

3. 获取路由信息API

API描述如表D-30至表D-32所示。

表D-30　获取路由信息

属性	值
路径	/routes/{route name or id}
请求方法	GET

表D-31　获取与服务关联的路由信息

属性	值
路径	/services/{service name or id}/routes/{route name or id}
请求方法	GET

表D-32　获取与插件关联的路由信息

属性	值
路径	/plugins/{plugin id}/route
请求方法	GET

该API的功能是获取路由信息，以及与服务、插件关联的路由信息。

该API响应示例如下所示。

```
HTTP 200 OK
{
```

```
  "id": "d35165e2-d03e-461a-bdeb-dad0a112abfe",
  "created_at": 1422386534,
  "updated_at": 1422386534,
  "name": "my-route",
  "protocols": ["http", "https"],
  "methods": ["GET", "POST"],
  "hosts": ["example.com", "foo.test"],
  "paths": ["/foo", "/bar"],
  "headers": {"x-another-header":["bla"], "x-my-header":["foo", "bar"]},
  "https_redirect_status_code": 426,
  "regex_priority": 0,
  "strip_path": true,
  "path_handling": "v0",
  "preserve_host": false,
  "tags": ["user-level", "low-priority"],
  "service": {"id":"af8330d3-dbdc-48bd-b1be-55b98608834b"}
}
```

4. 更新路由 API

API 描述如表 D-33 至表 D-35 所示。

表 D-33 更新路由

属性	值
路径	/routes/{route name or id}
请求方法	PATCH

表 D-34 更新与服务关联的路由

属性	值
路径	/services/{service name or id}/routes/{route name or id}
请求方法	PATCH

表 D-35 更新与插件关联的路由

属性	值
路径	/plugins/{plugin id}/route
请求方法	PATCH

该 API 的功能为更新路由，以及与服务、插件相关联的路由。

其请求参数与添加路由 API 的请求参数一致。

该 API 响应示例如下所示。

```
HTTP 200 OK
{
  "id": "d35165e2-d03e-461a-bdeb-dad0a112abfe",
  "created_at": 1422386534,
  "updated_at": 1422386534,
```

```
    "name": "my-route",
    "protocols": ["http", "https"],
    "methods": ["GET", "POST"],
    "hosts": ["example.com", "foo.test"],
    "paths": ["/foo", "/bar"],
    "headers": {"x-another-header":["bla"], "x-my-header":["foo", "bar"]},
    "https_redirect_status_code": 426,
    "regex_priority": 0,
    "strip_path": true,
    "path_handling": "v0",
    "preserve_host": false,
    "tags": ["user-level", "low-priority"],
    "service": {"id":"af8330d3-dbdc-48bd-b1be-55b98608834b"}
}
```

5. 更新或创建路由 API

API 描述如表 D-36 至表 D-38 所示。

表 D-36　更新或创建路由

属性	值
路径	/routes/{route name or id}
请求方法	PUT

表 D-37　更新或创建与服务关联的路由

属性	值
路径	/services/{service name or id}/routes/{route name or id}
请求方法	PUT

表 D-38　更新或创建与插件关联的路由

属性	值
路径	/plugins/{plugin id}/route
请求方法	PUT

该 API 的功能是更新或创建路由，以及与服务或插件相关联的路由。

其请求参数与更新路由、添加路由 API 的请求参数一致。

API 响应示例也与更新路由 API 响应示例一致。

6. 删除路由

API 描述如表 D-39 和表 D-40 所示。

表 D-39　删除路由

属性	值
路径	/routes/{route name or id}
请求方法	DELETE

表 D-40 删除与服务关联的路由

属性	值
路径	/services/{service name or id}/routes/{route name or id}
请求方法	DELETE

该 API 的功能是删除路由以及删除与服务关联的路由。

API 响应示例如下所示。

```
HTTP 204 No Content
```

D.2.4 Plugin 对象 API

Plugin 对象的具体概念可以参考本书的第 9 章内容。其涉及的接口如下。

1. 添加插件 API

该 API 描述如表 D-41 至表 D-44 所示。

表 D-41 添加插件

属性	值
路径	/plugins
请求方法	POST

表 D-42 添加插件与路由绑定

属性	值
路径	/routes/{route name or id}/plugins
请求方法	POST

表 D-43 添加插件与服务绑定

属性	值
路径	/services/{service name or id}/plugins
请求方法	POST

表 D-44 添加插件与消费者绑定

属性	值
路径	/consumers/{consumer name or id}/plugins
请求方法	POST

该 API 的功能是添加插件，以及添加插件与路由、服务或消费者绑定。

其请求参数如表 D-45 所示。

表 D-45　请求参数

属性	描述	是否必要
name	插件名称，在使用前必须在 Kong 网关集群的每个实例中都提前安装好	是
route	与指定路由绑定	否
service	与指定服务绑定	否
consumer	与指定消费者绑定	否
config	插件配置	否
protocols	插件生效的协议，默认值为 ["grpc"、"grpcs"、"http"、"https"]	否
enabled	是否启用插件，默认值为 true	否
tags	标签信息，用于分组和过滤	否

该 API 响应示例如下所示。

```
HTTP 201 Created
{
  "id": "ce44eef5-41ed-47f6-baab-f725cecf98c7",
  "name": "rate-limiting",
  "created_at": 1422386534,
  "route": null,
  "service": null,
  "consumer": null,
  "config": {"hour":500, "minute":20},
  "protocols": ["http", "https"],
  "enabled": true,
  "tags": ["user-level", "low-priority"]
}
```

2. 罗列插件 API

该 API 描述如表 D-46 至表 D-49 所示。

表 D-46　罗列插件

属性	值
路径	/plugins
请求方法	GET

表 D-47　罗列与路由关联的插件

属性	值
路径	/routes/{route name or id}/plugins
请求方法	GET

表 D-48　罗列与服务关联的插件

属性	值
路径	/services/{service name or id}/plugins
请求方法	GET

表 D-49 罗列与消费者关联的插件

属性	值
路径	/consumers/{consumer name or id}/plugins
请求方法	GET

该 API 的功能为罗列插件，以及与路由、服务或消费者关联的插件。

该 API 响应示例如下所示。

```
HTTP 200 OK
{
"data": [{
  "id": "02621eee-8309-4bf6-b36b-a82017a5393e",
  "name": "rate-limiting",
  "created_at": 1422386534,
  "route": null,
  "service": null,
  "consumer": null,
  "config": {"hour":500, "minute":20},
  "protocols": ["http", "https"],
  "enabled": true,
  "tags": ["user-level", "low-priority"]
}, {
  "id": "66c7b5c4-4aaf-4119-af1e-ee3ad75d0af4",
  "name": "rate-limiting",
  "created_at": 1422386534,
  "route": null,
  "service": null,
  "consumer": null,
  "config": {"hour":500, "minute":20},
  "protocols": ["tcp", "tls"],
  "enabled": true,
  "tags": ["admin", "high-priority", "critical"]
}],
  "next": "http://localhost:8001/plugins?offset=6378122c-a0a1-438d-a5c6-
    efabae9fb969"
}
```

3. 获取插件信息 API

该 API 描述如表 D-50 至表 D-53 所示。

表 D-50 获取插件信息

属性	值
路径	/plugins/{plugin id}
请求方法	GET

表 D-51 获取与路由关联的插件信息

属性	值
路径	/routes/{route name or id}/plugins/{plugin id}
请求方法	GET

表 D-52 获取与服务关联的插件信息

属性	值
路径	/services/{service name or id}/plugins/{plugin id}
请求方法	GET

表 D-53 获取与消费者关联的插件信息

属性	值
路径	/consumers/{consumer username or id}/plugins/{plugin id}
请求方法	GET

该 API 的功能获取插件信息，以及与路由、服务或消费者关联的插件信息。

该 API 响应示例如下所示。

```
HTTP 200 OK
{
  "id": "ce44eef5-41ed-47f6-baab-f725cecf98c7",
  "name": "rate-limiting",
  "created_at": 1422386534,
  "route": null,
  "service": null,
  "consumer": null,
  "config": {"hour":500, "minute":20},
  "protocols": ["http", "https"],
  "enabled": true,
  "tags": ["user-level", "low-priority"]
}
```

4. 更新插件 API

该 API 描述如表 D-54 至表 D-57 所示。

表 D-54 更新插件

属性	值
路径	/plugins/{plugin id}
请求方法	PATCH

表 D-55 更新与路由关联的插件

属性	值
路径	/routes/{route name or id}/plugins/{plugin id}
请求方法	PATCH

表 D-56 更新与服务关联的插件

属性	值
路径	/services/{service name or id}/plugins/{plugin id}
请求方法	PATCH

表 D-57 更新与消费者关联的插件

属性	值
路径	/consumers/{consumer username or id}/plugins/{plugin id}
请求方法	PATCH

该 API 的功能是更新插件，以及与路由、服务或消费者关联的插件。

其请求参数与添加插件 API 的请求参数一致。

该 API 响应示例如下所示。

```
HTTP 200 OK
{
  "id": "ce44eef5-41ed-47f6-baab-f725cecf98c7",
  "name": "rate-limiting",
  "created_at": 1422386534,
  "route": null,
  "service": null,
  "consumer": null,
  "config": {"hour":500, "minute":20},
  "protocols": ["http", "https"],
  "enabled": true,
  "tags": ["user-level", "low-priority"]
}
```

5. 更新或创建插件 API

该 API 描述如表 D-58 至表 D-61 所示。

表 D-58 更新或创建插件

属性	值
路径	/plugins/{plugin id}
请求方法	PUT

表 D-59 更新或创建与路由关联的插件

属性	值
路径	/routes/{route name or id}/plugins/{plugin id}
请求方法	PUT

表 D-60 更新或创建与服务关联的插件

属性	值
路径	/services/{service name or id}/plugins/{plugin id}
请求方法	PUT

表 D-61 更新或创建与消费者关联的插件

属性	值
路径	/consumers/{consumer username or id}/plugins/{plugin id}
请求方法	PUT

该 API 的功能是更新或创建插件，以及更新或创建与路由、服务或消费者关联的插件。其请求参数与更新插件、添加插件的请求参数一致。

该 API 响应示例也与更新插件 API 响应示例一致。

6. 删除插件 API

该 API 描述如表 D-62 至表 D-65 所示。

表 D-62 删除插件

属性	值
路径	/plugins/{plugin id}
请求方法	DELETE

表 D-63 删除与路由关联的插件

属性	值
路径	/routes/{route name or id}/plugins/{plugin id}
请求方法	DELETE

表 D-64 删除与服务关联的插件

属性	值
路径	/services/{service name or id}/plugins/{plugin id}
请求方法	DELETE

表 D-65 删除与消费者关联的插件

属性	值
路径	/consumers/{consumer username or id}/plugins/{plugin id}
请求方法	DELETE

该 API 的功能为删除插件，以及删除与路由、服务和消费者关联的插件。

该 API 响应示例如下所示。

```
HTTP 204 No Content
```

7. 获取可用的插件 API

该 API 描述如表 D-66 所示。

表 D-66 获取可用的插件

属性	值
路径	/plugins/enabled
请求方法	GET

该 API 的功能是获取当前 Kong 节点中安装的插件。

该 API 响应示例如下所示。

```
HTTP 200 OK
{
  "enabled_plugins": [
    "jwt",
    "acl",
    "cors",
    "oauth2",
    "tcp-log",
    "udp-log",
    "file-log",
    "http-log",
    "key-auth",
    "hmac-auth",
    "basic-auth",
    "ip-restriction",
    "request-transformer",
    "response-transformer",
    "request-size-limiting",
    "rate-limiting",
    "response-ratelimiting",
    "aws-lambda",
    "bot-detection",
    "correlation-id",
    "datadog",
    "galileo",
    "ldap-auth",
    "loggly",
    "statsd",
    "syslog"
  ]
}
```

D.2.5　Upstream 对象 API

Upstream 对象的具体概念可以参考本书的第 8 章。其涉及的接口如下。

1. 添加上游服务 API

该 API 描述如表 D-67 和表 D-68 所示。

表 D-67　添加上游服务

属性	值
路径	/upstreams
请求方法	POST

表 D-68　添加上游服务与凭证绑定

属性	值
路径	/certificates/{certificate name or id}/upstreams
请求方法	POST

该 API 的功能是添加上游服务。

其请求参数如表 D-69 所示。

表 D-69　请求参数

属性	描述	是否必要
name	上游服务名称，必须与服务的 host 属性匹配	是
algorithm	负载均衡算法策略，入参可以是 consistent-hashing、least-connections 和 round-robin，默认值为 round-robin	否
hash_on	hash 算法的输入项，入参可以是 none、consumer、ip、header 和 cookie，默认值为 none	否
hash_fallback	hash 算法的备选输入项，入参可以是 none、consumer、ip、header 和 cookie，默认值为 none	否
hash_on_header	用来做 hash 算法输入项的请求头	可选
hash_fallback_header	用来做 hash 算法备选输入项的请求头	可选
hash_on_cookie	用来做 hash 算法输入项的 cookie	可选
hash_on_cookie_path	用来做 hash 算法输入项的 cookie 路径	可选
slots	负载均衡器插槽数，默认为 10000，入参范围为 10 ～ 65536	否
healthchecks.active.https_verify_certificate	是否验证 SSL 证书，默认值为 true	否
healthchecks.active.unhealthy.http_statuses	视为检查失败的 HTTP 状态码，默认值为 429、404、500、501、502、503、504、505	否
healthchecks.active.unhealthy.tcp_failures	TCP 连接失败次数阈值，默认值为 0	否
healthchecks.active.unhealthy.timeouts	超时次数阈值，默认值为 0	否

（续）

属性	描述	是否必要
healthchecks.active.unhealthy.http_failures	HTTP 连接失败次数阈值，默认值为 0	否
healthchecks.active.unhealthy.interval	不健康后端服务的健康检查时间间隔，默认值为 0，表示不执行主动健康检查	否
healthchecks.active.http_path	主动健康检查探针路径，默认值为“/”	否
healthchecks.active.timeout	超时时间阈值，默认值为 1 秒	否
healthchecks.active.healthy.http_statuses	视为检查成功的 HTTP 状态码，默认值为 200、302	否
healthchecks.active.healthy.interval	健康后端服务的健康检查时间间隔，默认值为 0，表示不执行主动健康检查	否
healthchecks.active.healthy.successes	判定健康检查次数阈值	否
healthchecks.active.https_sni	SUI 配置	否
healthchecks.active.concurrency	检查后端服务并发次数，默认值为 10	否
healthchecks.active.type	健康检查协议类型，入参可以是 TCP、HTTP、HTTPS、GRPC 或 GRPCS，默认值为 HTTP	否
healthchecks.passive.unhealthy.http_failures	HTTP 连接失败次数阈值，默认为 0	否
healthchecks.passive.unhealthy.http_statuses	视为检查失败的 HTTP 状态码，默认值为 429、500、503	否
healthchecks.passive.unhealthy.tcp_failures	TCP 连接失败次数阈值，默认值为 0	否
healthchecks.passive.unhealthy.timeouts	健康检查协议类型，入参可以是 TCP、HTTP、HTTPS、GRPC 或 GRPCS，默认值为 HTTP	否
healthchecks.passive.healthy.successes	判定健康检查次数阈值	否
healthchecks.passive.healthy.http_statuses	视为检查成功的 HTTP 状态码，默认值为 200、201、202、203、204、205、206、207、208、226、300、301、302、303、304、305、306、307、308	否
healthchecks.threshold	健康检查权重阈值	否
tags	标签信息，用于分组和过滤	否
host_header	代理请求填充	否
client_certificate	客户端证书	否

该 API 响应示例如下所示。

```
HTTP 201 Created
{
```

```
  "id": "58c8ccbb-eafb-4566-991f-2ed4f678fa70",
  "created_at": 1422386534,
  "name": "my-upstream",
  "algorithm": "round-robin",
  "hash_on": "none",
  "hash_fallback": "none",
  "hash_on_cookie_path": "/",
  "slots": 10000,
  "healthchecks": {
    "active": {
      "https_verify_certificate": true,
      "unhealthy": {
        "http_statuses": [429, 404, 500, 501, 502, 503, 504, 505],
        "tcp_failures": 0,
        "timeouts": 0,
        "http_failures": 0,
        "interval": 0
      },
      "http_path": "/",
      "timeout": 1,
      "healthy": {
        "http_statuses": [200, 302],
        "interval": 0,
        "successes": 0
      },
      "https_sni": "example.com",
      "concurrency": 10,
      "type": "http"
    },
    "passive": {
      "unhealthy": {
        "http_failures": 0,
        "http_statuses": [429, 500, 503],
        "tcp_failures": 0,
        "timeouts": 0
      },
      "type": "http",
      "healthy": {
        "successes": 0,
        "http_statuses": [200, 201, 202, 203, 204, 205, 206, 207, 208, 226, 300,
          301, 302, 303, 304, 305, 306, 307, 308]
      }
    },
    "threshold": 0
  },
  "tags": ["user-level", "low-priority"],
  "host_header": "example.com",
  "client_certificate": {"id":"ea29aaa3-3b2d-488c-b90c-56df8e0dd8c6"}
}
```

2. 罗列上游服务 API

该 API 描述如表 D-70 所示。

表 D-70 罗列上游服务

属性	值
路径	/upstreams 或 /certificates/{certificate name or id}/upstreams
请求方法	GET

该 API 响应示例如下所示。

```
HTTP 200 OK
{
"data": [{
  "id": "4fe14415-73d5-4f00-9fbc-c72a0fccfcb2",
  "created_at": 1422386534,
  "name": "my-upstream",
  "algorithm": "round-robin",
  "hash_on": "none",
  "hash_fallback": "none",
  "hash_on_cookie_path": "/",
  "slots": 10000,
  "healthchecks": {
    "active": {
      "https_verify_certificate": true,
      "unhealthy": {
        "http_statuses": [429, 404, 500, 501, 502, 503, 504, 505],
        "tcp_failures": 0,
        "timeouts": 0,
        "http_failures": 0,
        "interval": 0
      },
      "http_path": "/",
      "timeout": 1,
      "healthy": {
        "http_statuses": [200, 302],
        "interval": 0,
        "successes": 0
      },
      "https_sni": "example.com",
      "concurrency": 10,
      "type": "http"
    },
    "passive": {
      "unhealthy": {
        "http_failures": 0,
        "http_statuses": [429, 500, 503],
        "tcp_failures": 0,
        "timeouts": 0
      },
```

```
        "type": "http",
        "healthy": {
          "successes": 0,
          "http_statuses": [200, 201, 202, 203, 204, 205, 206, 207,
            208, 226, 300, 301, 302, 303, 304, 305, 306, 307, 308]
          }
        },
        "threshold": 0
    },
    "tags": ["user-level", "low-priority"],
    "host_header": "example.com",
    "client_certificate": {"id":"a3395f66-2af6-4c79-bea2-1b6933764f80"}
  }, {
    "id": "885a0392-ef1b-4de3-aacf-af3f1697ce2c",
    "created_at": 1422386534,
    "name": "my-upstream",
    "algorithm": "round-robin",
    "hash_on": "none",
    "hash_fallback": "none",
    "hash_on_cookie_path": "/",
    "slots": 10000,
    "healthchecks": {
      "active": {
        "https_verify_certificate": true,
        "unhealthy": {
          "http_statuses": [429, 404, 500, 501, 502, 503, 504, 505],
          "tcp_failures": 0,
          "timeouts": 0,
          "http_failures": 0,
          "interval": 0
        },
        "http_path": "/",
        "timeout": 1,
        "healthy": {
          "http_statuses": [200, 302],
          "interval": 0,
          "successes": 0
        },
        "https_sni": "example.com",
        "concurrency": 10,
        "type": "http"
      },
      "passive": {
        "unhealthy": {
          "http_failures": 0,
          "http_statuses": [429, 500, 503],
          "tcp_failures": 0,
          "timeouts": 0
        },
        "type": "http",
        "healthy": {
```

```
        "successes": 0,
        "http_statuses": [200, 201, 202, 203, 204, 205, 206, 207,
          208, 226, 300, 301, 302, 303, 304, 305, 306, 307, 308]
      }
    },
    "threshold": 0
  },
  "tags": ["admin", "high-priority", "critical"],
  "host_header": "example.com",
  "client_certificate": {"id":"f5a9c0ca-bdbb-490f-8928-2ca95836239a"}
}],
  "next": "http://localhost:8001/upstreams?offset=6378122c-a0a1-438d-
    a5c6-efabae9fb969"
}
```

3. 获取上游服务信息API

该API描述如表D-71至表D-73所示。

表D-71　获取上游服务信息

属性	值
路径	/upstreams/{upstream name or id}
请求方法	GET

表D-72　获取与凭证关联的上游服务信息

属性	值
路径	/certificates/{certificate id}/upstreams/{upstream name or id}
请求方法	GET

表D-73　获取与后端服务关联的上游服务信息

属性	值
路径	/targets/{target host:port or id}/upstream
请求方法	GET

该API的功能是获取上游信息，以及获取与凭证、后端服务关联的上游服务信息。

该API响应示例如下。

```
HTTP 200 OK
{
  "id": "58c8ccbb-eafb-4566-991f-2ed4f678fa70",
  "created_at": 1422386534,
  "name": "my-upstream",
  "algorithm": "round-robin",
  "hash_on": "none",
  "hash_fallback": "none",
  "hash_on_cookie_path": "/",
  "slots": 10000,
```

```
    "healthchecks": {
      "active": {
        "https_verify_certificate": true,
        "unhealthy": {
          "http_statuses": [429, 404, 500, 501, 502, 503, 504, 505],
          "tcp_failures": 0,
          "timeouts": 0,
          "http_failures": 0,
          "interval": 0
        },
        "http_path": "/",
        "timeout": 1,
        "healthy": {
          "http_statuses": [200, 302],
          "interval": 0,
          "successes": 0
        },
        "https_sni": "example.com",
        "concurrency": 10,
        "type": "http"
      },
      "passive": {
        "unhealthy": {
          "http_failures": 0,
          "http_statuses": [429, 500, 503],
          "tcp_failures": 0,
          "timeouts": 0
        },
        "type": "http",
        "healthy": {
          "successes": 0,
          "http_statuses": [200, 201, 202, 203, 204, 205, 206, 207,
            208, 226, 300, 301, 302, 303, 304, 305, 306, 307, 308]
        }
      },
      "threshold": 0
    },
    "tags": ["user-level", "low-priority"],
    "host_header": "example.com",
    "client_certificate": {"id":"ea29aaa3-3b2d-488c-b90c-56df8e0dd8c6"}
}
```

4. 更新上游服务 API

该 API 描述如表 D-74 至表 D-76 所示。

表 D-74　更新上游服务

属性	值
路径	/upstreams/{upstream name or id}
请求方法	PATCH

表 D-75 更新与凭证关联的上游服务

属性	值
路径	/certificates/{certificate id}/upstreams/{upstream name or id}
请求方法	PATCH

表 D-76 更新与后端服务关联的上游服务

属性	值
路径	/targets/{target host:port or id}/upstream
请求方法	PATCH

该 API 的功能是更新上游服务，以及更新与凭证、后端服务关联的上游服务。

其请求参数与添加上游服务 API 的请求参数一致。

该 API 响应示例如下所示。

```
HTTP 200 OK
{
  "id": "58c8ccbb-eafb-4566-991f-2ed4f678fa70",
  "created_at": 1422386534,
  "name": "my-upstream",
  "algorithm": "round-robin",
  "hash_on": "none",
  "hash_fallback": "none",
  "hash_on_cookie_path": "/",
  "slots": 10000,
  "healthchecks": {
    "active": {
      "https_verify_certificate": true,
      "unhealthy": {
        "http_statuses": [429, 404, 500, 501, 502, 503, 504, 505],
        "tcp_failures": 0,
        "timeouts": 0,
        "http_failures": 0,
        "interval": 0
      },
      "http_path": "/",
      "timeout": 1,
      "healthy": {
        "http_statuses": [200, 302],
        "interval": 0,
        "successes": 0
      },
      "https_sni": "example.com",
      "concurrency": 10,
      "type": "http"
    },
    "passive": {
      "unhealthy": {
```

```
        "http_failures": 0,
        "http_statuses": [429, 500, 503],
        "tcp_failures": 0,
        "timeouts": 0
      },
      "type": "http",
      "healthy": {
        "successes": 0,
        "http_statuses": [200, 201, 202, 203, 204, 205, 206, 207,
          208, 226, 300, 301, 302, 303, 304, 305, 306, 307, 308]
      }
    },
    "threshold": 0
  },
  "tags": ["user-level", "low-priority"],
  "host_header": "example.com",
  "client_certificate": {"id":"ea29aaa3-3b2d-488c-b90c-56df8e0dd8c6"}
}
```

5. 更新或创建上游服务 API

该 API 描述如表 D-77 至表 D-79 所示。

表 D-77　更新或创建上游服务

属性	值
路径	/upstreams/{upstream name or id}
请求方法	PUT

表 D-78　更新或创建与凭证关联的上游服务

属性	值
路径	/certificates/{certificate id}/upstreams/{upstream name or id}
请求方法	PUT

表 D-79　更新或创建与后端服务关联的上游服务

属性	值
路径	/targets/{target host:port or id}/upstream
请求方法	PUT

该 API 的功能为更新或创建上游服务，以及更新或创建与凭证、后端服务关联的上游服务。

其请求参数与更新上游服务 API 的请求参数一致。

该 API 响应示例也与更新上游服务的 API 响应示例一致。

6. 删除上游服务 API

该 API 描述如表 D-80 至表 D-82 所示。

表 D-80 删除上游服务

属性	值
路径	/upstreams/{upstream name or id}
请求方法	DELETE

表 D-81 删除与凭证相关的上游服务

属性	值
路径	/certificates/{certificate id}/upstreams/{upstream name or id}
请求方法	DELETE

表 D-82 删除与后端服务相关的上游服务

属性	值
路径	/targets/{target host:port or id}/upstream
请求方法	DELETE

该 API 的功能是删除上游服务，以及删除与凭证、后端服务关联的路由。

该 API 响应示例如下。

```
HTTP 204 No Content
```

7. 显示指定节点上游服务的健康状态 API

该 API 描述如表 D-83 所示。

表 D-83 显示指定节点上游服务的健康状态

属性	值
路径	/upstreams/{name or id}/health/
请求方法	GET

该 API 响应示例如下所示。

```
HTTP 200 OK
{
  "total": 2,
  "node_id": "cbb297c0-14a9-46bc-ad91-1d0ef9b42df9",
  "data": [
    {
      "created_at": 1485524883980,
      "id": "18c0ad90-f942-4098-88db-bbee3e43b27f",
      "health": "HEALTHY",
      "target": "127.0.0.1:20000",
      "upstream_id": "07131005-ba30-4204-a29f-0927d53257b4",
      "weight": 100
    },
    {
```

```
        "created_at": 1485524914883,
        "id": "6c6f34eb-e6c3-4c1f-ac58-4060e5bca890",
        "health": "UNHEALTHY",
        "target": "127.0.0.1:20002",
        "upstream_id": "07131005-ba30-4204-a29f-0927d53257b4",
        "weight": 200
      }
    ]
}
```

D.2.6　Target 对象 API

Target 对象的具体概念可以参考本书的第 8 章内容。其涉及的接口如下。

1. 添加后端服务 API

该 API 描述如表 D-84 所示。

表 D-84　添加后端服务

属性	值
路径	/upstreams/{upstream host:port or id}/targets
请求方法	POST

该 API 的功能为添加后端服务，并将添加的后端服务与指定上游服务绑定。

其请求参数如表 D-85 所示。

表 D-85　请求参数

属性	描述	是否必要
target	后端服务地址，IP 地址或域名加端口号	否
weight	权重信息，可以配置为 0 ～ 65535，默认为 100	否
tags	标签信息，用于分组和过滤	否

该 API 响应示例如下所示。

```
HTTP 201 Created
{
  "id": "173a6cee-90d1-40a7-89cf-0329eca780a6",
  "created_at": 1422386534,
  "upstream": {"id":"bdab0e47-4e37-4f0b-8fd0-87d95cc4addc"},
  "target": "example.com:8000",
  "weight": 100,
  "tags": ["user-level", "low-priority"]
}
```

2. 罗列与上游服务关联的后端服务 API

该 API 描述如表 D-86 所示。

表 D-86 罗列与上游服务关联的后端服务

属性	值
路径	/upstreams/{upstream host:port or id}/targets
请求方法	GET

该 API 的功能是罗列与上游服务关联的后端服务。

该 API 响应示例如下所示。

```
HTTP 200 OK
{
"data": [{
  "id": "f00c6da4-3679-4b44-b9fb-36a19bd3ae83",
  "created_at": 1422386534,
  "upstream": {"id":"0c61e164-6171-4837-8836-8f5298726d53"},
  "target": "example.com:8000",
  "weight": 100,
  "tags": ["user-level", "low-priority"]
}, {
  "id": "5027BBC1-508C-41F8-87F2-AB1801E9D5C3",
  "created_at": 1422386534,
  "upstream": {"id":"68FDB05B-7B08-47E9-9727-AF7F897CFF1A"},
  "target": "example.com:8000",
  "weight": 100,
  "tags": ["admin", "high-priority", "critical"]
}],
  "next": "http://localhost:8001/targets?offset=6378122c-a0a1-438d-a5c6-
    efabae9fb969"
}
```

3. 删除后端服务 API

该 API 描述如表 D-87 所示。

表 D-87 删除后端服务

属性	值
路径	/upstreams/{upstream name or id}/targets/{host:port or id}
请求方法	DELETE

该 API 的功能是删除后端服务。

该 API 响应示例如下所示。

```
HTTP 204 No Content
```

4. 将后端服务状态设置为健康 API

该 API 描述如表 D-88 所示。

表 D-88 将后端服务状态设置为健康

属性	值
路径	/upstreams/{upstream name or id}/targets/{target or id}/{address}/healthy
请求方法	POST

该 API 的功能是将后端服务状态设置为健康。

该 API 响应示例如下所示。

```
HTTP 204 No Content
```

5. 将后端服务状态设置为不健康 API

该 API 描述如表 D-89 所示。

表 D-89 将后端服务状态设置为不健康

属性	值
路径	/upstreams/{upstream name or id}/targets/{target or id}/unhealthy
请求方法	POST

该 API 的功能是将后端服务状态设置为不健康。

该 API 响应示例如下所示。

```
HTTP 204 No Content
```

6. 罗列所有的后端服务 API

该 API 描述如表 D-90 所示。

表 D-90 罗列所有的后端服务

属性	值
路径	/upstreams/{name or id}/targets/all/
请求方法	GET

该 API 的功能是罗列所有的后端服务。

该 API 响应示例如下所示。

```
HTTP 200 OK
{
  "total": 2,
  "data": [
    {
      "created_at": 1485524883980,
      "id": "18c0ad90-f942-4098-88db-bbee3e43b27f",
      "target": "127.0.0.1:20000",
```

```
      "upstream_id": "07131005-ba30-4204-a29f-0927d53257b4",
      "weight": 100
    },
    {
      "created_at": 1485524914883,
      "id": "6c6f34eb-e6c3-4c1f-ac58-4060e5bca890",
      "target": "127.0.0.1:20002",
      "upstream_id": "07131005-ba30-4204-a29f-0927d53257b4",
      "weight": 200
    }
  ]
}
```